生态环境大数据

汪先锋　编著

中国环境出版集团·北京

图书在版编目（CIP）数据

生态环境大数据/汪先锋编著. —北京：中国环境出版集团，2019.10（2020.10 重印）
ISBN 978-7-5111-4118-7

Ⅰ. ①生… Ⅱ. ①汪… Ⅲ. ①生态环境—山东—教材
Ⅳ. ①X321.252

中国版本图书馆 CIP 数据核字（2019）第 221190 号

出 版 人 武德凯
责任编辑 韩 睿
责任校对 任 丽
封面设计 彭 杉

出版发行 中国环境出版集团
（100062 北京市东城区广渠门内大街 16 号）
网 址：http://www.cesp.com.cn
电子邮箱：bjgl@cesp.com.cn
联系电话：010-67112765（编辑管理部）
发行热线：010-67125803，010-67113405（传真）
印 刷 北京建宏印刷有限公司
经 销 各地新华书店
版 次 2019 年 10 月第 1 版
印 次 2020 年 10 月第 2 次印刷
开 本 787×1092 1/16
印 张 26.75
字 数 550 千字
定 价 80.00 元

前　言

大数据（Big Data）现在可以说是人尽皆知，国内外的政府和企业都高度重视大数据的建设应用，大数据的发展也进入了“快车道”。全球范围内，运用大数据推动经济发展、完善社会治理、提升政府服务和监管能力正成为趋势，有关发达国家相继制定实施大数据战略性文件，大力推动大数据发展和应用。目前，我国互联网、移动互联网用户规模居全球第一，拥有丰富的数据资源和应用市场优势，大数据部分关键技术研发取得突破，涌现出一批互联网创新企业和创新应用，各地政府已相继启动大数据相关工作。坚持创新驱动发展，加快大数据部署，深化大数据应用，已成为稳增长、促改革、调结构、惠民生和推动政府治理能力现代化的内在需要和必然选择。

大数据时代的来临，改变了数据与信息的传统处理方式，为生态环境监管和治理带来了前所未有的机遇。

当前，生态环境保护工作面临着许多新情况和新问题，要求我们必须创新工作思路，深入研究运用新方式和大数据思维破解难题。全面提升生态环境保护能力，就要走精细化、智慧化管理之路，而生态环境大数据就是这条道路的强力支撑！大数据、云计算、物联网、移动互联网、区块链等信息技术已成为推进环境治理体系和治理能力现代化的重要手段。2016 年 3 月，原环境保护部发布《生态环境大数据总体方案》，正式开启了全国生态环境大数据建设的大幕。大数据应用和发展趋势势不可挡，大数据必将对环境管理理念、管理方式产生巨大的影响，必将引领环境治理现代化和环境监管精细化、智慧化的新变革、新发展。开展生态环境大数据应用具有重要的现实意义和紧迫的需求。

近些年来，本书作者亲历并组织了物联网技术在环境管理中的广泛应用，通过构建全方位、多层次、全覆盖的环境自动监控网络，实现全天候 24 小时不间断的对污染源排放企业和空气质量等进行自动监控，推动环境信息资源高效、精准、实时传递。通过构建海量环境信息资源中心和统一的环境信息服务支撑平台，支持各生态环境保护业务的全过程智能化，能够节省人力投入，提高环境监管能力，解决监管中的时效性、权威性等问题。

从 2017 年 1 月起，本书作者亲自组织实施了山东省生态环境大数据建设，历时 10 个月编制完成了《山东省生态环境大数据发展规划》和《山东省生态环境大数据建设方案》。通过科学的顶层设计，准确确定生态环境大数据建设应用的范围，把握建设重点，避免重复建设，详细规划建设任务与实施路径，并把顶层设计上升到决策高度，保证顶层设计落实。只有从顶层设计着手，统一规划、统一标准、统一建设、统一管理，全面优化现有系统，构建新增业务系统，才能建立好高效可用的“用数据管理、用数据决策、用数据服务”的生态环境大数据体系。

本书从理论与实践相结合的角度出发，对大数据技术在环境监管中的应用、发展方向及趋势进行了阐述，并结合建设成果对生态环境大数据建设过程进行了较为详细的介绍。作者希望通过创新理论方法来指导环境信息化工作实践，逐步总结探索出环境信息化对环境管理的支撑服务道路。

本书认为，现阶段生态环境监管工作急需通过引入大数据思维和理念，提升环境监管水平、实现管理创新，通过整合来优化资源管理，促使加快改善本地区的环境质量。落实在具体行动上，就是要通过生态环境大数据平台建设，将核心环境管理业务都串联起来，实现省、市、县三级生态环境业务一体化协同，向管理者提供统一、可靠、真实的数据，再通过大数据技术运用基于可视化方法的环境数据分析结果和治理模型，立体化展现本地区的环境变化趋势，使生态环境管理部门主动把握环境管理重点，有针对性的开展监管和治理工作，不断加强生态环境大数据综合应用和集成分析，为生态环境科学决策提供强有力支撑。

本书作者进入环保领域近二十年，见证并亲历了国内外信息技术、互联网、物联网、云计算、大数据和环境自动监控系统的发展与应用，组织参与了很多环境保护业务信息系统的开发、应用与管理，积累了丰富的环境信息化实践经验。通过开展山东省生态环境大数据建设，总结了生态环境大数据应用经验，展示了建设成果，供生态环境管理者和环境信息化战线的同仁们借鉴。

本书共分十一章。第一章为大数据概述，主要介绍大数据的发展背景与历程、概念等。第二章介绍了大数据的关键技术，从数据采集到数据可视化的全过程技术应用。第三章对生态环境大数据进行了阐述，重点论述了生态环境大数据的特点、重要意义，对生态环境大数据面临的挑战和发展途径提出学术见解。第四章介绍了生态环境大数据平台的总体架构和技术架构。第五章对生态环境大数据支撑平台的基础支撑服务和业务应用支撑服务进行阐述。第六章重点论述了生态环境大数据资源中心的规划、建设和管理。第七章梳理了建设生态环境大数据平台需要的各类数据资源。第八章从数据采集、数据处理、数据挖掘、可视化和大数据共享服务等方面介绍生态环境大数据的应用开发实践。第九章介绍生态环境大数据的安全建设与管理，从安全体系建立、数据安全防护、备份与恢复等方面进行了论述。第十章重点阐述了生态环境大数据保障体系建设。第十一章介绍了山东省生态环境大数据平台建设的主要做法。附录为生态环境大数据总体建设方案全文。

本书可作为环境信息化、环境监管等人员和环境科学专业研究生及教职人员、相关 IT 人员的参考书。

在本书的编写过程中，作者参阅了国内外大量的文献资料，在此向这些文献资料的原作者表示衷心感谢。在参考文献中如有漏掉引用出处者，敬请谅解。

大数据在生态环境领域的应用还刚刚开始，而信息技术的发展又非常迅速，本书涉及的专业知识较为广泛，由于编著时间仓促和作者理论水平有限，难免有错误和不足之处，恳请广大读者批评指正。

本书在出版过程中，得到朱凤涛先生的大力支持和帮助，在此表示衷心感谢。最后，也感谢家人的大力支持和付出！

汪先锋

2019 年 10 月

目　录

第一章　大数据概述

第一节　大数据的发展背景与历程

大数据（Big Data）现在可以说是人尽皆知，国内外的政府和企业都高度重视大数据的发展应用，大数据的发展已进入了快车道。

一、大数据的发展背景

几年前，人们把大规模数据称为“海量数据”，但实际上，大数据这个概念早在 2008 年就已被提出。2008 年，在 Google 成立 10 周年之际，著名的《自然》杂志出版了一期专刊，专门讨论未来与大数据处理相关的一系列技术问题和挑战，其中就提出了“Big Data”的概念。

由于大数据处理需求的迫切性和重要性，近年来大数据技术已经引起了全球学术界、工业界和各国政府的高度关注和重视，全球掀起了一场可与 20 世纪 90 年代的信息高速公路相提并论的研究热潮。美国和欧洲一些发达国家政府都从国家科技战略层面提出了一系列的大数据技术研发计划，以推动政府机构、重大行业、学术界和工业界对大数据技术的探索研究和应用。

早在 2010 年 12 月，美国总统办公室下属的科学技术顾问委员会（PCAST）和信息技术顾问委员会（PITAC）向奥巴马和国会提交了一份《规划数字化未来》的战略报告，把大数据收集和使用的工作提升到体现国家意志的战略高度。报告列举了 5 个贯穿各个科技领域的共同挑战，而第一个最重大的挑战就是“数据”问题。报告指出：“如何收集、保存、管理、分析、共享正在呈指数增长的数据是我们必须面对的一个重要挑战。”报告建议：“联邦政府的每一个机构和部门，都需要制定一个‘大数据’的战略。”2012 年 3 月，美国总统奥巴马签署并发布了一个“大数据研究发展创新计划”(Big Data R&D Initiative)，由美国国家自然基金会（NSF）、卫生健康总署（NIH）、能源部（DOE）、国防部（DOD）等六大部门联合，投资 2 亿美元启动大数据技术研发，这是美国政府继 1993 年宣布“信息高速公路”计划后的又一次重大科技发展部署。美国白宫科技政策办公室还专门支持建立了一个大数据技术论坛，鼓励企业和组织机构间的大数据技术交流与合作。

2012 年 7 月，联合国在纽约发布了一本关于大数据政务的白皮书《大数据促发展：挑战与机遇》，全球大数据的研究和发展进入了前所未有的高潮。这本白皮书总结了各国政府如何利用大数据响应社会需求，指导经济运行，更好地为人民服务，并建议成员国建立“脉搏实验室”（Pulse Labs），挖掘大数据的潜在价值。

由于大数据技术的特点和重要性，目前国内外已经出现了“数据科学”的概念，即数据处理技术将成为一个与计算科学并列的新的科学领域。已故著名图灵奖获得者 Jim Gray 在 2007 年的一次演讲中提出，“数据密集型科学发现”（Data-Intensive Scientific Discovery）将成为科学研究的第四范式，科学研究将从实验科学、理论科学、计算科学，发展到目前兴起的数据科学。

为了紧跟全球大数据技术发展的浪潮，我国政府、学术界和工业界对大数据也给予了高度关注。央视于 2013 年 4 月 14 日和 21 日邀请了《大数据时代——生活、工作与思维的大变革》作者维克托·迈尔·舍恩伯格，以及美国大数据存储技术公司 LSI 总裁阿比分别做客《对话》节目，做了两期大数据专题谈话节目《谁在引爆大数据》《谁在掘金大数据》，国家央视媒体对大数据的关注和宣传体现了大数据技术已经成为国家和社会普遍关注的焦点。

而国内的学术界和工业界也都迅速行动，广泛开展大数据技术的研究和开发。2012 年 7 月出版的《大数据》（涂子沛著）是中国大数据领域第一本著作，引领了中国社会对大数据战略、数据治国和开放数据的讨论。2013 年以来，国家自然科学基金、“973 计划”、核高基、“863 计划”等重大研究计划都已经把大数据研究列为重大的研究课题。为了推动我国大数据技术的研究发展，2012 年中国计算机学会（CCF）发起组织了 CCF 大数据专家委员会，CCF 专家委员会还特别成立了一个“大数据技术发展战略报告”撰写组，并已撰写发布了《2013 年中国大数据技术与产业发展白皮书》。

大数据在带来巨大技术挑战的同时，也带来了巨大的技术创新与商业机遇。不断积累的大数据包含着很多在小数据量时不具备的深度知识和价值，大数据分析挖掘将能为行业/企业带来巨大的商业价值，实现各种高附加值的增值服务，进一步提升行业/企业的经济效益和社会效益。由于大数据隐含着巨大的深度价值，美国政府认为大数据是“未来的新石油”，对未来的科技与经济发展将带来深远影响。因此，在未来，一个国家拥有数据的规模和运用数据的能力将成为综合国力的重要组成部分，对数据的占有、控制和运用也将成为国家间和企业间新的争夺焦点。

大数据的研究和分析应用具有十分重大的意义和价值。被誉为“大数据时代预言家”的维克托·迈尔·舍恩伯格在其《大数据时代——生活、工作与思维的大变革》一书中列举了大量翔实的大数据应用案例，并分析预测了大数据的发展现状和未来趋势，提出了很多重要的观点和发展思路。他认为“大数据开启了一次重大的时代转型”，指出大数据将带来巨大的变革，改变我们的生活、工作和思维方式，改变我们的商业模式，影响我们的经济、政治、科技和社会等各个层面。

由于大数据行业应用需求日益增长，未来越来越多的研究和应用领域将需要使用大数据并行计算技术，大数据技术将渗透到每个涉及大规模数据和复杂计算的应用领域。不仅如此，以大数据处理为中心的计算技术将对传统计算技术产生革命性的影响，广泛影响计算机体系结构、操作系统、数据库、编译技术、程序设计技术和方法、软件工程技术、多媒体信息处理技术、人工智能以及其他计算机应用技术，并与传统计算技术相互结合产生很多新的研究热点和课题。

大数据给传统的计算技术带来了很多新的挑战。大数据使得很多在小数据集上有效的传统的串行化算法在面对大数据处理时难以在可接受的时间内完成计算；同时大数据含有较多噪声、样本稀疏、样本不平衡等特点，使得现有的很多机器学习算法有效性降低。因此，微软全球副总裁陆奇博士在2012年全国第一届“中国云/移动互联网创新大奖赛”颁奖大会主题报告中指出：“大数据使得绝大多数现有的串行化机器学习算法都需要重写。”

大数据技术的发展将给我们研究计算机技术的专业人员带来新的挑战和机遇。目前，国内外IT企业对大数据技术人才的需求正快速增长，未来5～10年内业界将需要大量的掌握大数据处理技术的人才。IDC研究报告指出：“下一个10年里，世界范围的服务器数量将增长10倍，而企业数据中心管理的数据信息将增长50倍，企业数据中心需要处理的数据文件数量将至少增长75倍，而世界范围内IT专业技术人才的数量仅能增长1.5倍。”因此，未来10年内大数据处理和应用需求与能提供的技术人才数量之间将存在一个巨大的差距。目前，由于国内外高校开展大数据技术人才培养的时间不长，技术市场上掌握大数据处理和应用开发技术的人才十分短缺，因而这方面的技术人才十分抢手，供不应求。国内几乎所有著名的IT企业，如百度、腾讯、阿里巴巴、奇虎360等，都需要大量的大数据技术人才。

2015年10月，党的十八届五中全会公报提出要实施“国家大数据战略”，这是大数据第一次写入党的全会决议，标志着大数据战略正式上升为国家战略，五中全会开启了我国大数据建设的新篇章。中共中央政治局2017年12月8日下午就实施国家大数据战略进行第二次集体学习。习近平总书记强调推动实施国家大数据战略，加快完善数字基础设施，推进数据资源整合和开放共享，保障数据安全，加快建设数字中国，更好地服务我国经济社会发展和人民生活改善。

二、大数据的发展历程

大数据的发展历程总体上可以划分为三个重要阶段，初始期、发展期、大规模应用期。

第一阶段——初始期：20 世纪 90 年代到 21 世纪初。随着数据挖掘理论和数据库技术的逐步成熟，一批商业智能工具和知识管理技术开始被应用，如数据仓库、专家系统、知识管理系统等。

第二阶段——发展期：21 世纪前 10 年。Web2.0 应用迅猛发展，非结构化数据大量产生，传统处理方法难以应对，带动了大数据技术的快速突破，大数据解决方案逐渐走向成熟，形成了并行计算与分布式系统两大核心技术，谷歌 GFS 和 MapReduce 等大数据技术受到追捧，Hadoop 平台开始大行其道。

第三阶段——大规模应用期：2010 年以后。大数据应用渗透各行各业，数据驱动决策，信息社会智能化程度大幅度提高。

1997 年，美国宇航局研究员迈克尔·考克斯和大卫·埃尔斯沃斯首次使用“大数据”这一术语来描述 20 世纪 90 年代的挑战：“超级计算机生成大量的信息——在考克斯和埃尔斯沃斯案例中，模拟飞机周围的气流——是不能被处理和可视化的。数据集通常之大，超出了主存储器、本地磁盘，甚至远超磁盘的承载能力。”他们称之为“大数据问题”。

2002 年，在“9·11”恐怖袭击后，美国政府为阻止恐怖主义已经涉足大规模数据挖掘，国家安全前顾问约翰·波因德克斯特领导国防部整合现有政府的数据集，组建一个用于筛选通信、犯罪、教育、金融、医疗和旅行等记录来识别可疑人的大数据库。一年后国会因担忧公民自由权而停止了这一项目。

2004 年，“9·11”委员会呼吁反恐机构应统一组建“一个基于网络的信息共享系统”，以便能快速处理应接不暇的数据。在 2010 年时，美国国家安全局的 30 000 名员工将拦截和存储 17 亿/年的电子邮件、电话和其他通信日报。与此同时，零售商积累了关于客户购物和个人习惯的大量数据，沃尔玛声称已拥有一个容量为 460 字节的缓存器——比当时互联网上的数据量还要多 1 倍。

2007—2008 年，随着社交网络的激增，技术博客和专业人士为“大数据”概念注入新的生机。“当前世界范围内已有的一些其他工具将被大量数据和应用算法取代。”《连线》的克里斯·安德森认为当时处于一个“理论终结时代”。一些政府机构和美国的顶尖计算机科学家声称：“应该深入参与大数据计算的开发和部署工作，因为它将直接有利于许多任务的实现。”

2008 年，《自然》杂志推出大数据专刊；计算社区联盟（Computing Community Consortium）发表了报告《大数据计算：在商业、科学和社会领域的革命性突破》，阐述了大数据技术及其面临的一些挑战。

2009 年 1 月，印度政府建立印度唯一的身份识别管理局，对 12 亿人的指纹、照片和虹膜进行扫描，并为每人分配 12 位的数字 ID 号码，将数据汇集到世界最大的生物识别数据库中。

2009 年 5 月，美国总统奥巴马政府推出 data.gov 网站作为政府开放数据计划的部分举措。该网站的超过4.45万量数据集被用于保证一些网站和智能手机应用程序来跟踪从航班到产品召回再到特定区域内失业率的信息，这一行动激发了从肯尼亚到英国范围内的政府们相继推出类似举措。

2009年7月，为应对全球金融危机，联合国秘书长潘基文承诺创建警报系统，抓住“实时数据带给贫穷国家经济危机的影响”。联合国全球脉冲项目已研究了对如何利用手机和社交网站的数据源来分析预测从螺旋价格到疾病暴发之类的问题。

2011年2月，扫描2亿年的页面信息，或4兆字节磁盘存储，只需几秒即可完成。IBM的沃森计算机系统在智力竞赛节目《危险边缘》中打败了两名人类挑战者。后来《纽约时报》称这一刻为“大数据计算的胜利”。

2011年2月，《科学》杂志推出专刊《处理数据》，讨论了科学研究中的大数据问题。

2011年，维克托·迈尔·舍恩伯格出版著作《大数据时代——生活、工作与思维的大变革》引起轰动。

2011年5月，麦肯锡全球研究院发布《大数据：下一个具有创新力、竞争力与生产力的前沿领域》，提出“大数据”时代到来。

2012年3月，美国政府报告要求每个联邦机构都要有一个“大数据”的策略，作为回应，奥巴马政府宣布一项耗资2亿美元的大数据研究与发展项目，发布了《大数据研究和发展倡议》。

2012年，涂子沛的《大数据》出版，是中国大数据领域第一本著作，引领了中国社会对大数据战略、数据治国和开放数据的讨论。

2013年12月，中国计算机学会发布《中国大数据技术与产业发展白皮书》，系统总结了大数据的核心科学与技术问题，推动了我国大数据学科的建设与发展，并为政府部门提供了战略性的意见与建议。

2014年5月，美国政府发布2014年全球“大数据”白皮书《大数据：抓住机遇、守护价值》，报告鼓励使用数据来推动社会进步。

2015年8月，国务院印发《促进大数据发展行动纲要》，全面推进我国大数据发展和应用，加快建设数据强国。

2015年10月，党的十八届五中全会提出“实施国家大数据战略”，这是大数据第一次写入党的全会决议，标志着大数据战略正式上升为国家战略，五中全会开启了我国大数据建设的新篇章。

2016年12月，工信部发布《大数据产业发展规划（2016—2020年）》，有力地推进了我国大数据技术创新和产业发展。

2017年，国家大数据（贵州）综合试验区首批107家重点企业名单公布。

2017年12月8日，中共中央政治局就实施国家大数据战略进行第二次集体学习，中共中央总书记习近平在主持学习时强调，实施国家大数据战略，加快建设数字中国。

2017 年，全球的数据总量为 21.6ZB（1 个 ZB 等于十万亿亿字节），目前全球数据的增长速度在每年 40%左右。

2018 年，达沃斯世界经济论坛等全球性重要会议都把“大数据”作为重要议题，进行讨论和展望。

第二节　大数据的概念

最早提出大数据时代到来的是美国的麦肯锡，他指出：“数据，已经渗透到当今每一个行业和业务职能领域，成为重要的生产因素。人们对于海量数据的挖掘和运用，预示着新一波生产率增长和消费者盈余浪潮的到来。”

当今“大数据”一词的重点其实已经不仅在于数据规模的定义，它更代表着信息技术发展进入了一个新的时代，代表着爆炸性的数据信息给传统的计算技术和信息技术带来的技术挑战和困难，代表着大数据处理所需的新的技术和方法，也代表着大数据分析和应用所带来的新发明、新服务和新的发展机遇。

一、大数据的概念

然而，到底什么是大数据？它的概念和外延包括哪些？由于大数据是最近新衍生出来的概念，它的内涵和外延也在不断地拓展和变化着，目前还没有一个被业界广泛采纳的明确定义。

随着大数据概念的普及，人们常常会问，多大的数据才叫大数据？其实，关于大数据，难以有一个非常定量的定义。维基百科给出了一个定性的描述：大数据是指无法使用传统和常用的软件技术与工具在一定时间内完成获取、管理和处理的数据集。

在维克托・迈尔・舍恩伯格及肯尼斯・库克耶编写的《大数据时代》中，大数据是指不用随机分析法（抽样调查）这样的捷径，而采用所有数据进行分析处理。

对于“大数据”，研究机构 Gartner 给出了这样的定义：“大数据”是需要新处理模式才能具有更强的决策力、洞察发现力和流程优化能力来适应海量、高增长率和多样化的信息资产。

麦肯锡全球研究所曾经给大数据做了一个定义：超出传统的数据库软件工具处理能力的超大规模的数据集。但是大数据带来的技术方面的挑战，远远不止于处理工具，事实上对传统的网络结构、计算模型、安全体系，提出了全方位的课题。其主要包括以下几个方面：

第一，网络承载能力要满足“数据摩尔定律”的需要。数据摩尔定律，是指数据在未来 18 个月内，数据量将增加一倍。

第二，需要建立自主可控的安全防护体系、身份识别体系。必须在网络空间实现“4W”的机制，即“Who”“Where”“When”“What”。在网络空间中，安全能力必须能够对任何一个单体，掌握“在任何时间、任何地点的状态”的数据。

第三，需要参考仿生学，建立起“社会计算”的模型，应对日益增长的海量数据。

国务院2015年发布的《促进大数据发展行动纲要》（国发〔2015〕50号）对大数据做出这样的定义：大数据是以容量大、类型多、存取速度快、应用价值高为主要特征的数据集合，正快速发展为对数量巨大、来源分散、格式多样的数据进行采集、存储和关联分析，从中发现新知识、创造新价值、提升新能力的新一代信息技术和服务业态。

人们对大数据概念理解的不一致和认识上的分歧实际上反映了现有的大数据概念与现实需求的脱节，特别是与政府需求的脱节。作者认为，从推进国家信息化发展的角度看，对大数据进行严格定义或许并不重要，能够利用大数据提升全民数据意识、发展数据文化、释放数据红利、打造数据优势才是硬道理。大数据热强化了社会的数据意识，这对于中国才是至关重要的。

作者认为，大数据不是一项专门的技术，而是一系列信息技术的综合应用，《促进大数据发展行动纲要》给出的定义比较符合当前大数据发展和应用状况。

二、大数据的特征

IDC（International Data Corporation）在它编制的年度数据宇宙研究报告《从混沌中提取价值》（Extracting Value from Chaos）中给大数据下了一个定义：大数据技术是新一代技术与架构，它被设计用于在成本可承受的条件下，通过非常快速的采集、发现和分析，从大体量、多类别的数据中提取价值。

IDC的定义描述了大数据时代的四大特征，即俗称的“4V”，而这“4V”（Volumes、Variety、Velocity、Value）也被广泛地认为是大数据的最基本的内涵。

1．海量化（Volumes）

数据体量巨大是大数据的首要特征，也是大家最容易发现的特征。全球数据正在以前所未有的速度增长着，每天都有数以百万兆字节的数据在互联网上产生。全球的数据储量仅在2011年就达到1.8ZB（或1.8万亿GB），相当于每个美国人每分钟写3条Twitter信息，总共写2.697 6万年。2015年全球大数据储量达到8.61ZB。预计到2020年全球数据总量将达到40ZB。40ZB相当于整个世界人口（到2017年为76亿人）全年每天观看14.5小时的高清视频流所产生的数据量。2016年微信月活跃用户达到8.893亿，正式超越QQ的8.685亿。在用户数和数据量上，微信超过QQ，成为名副其实的腾讯第一大平台和底层基础。数据量的快速增长已经远远超越单个计算机的存储和处理能力，数据中心处理能力变得日益重要，同时也驱动着数据中心网络不断向大带宽低时延方向演进。

2．多样化（Variety）

数量类型的日趋繁多是大数据的另外一个显著特征。海量数据有不同格式，第一种是结构化数据，我们常见的数据大部分以二维表的形式存储在数据库中。第二种是非结构化数据，随着互联网多媒体应用的发展和兴起，图片、视频、音频等数据大量出现，这些数据的处理方式比较复杂，数据类型非常繁多。非结构化数据的超大规模和增长，占总数据量的 80%～90%，比结构化数据增长快 10～50 倍，是传统数据仓库的 10～50 倍。如何有效地处理非结构化数据，并挖掘出其中蕴含的商业价值和经济社会价值，是大数据技术要解决的问题。

3．快速化（Velocity）

快速处理是大数据必须满足的基本要求。物联网、云计算、移动互联网、车联网、手机、平板电脑、PC 以及遍布地球各个角落的各种各样的传感器，无一不是数据来源或者承载的方式。经济全球化形势下，企业面临的竞争环境越来越严酷。在此情况下，如何及时把握市场动态，深入洞察行业、市场、消费者的需求，并快速、合理地制定经营策略，就成为企业生死存亡的关键。而对大数据的快速处理分析，是实现这一目标的前提。

4．价值比（Value）

大数据蕴含的整体价值是非常巨大的。大量的各类数据和信息，不经过处理则价值较低，属于价值密度低的数据。挖掘大数据的有用价值并加以利用，是数据拥有者的自然目标。以视频为例，连续不间断监控过程中，可能有用的数据仅仅有一两秒。海量数据分析非常复杂，使得过去单纯依靠数据库 BI 已经不是太适合了。市场形势瞬息万变，因此，如何在海量的、多样化的、低价值密度的数据中快速挖掘出其蕴含的有用价值，是大数据技术的革命。

三、大数据的现实价值

大量数据正在成为一种资源，一种生产要素，渗透至各个领域，而拥有大数据能力，即善于聚合信息并有效利用数据，将会带来层出不穷的创新，从某种意义上说它代表着一种生产力，麦肯锡认为，“人们对于海量数据的运用将预示着新一波生产率增长和消费者盈余浪潮的到来”。

大数据将带来此起彼伏的 IT 技术革命。为解决日益增长的海量数据、数据多样性、数据处理时效性等问题，一定会在存储器、数据仓库、系统架构、人工智能、数据挖掘分析以及信息通信等方面不断涌现突破性技术。当今世界 IT 巨头、IT 敏锐的创新者们正努力耕耘在大数据技术领域，大数据将成为 IT 的主战场。

大数据将在各行各业引发各类创新模式。随着大数据的发展，行业渐进融合，以前认为不相关的行业通过大数据技术有了相通的渠道，沃尔玛通过数据挖掘将风马牛不相及的

“啤酒与尿布”联系在一起，大数据将会产生新的生产模式、商业模式、管理模式，这些新模式对经济社会发展将带来深刻影响。

大数据将给人们生活带来翻天覆地的变化。大数据技术的进步将极大地惠及人们生活的方方面面，在家有智能管家帮助你美好生活；外出购物，商家会根据你的消费习惯将购物信息通过无线互联网推送给你；外出就餐，车载语音助手会帮你挑选餐厅并告诉你即时的周边情况和停车状况。衣食住行的便利将无处不在。

大数据将提升电子政务和政府社会治理的效率。大数据的包容性将打开政府各部门间、政府与市民间的边界，信息孤岛现象大幅削减，数据共享成为可能，政府各机构协同办公效率和为民办事效率提高，同时大数据将极大地提升政府的社会治理能力和公共服务能力。驾驭大数据，在整个政府和全球经济中创造价值，其影响是广泛而深远的。政府善政的许多重要原则与大数据有相通之处。从根本上说，大数据能够通过改进政府机构和整个政府的决策，使政府机构更加迅速地提高政府工作效率，为利益相关者服务。利用各种渠道的各种数据，快速获得关键、准确的信息，将显著改进政府的各项关键政策和工作。

四、数据的计量单位

大数据处理的强大威力会随着数据量的增加而逐步显现。对于 TB 级规模数据量及以下数据量，大数据处理与传统数据处理效果相当，而 PB 级规模的数据量则是大数据处理的主战场。

存储最小的基本单位是 Bit，以下按顺序给出所有单位：Bit、Byte、KB、MB、GB、TB、PB、EB、ZB、YB、BB、NB、DB。

它们按照进率 1 024（2^{10}）来计算：

1 Byte =8 Bit

1 KB = 1 024 Bytes = 8 192 Bit

1 MB = 1 024 KB = 1 048 576 Bytes

1 GB = 1 024 MB = 1 048 576 KB

1 TB = 1 024 GB = 1 048 576 MB

1 PB = 1 024 TB = 1 048 576 GB

1 EB = 1 024 PB = 1 048 576 TB

1 ZB = 1 024 EB = 1 048 576 PB

1 YB = 1 024 ZB = 1 048 576 EB

1 BB = 1 024 YB = 1 048 576 ZB

1 NB = 1 024 BB = 1 048 576 YB

1 DB = 1 024 NB = 1 048 576 BB

全称：

1 Bit（比特）= Binary Digit

8 Bits = 1 Byte（字节）

1 000 Bytes = 1 Kilobyte

1 000 Kilobytes = 1 Megabyte

1 000 Megabytes = 1 Gigabyte

1 000 Gigabytes = 1Terabyte

1 000 Terabytes = 1 Petabyte

1 000 Petabytes = 1 Exabyte

1 000 Exabytes = 1 Zettabyte

1 000 Zettabytes = 1 Yottabyte

1 000 Yottabytes = 1 Brontobyte

1 000 Brontobytes = 1 Geopbyte

第三节　大数据的重要意义和战略内涵

全球范围内，运用大数据推动经济发展、完善社会治理、提升政府服务和监管能力正成为趋势，有关发达国家相继制定实施大数据战略性文件，大力推动大数据发展和应用。目前，我国互联网、移动互联网用户规模居全球第一，拥有丰富的数据资源和应用市场优势，大数据部分关键技术研发取得突破，涌现出一批互联网创新企业和创新应用，一些地方政府已启动大数据相关工作。坚持创新驱动发展，加快大数据部署，深化大数据应用，已成为稳增长、促改革、调结构、惠民生和推动政府治理能力现代化的内在需要和必然选择。

一、大数据的重要意义

1. 大数据成为推动经济转型发展的新动力

以数据流引领技术流、物质流、资金流、人才流，将深刻影响社会分工协作的组织模式，促进生产组织方式的集约和创新。大数据推动社会生产要素的网络化共享、集约化整合、协作化开发和高效化利用，改变了传统的生产方式和经济运行机制，可显著提升经济运行水平和效率。大数据持续激发商业模式创新，不断催生新业态，已成为互联网等新兴领域促进业务创新增值、提升企业核心价值的重要驱动力。大数据产业正在成为新的经济增长点，将对未来信息产业格局产生重要影响。

2．大数据成为重塑国家竞争优势的新机遇

在全球信息化快速发展的大背景下，大数据已成为国家重要的基础性战略资源，正引领新一轮科技创新。充分利用我国的数据规模优势，实现数据规模、质量和应用水平同步提升，发掘和释放数据资源的潜在价值，有利于更好地发挥数据资源的战略作用，增强网络空间数据主权保护能力，维护国家安全，有效提升国家竞争力。

3．大数据成为提升政府治理能力的新途径

大数据应用能够揭示传统技术方式难以展现的关联关系，推动政府数据开放共享，促进社会事业数据融合和资源整合，将极大提升政府整体数据分析能力，为有效处理复杂社会问题提供新的手段。建立“用数据说话、用数据决策、用数据管理、用数据创新”的管理机制，实现基于数据的科学决策，将推动政府管理理念和社会治理模式进步，加快建设与社会主义市场经济体制和中国特色社会主义事业发展相适应的法治政府、创新政府、廉洁政府和服务型政府，逐步实现政府治理能力现代化。

二、国家大数据战略的内涵

只有全面准确地理解国家大数据战略的内涵与意义，才能形成广泛的社会共识、充分调动社会资源、完成构建国家大数据体系的各项任务。全面深入了解大数据及其相关技术的发展脉络和历史轨迹，可以引导我们准确深刻地把握大数据与国家总体目标的相关性和内生性。2017 年 12 月 8 日，中共中央政治局就实施国家大数据战略进行第二次集体学习，习近平总书记在主持学习时，深刻分析了我国大数据发展的现状和趋势，对我国实施国家大数据战略提出了五个方面的要求：一是推动大数据技术产业创新发展；二是构建以数据为关键要素的数字经济；三是运用大数据提升国家治理现代化水平；四是运用大数据促进保障和改善民生；五是切实保障国家数据安全与完善数据产权保护制度。我们认为，上述五大要求构成了国家大数据战略的“五大内涵”。

一是推动大数据技术产业创新发展。习近平总书记指出，我们要瞄准世界科技前沿，集中优势资源突破大数据核心技术，加快构建自主可控的大数据产业链、价值链和生态系统。近年来，我国在大数据技术产业方面取得了不少突破。2014—2016 年，百度、阿里巴巴和腾讯先后拿下国际上知名的 Sort Benchmark 大赛冠军。这个竞赛全面比拼分布式系统软件架构能力，包括如海量数据分布式存储、计算任务切片调度等方面的能力。而这一赛事 2014 年之前的冠军均被微软、Yahoo!、亚马逊等包揽。这从一个侧面反映了我国产业界在大数据处理技术水平的快速提升，但是在互联网与大数据技术的创新与发展方面，同世界先进水平相比还有很大距离。

二是构建以数据为关键要素的数字经济。习近平总书记提出，要坚持以供给侧结构性改革为主线，加快发展数字经济，推动实体经济和数字经济融合发展，推动互联网、大数据、人工智能同实体经济深度融合，继续做好信息化和工业化深度融合这篇大文章，推动制造业加速向数字化、网络化、智能化方向发展。2016 年，我国数字经济总量达 22.6 万亿元，占 GDP 比重的 30.3%。数字经济已经成为带动中国经济增长的核心动力。工业互联网、分享经济、网络零售、移动支付等领域的快速发展，既为大数据的发展提供了重要应用场景，也对大数据产业的技术水平提升起到了促进作用。

三是要运用大数据提升国家治理现代化水平。习近平总书记强调，要建立健全大数据辅助科学决策和社会治理的机制，推进政府管理和社会治理模式创新，实现政府决策科学化、社会治理精准化、公共服务高效化。要实现这一目标，不但要重点推进政府数据本身的开放共享，还应当将各级政府的平台与社会多方数据平台进行互联与共享，并通过大数据管理工具和方法，全面提升国家治理现代化水平。

四是要运用大数据促进保障和改善民生。习近平总书记指出，大数据在保障和改善民生方面大有作为。要坚持问题导向，抓住民生领域的突出矛盾和问题，强化民生服务，弥补民生短板。民生大数据应用一向是大数据的重点行业应用，医疗、教育、社保、交通等行业的大数据应用在 2017 年也不断取得突破。大数据在流行病预测、个性化医疗、智能交通、治安管理等更广泛的社会场景中，将为增进民生福祉创造更大的技术红利。

五是要切实保障国家数据安全与完善数据产权保护制度。习近平总书记强调，要加强关键信息基础设施安全保护，强化国家关键数据资源保护能力，增强数据安全预警和溯源能力。要加强政策、监管、法律的统筹协调，加快法规制度建设。目前，关键数据基础设施的公权力属性、数据的生成、数据的权属、数据的开放、数据的流通、数据的交易、数据的保护、数据的治理以及法律责任等问题，都亟须得到法律的确认。

以上五个角度共同构成了国家大数据战略的主要内涵。大数据是信息化发展的新阶段，推动了信息化发展模式的变革创新，开启了数字中国建设的新时代。

第四节　大数据的典型应用

如今大数据越来越为大众所熟知，大数据应用的行业也越来越广泛，几乎每天都能看到大数据的新应用领域，帮助人们从中获取到数据中的额外价值。现在大数据分析的结果已经被集成到各种工作活动中去，影响着很多组织或者个人的行为或决策。

生态环境大数据。借助于大数据技术，污染天气预测的准确性和实效性将会大大提高，预报的及时性将会大大提升。同时，对于重污染天气和重大污染事件的发生，通过大数据计算平台，将会更加精确地了解其运动轨迹和危害的等级，有利于帮助大众提高应对环境污染的能力，辅助环境管理部门应急决策。通过云计算技术将环保领域的各种物联网设备整合起来，实现人类社会与环境业务系统的有机整合，经过深度的数据挖掘和分析，以更加精确和动态的方式实现环境管理和决策的智慧化。

交通大数据。麦肯锡全球研究院在 2013 年宣布，通过大数据对现有基础设施的进一步强化管理和维护，每年就节省将近 4 000 亿美元的支出。通过对交通数据的收集和分析挖掘，来对现有交通设施性能进行改善，提高其利用效率。目前，交通的大数据应用主要在两个方面：一方面可以利用大数据传感器数据来了解车辆通行密度，合理进行道路规划（包括单行线路规划）；另一方面可以利用大量数据来实现即时信号灯调度，提高已有线路运行能力。科学地安排信号灯是一个复杂的系统工程，必须利用大数据计算平台才能计算出一个较为合理的方案。机场的航班起降依靠大数据将会提高航班管理的效率，航空公司利用大数据可以提高上座率，降低运行成本。铁路利用大数据可以有效安排客运和货运列车，提高效率、降低成本。

财政大数据。政府利用大数据技术可以了解各地区的经济发展情况、各产业发展情况、消费支出和产品销售情况，依据数据分析结果，科学地制定宏观政策，平衡各产业发展，避免产能过剩，有效利用自然资源和社会资源，提高社会生产效率。大数据还可以帮助政府进行监控自然资源的管理，无论是自然资源还是水资源、矿产资源、能源等，大数据都可以通过各种传感器来提高其管理的精准度。同时，大数据技术也能帮助政府进行支出管理，透明合理的财政支出将有利于提高公信力和监督财政支出。

舆情监控大数据。国家正在将大数据技术用于舆情监控，其收集到的数据除解民众诉求、降低群体事件之外，还可以用于犯罪管理。大量的社会行为正逐步走向互联网，人们更愿意借助互联网平台来表述自己的想法和宣泄情绪。国家可以通过社交媒体分享的图片和交流的信息来收集个体情绪信息，预防个体犯罪行为和反社会行为。

医疗大数据。医疗行业拥有大量的病例、病理报告、治愈方案、药物报告等，如果这些数据可以被整理和应用，将会极大地帮助医生和病人。如果未来基因技术发展成熟，还可以根据病人的基因序列特点进行分类，建立医疗行业的病人分类数据库。在医生诊断病人时可以参考病人的疾病特征、化验报告和检测报告，参考疾病数据库来快速帮助病人确诊，明确定位疾病。同时，这些数据也有利于医药行业开发出更加有效的药物和医疗器械。

生物大数据。自人类基因组计划完成以来，以美国为代表的世界主要发达国家纷纷启动了生命科学基础研究计划，如国际千人基因组计划、DNA 百科全书计划、英国十万人基因组计划等，这些计划引领生物数据呈爆炸式增长。目前，每年全球产生的生物数据总量已达 EB 级，生命科学领域正在爆发一次数据革命，从某种程度上说，生命科学已经成为大数据科学。

金融大数据。大数据在金融行业的应用可以总结为精准营销、风险管控、决策支持、效率提升、产品设计五个方面。

零售大数据。未来考验零售企业的是挖掘消费者需求及高效整合供应链以满足其需求的能力，因此，信息科技水平的高低成为获得竞争优势的关键要素。

电商大数据。由于电商的数据较为集中，数据量足够大，数据种类较多，因此，未来电商数据应用将会有更多的想象空间，包括预测流行趋势、消费趋势、地域消费特点、客户消费习惯、各种消费行为的相关度、消费热点、影响消费的重要因素等。

农牧大数据。大数据在农业方面的应用主要是指依据未来商业需求的预测来进行农牧产品生产，降低菜贱伤农等的概率。同时，大数据的分析将会更加精确地预测未来的天气气候，帮助农牧民做好自然灾害的预防工作；可以通过大数据帮助农民依据消费者的消费习惯来决定农作物生产的种类和数量，提高单位种植面积的产值；可以通过大数据分析来帮助牧民安排放牧范围，有效利用牧场；可以利用大数据帮助渔民安排休渔期、定位捕鱼范围等。

食品大数据。随着科学技术和生活水平的不断提高，食品添加剂及食品品种越来越多，传统手段难以满足当前复杂的食品监管需求，从不断出现的食品安全问题来看，食品监管成了食品安全的棘手问题。通过大数据管理将海量数据聚合在一起，将离散的数据需求聚合形成数据长尾，从而满足传统手段难以实现的需求。

教育大数据。毫无疑问，在不远的将来，无论是教育管理部门，还是校长、教师、学生和家长，都可以得到针对不同应用的个性化分析报告。通过大数据的分析来优化教育机制，可以做出更科学的决策，这将带来潜在的教育革命。

体育大数据。大数据对于体育的改变可以说是方方面面的。对运动员而言，可通过穿戴设备收集的数据更了解身体状况；对媒体评论员而言，通过大数据提供的数据可以更好地解说比赛、分析比赛。

第五节　国外大数据发展概况

当前，许多国家的政府和国际组织都认识到了大数据的重要作用，纷纷将开发利用大数据作为夺取新一轮竞争制高点的重要抓手，实施大数据战略，对大数据产业发展有着高度的热情。

一、美国大数据概况

2009 年 5 月，美国政府推出 Data.gov，这是为了增加政府资料透明度而设立的一系列网站。宣布实施“开放政府计划”（Open Government Initiative），这项计划提出利用整体、开放的网络平台，公开政府信息、工作程序和决策过程，以鼓励公众交流和评估，增进政府信息的可及性，强化政府责任，提高政府效率，增进与企业及各级政府间的合作，推动政府管理向开放、协同、合作迈进。联邦政府同时开通了旗舰级项目——“一站式”政府数据下载网站 Data.gov，只要是不涉及隐私和国家安全的相关数据，均需在该网站上公开发布。Data.gov 的上线意味着美国政府数据仓库的正式建立，标志着美国政府信息进一步公开与透明。

2012 年 3 月，美国白宫科技政策办公室发布《大数据研究和发展计划》，成立“大数据高级指导小组”，旨在大力提升美国从海量复杂的数据集合中获取知识和洞见的能力。具体实现三个目标：①开发能对大量数据进行收集、存储、维护、管理、分析和共享的最先进的核心技术；②利用这些技术加快科学和工程学领域探索发现的步伐，加强国家安全，转变现有的教学方式；③扩大从事大数据技术开发和应用的人员数量。

2013 年 11 月，美国信息技术与创新基金会发布《支持数据驱动型创新的技术与政策》：建议世界各国的政策制定者应采取措施，鼓励公共部门和私营部门开展数据驱动型创新；指出“数据驱动型创新”作为崭新命题，所面临的包括新概念、新技术的挑战；并就政府如何支持数据型驱动的创新提出了建议：一是政府应大力培养所需的有技能的劳动力；二是政府要推动数据相关技术的研发。

2014 年 5 月，美国总统行政办公室发布《大数据：把握机遇，保存价值》：对美国大数据应用与管理的现状、政策框架和改进建议进行了集中阐述；并就保护个人隐私的价值、数字时代负责任的教育创新、大数据与歧视、执法与安全保护、数据公共资源化提出建议。

2016 年 5 月，美国总统科技顾问委员会发布了 NITRD 编写的《联邦大数据研究和开发战略计划》，该计划在已有基础上提出美国下一步的大数据七大发展战略，代表大数据研究和开发（R&D）的关键领域。包括在科学、医学和安全的各个方面促进人们的理解；确保国家在研发上的持续领导；提高国家应对社会压力的能力以及通过研究和开发面向国家和世界的环境问题。

二、欧盟大数据概况

2014 年欧盟委员会发布了《数据驱动经济战略》，聚焦深入研究基于大数据价值链的创新机制，提出大力推动“数据价值链战略计划”，通过一个以数据为核心的连贯性欧盟生态体系，让数据价值链的不同阶段产生价值。数据价值链的概念为数据的生命周期，从数据产生、验证以及进一步加工后，以新的创新产品和服务形式出现的利用与再利用。

2015 年欧盟大数据价值联盟正式发布了《欧盟大数据价值战略研究和创新议程》（以下简称为《议程》），设定了欧盟国家和区域层面的发展目标，以实现未来欧洲在世界创造大数据价值中的领先地位。《议程》建议建立欧盟大数据契约的合同制公私伙伴（cPPP），以在欧盟 2020 地平线（Horizon 2020）、各国和地区计划中推行《议程》，增强泛欧的研究与创新工作，形成清晰的研究、技术发展和投资战略。《议程》从七个方面指出了在欧盟建立良好的大数据生态系统所需要解决的主要挑战。《议程》对大数据发展目标的预期影响进行了研究，设定了关键绩效指标，以评估预期影响。

2017 年欧盟委员会发布《打造欧洲数据经济》报告，对数据驱动型经济的潜力、面临的障碍、解决方案等进行了分析总结。报告指出，大数据是经济增长、就业和社会进步的重要资源，2015 年欧盟数据经济的价值是 2 720 亿欧元，接近欧盟地区生产总值的 1.9%。如果有适当的政策和法律解决方案，数据经济的价值将会在 2020 年翻一番。

三、英国大数据概况

2012 年 5 月，世界上首个开放式数据研究所 ODI（The Open Data Institute）在英国政府的支持下建立，首批注资 10 万英镑。这是英国政府研究和利用开放式数据方面的一次里程碑式发展。未来，英国政府将通过这个组织来利用和挖掘公开数据的商业潜力，并为英国公共部门、学术机构等方面的创新发展提供“孵化环境”，同时为国家可持续发展政策提供进一步的帮助。

2013 年 1 月，英国商务、创新和技能部宣布，将注资 6 亿英镑发展 8 类高新技术，大数据独揽其中的 1.89 亿英镑，将近三成。英国政府预计大数据将成为英国经济的主要驱动力，而四个大数据研究中心将确保英国在国际竞争中保持较强竞争力。到 2017 年，大数据分析已为英国创造 5.8 万个工作岗位，并带来 2 160 亿英镑的经济收入。

2013 年 10 月，由英国商务、创新和技能部牵头编制的《英国数据能力发展战略规划》发布。该战略旨在使英国成为大数据分析的世界领跑者，并使公民和消费者、企业界和学术界、公共部门和私营部门均从中获益。该战略在定义数据能力以及如何提高数据能力方面，进行了系统性的研究分析，并提出了举措建议。

2017 年 8 月，由英国运输部与英国国家基础设施保护中心（CPNI）共同制定新的网络安全准则《车联网和自动驾驶汽车网络安全准则》出台。该准则隶属于英国政府道路安全与网络安全相关政策的一部分。

四、法国大数据概况

2011 年 7 月，法国工业部部长埃里克贝松宣布，启动“Open Data Proxima Mobile”项目，希望通过该项目实现公共数据在移动终端上的使用，从而最大限度地挖掘它们的应用价值。项目内容涉及交通、文化、旅游和环境等领域。

2011 年 12 月，法国政府推出的公开信息线上共享平台 data.gouv.fr，上线当天发布的第一批资源中就包含 352 000 组数据，且网站的数据由每个政府部门的专员统计、收集、持续更新。

2013 年 2 月，法国政府发布《数字化路线图》，明确了大数据是未来要大力支持的战略性高新技术。政府将以新兴企业、软件制造商、工程师、信息系统设计师等为目标，开展一系列的投资计划，旨在通过发展创新性解决方案，并将其用于实践，来促进法国在大数据领域的发展。

2013 年 4 月，法国经济、财政和工业部宣布将投入 1 150 万欧元用于支持 7 个未来投资项目，法国政府投资这些项目的目的在于“通过发展创新性解决方案，并将其用于实践，来促进法国在大数据领域的发展”。

2013 年 7 月，法国中小企业、创新和数字经济部发布了《法国政府大数据五项支持计划》，包括引进数据科学家教育项目；设立一个技术中心给予新兴企业各类数据库和网络文档存取权；通过为大数据设立原始扶持资金，促进创新；在交通、医疗卫生等纵向行业领域设立大数据旗舰项目；为大数据应用建立良好的生态环境，如在法国和欧盟层面建立用于交流的各类社会网络等。

五、日本大数据概况

2012 年 6 月，日本 IT 战略本部发布电子政务开放数据战略草案，迈出了政府数据公开的关键性一步。政府将利用信息公开方式标准化技术实现统计信息、测量信息、灾害信息等公共信息的开放，并尽快在网络上实现行政信息全部公开并可被重复使用。

2012 年 7 月，日本推出了《面向 2020 年的 ICT 综合战略》，提出“活跃在 ICT 领域的日本”的目标，重点关注大数据应用。战略聚焦大数据应用所需的社会化媒体等智能技术开发，传统产业 IT 创新，以及在新医疗技术开发、缓解交通拥堵等公共领域的应用。

2013 年 6 月，日本公布新战略：“创建最尖端 IT 国家宣言”。宣言阐述了 2013—2020 年以发展开放公共数据和大数据为核心的日本新 IT 国家战略，提出要把日本建设成为一个具有“世界最高水准的广泛运用信息产业技术的社会”。

2015 年 6 月，日本政府经内阁会议决定了 2014 年度版《制造业白皮书》。白皮书中指出，日本制造业在积极发挥 IT 作用方面落后于欧美，建议转型为利用大数据的“下一代”制造业。

2017 年 10 月，日本公正交易委员会竞争政策研究中心发布了《数据与竞争政策研究报告书》。在这部报告书中，日本明确了运用竞争法对“数据垄断”行为进行规制的主要原则和判断标准。

六、印度大数据概况

2012 年印度批准了国家数据共享和开放政策，目的在于促进政府拥有的数据和信息得到共享及使用。印度制定了一个一站式政府数据门户网站 data.gov.in，把政府收集的所有非涉密数据集中起来，包括全国的人口、经济和社会信息，截至 2018 年，已包括 107 个部门的 4 237 个数据目录，3 535 个 API 和 135 191 项数据资源。同时，印度政府还拟定一个非共享数据清单，保护国家安全、隐私、机密、商业秘密和知识产权等数据的安全。

2013 年 1 月，印度政府公布新的科技创新政策。新政策既着眼于形成新的创新视角，又提出了到 2020 年跻身全球五大科技强国的目标。新政策强调印度将加强科学、技术与创新之间的协同，使之全方位融入社会经济进程。印度政府还将 2010—2020 年作为“创新十年”，并组建了国家创新委员会，2017 年，该国研发投入已占到 GDP 的 2%。

七、澳大利亚大数据概况

2012 年 10 月，澳大利亚政府发布《澳大利亚公共服务信息与通信技术战略 2012—2015》，强调应增强政府机构的数据分析能力从而促进更好的服务传递和更科学的政策制定，并将制定一份大数据战略确定为战略执行计划之一。截至 2016 年年底，其政府数据开放网站 data.gov.au 已包括 275 个组织的 23 293 个数据集和 5 625 个应用程序。

2013 年 8 月，澳大利亚政府信息管理办公室（AGIMO）大数据工作组发布了《公共服务大数据战略》，以六条“大数据原则”为指导，旨在推动公共部门利用大数据分析进行服务改革，制定更好的公共政策，保护公民隐私，使澳大利亚在该领域跻身全球领先水平。

2016 年 5 月，澳大利亚信息专员办公室（OAIC）发布了《大数据指南和澳大利亚隐私原则》的草案，该草案概述了关键的隐私要求，并鼓励实施隐私管理框架，采用这种方法将在设计初始阶段就考虑将“设计的隐私”嵌入在实体文化、系统和交互中。

第六节　大数据的发展趋势

大数据的快速发展和应用，为改善各行各业的业务、促进经济增长打开了大门。数据能帮助组织机构更好地开展工作，大数据分析已经超越了热门的 IT 趋势标签，成为政府和公司业务的重要内容。

一、数据资源将成为最有价值的资产

随着大数据应用的快速发展，大数据价值得以充分的体现，大数据在企业和社会层面成为重要的战略资源，数据成为新的战略制高点，是政府和企业抢夺的新焦点。《华尔街日报》在一份题为《大数据，大影响》的报告中宣传，数据已经成为一种新的资产类别，

就像货币或黄金一样。Google、Facebook、亚马逊、腾讯、百度、阿里巴巴和奇虎360等企业正在运用大数据力量获得商业上更大的成功，并且金融和电信企业也在运用大数据来提升自己的竞争力。我们有理由相信大数据将不断成为机构和企业的资产，成为提升政府和企业竞争力的有力武器。

二、数据将越来越开放

大数据越关联越有价值，越开放越有价值。尤其是政府的公共事业和互联网企业的数据开放将越来越多。我们看到，中国、美国、英国、澳大利亚等国家的政府都在为政府和公共事业上的数据做出努力。而国内的一些城市和部门也在逐渐开展数据开放的工作。例如：北京市在2012年就开始试运行政务数据资源网，在2013年年底正式开放；上海在2012年启动了政府数据资源开放试点工作，数据涉及地理位置、交通、经济统计和资格资质等数据；2014年，贵州省也加入数据开放之列，10月云上贵州正式上线。截至2018年上半年，我国已陆续上线40多个符合政府数据开放基本特征的地级市及以上平台，仅山东省2018年上半年就开放数据3.12亿条。对于不同的行业，数据越共享也越有价值。如果每一个医院想获得更多病情特征库及药效信息，那么就需要全国甚至全世界的医疗信息共享，从而可以通过平台进行分析，获取更大的价值。我们相信数据共享的趋势会长期持续下去。

三、大数据安全越来越受重视

随着数据的价值越来越重要，大数据的安全稳定也将会越来越受重视。网络和数字化生活也使得犯罪分子更容易获取关于他人的信息，也有更多的骗术和犯罪手段出现，所以，在大数据时代，无论是对于数据本身的保护，还是对于由数据而演变的一些信息的安全，对大数据分析有较高要求的企业将至关重要。大数据安全是跟大数据业务相对应的，与传统安全相比，大数据安全的最大区别是安全厂商在思考安全问题的时候首先要进行业务分析，并且找出针对大数据业务的威胁，然后提出有针对性的解决方案。例如，对于数据存储这个场景，目前很多企业采用开源软件如Hadoop技术来解决大数据问题，但是由于其开源性，其安全问题也是突出的。因此，这就需要更多专业的安全厂商针对不同的大数据安全问题来提供专业的服务。

四、大数据将催生新的工作岗位和专业

一个新行业的出现，必将在工作职位方面有新的需求，大数据的出现也将推出一批新的就业岗位，例如，大数据分析师、数据管理专家、大数据算法工程师、数据产品经理等。

具有丰富经验的数据分析人才将成为稀缺的资源，数据驱动型工作将呈现爆炸式的增长。而由于有强烈的市场需求，高校也将逐步开设大数据相关的专业，以培养相应的专业人才。企业也将和高校紧密合作，协助高校联合培养大数据人才。如 2014 年，IBM 全面推进与高校在大数据领域的合作，引入强大的研发团队和业务伙伴，推动“大数据平台”和“大数据分析”的面向行业产学研创新合作以及系统化知识体系建设和高价值人才的培养，建设符合中国教学特色及人才需求的大数据相关学分课程，为未来建设特色专业方向做准备。

五、大数据将促进智慧城市快速发展

随着大数据的发展，大数据在智慧城市中将发挥越来越重要的作用。由于人口聚集给城市带来了交通、医疗、建筑等各方面的压力，需要城市能够更合理地进行资源布局和调配，而智慧城市正是城市治理转型的最优解决方案。智慧城市是通过物与物、物与人、人与人的互联互通能力、全面感知能力和信息利用能力，通过物联网、移动互联网、云计算等新一代信息技术，实现城市高效的政府管理、便捷的民生服务、可持续的产业发展。智慧城市相对于之前数字城市概念，最大的区别在于对感知层获取的信息进行了智慧的处理。由城市数字化到城市智慧化，关键是要实现对数字信息的智慧处理，其核心是引入了大数据处理技术。大数据是智慧城市的核心智慧引擎。智慧安防、智慧交通、智慧医疗、智慧城管等，都是以大数据为基础的智慧城市应用领域。

六、大数据将推进新技术的产生应用

以我们目前使用的技术，分析和解释大量数据可能需要花费很长时间。但如果我们能在短短几分钟内同时处理数十亿的数据，我们就可以大大缩短处理时间，让政府或公司及时做出决策，以达到更理想的效果。这项艰巨的任务只能通过量子计算才能实现。尽管该试验目前还处于起步阶段，但有人正在量子计算机上进行实验，来协助不同行业进行实践和理论研究。很快，诸如 Google、IBM 和微软等大型科技公司将开始测试量子计算机，把它集成到业务流程中，以促进企业发展。

在物联网迅速发展的趋势影响下，许多公司开始转向连接设备，以收集更多关于客户或流程的数据。这就产生了对技术创新的需求，旨在减少从数据的收集、分析到采取行动的滞后时间。边缘计算提供了更好的性能，因为流入和流出网络的数据更少，云计算成本更低，即使公司要删除从物联网收集到的不必要的数据，也可以从存储成本和基础设施成本中受益。此外，边缘计算还可以加快数据分析，让公司有充足的时间做出反应。

七、物联网技术与应用迅速发展

物联网（IoT）技术与应用，可以使我们逐渐用智能手机来控制家用电器，如使用谷歌 Assistant 和微软 Cortana 在家庭中自动完成特定任务。随着物联网热潮的再次到来，越来越多的企业投身于这项技术的开发研究。许多企业抓住机会向人们提供更好的物联网解决方案，这将带来很多收集、管理和分析大量数据的方法，同时收集、管理和分析数据的硬件设备也将应运而生。

八、人工智能将更加智能

随着大数据的发展，人工智能将智能应用发展得淋漓尽致，在各行各业都将得到广泛的应用，包括智能家居、智慧金融、智能客服、智能制造、智能医疗、智能艺术创作等各大领域。大数据技术是人工智能发展的核心，人工智能未来的布局和发展需要整个大数据产业链条的进一步完善和优化。把不同的数据聚合在一起，通过算法以及算力的支持，最终掌握数据的“大脑”，即数据核心价值，从而成就人工智能的发展，人工智能将越来越智能。

当前以大数据为基础的科学技术正在飞速发展，人们也将从这些趋势中获益。

第二章　大数据的关键技术

第一节　概　述

所谓的“大数据”，只是一门市场语言（Marketing Language），代表的是一种理念、一种解决问题的思路、一系列技术的集合。其背后是硬件、数据库、操作系统、Hadoop等一系列技术的综合应用。讨论大数据的关键技术时，需要首先了解大数据的基本处理流程，主要包括数据采集、存储、分析和可视化呈现等环节。数据无处不在，物联网、互联网网站、政务信息系统、零售系统、办公系统、自动化生产系统、监控摄像头、传感器等，每时每刻都在不断产生数据。这些分散在各处的数据，需要采用相应的设备或软件进行采集。采集到的数据通常无法直接用于后续的数据分析，因为对于来源众多、类型多样的数据而言，数据质量、数据缺失和语义模糊等问题是不可避免的，因而必须采取相应措施有效地解决这些问题，这就需要一个被称为“数据预处理”的过程，把数据变成一个可用的状态。数据经过预处理以后，会被存放到文件系统或数据库系统中进行存储与管理，然后采用数据挖掘工具对数据进行处理分析，最后采用可视化工具为用户呈现结果。在整个数据处理过程中，还必须注意隐私保护和数据安全问题。

因此，从数据分析全流程的角度来看，大数据技术主要包括大数据采集与预处理、大数据存储、大数据计算与分析、大数据可视化、大数据安全等几个层面的内容。

第二节　Hadoop 基础

一、Hadoop 简介

Hadoop 诞生于 2006 年，最初由一名叫作 Doug Cutting 的雅虎工程师构建，现在是由 Apache 软件基金管理的一个开源项目。

Apache Hadoop 的官方给出的定义是：Apache^{TM} Hadoop$^{®}$是一套可靠的、可扩展的、支持分布式计算的开源软件。

Apache Hadoop 是一款支持数据密集型分布式应用并以 Apache 2.0 许可协议发布的开源软件框架。它支持在商品硬件构建的大型集群上运行的应用程序。Hadoop 是根据 Google 公司发表的 MapReduce 和 Google 档案系统的论文自行实作而成。

Hadoop 是一套开源的软件平台，利用服务器集群，根据用户的自定义业务逻辑，对海量数据进行分布式处理。

Hadoop 与 Google 一样，都是以小孩子的名字命名的，是一个虚构的名字，没有特别的含义。从计算机专业的角度看，Hadoop 是一个分布式系统基础架构，主要目标是对分布式环境下的“大数据”以一种可靠、高效、可伸缩的方式处理。

Hadoop 框架透明地为应用提供可靠性和数据移动。它实现了名为 MapReduce 的编程范式：应用程序被分割成许多小部分，而每个部分都能在集群中的任意节点上执行或重新执行。

Hadoop 还提供了分布式文件系统，用以存储所有计算节点的数据，这为整个集群带来了非常高的带宽。MapReduce 和分布式文件系统的设计，使得整个框架能够自动处理节点故障。它使应用程序与成千上万的独立计算的电脑和 PB 级的数据连接起来。

二、Hadoop 的特点

（1）扩容能力（Scalable）。能可靠地（reliably）存储和处理千兆字节（PB）数据。

（2）成本低（Economical）。可以通过普通机器组成的服务器集群来分发以及处理数据。这些服务器集群总计可以达到千个节点。

（3）高效率（Efficient）。通过分发数据，Hadoop 可以在数据所在的节点上并行地（parallel）处理它们，这使得处理非常快。

（4）可靠性（Reliable）。Hadoop 能自动地维护数据的多份副本，并且在任务失败后能自动重新部署（redeploy）计算任务。

三、Hadoop 的版本

目前，Hadoop 有两大版本：Hadoop 1.0 和 Hadoop 2.0，如图 2-1 所示。

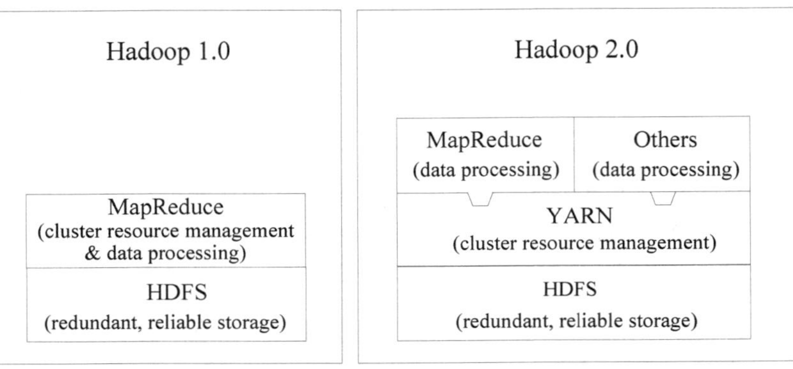

图 2-1 Hadoop 的版本演进

相比 Hadoop 1.0，Hadoop 2.0 的主要改进有：

（1）通过 YARN 实现资源的调度与管理，从而使 Hadoop 2.0 可以运行更多种类的计算框架，如 Spark 等。

（2）实现了 NameNode 的 HA 方案，即同时有 2 个 NameNode（一个是 Active；另一个是 Standby），如果 Active NameNode 挂掉的话，另一个 NameNode 会转入 Active 状态提供服务，保证了整个集群的高可用。

（3）实现了 HDFS federation，由于元数据放在 NameNode 的内存当中，内存限制了整个集群的规模，通过 HDFS federation 使多个 NameNode 组成一个联邦共同管理的 DataNode，这样就可以扩大集群规模。

（4）Hadoop RPC 序列化扩展性好，通过将数据类型模块从 RPC 中独立出来，成为一个独立的可插拔模块。

四、Hadoop 的生态圈

Hadoop 生态圈是指以 Hadoop 为基础发展起来的一系列技术。这些技术都是为了解决大数据处理过程中不断出现的新问题而产生的。最新的生态圈如图 2-2 所示。

图 2-2 中包含目前最流行的两个大数据处理框架 Hadoop 和 Spark。这两个框架之间的关系并不是互斥的，它们之间既有合作、补充，又有竞争。例如，Spark 提供的实时内存计算是比 Hadoop 中 MapReduce 快得多的技术，但是 Spark 又依赖于 Hadoop 中的 HDFS 来存储数据。虽然 Spark 也可以基于别的系统进行搭建，但是大家一致认为 Spark 和 Hadoop 更配。

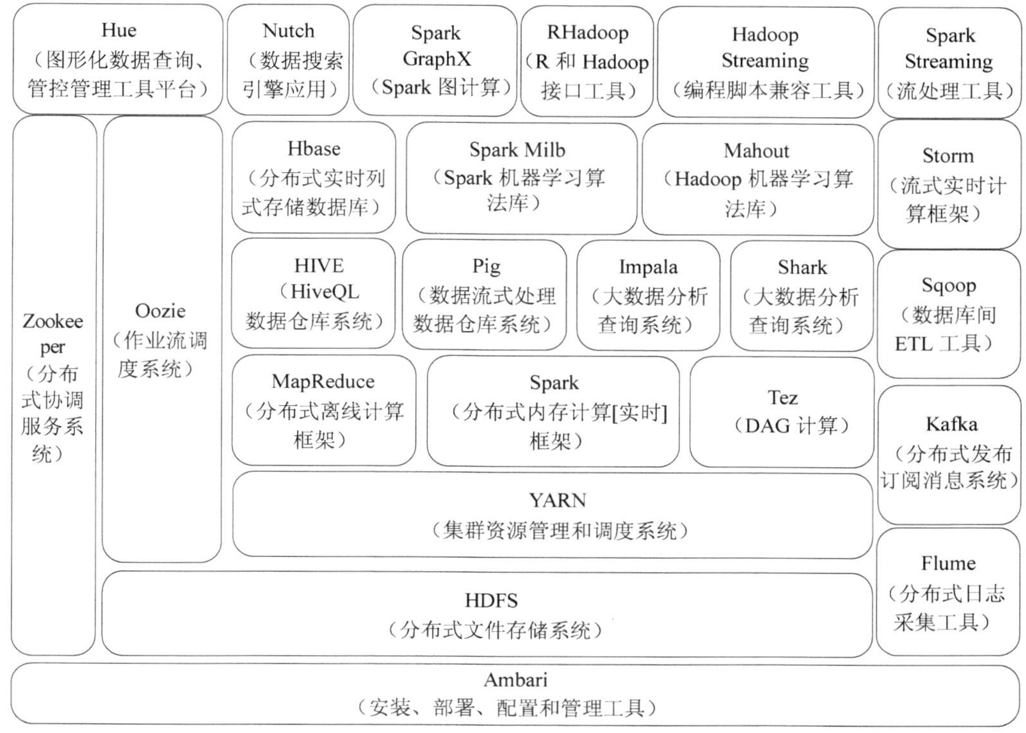

图 2-2　最新 Hadoop 生态圈

第三节　大数据采集与预处理

海量数据是大数据建设的基础，因此，数据采集就成了大数据分析的前提。采集是大数据价值挖掘的重要环节，大数据的分析挖掘都是建立在采集基础上的。虽然大数据技术的意义不在于掌握规模庞大的数据信息，而在于对这些数据进行智能处理，从中分析和挖掘出有价值的信息，但前提是拥有大量的数据。绝大多数的政府或企业现在还很难判断，到底哪些数据未来将成为资产，通过什么方式将数据提炼成为价值。对于这一点，即便是大数据服务企业也很难给出确定的答案。但有一点是肯定的，在大数据时代，谁掌握了足够的数据，谁就有可能掌握未来，现在的数据采集就是将来的资产积累。

数据的采集既有基于物联网传感器的采集，又有基于网络信息的数据采集。例如，在智能交通中，数据的采集有基于 GPS 的定位信息采集、基于交通摄像头的视频采集、基于卡口的图像采集、基于路口的线圈信号采集等。而在互联网上的数据是对各类网络媒介，如搜索引擎、新闻网站、论坛、微博、电商网络等的各种页面信息和用户访问信息进行采集，采集的内容主要有文本信息、URL、访问日志、日期和图片等。采集后我们需要把采集到的各类数据进行清洗、过滤、去重等预处理并分类归纳存储。

数据的种类是丰富多样的，随着分布式计算平台的流行，越来越多的数据将存储和计算放到分布式平台上。现在许多政府和公司的平台每天会产生大量的日志（一般为流式数据，如搜索引擎的PV、查询等），处理这些日志需要特定的日志系统，一般而言，这些系统需要具有以下特征：

一是构建应用系统和分析系统的桥梁，并将它们之间的关联解耦；

二是支持近实时的在线分析系统和类似于Hadoop的离线分析系统；

三是具有高可扩展性，即当数据量增加时，可以通过增加节点进行水平扩展。

本节的大数据采集主要介绍数据的分类、网页和日志的采集、数据分发中间件。

一、数据的分类

数据的分类方法有很多种，按数据形态可以分为结构化数据、半结构化数据和非结构化数据三种。结构化数据如传统的Data Warehouse数据。半结构化数据是介于结构化数据和非结构化数据之间的数据，如日志数据等。非结构化数据有文本数据、图像数据、自然语言数据等。

（一）结构化数据

结构化数据的特点是任何一列的数据都不可以再细分，任何一列的数据都有相同的数据类型，所有关系型数据库（如Oracle、SQL Server、DB2、MySQL等）中的数据全部为结构化数据。关系型数据库存储的结构化数据示例见表2-1。

表2-1 结构化数据示例

用户号	用户名	交易额	采购产品
200233666	张三	580.00	篮球
200233667	李四	4 560.00	手机

（二）半结构化数据

半结构化数据，是介于结构化数据和非结构化数据之间的数据，半结构化数据的格式较为规范，一般都是纯文本数据，可以通过某种方式解析得到每项数据。最常见的就是日志数据、XML、JSON等格式的数据，它们每条记录可能会有预定义的规范，但是每条记录包含的信息可能不尽相同，也可能会有不同的字段数，包含不同的字段名或字段类型，或者包含着嵌套的格式。这类数据一般都以纯文本的形式输出，管理维护也较为方便，但在需要使用这些数据时，如获取、查询或分析数据时，需要先对这些数据格式进行相应的解析。

（三）非结构化数据

非结构化数据指的是那些非纯文本类数据，没有标准格式，无法直接解析出相应的值。常见的非结构化数据有富文本文档、多媒体（图像、声音、视频等）。这类数据不易收集管理，也无法直接查询和分析，所以对这类数据需要使用一些不同的处理方式。

二、网页的采集

大量的数据散落在互联网中，要分析互联网上的数据，需要先把数据从网络中获取下来，这就需要网络爬虫技术。

网络爬虫（又被称为网页蜘蛛、网络机器人，在 FOAF 社区中间，更经常地称为网页追逐者），是一种按照一定的规则，自动地抓取万维网信息的程序或者脚本。另外一些不常使用的名字还有蚂蚁、自动索引、模拟程序和蠕虫。

网络爬虫是搜索引擎抓取系统的重要组成部分。爬虫的主要目的是将互联网上的网页下载到本地形成一个或联网内容的镜像备份。本节主要介绍网络爬虫的基本结构及工作流程。一个通用的网络爬虫的框架如图 2-3 所示。

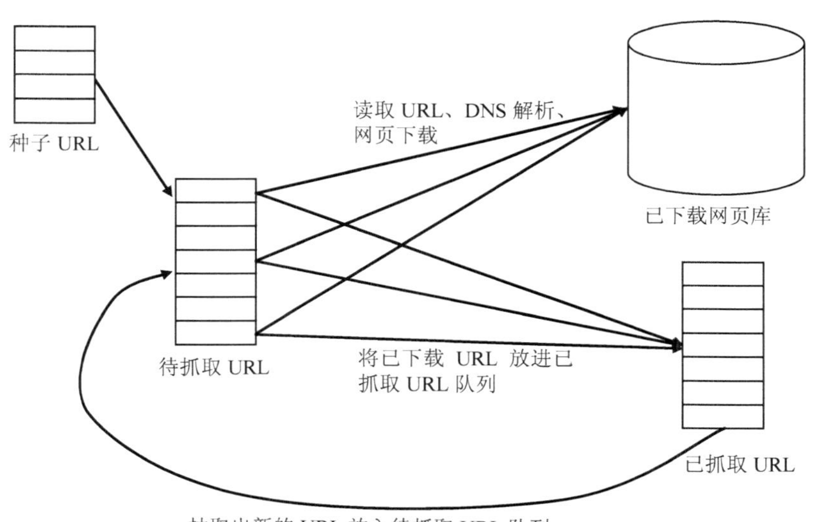

图 2-3　网络爬虫的框架

网络爬虫的基本工作流程如下：

（1）首先选取一部分精心挑选的种子 URL。

（2）将这些 URL 放入待抓取 URL 队列。

（3）从待抓取 URL 队列中取出待抓取的 URL，解析 DNS，并且得到主机的 IP，并将 URL 对应的网页下载下来，存储进已下载网页库中。此外，将这些 URL 放进已抓取 URL 队列。

（4）分析已抓取 URL 队列中的 URL，分析其中的其他 URL，并且将 URL 放入待抓取 URL 队列，从而进入下一个循环。

三、日志的采集

任何一个生产系统在运行过程中都会产生大量的日志，日志往往隐藏了很多有价值的信息。在没有分析方法之前，这些日志存储一段时间后就会被清理。随着技术的发展和分析能力的提高，日志的价值被重新重视起来。在分析这些日志之前，需要将分散在各个生产系统中的日志收集起来。我们以 Flume 为例介绍。

Flume 是 Cloudera 提供的一个高可用、高可靠、分布式的海量日志采集、聚合和传输的系统，可用于从不同来源的系统中采集、汇总和传输大容量的日志数据到指定的数据存储中。Flume 支持在日志系统中定制各类数据发送方来收集数据，同时还可以提供对数据进行简单处理，写到各种定制数据接受方的能力。Flume 初始的发行版本目前被统称为 Flume OG（Original Generation），属于 Cloudera。但随着 Flume 功能的扩展，Flume OG 代码工程臃肿、核心组件设计不合理、核心配置不标准等缺点暴露出来，尤其是在 Flume OG 的最后一个发行版本 0.94.0 中，日志传输不稳定的现象尤为严重。2011 年 10 月 22 日，Cloudera 完成了 Flume-728，对 Flume 进行了里程碑式的改动——重构核心组件、核心配置以及代码架构，重构后的版本统称 Flume NG（Next Generation）。改动的另一原因是将 Flume 纳入 Apache 旗下，Cloudera Flume 改名为 Apache Flume。本节主要关注 Flume NG 的架构和特性。

Flume 支持的采集数据源包括 console、RPC（Thrift-RPC）、text（文件）、tail（UNIX tad）、syslog（syslog 日志系统，支持 TCP 和 UDP 两种横式）、exec（命令执行）等，支持的数据接受方包括 console、text（文件）、DFS（HDFS 文件）、RPC（Thrift-RPC）和 syslog TCP（TCP syslog 日志系统）等。

（一）Flume 架构

Flume 的架构主要有以下几个核心概念。

Event：Event 由消息头和消息内容（a byte payload）组成，其中消息头是可选的。Event

是 Flume 的基本数据单元，在 Flume 中使用 Event 对象来作为传递数据的格式。

Source：从 Client 收集数据，并把数据传递给 Channel，Source 操作的数据是 Event。

Channel：连接 Source 和 Sink，Event 的临时存储区，保存由 Source 传递过来的 Event，Channel 的功能类似一个队列。

Sink：从 Channel 中读取并移除 Event，将 Event 发送给一个 Source 或者持久化到数据库中。

Agent：一个独立的 Flume 进程，包含组件 Source、Channel、Sink，通常每台机器只能运行一个 Agent，一个 Agent 中可以包含一个或多个 Source、Channel、Sink。

Client：生产数据，把数据发送到 Agent，数据由 Source 接收。

对于 Flume OG，可以说它是一个分布式日志收集系统，有 Master 概念，依赖于 ZooKeeper，Agent 用于采集数据，Agent 是 Flume 中产生数据流的地方，同时，Agent 会将产生的数据流传输到 Collector。对应地，Collector 用于对数据进行聚合，往往会产生一个更大的流。而对于 Flume NG，它摒弃了 Master、ZooKeeper、Collector 和 Web 配置台，只剩下 Source、Sink 和 Channel，此时一个 Agent 的概念包括 Source、Channel 和 Sink，完全由一个分布式系统变成了传输工具。不同机器之间的数据传输不再是 OG 那样由 Agent Collector，而是由一个 Agent 端的 Sink 流向另一个 Agent 的 Source。

（二）数据流模型（Data flow model）

Flume 的数据流由 Event 贯穿始终。Event 是 Flume 的基本数据流单位，Event 由消息内容（a byte payload）和可选的消息头组成，消息头是一系列字符串属性。Agent 是 Flume 的最小的独立运行单位，由 Source、Sink 和 Channel 三大组件构成，如图 2-4 所示。

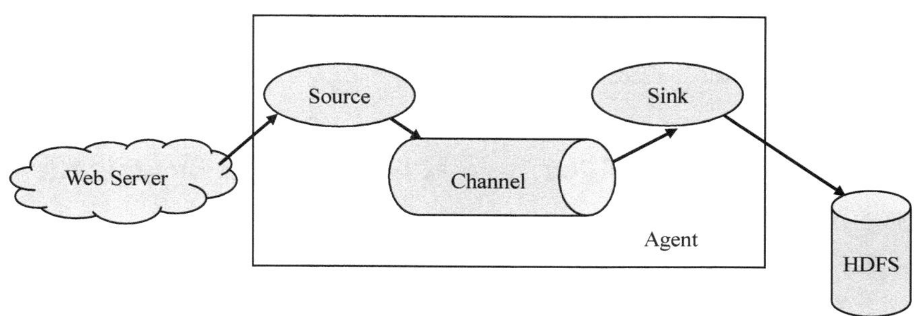

图 2-4　Flume NG 的节点组成

Event 由外部系统生成，如图 2-4 中的 Web Server，外部系统会根据 Source 的需求把指定格式的 Event 推送到 Agent，Source 会捕获这些 Event 并进行格式化，Source 支持多种 Event 格式，如 Avro、Thrift 等。Source 处理后的 Event 会被转发到一个或多个 Channel 中，Channel 可以看成是一个数据缓冲区（类似消息队列），Channel 中的 Event 一直保存到 Sink 处理完成为止。Sink 负责持久化日志或者把 Event 推向另一个 Source，Sink 处理后的 Event 会从 Channel 中移除。

Flume 支持用户建立多级流，也就是 Event 通过多个 Agent 后才达到最终目的。多级流过程中如果有失败的流跳转，Flume 提供扇入和扇出流（fan-in and fan-out flows）、上下文路由（contextual routing）和备份路由（backup routes or fail-over）等功能。

四、数据分发中间件

数据采集上来后，需要送到后端的组件进行进一步的分析，前端的采集和后端的处理往往是多对多的关系。为了简化传送逻辑、增加灵活性，在前端的采集和后端的处理之间需要一个消息中间件来负责消息转发，以保障消息可靠性、匹配前后端的速度差。本节以 Kafka 为例介绍。

Kafka 是用于收集多个来源的实时流程数据的分布式消息发布订阅系统，具有水平伸缩、高容错、速度快等特点。它最初由 LinkedIn 公司基于独特的设计实现为一个分布式的提交日志系统（a distributed commit log），之后成为 Apache 项目的一部分。目前已经在成千上万家公司的生产环境中稳定运行。

（一）Kafka 基本架构

它的架构包括以下组件：

（1）话题（Topic）：是特定类型的消息流。消息是字节的有效负载（Payload），话题是消息的分类名或种子（Feed）名。

（2）生产者（Producer）：是能够发布消息到话题的任何对象。

（3）服务代理（Broker）：已发布的消息保存在一组服务器中，它们被称为代理（Broker）或 Kafka 集群。

（4）消费者（Consumer）：可以订阅一个或多个话题，并从 Broker 拉数据，从而消费这些已发布的消息。

Kafka 基本架构如图 2-5 所示。

从图 2-5 中可以看出，生产者将数据发送到 Broker 代理，Broker 代理有多个话题 topic，消费者从 Broker 获取数据。拓扑结构如图 2-6 所示。

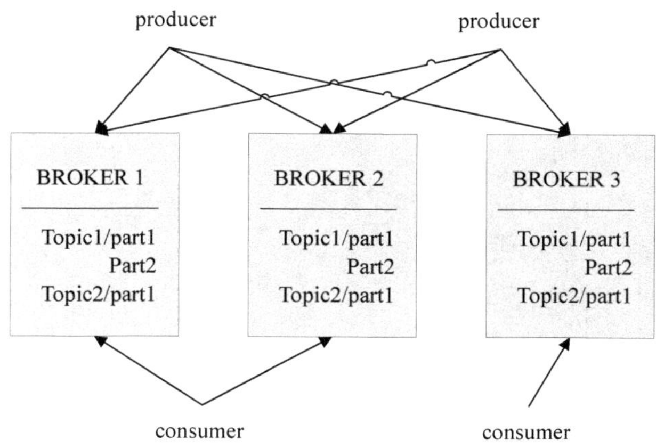

图 2-5　Kafka 基本架构

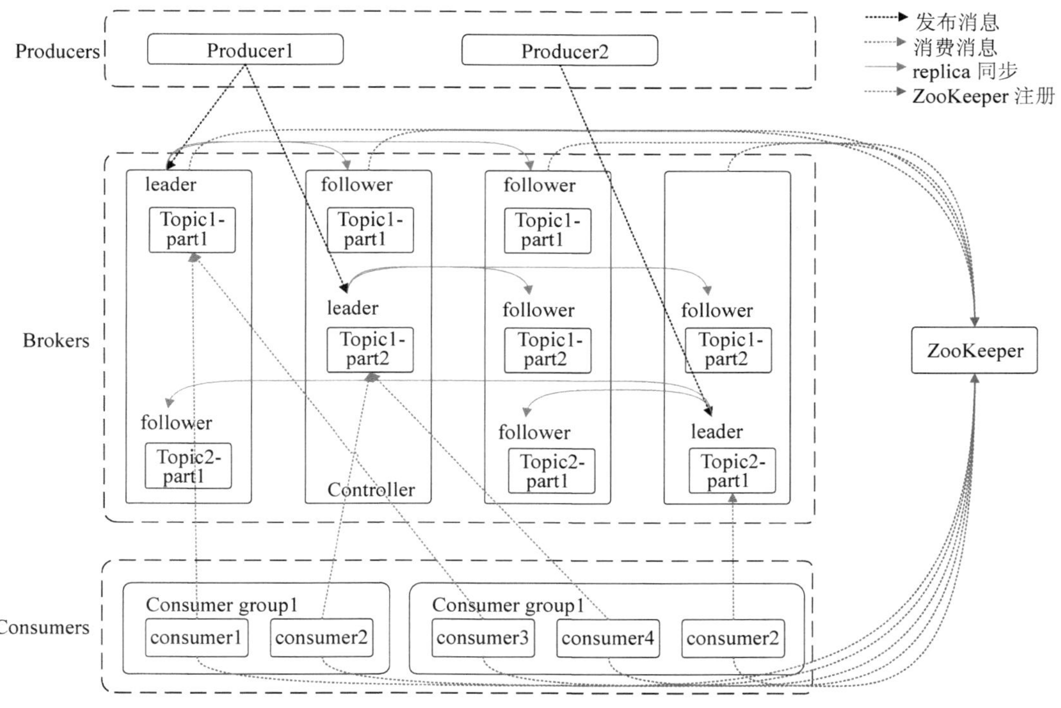

图 2-6　Kafka 拓扑结构

（二）Kafka 的特性

通过 O（1）的磁盘数据结构提供消息的持久化，这种结构对于即使数以 TB 的消息存储也能够保持长时间的稳定性能。

高吞吐量：即使是非常普通的硬件，kafka 也可以支持每秒数十万的消息。

支持同步和异步复制两种 HA。

Consumer 客户端 pull，随机读，利用 sendfile 系统调用，zero-copy，批量拉数据。

消费状态保存在客户端。

消息存储顺序写。

数据迁移、扩容对用户透明。

支持 Hadoop 并行数据加载。

支持 online 和 offline 的场景。

持久化：通过将数据持久化到硬盘以及 replication 防止数据丢失。

scale out：无须停机即可扩展机器。

定期删除机制，支持设定 partitions 的 segment file 保留时间。

（三）常见应用场景

（1）日志收集：一个公司可以用 Kafka 收集各种服务的 log，通过 Kafka 以统一接口服务的方式开放给各种 consumer，如 Hadoop、Hbase、Solr 等。

（2）消息系统：解耦生产者和消费者、缓存消息等。

（3）用户活动跟踪：Kafka 经常被用来记录 Web 用户或者 App 用户的各种活动，如浏览网页、搜索、点击等活动，这些活动信息被各个服务器发布到 Kafka 的 topic 中，然后订阅者通过订阅这些 topic 来做实时的监控分析，或者装载到 Hadoop、数据仓库中做离线分析和挖掘。

（4）运营指标：Kafka 也经常用来记录运营监控数据，包括收集各种分布式应用的数据，生产各种操作的集中反馈，如报警和报告。

（5）流式处理：如 spark streaming 和 storm。

（6）事件源。

五、数据预处理

数据采集后，数据类型五花八门，质量参差不齐，需要经过处理后方可进行后续操作。数据预处理可以提高数据的质量，从而有助于提高后续数据挖掘分析过程的精度和性能。通常预处理方法包含以下几种：

（一）数据清理

数据清理通过填充缺失值，光滑噪声，识别离群点，并纠正数据中的不一致等技术来进行。这里我们主要介绍缺失值、噪声数据和不一致数据的数据清理方法。

缺失值填充：缺失值对于无监督学习结果会带来影响，通常采用以下方法进行填充。一是删除含有缺失值的样本；二是人工填写缺失值；三是使用一个全局常量填充缺失值；四是使用属性的均值填充缺失值；五是使用与给定元组同一类的所有样本的属性均值填充相应的缺失值；六是使用最可能的值填充缺失值，可以使用回归、决策树归纳来确定最有可能的值来填充缺失信息。该方法是填充缺失值的最好方法。

噪声平滑：噪声（noise）是被测量变量的随机误差或偏差。给定一个数值属性，可以使用以下数据光滑技术来平滑噪声，主要有分箱（binning）法、回归法、聚类法等。

不一致数据清理：在实际数据库中，由于一些人为因素或者其他原因，记录的数据可能存在不一致的情况，因此，需要对这些不一致数据在分析前进行清理。例如，数据输入时的错误，可通过和原始记录对比进行更正。知识工程工具也可以用来检测违反规则的数据。又如，在已知属性间依赖关系的情况下，可以查找违反函数依赖的值。

数据清理是一项繁重的任务。数据清理过程的第一步是偏差检测。引起偏差的因素有多种，如人为错误、数据退化、有意错误等。通过把握数据趋势和识别异常来发现噪声、离群点以及考察不寻常的值。除考虑由字段过载引起的错误之外，数据分析还应根据唯一性规则、连续型规则和空值规则考察数据。

（二）数据集成和数据转换

随着大数据的出现，将多源数据进行数据集成，并根据需要将数据转换为适于处理的形式进行学习，以发现其中隐藏的潜在模式与规律。我们分别介绍数据集成和数据转换。

1. 数据集成

数据集成需要考虑许多问题，如实体识别问题，主要是匹配来自多个不同信息源的现实世界实体。冗余是另一个重要问题。如果一个属性能由另一个或另一组属性“导出”，则此属性可能是冗余的。属性或维命名的不一致也可能导致结果数据集中的冗余。有些冗余可通过相关分析检测到，如给定两个属性，根据可用的数据度量一个属性能在多大程度上蕴含另一个。常用的冗余相关分析方法有皮尔逊积距系数、卡方检验、数值属性的协方差等。

2. 数据转换

数据转换将数据转换为适于学习的形式，常用的数据转换方法包括：

（1）数据光滑：使用分箱、回归或聚类技术，去掉数据中的噪声。

（2）数据聚集：对数据集进行汇总或聚集。如聚集日产量数据，计算年和月的产量。

（3）数据泛化：使用概念分层，用高层概念替换底层或“原始”数据。

（4）数据规范化：将属性数据按比例缩放，使之落入一个特定的小区间，如[-1，1]区间或[0，1]区间。

（5）属性构造（也称特征构造）：可以构造新的属性并添加到属性集中。

（三）数据归约

随着大数据的出现，基于传统无监督学习的数据分析变得非常耗时和复杂，往往使分析不可行。数据归约技术是用来得到数据集的归约表示，在接近或保持原始数据完整性的同时将数据集规模大大减小。对归约后的数据集进行分析将更有效，并可产生几乎相同的分析结果。常见的数据归约方法有：数据立方体聚集、数据属性子集选择、维归约、数值归约、离散化和概念分层产生。

（1）数据立方体聚集：聚集操作用于数据立方体结构中的数据。数据立方体存储多维聚集信息。每个单元存放一个聚集值，对应多维空间的一个数点，每个属性可能存在概念分层，允许在多个抽象层进行数据分析。

（2）数据属性子集选择：当待分析数据集含有大量属性时，其中大部分属性与挖掘任务不相关或冗余，属性子集选择可以检测并删除不相关、冗余或弱相关的属性或维。其目标是找出最小属性集，使数据类的概率分布尽可能地接近使用所有属性得到的原分布。其优点是减少了出现在发现模式的属性数目，使模式更易于理解。对于属性子集选择，穷举搜索找出最佳属性子集可能是不现实的，因此，常使用压缩搜索空间的启发式算法。这些方法常为贪心算法，在搜索属性空间时总是做当下的最佳选择。策略是做局部最优选择，期望由此导致全局最优解。

（3）维归约：维归约使用数据编码或变换得到原数据归约或“压缩”表示。减少所考虑的随机变量或属性个数。若归约后的数据只能重新构造原始数据的近似表示，则该数据归约是有损的；若可以构造出原始数据而不丢失任何信息，则是无损的。广泛应用的有损维归约方法有小波变换和主成分分析等。

（4）数值归约：数值归约通过选择替代的数据表示形式来减少数据量。即用较小的数据表示替换或估计数据。数值归约技术可以是有参的，也可以是无参的。如参数模型（只需要存放模型参数，而不是实际数据）或非参数方法，如聚类、抽样和直方图。

（5）离散化和概念分层产生：数据离散化将属性值域划分为区间，来减少给定连续属性值的个数。区间的标记可以代替实际的数据值。用少数区间标记替换连续属性的数值，从而减少和简化原始数据，使无监督学习的数据分析结果简洁、易用，且具有知识层面的表示。近年来，已经研发了多种离散化方法。根据如何进行离散化可将离散化技术进行分类，如根据是否使用类信息或根据行进方向（即自顶向下或自底向上）分类。若离散化过程使用类信息，则称其为监督离散化；反之，则是非监督的离散化。若先找出一点或几个点（称为分裂点或割点）来划分整个属性区间，然后在结果区间上递归地重复这一过程，则为自顶向下离散化或分裂。自底向上的离散化或合并恰好与之相反。可以对一个属性递归地进行离散化，产生属性值的分层划分，称为概念分层。概念分层对多抽象层学习是有用的。概念分层定义了给定数值属性的离散化，也可以通过收集较高层的概念并用它们替换较低层的概念来归约数据。尽管通过这种数据泛化丢失了细节，但泛化后的数据更有意义，更易于展示。这有助于将多种无监督学习任务的学习结果进行一致表示。此外，与未进行泛化的大型数据集的无监督学习相比，归约后的数据进行无监督学习所需的I/O操作更少、更有效。因此，离散化技术和概念分层作为预处理步骤，在无监督学习之前而不是无监督学习过程中进行。

第四节 大数据存储

大数据时代必须解决海量数据的高效存储问题，传统意义上的存储技术和方法已经不能满足大数据存储的要求。在大数据环境下，根据存储系统为上层提供的访问接口和功能侧重不同，大数据存储解决方案以分布式存储为主，包括 Hadoop 分布式文件系统（HDFS）、分布式数据库（HBase）、NoSQL 数据库和云数据库等。HDFS 提供了在廉价服务器集群中进行大规模分布式文件存储的能力。HBase 是一个高可靠、高性能、面向列、可伸缩的分布式数据库，主要用来存储非结构化和半结构化的松散数据。NoSQL 数据库可以支持超大规模数据存储，灵活的数据模型可以很好地支持 Web 2.0 应用，具有强大的横向扩展能力，可以有效弥补传统关系型数据库的不足。云数据库是部署和虚拟化在云计算环境中的数据库，可以将用户从烦琐的数据库硬件定制中解放出来，同时让用户拥有强大的数据库扩展能力，满足各种不同类型用户的数据存储需求。需要特别指出的是，虽然云数据库在概念上更偏向于云计算的范畴，但是云计算和大数据是密不可分的两种技术，不能割裂看待，而且了解云数据库有助于拓展对大数据存储和管理方式的认识。

一、分布式文件系统（HDFS）

相对于传统的本地文件系统而言，分布式文件系统（Distributed File System）是一种通过网络实现文件在多台主机上进行分布式存储的文件系统。分布式文件系统的设计一般采用“客户机/服务器”（Client/Server）模式，客户端以特定的通信协议通过网络与服务器建立连接，提出文件访问请求，客户端和服务器可以通过设置访问权限来限制请求方对底层数据存储块的访问。

目前，已得到广泛应用的分布式文件系统主要包括 GFS 和 HDFS 等，后者是针对前者的开源实现。

（一）分布式文件系统的结构

在我们所熟悉的 Windows、Linux 等操作系统中，文件系统一般会把硬盘空间划分为每 512 个字节为一组，称为“磁盘块”，它是文件系统读操作的最小单位，文件系统的块（Block）通常是磁盘块的整数倍，即每次读写的数据量必须是磁盘块大小的整数倍。

与普通文件系统类似，分布式文件系统也采用了块的概念，文件被分成若干个块进行存储，块是数据读写的基本单元，只不过分布式文件系统的块要比操作系统中的块大很多。例如，HDFS 默认的一个块的大小是 64MB。与普通文件不同的是，在分布式文件系统中，如果一个文件小于一个数据块的大小，它并不占用整个数据块的存储空间。

分布式文件系统在物理结构上是由计算机集群中的多个节点构成的，如图 2-7 所示。这些节点分为两类：一类叫作“主节点”（Master Node），或者也被称为“名称节点”（Name Node）；另一类叫作“从节点”（Slave Node），也被称为“数据节点”（Data Node）。名称节点负责文件和目录的创建、删除和重命名等，同时管理着数据节点和文件块的映射关系，因此，客户端只有访问名称节点才能找到请求的文件块所在的位置，进而到相应位置读取所需文件块。数据节点负责数据的存储和读取，在存储时，由名称节点分配存储位置，然后由客户端把数据直接写入相应数据节点；在读取时，客户端从名称节点获得数据节点和文件块的映射关系，然后就可以到相应位置访问文件块。数据节点也要根据名称节点的命令创建、删除数据块和冗余复制。

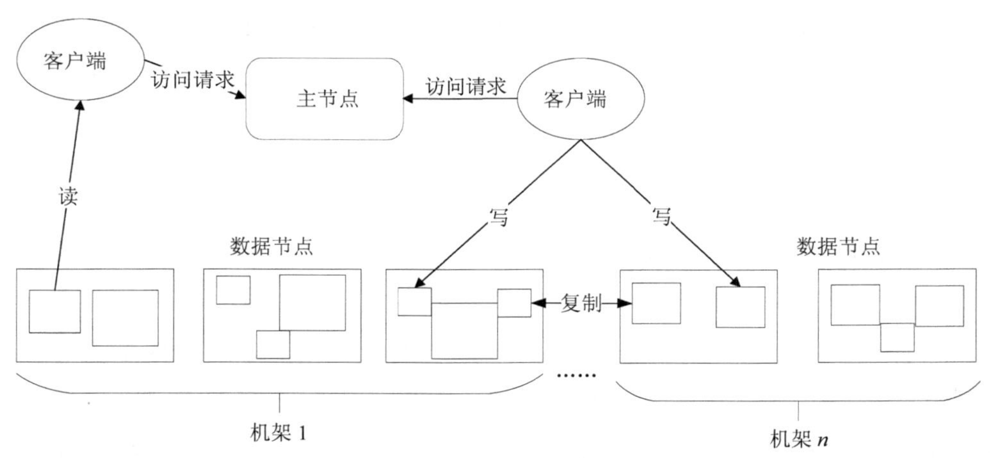

图 2-7 分布式文件系统整体结构

计算机集群中的节点可能发生故障，因此，为了保证数据的完整性，分布式文件系统通常采用多副本存储。文件块会被复制为多个副本，存储在不同的节点上，而且存储同一文件块的不同副本的各个节点会分布在不同的机架上，这样，在单个节点出现故障时，就可以快速调用副本重启单个节点上的计算过程，而不用重启整个计算过程，整个机架出现故障时也不会丢失所有文件块。文件块的大小和副本个数通常可以由用户指定。

分布式文件系统是针对大规模数据存储而设计的，主要用于处理大规模文件，如 TB 级文件。处理过小的文件不仅无法充分发挥其优势，而且会严重影响到系统的扩展和性能。

（二）HDFS

HDFS 开源实现了 GFS 的基本思想。HDFS 原来是 Apache Nutch 搜索引擎的一部分，后来独立出来作为一个 Apache 子项目，并和 MapReduce 一起成为 Hadoop 的核心组成部分。HDFS 支持流数据读取和处理超大规模文件，并能够运行在由廉价的普通机器组成的集群上，这主要得益于 HDFS 在设计之初就充分考虑了实际应用环境的特点，那就是硬件出错是普通服务器集群中的一种常态，而不是异常。因此，HDFS 在设计上采取了多种机制保证在硬件出错的环境中实现数据完整性。

1. HDFS优点

（1）适合大数据处理。能够处理百万规模以上的文件数量（GB、TB、PB 级数据），能够处理 10K 节点的规模。

（2）处理非结构化的数据。可处理结构化、半结构化、非结构化的数据（语音、视频、图片），80%的数据都是非结构化的数据。

（3）流式访问数据。一次写入，多次读取。文件一旦写入便不能修改，只能追加。它能保证数据的一致性。

（4）运行于廉价的商用机器集群上。它通过多副本机制，提高可靠性。即使出现故障也不会影响正常的业务处理，可以通过其他副本来恢复。

2. HDFS缺点

（1）不适合处理低延迟的数据访问。HDFS 是为了处理大型数据集分析任务的，主要是为了达到高的数据吞吐量而设计的。

（2）无法高效地存储大量小文件。当文件以 Block 块的形式进行存储时，Block 块的位置会存储在 Name Node 节点的内存中，无论是存储大文件还是存储小文件，每个文件对应的单条 Block 的块信息大小是一致的，而 Name Node 的内存总是有限的。小文件存储的寻道时间会超过读取时间，它违反了 HDFS 的设计目标。

（3）不支持并发写入和任意的修改。一个文件同时只能有一个写，不允许多个线程同时写。

（三）HDFS 的存储架构

HDFS 如何存储数据呢？HDFS 采用 Master/Slave 架构来存储数据，这种架构主要由 HDFS Client、NameNode、DataNode、Secondary NameNode 组成。HDFS 存储架构如图 2-8 所示。

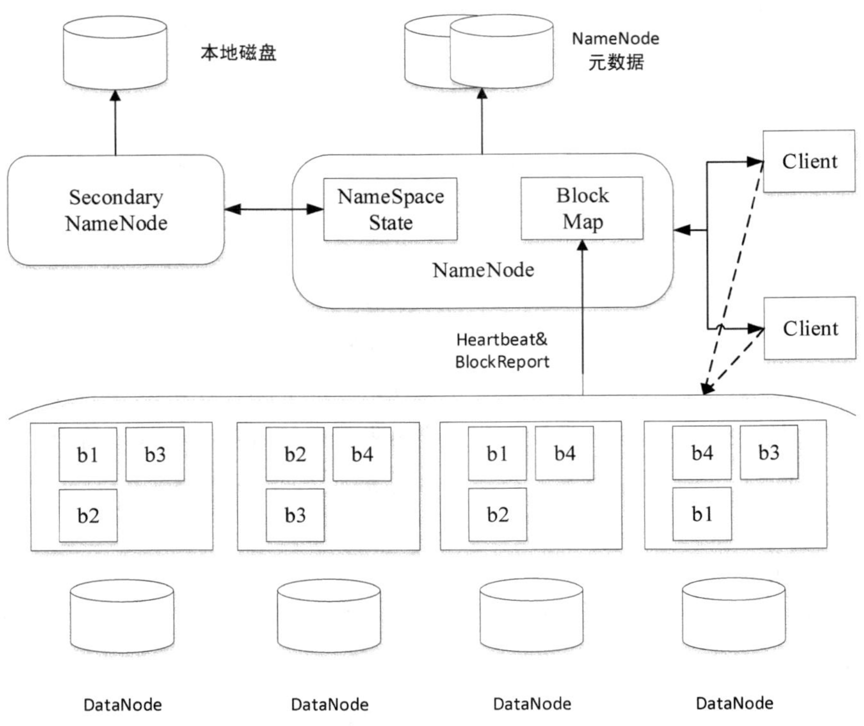

图 2-8 HDFS 存储架构

1. Client 客户端

（1）文件切分（物理切分）。文件上传 HDFS 的时候，Client 将文件切分成一个个的Block，然后进行存储。

（2）与 NameNode 交互，获取文件的位置信息。

（3）与 DataNode 交互，读取或者写入数据。

（4）Client 提供一些命令来管理 HDFS，如启动/关闭 HDFS。

（5）Client 可以通过一些命令来访问 HDFS。

2. NameNode

NameNode 就是 Master，它是一个主管、管理者。

（1）管理 HDFS 命名空间。维护着文件系统树及整棵树内所有的文件和目录，这些信息以两个文件形式永久保存在本地磁盘上：命名空间镜像文件 fsimage 和编辑日志 fsedits。

（2）管理数据块 Block 映射信息。

（3）配置副本策略。

（4）处理客户端读写请求。

3. DataNode

就是 Slave，NameNode 下达命令，DataNode 执行实际的操作。

（1）存储实际的数据块；

（2）执行数据块的读写操作。

4. Secondary NameNode

并非 NameNode 的热备（热备从广义上讲，就是服务器高可用应用的另一种说法，从狭义上讲，双机热备特指基于高可用系统中的两台服务器的热备）。当 NameNode 挂掉的时候，它并不能马上替换 NameNode 并提供服务。

（1）辅助 NameNode，分担其工作量；

（2）定期合并 fsimage 和 fsedits，并推送给 NameNode；

（3）在紧急情况下，可辅助恢复 NameNode。

二、分布式数据库 HBase

HBase 是一个构建在 HDFS 之上的分布式面向列存储的数据库系统。尽管已有很多数据存储、访问的策略和实现方法，但不可否认的是大多数关系型数据库系统都是重数据生产、轻数据应用的，具体表现为都没有考虑到大规模数据和分布式的特点。

HBase 是从另一个角度来解决处理伸缩性的问题的，它通过线性方式来不断增加节点进行规模的扩展。而常说的 NoSQL 数据库，它最大的特点就是数据库表结构可以动态扩展，这是关系型数据库系统所不具备的。

（一）HBase 架构

HBase 是一个高可靠性、高性能、面向列、可伸缩的分布式存储系统。HBase 适合于存储大表数据（表的规模可以达到数十亿行以及数百万列），并且对大表数据的读写访问可以达到实时级别。HBase 架构如图 2-9 所示。

从图 2-9 中可以看出，HBase 中的组件包括 Client、Zookeeper、HMaster、HRegionServer、HRegion、Store、MemStore、StoreFile、HFile、HLog 等，接下来介绍它们的作用。

HBase 中的每张表都通过行键按照一定的范围被分割成多个子表（HRegion），默认一个 HRegion 超过 256M 就要被分割成两个，这个过程由 HRegionServer 管理，而 HRegion 的分配由 HMaster 管理。

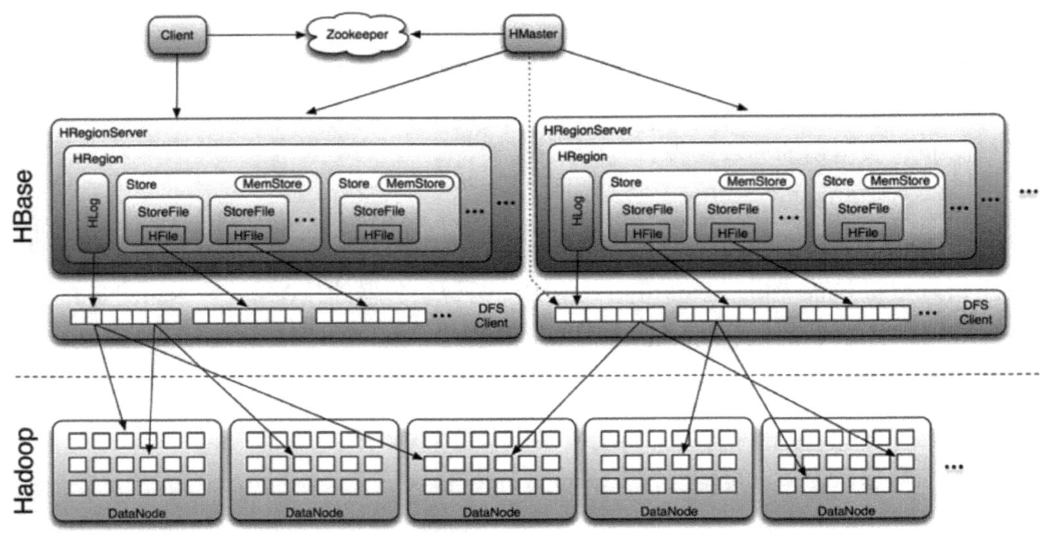

图 2-9 HBase 架构图

1. HMaster

在 HA 模式下，包含主用 Master 和备用 Master。主用 Master 负责 HBase 中 RegionServer 的管理，包括表的增删改查，RegionServer 的负载均衡，Region 的分布调整，Region 分裂以及分裂后的 Region 分配，RegionServer 失效后的 Region 迁移等。当主用 Master 故障时，备用 Master 将取代主用 Master 对外提供服务。故障恢复后，原主用 Master 降为备用。

2. 客户端

客户端使用 HBase 的 RPC 机制与 Master、RegionServer 进行通信。客户端与 Master 进行管理类通信，与 RegionServer 进行数据操作类通信。

3. Region

将一个数据表按 key 值范围横向划分为一个个的子表，实现分布式存储。这个子表，在 HBase 中被称作“Region”。

4. RegionServer

RegionServer 是 HBase 的数据服务进程，负责处理用户数据的读写请求。Region 被交由 RegionServer 管理。实际上，所有用户数据的读写请求，都是和 RegionServer 上的 Region 进行交互。Region 可以在 RegionServer 之间发生转移。

5. ZooKeeper

ZooKeeper 为 HBase 集群中各进程提供分布式协作服务。RegionServer 将自己的信息注册到 Zookeeper 中，Master 据此感知各个 RegionServer 的健康状态。

（二）HBase 的数据读写流程

HBase 数据读写流程如图 2-10 所示。

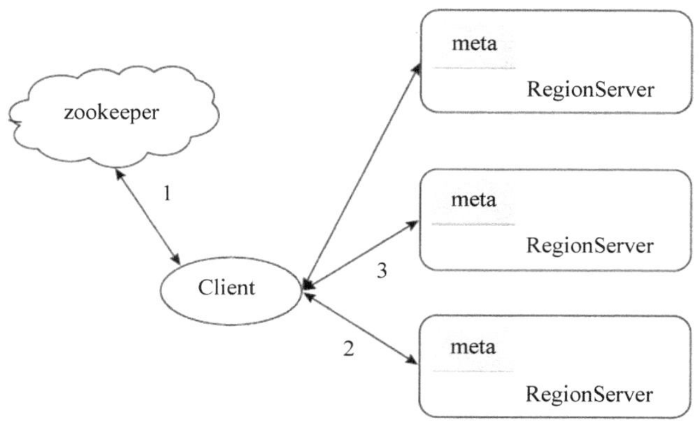

图 2-10　HBase 数据读写流程

（1）对 HBase 进行增、删、改、查数据操作时，HBase 客户端首先连接 ZooKeeper 获得元数据表所在的 RegionServer 的信息。

（2）HBase 客户端连接到包含对应的元数据表的 Region 所在的 RegionServer，并获得相应的用户表的 Region 所在的 RegionServer 位置信息。

（3）HBase 客户端连接到对应的用户表 Region 所在的服务器，并将数据操作命令发送给该服务器，服务器接收并执行该命令，从而完成本次数据操作。

（三）HBase 接口

HBase 集群访问可以有多种方式，不同方式的使用场景不同，HBase 的访问接口如下。

1．Native Java API

Native Java API 是最常规和高效的访问方式，适合 Hadoop MapReduce Job 并行批处理 HBase 表数据。

2．HBase Shell

HBase Shell 是 HBase 的命令行工具，是最简单的接口，适合 HBase 管理使用。

3．Thrift Gateway

Thrift Gateway 利用 Thrift 序列化技术，支持 C++、PHP、Python 等多种语言，适合其他异构系统在线访问 HBase 表数据。

4．REST Gateway

REST Gateway 支持 REST 风格的 Http API 访问 HBase，解除了语言限制。

5. PIG

可以使用 Pig Latin 流式编程语言来操作 HBase 中的数据，其本质是编译成 MapReduce Job 来处理 HBase 表数据，适合进行数据统计。

6. Hive

Hive 0.7 版本中添加了 HBase 的支持，可以使用类似 SQL 的语言 HQL 来访问 HBase，其本质类似 Pig，把脚本编译成 MapReduce Job 来处理 HBase 表数据。

三、数据仓库工具 Hive

Hive 是 Apache Hadoop 的正式子项目，可以将结构化的数据文件映射为一张数据库表，并提供简单的 SQL 查询功能，可以将 SQL 语句转换为 MapReduce 任务进行运行，其优点是学习成本低，可以通过类 SQL 语句快速实现简单的 MapReduce 统计，不必专门开发 MapReduce 应用，十分适合数据仓库的统计分析。

（一）Hive 基本特性

Hive 是建立在 Hadoop 上的数据仓库基础构架，它提供了一系列的工具，可以用来进行数据提取转化加载（ETL），这是一种可以在 Hadoop 中对大规模数据进行存储、查询和分析的机制。Hive 定义了简单的类 SQL 查询语言，称为 HQL，它允许熟悉 SQL 的用户方便地查询数据；同时，这个语言也允许熟悉 MapReduce 的开发者定制自定义的 Mapper 和 Reducer，以便处理内建 Mapper/Reducer 无法完成的复杂分析工作。它具备以下几个基本特性。

（1）查询语言：由于 SQL 被广泛地应用在数据仓库中，因此，专门针对 Hive 的特性设计了类 SQL 的查询语言 HQL。熟悉 SQL 开发的开发者可以很方便地使用 Hive 进行开发。

（2）数据存储位置：Hive 是建立在 Hadoop 之上的，所有 Hive 的数据都存储在 HDFS 中。

（3）数据格式：Hive 中没有定义专门的数据格式，数据格式可以由用户指定，用户定义数据格式需要指定三个属性：列分隔符、行分隔符以及读取文件数据的方法。由于在加载数据的过程中，不需要从用户数据格式到 Hive 定义的数据格式的转换，因此，Hive 在加载的过程中不会对数据本身进行任何修改，而只是将数据内容复制或者移动到相应的 HDFS 目录中。

（4）执行：Hive 中大多数查询的执行是通过 Hadoop 提供的 MapReduce 来实现的。

（5）执行延迟：之前提到的 Hive 在查询数据的时候，由于索引功能还不够完善，需要扫描整个表，因此延迟比较高。另外一个导致 Hive 执行延迟高的因素是 MapReduce 框架。由于 MapReduce 本身具有较高的延迟，因此在利用 MapReduce 执行 Hive 查询时，也会有较高的延迟。

（6）可扩展性：Hive 是建立在 Hadoop 之上的，因此，Hive 的可扩展性和 Hadoop 的可扩展性是一致的。

（7）数据规模：由于 Hive 建立在集群上并可以利用 MapReduce 进行并行计算，因此可以支持很大规模的数据。

（二）Hive 体系架构

Hive 架构如图 2-11 所示。

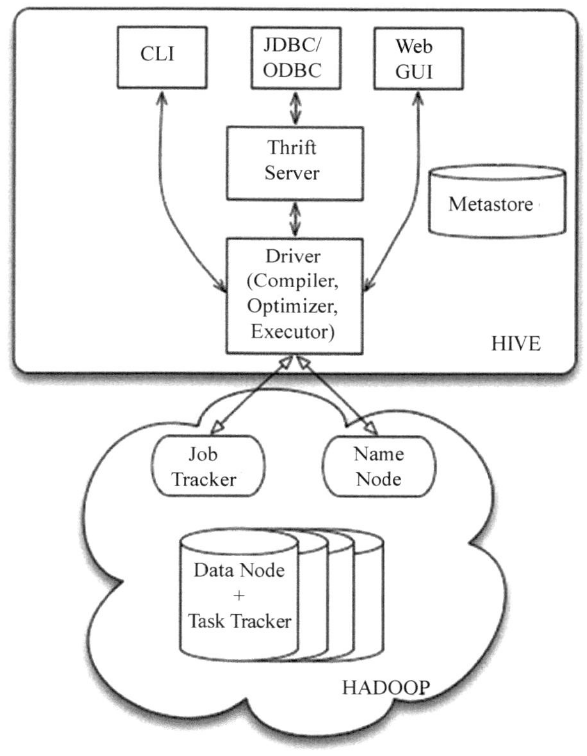

图 2-11 Hive 架构图

Hive 系统总体上分为以下几部分：

（1）UI。用户提交查询请求与获得查询结果。其包括三个接口：命令行（CLI）、Web GUI 和客户端。

（2）Driver。接受查询请求，经过处理后返回查询结果。

（3）Compiler。编译器，分析查询 SQL 语句，在不同的查询块和查询表达式上进行语义分析，并最终通过从 Metastore 中查找表与分区的元信息生成执行计划。

（4）Execution Engine。执行引擎，执行由 Compiler 创建的执行计划，执行引擎管理不同阶段的依赖关系，通过 MapReduce 执行这些阶段。

（5）Metastore。元数据储存，元数据存储在 MySQL 或 derby 等数据库中。元数据包括 Hive 各种表与分区的结构化信息，列与列类型信息，序列化器与反序列化器等，从而能够读写 HDFS 中的数据。

（三）Hive 数据模型

Hive 中所有的数据都存储在 HDFS 中，Hive 中包含以下数据模型：Database、Table、Partition、Bucket。Hive 的数据模型如图 2-12 所示。

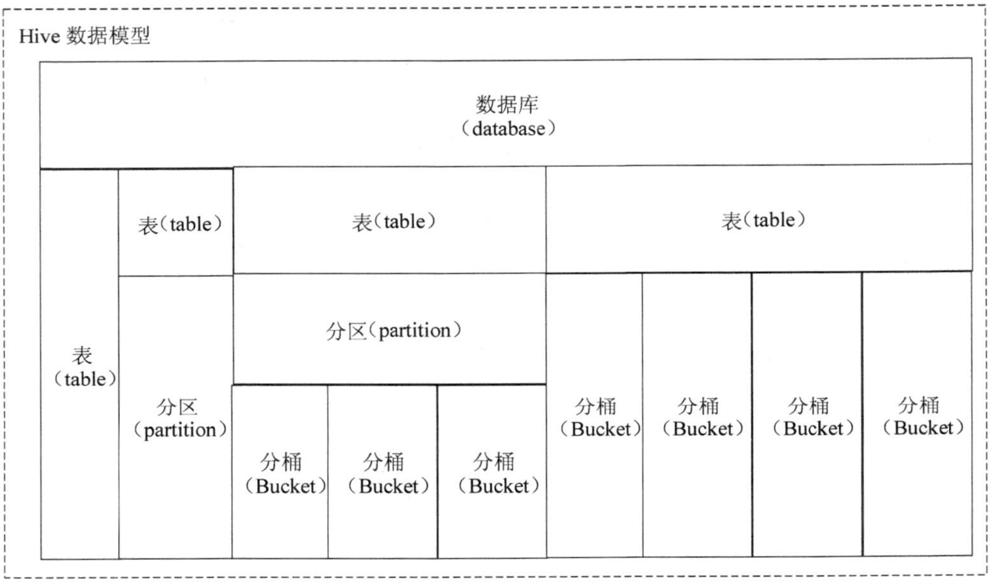

Hive 数据模型

数据库（database）

表（table）

表（table）

分区（partition）

分桶（Bucket）

表（table）

分区（partition）

分桶（Bucket） 分桶（Bucket） 分桶（Bucket）

表（table）

分桶（Bucket） 分桶（Bucket） 分桶（Bucket） 分桶（Bucket）

图 2-12 Hive 的数据模型

（1）数据库（Database）：相当于关系数据库里的命名空间（NameSpace），它的作用是将用户和数据库的应用隔离到不同的数据库或模式中，Hive 提供了 create database dbname、use dbname 及 drop dbname 这样的语句。

（2）表（table）：Hive 的表逻辑上由存储的数据和描述表格中的数据形式的相关元数据组成，表存储的数据存放在分布式文件系统里，如 HDFS，元数据存储在关系数据库里，当我们创建一张 Hive 的表，还没有为表加载数据的时候，该表在分布式文件系统，如 HDFS 上就是一个文件夹（文件目录）。Hive 里的表有两种类型：一种叫托管表，这种表的数据文件存储在 Hive 的数据仓库里；另一种叫外部表，这种表的数据文件可以存放在 Hive 数据仓库外部的分布式文件系统上，也可以放到 Hive 数据仓库里（注意：Hive 的数据仓库就是 HDFS 上的一个目录，这个目录是 Hive 数据文件存储的默认路径，它可以在 Hive 的配置文件里进行配置，最终也会存放到元数据库里）。

（3）分区（partition）：Hive 里分区的概念是根据“分区列”的值对表的数据进行粗略划分的机制，在 Hive 存储上就体现在表的主目录（Hive 的表实际显示就是一个文件夹）下的一个子目录，这个文件夹的名字就是我们定义的分区列的名字。没有实际操作经验的人可能会认为分区列是表的某个字段，其实不是这样，分区列不是表里的某个字段，而是独立的列，我们根据这个列存储表里的数据文件。使用分区是为了加快数据分区的查询速度而设计的，我们在查询某个具体分区列里的数据时候没必要进行全表扫描。

（4）桶（bucket）：分桶是将数据集分解成更容易管理的若干部分的另一个技术，上面的 table 和 partition 都是目录级别的拆分数据，bucket 则是对源数据文件本身来拆分数据。使用桶的表会将源数据文件按一定规律拆分成多个文件。

（四）Hive 应用场景

Hive 提供数据提取、转换、加载功能，并可用类似于 SQL 的语法，对 HDFS 海量数据库中的数据进行查询、统计等操作。形象地说，Hive 更像一个数据仓库管理工具，适用于结构化数据的应用、读多写少的应用及响应时间要求不高的场合。

Hive 常用于以下几个方面：

（1）数据汇总（每天/每周用户点击数，点击排行）；

（2）非实时分析（日志分析，统计分析）；

（3）数据挖掘（用户行为分析，兴趣分区，区域展示）。

四、云数据库

云数据库是部署和虚拟化在云计算环境中的数据库。云数据库是在云计算的大背景下发展起来的一种新兴的共享基础架构的方法，它极大地增强了数据库的存储能力，消除了人员、硬件、软件的重复配置，让软硬件升级变得更加容易，同时也虚拟化了许多后端功能。云数据库具有高可扩展性、高可用性、采用多组形式和支持资源有效分发等特点。

在云数据库中，所有数据库功能都是在云端提供的，客户端可以通过网络远程使用云数据库提供的服务，如图 2-13 所示。客户端不需要了解云数据库的底层细节，所有的底层硬件都已经被虚拟化，对客户端而言是透明的，就像使用一个运行在单一服务器上的数据库一样，非常方便容易，同时又可以获得理论上近乎无限的存储和处理能力。

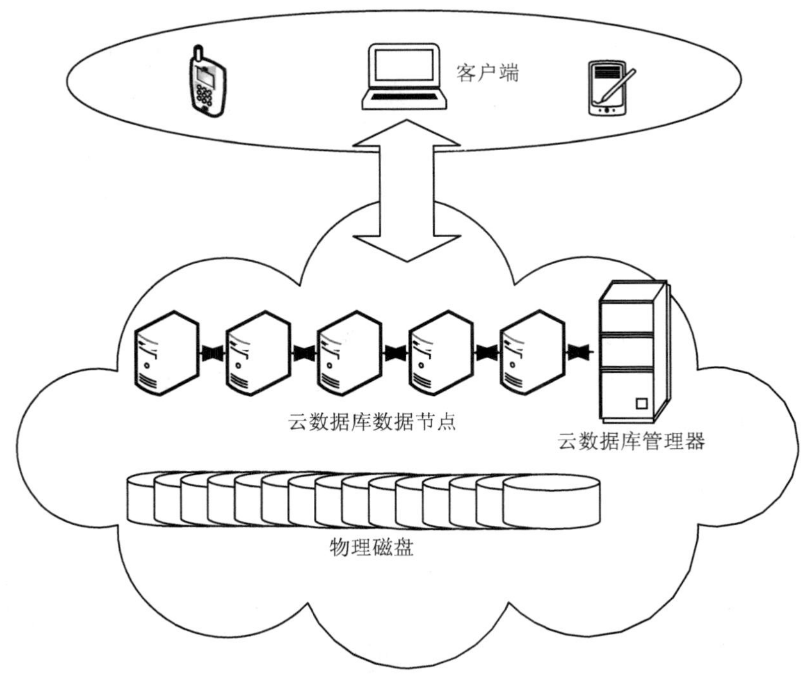

图 2-13 云数据库示意图

云数据库与传统数据库的区别（以阿里云数据库 RDS 为例）：

（1）服务可用性。在服务可用性方面，云数据库 RDS 是 99.95%可用的；而在自购服务器搭建的传统数据库服务中，需自行保障，自行搭建主从复制，自建 RAID 等。

（2）数据可靠性。对数据的可靠性来说，阿里云提供的云数据库 RDS 是保证 99.999 9%可靠；而在自购服务器搭建的传统数据库服务中，需自行保障，自行搭建主从复制，自建 RAID 等。

（3）系统安全性。阿里云提供的云数据库 RDS 可防 DDoS 攻击、流量清洗，能及时有效地修复各种数据库安全漏洞；而在自购服务器搭建的传统数据库，则需自行部署，价格高昂，同时也需自行修复数据库安全漏洞。

（4）数据库备份。云数据库 RDS 可自动为数据库进行备份；而自购服务器搭建的传统数据库需自行实现，同时需要寻找备份存放空间以及定期验证备份是否可恢复。

（5）软硬件投入。阿里云提供的云数据库 RDS 无软硬件投入，并按需付费；而自购服务器搭建的传统数据库服务器成本相对较高，对于 SQL Server 需支付许可证费用。

（6）系统托管。阿里云提供的云数据库 RDS 无须托管费用；而自购服务器搭建的传统数据库，每台 2U 服务器托管费用每年超过 5 000 元（如果需要主从，两台服务器需超过 10 000 元/年）。

（7）维护成本。阿里云提供的云数据库 RDS 无须运维；而自购服务器搭建的传统数据库需招聘专职 DBA 来维护，花费大量人力成本。

（8）部署扩容。阿里云提供的云数据库 RDS 即时开通，快速部署，弹性扩容，按需开通；而自购服务器搭建的传统数据库需硬件采购、机房托管、部署机器等工作，周期较长。

（9）资源利用率。阿里云提供的云数据库 RDS 按实际结算，100%利用率；而自购服务器搭建的传统数据库需考虑峰值，资源利用率很低。

通过上述比较可以看出，阿里云提供的云数据库 RDS 产品是高性能、高安全、高可靠、便宜易用的数据库服务系统，并且可以有效地减轻用户的运维压力，为用户带来安全可靠的全新体验。

云数据库有按需服务、随时服务、通用型、高可靠性、极其廉价、超大规模、虚拟化、高扩展性等特点，是各类云用户的最佳选择，本书对相关技术实现不再赘述。

第五节　大数据的计算与分析

大数据包括静态数据和动态数据（流数据），静态数据适合采用批处理方式，动态数据需要进行实时计算。分布式并行编程框架 MapReduce 可以大幅提高程序性能，实现高效的批量数据处理。基于内存的分布式计算框架 Spark，是一个可应用于大规模数据处理的快速、通用引擎，如今是 Apache 软件基金会下的顶级开源项目之一，正以其结构一体化、功能多元化的优势，逐渐成为当今大数据领域最热门的大数据计算平台。流计算框架 Storm 是一个低延迟、可扩展、高可靠的处理引擎，可以有效解决流数据的实时计算问题。大数据中包括很多图结构数据，但是 MapReduce 不适合用来解决大规模图计算问题，因此新的图计算框架应运而生，Pregel 就是其中一种具有代表性的产品。

一、MapReduce

MapReduce 是一种编程模型，是一种分布式运算技术，用于大规模数据集（大于 1TB）的并行运算。概念“Map”（映射）、“Reduce”（归约）和它们的主要思想，都是从函数式编程语言里借来的，还有从矢量编程语言里借来的特性。它极大地方便了编程人员在不会分布式并行编程的情况下，将自己的程序运行在分布式系统上。当前的软件实现是指定一个 Map（映射）函数，用来把一组键值对映射成一组新的键值对，指定并发的 Reduce（归约）函数，用来保证所有映射的键值对中的每一个共享相同的键组。MapReduce 工作原理如图 2-14 所示。

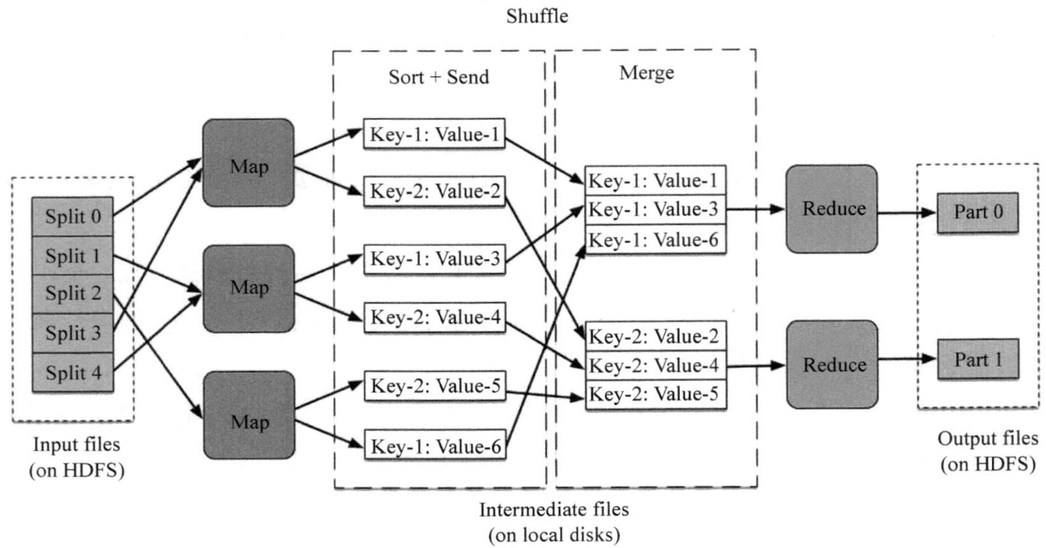

图 2-14 MapReduce 工作原理

MapReduce 的特性：

（1）MapReduce 将复杂的、运行于大规模集群上的并行计算过程高度地抽象成了两个函数：Map 和 Reduce。

（2）编程容易，不需要掌握分布式并行编程细节，也可以很容易地把自己的程序运行在分布式系统上，完成海量数据的计算。

（3）MapReduce 采用“分而治之”策略，一个存储在分布式文件系统中的大规模数据集，会被切分成许多独立的分片（split），这些分片可以被多个 Map 任务并行处理。

（4）MapReduce 设计的一个理念就是“计算向数据靠拢”，而不是“数据向计算靠拢”，因为移动数据需要大量的网络传输开支。

（5）MapReduce 框架采用了 Master/Slave 架构，包括一个 Master 和若干个 Slave。Master 上运行 JobTracker，Slave 上运行 TaskTracker。

（6）Hadoop 框架是用 Java 实现的，但是 MapReduce 应用程序则不一定要用 Java 来写。

（一）MapReduce 作业运行流程

MapReduce 作业运行流程如图 2-15 所示。

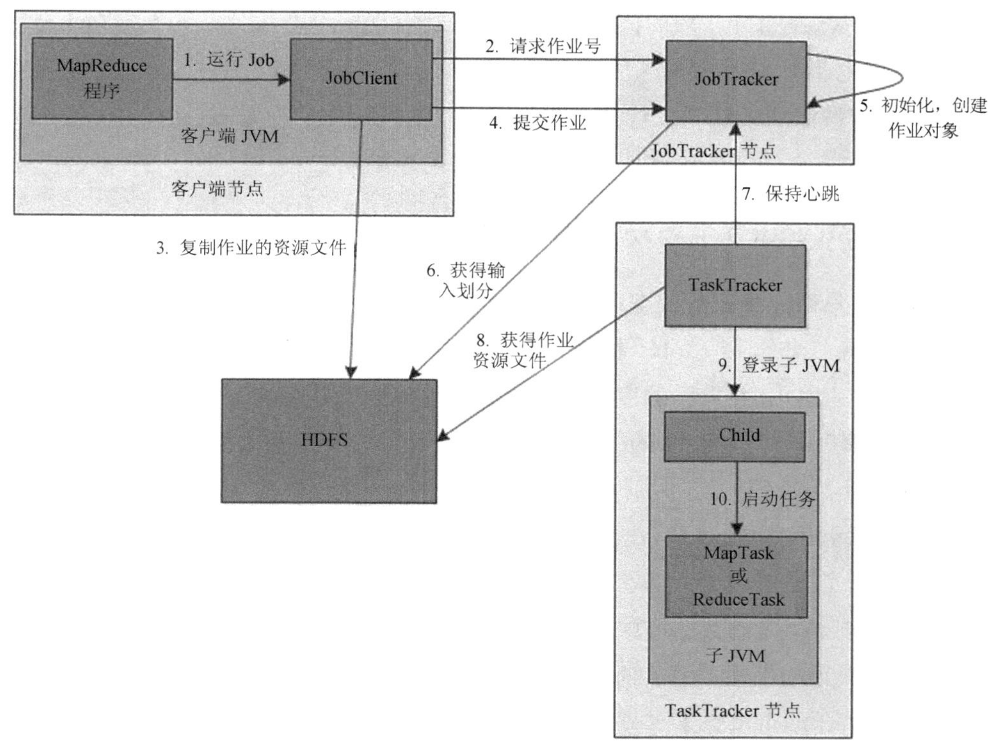

图 2-15　MapReduce 作业运行流程

流程分析：

（1）在客户端启动一个作业。

（2）向 JobTracker 请求一个 Job ID。

（3）将运行作业所需要的资源文件复制到 HDFS 上，包括 MapReduce 程序打包的 JAR 文件、配置文件和客户端计算所得的输入划分信息。这些文件都存放在 JobTracker 专门为该作业创建的文件夹中。文件夹名为该作业的 Job ID。JAR 文件默认会有 10 个副本（mapred.submit.replication 属性控制）；输入划分信息告诉了 JobTracker 应该为这个作业启动多少个 Map 任务等信息。

（4）JobTracker 接收到作业后，将其放在一个作业队列里，等待作业调度器对其进行调度，当作业调度器根据自己的调度算法调度到该作业时，会根据输入划分信息为每个划分创建一个 Map 任务，并将 Map 任务分配给 TaskTracker 执行。对于 Map 和 Reduce 任务，TaskTracker 根据主机核的数量和内存的大小有固定数量的 Map 槽和 Reduce 槽。这里需要强调的是：Map 任务不是随随便便地分配给某个 TaskTracker 的，这里有个概念叫数据本地化（Data-Local）。意思是：将 Map 任务分配给含有该 Map 处理的数据块的 TaskTracker 上，同时将程序 JAR 包复制到该 TaskTracker 上来运行，这叫“运算移动，数据不移动”。而分配 Reduce 任务时并不考虑数据本地化。

（5）TaskTracker 每隔一段时间会给 JobTracker 发送一个心跳，告诉 JobTracker 它依然在运行，同时心跳中还携带着很多的信息，如当前 Map 任务完成的进度等信息。当 JobTracker 收到作业的最后一个任务完成信息时，便把该作业设置成“成功”。当 JobClient 查询状态时，它将得知任务已完成，便显示一条消息给用户。

（二）MapReduce 主要功能

1．数据划分和计算任务调度

系统自动将一个作业（Job）待处理的大数据划分为很多个数据块，每个数据块对应一个计算任务（Task），并自动调度计算节点来处理相应的数据块。作业和任务调度功能主要负责分配和调度计算节点（Map 节点或 Reduce 节点），同时负责监控这些节点的执行状态，并负责 Map 节点执行的同步控制。

2．数据/代码互定位

为了减少数据通信，一个基本原则是本地化数据处理，即一个计算节点尽可能处理其本地磁盘上所分布存储的数据，这实现了代码向数据的迁移；当无法进行这种本地化数据处理时，再寻找其他可用节点并将数据从网络上传送给该节点（数据向代码迁移），但将尽可能从数据所在的本地机架上寻找可用节点以减少通信延迟。

3．系统优化

为了减少数据通信开支，中间结果数据进入 Reduce 节点前会进行一定的合并处理；一个 Reduce 节点所处理的数据可能会来自多个 Map 节点，为了避免 Reduce 计算阶段发生数据相关性，Map 节点输出的中间结果需使用一定的策略进行适当的划分处理，保证相关性数据发送到同一个 Reduce 节点；此外，系统还进行一些计算性能优化处理，如对最慢的计算任务采用多备份执行、选最快完成者作为结果。

4．出错检测和恢复

以低端商用服务器构成的大规模 MapReduce 计算集群中，节点硬件（主机、磁盘、内存等）出错和软件出错是常态，因此，MapReduce 需要能检测并隔离出错节点，并调度分配新的节点接管出错节点的计算任务。同时，系统还将维护数据存储的可靠性，用多备份冗余存储机制提高数据存储的可靠性，并能及时检测和恢复出错的数据。

二、Spark

Spark 最初由美国加州大学伯克利分校（UC Berkeley）的 AMP（Algorithms，Machines and People）实验室于 2009 年开发，是基于内存计算的大数据并行计算框架，可用于构建大型的、低延迟的数据分析应用程序。Spark 在诞生之初属于研究性项目，其诸多核心理念均源自学术研究论文。2013 年，Spark 加入 Apache 孵化器项目后，开始获得迅猛的发展，如今已成为 Apache 软件基金会最重要的三大分布式计算系统开源项目之一（Hadoop、Spark、Storm）。

Spark 作为大数据计算平台的后起之秀，在 2014 年打破了 Hadoop 保持的基准排序（Sort Benchmark）纪录，使用 206 个节点在 23min 的时间里完成了 100TB 数据的排序，而 Hadoop 则是使用 2000 个节点在 72min 的时间里才完成同样数据的排序。也就是说，Spark 仅使用了十分之一的计算资源，获得了比 Hadoop 快 3 倍的速度。新纪录的诞生，使得 Spark 获得多方追捧，也表明了 Spark 可以作为一个更加快速、高效的大数据计算平台。

（一）Spark 的主要特点

1. 运行速度快

Spark 使用先进的 DAG（Directed Acyclic Graph，有向无环图）执行引擎，以支持循环数据流与内存计算，基于内存的执行速度可比 Hadoop MapReduce 快上百倍，基于磁盘的执行速度也能快 10 倍。

2. 容易使用

Spark 支持使用 Scala、Java、Python 和 R 语言进行编程，简洁的 API 设计有助于用户轻松构建并行程序，并且可以通过 Spark Shell 进行交互式编程。

3. 通用性

Spark 提供了完整而强大的技术栈，包括 SQL 查询、流式计算、机器学习和图算法组件，这些组件可以无缝整合在同一个应用中，足以应对复杂的计算。

4. 运行模式多样

Spark 可运行于独立的集群模式中，或者运行于 Hadoop 中，也可运行于 Amazon EC2 等云环境中，并且可以访问 HDFS、Cassandra、HBase、Hive 等多种数据源。

Spark 源码托管在 Github 中，截至 2016 年 3 月，共有超过 800 名来自 200 多家不同公司的开发人员贡献了 15 000 次代码提交，可见 Spark 的受欢迎程度。每年举办的全球 Spark 顶尖技术人员峰会 Spark Summit，吸引了使用 Spark 的一线技术公司及专家会聚一堂，共同探讨目前 Spark 在企业的落地情况及未来 Spark 的发展方向和挑战。Spark Summit 的参会人数从 2014 年的不到 500 人暴涨到 2015 年的 2 000 多人，足以反映 Spark 社区的旺盛人气。Spark 如今已吸引了国内外各大公司的注意，如腾讯、淘宝、百度、亚马逊等公司均不同程度地使用了 Spark 来构建大数据分析应用，并应用到实际的生产环境中。相信在将来，Spark 会在更多的应用场景中发挥重要作用。

（二）Spark 架构

Spark 架构图如图 2-16 所示。

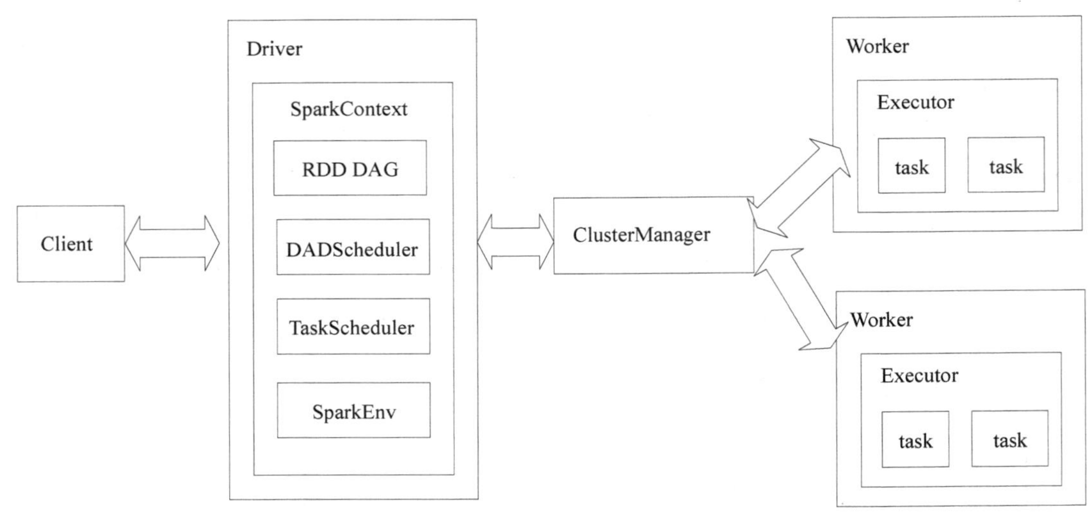

图 2-16　Spark 架构图

Spark 结构主要分为四个部分：

1．用来提交作业的Client 程序

Client 是什么呢，如 Spark 中提交程序的 shell 窗口，宏观上讲，是一台提交程序的物理机。负责将打包好的 Spark 程序提交到集群中，提交完程序这个客户端程序还发挥什么作用呢？Yarn-client 模式下，客户端提交程序后，在该客户端上又运行着一个 Driver 程序，这个 Client 的作用持续到 Spark 程序运行完毕，而 Yarn-cluster 模式下，客户端提交程序后就不再发挥任何作用，也就是说仅仅发挥了提交程序包的作用。

2．用来驱动程序运行的Driver程序

Driver 完成的工作主要是创建用户的上下文，这个上下文中包括很多控件，如 DADScheduler、TaskScheduler 等，这些控件完成的工作也称为 Driver 完成的。Driver 中完成 RDD 的生成，将 RDD 划分成有向无环图，生成 task，接受 master 的指示将 task 发送到 Worker 节点上进行执行等工作。

3．用来进行资源调度的ClusterManager（CM）

整个集群的 master，主要完成资源的调度，涉及一些调度算法，自带的资源管理器只支持 FIFO 调度，yarn 和 mesos 还支持其他方式的调度算法。CM 一边和 Driver 打交道，一边和 Worker 打交道，Driver 向 CM 申请资源，Worker 通过心跳机制向 CM 汇报自己的资源和运行情况，CM 告诉 Driver 应该向哪些 Worker 发送消息，然后 Driver 把 task 发送到这些可用的 Worker 上。

4．用来执行程序的Worker

Worker 用多个 Executor 来执行程序，整个 Spark 集群采用的是 master-slaver 模型，master（CluserManager）负责集群整体资源的调度和管理，并管理 Worker，Worker 管理其上的

Executor。

（三）Spark 的使用场景

Hadoop 常用于解决高吞吐、批量处理的业务场景，如对浏览量的离线统计。如果需要实时查看浏览量统计信息，Hadoop 显然不符合这样的要求。Spark 通过内存计算能力极大地提高了大数据处理速度，满足了以上场景的需要。此外，Spark 还支持交互式查询、SQL 查询、流式计算、图计算、机器学习等。通过对 Java、Python、Scala、R 语言等的支持，极大地方便了用户的使用。

（四）Spark 相较于 MapReduce 的优点

（1）Spark 的模式也属于 MapReduce，但是不局限于 Map 和 Reduce，它借鉴了 MapReduce 的优点，屏蔽了 MapReduce 的缺点。

（2）Spark 是基于内存计算的，它的处理中间结果存储在内存中，大大减少了 IO 的开销，这样就加快了计算速度，提高了效率。

（3）Spark 是基于 DVG 机制进行迭代计算的，它优于 MapReduce 的迭代计算。

（4）Spark 提供了更加简洁、高效、功能强大的 API，减少了大量的代码量。

三、流计算

传统的数据操作，先将数据采集并存储在数据库中，然后通过查询和数据库进行交互，得到用户需要的信息。整个过程中，用户是主动的，而数据库系统是被动的。但是，对于现在大量存在的实时数据，如股票交易的数据等，数据实时性强、数据量大且不间断，传统的架构已经不合适。这种实时数据被称为流数据（Stream）。

流计算（Stream Computing）就是专门针对这种实时数据类型（即流数据）准备的。在流数据不断变化运动的过程中实时地进行分析，捕捉到可能对用户有用的信息，并把结果迅速发送出去。例如，为了支持个性化搜索广告，系统需要实时处理来自几百万唯一用户每秒成千上万次的查询，并即时分析用户的会话特征来提高广告相关性和预测模型的准确度。从 2010 年开始，流计算逐渐成为大数据处理中的应用热点。典型应用场合有证券数据分析、网站广告的上下文分析、社交网络的用户行为分析等。

流计算没有明确的概念，一个典型的流计算模型可以看作是一系列算子（点）和数据流（边）组成的数据流图。在该模型中，以数据流（边）的形式，多个处理单元（点）中的计算机程序对实时数据进行处理和传递。流数据的特点是数据实时处理，不同事件到达某一节点的顺序是不可控制的。

在通常的流计算系统中，数据以流的方式进入计算集群，集群中的处理单元对实时数据流进行提取、过滤和分析等操作，最后输出计算结果。一部分流计算框架包括控制节点，负责失效处理、负载均衡和节点管理等功能；而有的流计算框架采用无中心架构，各节点地位平等，不能互相干涉。一个好的流计算框架应具有高性能（包括高吞吐量和低时延）、高可用性、完善的故障处理机制等特点。

流式实时计算是一种非常重要的计算类型，按照数据处理方式可分为两类：面向行（row-based）和面向微批处理（micro-batch）。其中，面向行的流式实时计算引擎的代表是Apache Storm，其典型特点是延迟低，但吞吐率也低；而面向微批处理的代表是Spark Streaming，其典型特点是延迟高，但吞吐率也高。

（一）Storm

Storm 是一个免费、开源的分布式实时计算系统，Storm 对于实时计算的意义类似于Hadoop 对于批处理的意义。Storm 可以简单、高效、可靠地处理流数据，并支持多种编程语言。Storm 框架可以方便地与数据库系统进行整合，从而开发出强大的实时计算系统。

1. Storm的主要特点

（1）简单的编程模型。类似于 MapReduce，降低了并行批处理复杂性，Storm 降低了进行实时处理的复杂性。

（2）可以使用各种编程语言。你可以在Storm之上使用各种编程语言。默认支持Clojure、Java、Ruby 和 Python。要增加对其他语言的支持，只需实现一个简单的 Storm 通信协议即可。

（3）容错性。Storm 会管理工作进程和节点的故障。

（4）水平扩展。计算是在多个线程、进程和服务器之间并行进行的。

（5）可靠的消息处理。Storm 保证每个消息至少能得到一次完整处理。任务失败时，它会负责从消息源重试消息。

（6）快速。系统的设计保证了消息能得到快速的处理，使用 ØMQ 作为其底层消息队列。

（7）本地模式。Storm 有一个“本地模式”，可以在处理过程中完全模拟 Storm 集群。这让你可以快速进行开发和单元测试。

2. Storm工作流程

Storm 工作流程如图 2-17 所示。

第一步：客户端提交拓扑到 Nimbus。第二步：Nimbus 针对该拓扑建立本地的目录根据 topology 的配置计算 task，分配 task，在 Zookeeper 上建立 assignments 节点存储 task 和 supervisor 机器节点中 worker 的对应关系。第三步：在 Zookeeper 上创建 taskbeats 节点来监控 task 的心跳，启动 topology。第四步：supervisor 去 Zookeeper 上获取分配的 tasks，启动多个 worker 进行，每个 worker 生成 task，一个 task 一个线程；根据 topology 信息初始化建立 task 之间的连接；task 和 task 之间是通过 ZeroMQ 管理的；然后整个拓扑运行起来。

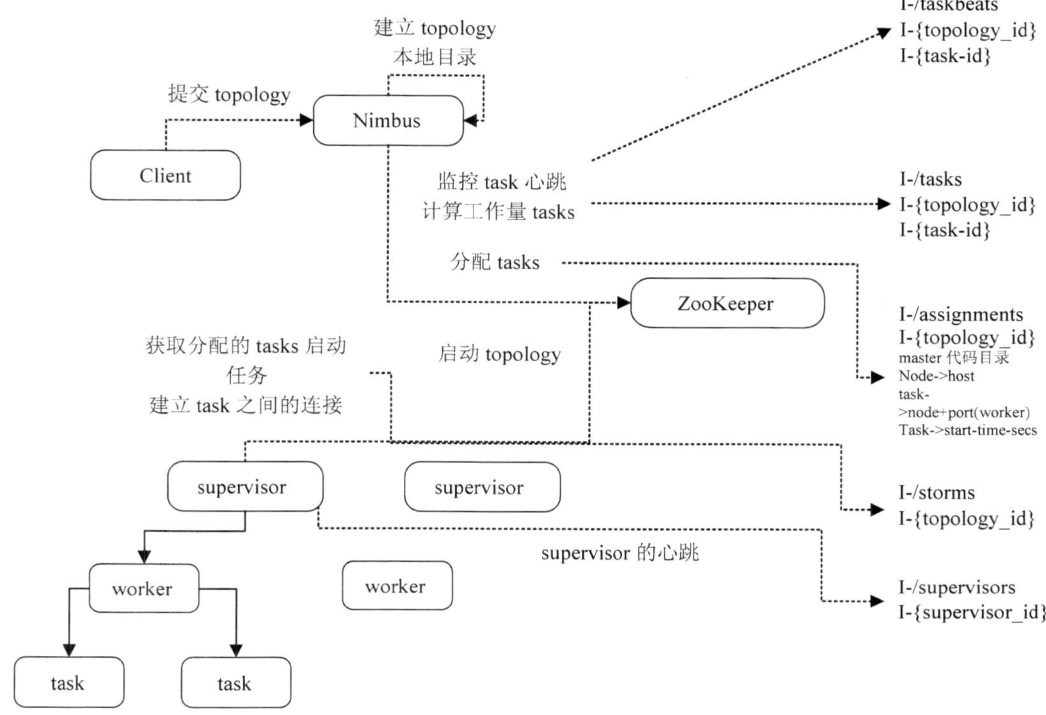

图 2-17　Storm 工作流程图

（二）Spark Streaming

Spark Streaming 是构建在 Spark 上的实时计算框架，它扩展了 Spark 处理大规模流式数据的能力。Spark Streaming 可结合批处理和交互查询，适合一些需要对历史数据和实时数据进行结合分析的应用场景。

1．Spark Streaming设计

Spark Streaming 是 Spark 的核心组件之一，为 Spark 提供了可拓展、高吞吐、容错的流计算能力。Spark Streaming 可整合多种输入数据源，如 Kafka、Flume、HDFS，甚至是普通的 TCP 套接字，如图 2-18 所示。经处理后的数据可存储至文件系统、数据库或显示在仪表盘里。

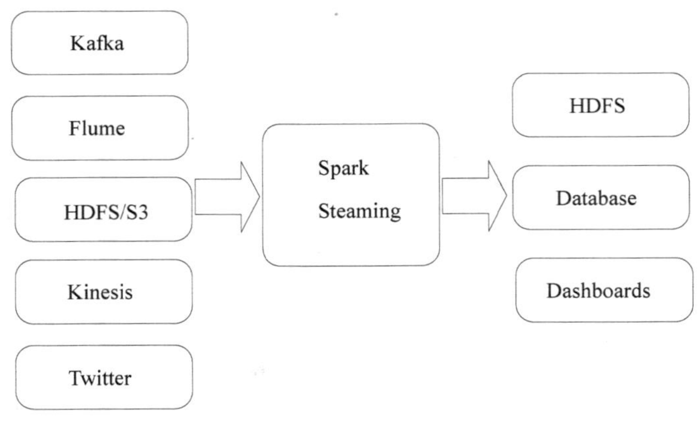

图 2-18 Spark Streaming 支持的输入、输出数据源

2．Spark Streaming的特点

（1）高可扩展性。可以运行在上百台机器上（Scales to hundreds of nodes）。

（2）低延迟。可以在秒级别上对数据进行处理（Achieves low latency）。

（3）高可容错性（Efficiently recover from failures）。

（4）能够集成并行计算程序。如 Spark Core（Integrates with batch and interactive processing）。

3．Spark Streaming的工作原理

Spark Streaming 的基本原理是将实时输入数据流以时间片（秒级）为单位进行拆分，然后经 Spark 引擎以类似批处理的方式处理每个时间片数据，执行流程如图 2-19 所示。

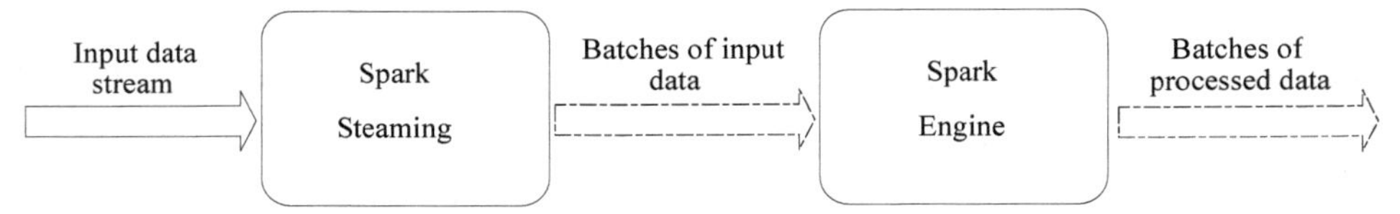

图 2-19 Spark Streaming 工作原理

四、大数据分析

在进行大数据分析之前，要确保数据已经预处理过。

大数据分析或挖掘的任务是从大量的数据中发现潜在的价值，比较典型的类型有：关联分析、基于决策树或神经网络的分类分析、聚类分析、序列分析等。

（一）关联（Association）分析

关联规则描述了一组数据项之间的关系。关联分析是在交易数据、关系数据或其他信息载体中，发现存在于项目集或对象集之间的关联规则，包括关联、相关性、因果结构或频繁出现的模式。在关联规则挖掘算法中，通常给出了置信度和支持度两个概念，对于置信度和支持度均大于给定阈值的规则称为强规则，而关联分析主要就是对强规则的挖掘。关联规则模式属于描述型模式，发现关联规则的算法属于无监督学习的方法。关联分析广泛用于购物篮分析、交叉销售、商品目录设计等商业决策领域。沃尔玛就使用关联规则发现了哪些人会同时购买纸尿片和啤酒。

常用的关联分析算法有 Apriori 算法及它的各种改进或扩展算法。Apriori 算法是一种挖掘布尔关联规则频繁项集（所有支持度大于最小支持度的项集称为频繁项集，简称频集）的算法。算法的核心思想是基于频集理论的一种递推方法，目的是从数据库中挖掘出那些支持度和信任度都不低于给定的最小支持度阈值和最小信任度阈值的关联规则。对于大规模、分布在不同站点上的数据库或数据仓库，关联规则的挖掘可以使用并行算法，如 Count 分布算法、Data 分布算法、Candidate 分布算法、智能 Data 分布算法（IDD）和 DMA 分布算法等。

（二）分类（Classification）分析

所谓分类是根据数据的特征为每个类别建立一个模型，根据数据的属性将数据分配到不同的组中。在实际应用过程中，分类规则可以分析分组中数据的各种属性，并找出数据的属性模型，从而确定哪些数据属于哪些组。这样就可以利用该模型来分析已有数据，并预测新数据将属于哪一个组。类的描述可以是显式的，如用一组特征概念描述；也可以是隐式的，如用一个数学公式或数学模型描述。

分类是事先定义好类别，属于有指导学习范畴。分类的目的是学会一个分类模型（称为分类器），该模型能把数据库中的数据项映射到给定类别中的某一个类中。要构造分类器，需要有一个训练样本数据集作为输入。训练集由一组数据库记录或元组构成，每个元组是一个由特征值组成的特征向量。

常用分类算法有决策树、神经网络（NN）、贝叶斯分类（Bayes）等。决策树是一个树结构，它用样本的属性作为节点，用属性的取值作为分支。决策树的根节点是所有样本信息中信息量最大的属性，中间节点是以该节点为根的子树所包含的样本子集中信息量最大的属性，决策树的叶节点是样本的类别值。决策树学习是以实例为基础的归纳学习算法，它着眼于从一组无次序、无规则的事例中推理出决策树表示形式的分类规则。它采用自顶向下的递推方式，在决策树的内部节点进行属性值的比较并根据不同的属性值判断从该节点向下的分支，在决策树的叶节点得到结论。所以，从根节点到叶节点的一条路径就对应着一条合取规则，整棵决策树就对应着一组析取表达式规则。著名的决策树算法有 ID3 和改进的 C4.5。图 2-20 所示为一个决策树的例子。

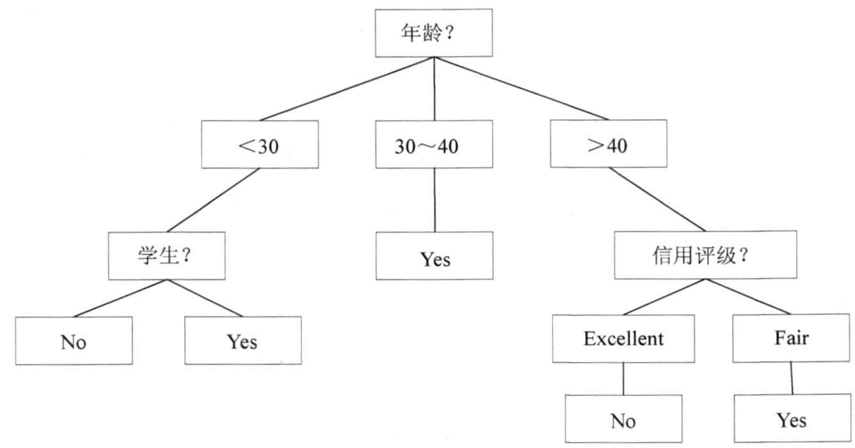

图 2-20　一个决策树示例

神经网络（NN）算法是反映人脑结构及功能的一种数学模型，它是由大量的简单处理单元经广泛并行互联形成的一种网络系统，用以模拟人类进行知识的表示与存储，以及利用知识进行推理的行为。它是对人脑系统的简化、抽象和模拟，具有人脑功能的许多特征。图 2-21 所示为基于知识的神经网络的信息流程。

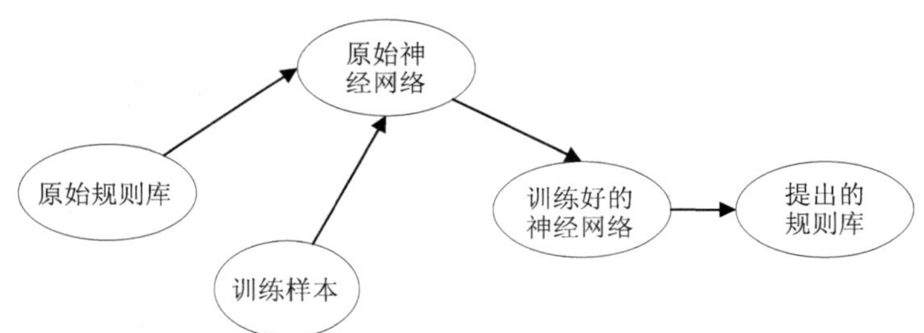

图 2-21　基于知识的神经网络的信息流程

（三）聚类分析（Clustering）

聚类是指一组彼此间非常“相似”的数据对象的集合。相似的程度可以通过距离函数来表示，由用户或专家指定。聚类分析是按照某种相近程度度量方法将数据分成互不相同的一些分组。每一个分组中的数据相近，不同分组之间的数据相差较大。好的聚类方法可以产生高质量的聚类，保证每一聚类内部的相似性很高，而各聚类之间的相似性很低。聚类分析的核心是将某些定性的相近程度测量方法转换成定量测试方法。采用聚类分析，系统可以根据部分数据发现规律，找出对全体数据的描述。

（四）序列（Sequence）分析

序列分析主要用于分析数据仓库中的某类与时间相关的数据，搜索类似的序列或子序列，并挖掘时序模式、周期性、趋势和偏离等。序列模式可以看成是一种特定的关联模型，它在关联模型中增加了时间属性。例如，它可以导出，“在两年前购买了福特轿车的顾客，有 70%可能在今年采取以旧换新的购车行动”，“在购买了自行车和购物篮的所有客户中，有 80%的客户会在两个月后购买打气筒”，等等。

（五）偏差检测（Deviation Detection）分析

用于检测并解释数据分类的偏差，即数据集中间显著不同于其他数据的对象。它有助于滤掉知识发现引擎所抽取的无关信息，也可滤掉那些不合适的数据，同时可产生新的关注性事实。偏差包括很多有用的知识，如分类中的反常实例，模式的例外，观察结果对模型预测的偏差，量值随时间的变化等。偏差检测的基本方法是寻找观察结果与参照之间的差别，观察结果常常是某一个域的值或多个域值的汇总，参照是给定模型的预测、外界提供的标准或另一个观察。常用算法有决策树、神经网络、异常因子 LOF 检测等。常用应用有异常检测，即及时发现有欺诈嫌疑的异常行为等。

（六）预测模型（Predictive Modeling）分析

所谓预测即从数据库或数据仓库中已知的数据推测未知的数据或对象集中某些属性的值分布。建立预测模型的常用方法：回归分析、线性模型、支持矢量机、关联规则、决策树预测、遗传算法、神经网络等。

（七）模式相似性挖掘

用于在时间数据库或空间数据库中搜索相似模式时，从所有对象中找出用户定义范围内的对象，或找出所有元素对中两者的距离小于用户定义的距离范围的元素对。模式相似性挖掘的方法有相似度测量法、遗传算法等。

第六节　大数据可视化

可视化是一门利用人眼的感知能力和人脑智能对数据进行交互的可视表达以增强认知的学科。它将不可见或难以直接显示的数据映射为可感知的图形、符号、颜色、纹理等，以增强数据识别效率，高效传递有用信息。它的起源、发展和演变与人类文明的进展息息相关。在计算机发明之前，科学家观测物理现象时采用绘画的方式记录物理现象；测绘学家采用地图标记空间方位和属性；统计学家采用图表理解统计采样数据。进入计算机时代，科学和工程中产生的大量科学数据，催生了科学可视化；而网络、信息传播和社交网络的兴起，将信息可视化推向前沿。大数据时代的来临，加强了可视化的重要性。

从学科定义的角度看，可视化是指综合运用计算机图形学、图像、人机交互等技术，将采集或模拟的数据变换为可识别的图形、图像、视频或动画，并允许用户对数据进行交互分析的理论、方法和技术。可视化的高级版本，即可视分析，则是将自动化的分析技术和交互式可视化技术结合，在大规模复杂数据集上以有效理解、推理和决策为目标的科学、技术和学科。

一、可视化流程

数据可视化流程中的核心要素包括以下三个方面。

（一）数据表示与变换

数据可视化的基础是数据表示和变换。输入数据必须从原始状态变换到一种便于计算机处理的结构化的数据表示形式。通常这些结构存在于数据本身，需要研究有效的数据提炼或简化方法以最大限度地保持信息、知识的内涵和相应的上下文。

（二）数据的可视化呈现

数据可视化向用户传播了信息，而同一个数据集可对应多种视觉呈现形式，即视觉编码。数据可视化的核心内容是从巨大的呈现多样性空间中选择最合适的编码形式。判断某个视觉编码是否合适的因素包括感知与认知系统的特性、数据本身的属性和目标任务。

（三）用户交互

对数据进行可视化和分析的目的是解决目标任务口通用的目标。任务可分成三类：生成假设、验证假设和视觉呈现。交互是通过可视的手段辅助分析决策的工具。图 2-22 展示了以数据模态为依据的可视化流程：数据分析、过滤、可视映射和绘制。

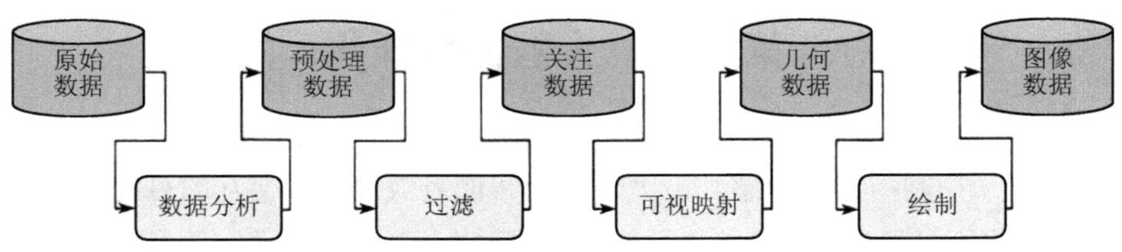

图 2-22 由 Haber 和 McNabb 提出的可视化流水线

从数据变换的角度看，可视化流程也可理解为四个数据阶段和三种数据转换操作，如图 2-23 所示。四个不同的数据阶段为：原始数据、分析模型、可视模型和视图。三种数据转换操作为：数据转换（对输入数据的清洗、处理、统计、特征计算、挖掘和分析）、可视化转换（为数据集选择合适的可视化表达形式）和视觉映射转换（将数据集的属性映射为可视化表达形式的各个视觉通道）。在每个数据阶段，可采用各自不同的计算算子。

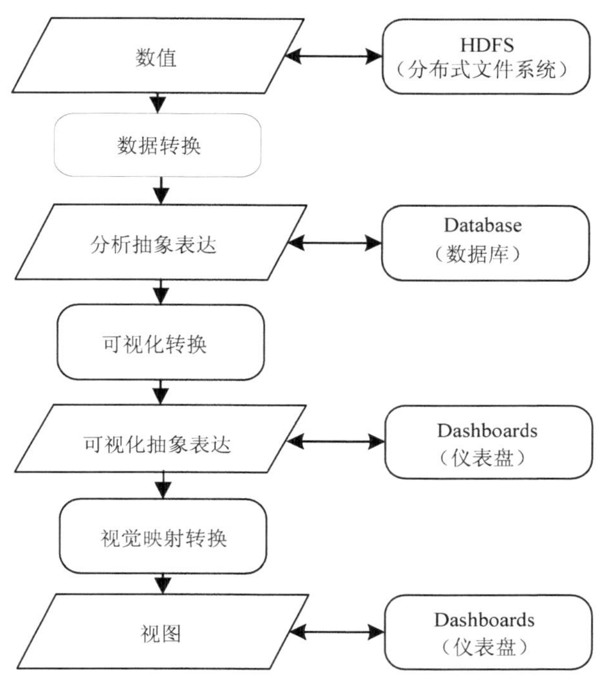

图 2-23　可视化数据状态参考模型

二、可视化工具

目前已经有许多数据可视化工具，其中大部分都是免费使用的，可以满足各种可视化需求，主要包括入门级工具（Excel）、信息图表工具（ECharts、DataV、Google Chart API、D3、Visual.ly、Raphael、Flot、Tableau、大数据魔镜）、地图工具（Modest Maps、Leaflet、PolyMaps、OpenLayers、Kartograph、Google Fushion Tables、Quanum GIS）、时间线工具（Timetoast、Xtimeline、Timeslide、Dipity）和高级分析工具（Proccssing、NodeBox、R、Weka 和 Gephi）等。

三、可视化方法

（一）数据立方体

传统的统计报表的处理对象是低维（通常指数十维以下）的结构化数据矩阵，即结构化数据库的基本结构：数据立方体（Data cube）。具体有点图、折线图、柱状图、散点图、平行坐标、星形图等。各类方法对比见表 2-2。

表 2-2 数据立方体各类图表对比

	点 面	折线图	柱状图	散点图	平行坐标	星形图
维度数据	一维或二维	二维	二维	二维	多维	多维
数据类型	（类别，数值）	（类别，数值）	（类别，数值）	（数值，数值）	单轴类型不限	单轴类型不限
可视符号	点或线	线或区域	线或区域	点	线或区域	线或区域
极坐标变种	径向点图	径向折线图	饼图	径向散点图	星形图	无
坐标轴	笛卡尔	笛卡尔	笛卡尔	笛卡尔	平行多轴	极坐标
链接	无	链接数据点的折线	无	无	链接维度的折线	链接维度的封闭折线
多属性变种	气泡图	无	堆叠图	散点图矩阵	无	无
时变变种	无	时间线、环状时间线	甘特图、堆叠流图	无	无	无
关系变种	弧长链接图、弦图	流状、树状、图状折线	旭日图、冰爆图	弧长链接图、弦图	平行集	径向平行集
交互	选取、过滤	选取、过滤	选取、过滤、排序	选取、过滤、分类	选取、过滤	选取、过滤
分析作用	数值比较	数值比较和变化趋势	数值比较	分布、聚类、离群点检测	聚类、全维度分析	聚类、全维度分析、隐喻

（二）数值域和地图

数值域通常是指在某个空间（一维、二维、三维、带时间的四维或更高维）上密集分布的数据场，由分布于全场域的网格和网格节点上的属性构成。典型例子包括科学计算的二维或三维数值域、地图、图像、视频（时变图像）等。其中，地图是一类特殊的表达地理信息空间的不规则数值域。数值域和地图的代表性可视化方法有矩阵、热力图、盒须图、直方图、地图、不规划网格等。表达数值域地图可视化对比见表 2-3。

表 2-3 表达数值域地图可视化对比

	矩阵	热力图	盒须图	直方图	地图	不规则网格
维度数据	三维	三维	高维	二维、三维	二维、三维、多维	二维、三维、多维
数据类型	(坐标，坐标，不限)	(坐标，坐标，数值)	(类别，数值，分布)	(类别，频率)	(地标，地标，属性)	(坐标，坐标，属性)
可视符号	点、线或区域	区域	图标	点或区域	点、线、区域、图标	点、线、区域、图标
极坐标变种	径向矩阵	径向热力图	无	径向直方图	径向地图	无
坐标轴	隐式笛卡尔	地图、笛卡尔、网格	笛卡尔	笛卡尔	地图、多边形、Voronoi 划分	不规则网格、无网格
链接	无	无	无	无	线、区域	线、区域、体
多属性变种	多矩阵	无	平面盒须图	双直方图	多属性地图	向量场、张量场可视化
时变变种	无	无	无	无	无	无
关系变种	节点-链接法	无	无	无	流图(flow map)	无
交互	选取、排序	选取	无	选取、过滤	选取、过滤、高亮	统计、分析、过滤
分析作用	分布、聚类	聚类、热点分析	统计分析	分布	地理信息分析	科学计算、分类

(三)时间与关系

1. 时间

时间是一个特殊的维度，时间属性可视化用于表达数据点在不同时刻或时间段之间的线性或非线性关系，如差异、趋势和演化。时间属性的可视化通常可分为线性时间、周期时间与线性多角度时间三大类。线性时间的标准做法是时间线(Timeline)，其中一个轴表示时间维度，另一个轴表示其他的变量。时间的周期性可采用径向布局的方式，将时间接给定周期环状排列。当时变数据中蕴含的信息存在分支结构时，可以采用线性、流状、树状、图状等方式表达随时间演化的结构。本质上，时间属性可视化的方法是折线图的扩充。其代表性的方法主要有日历图、甘特图、环状线性时间主线、分支时间主线等。

2. 关系

关系可视化的代表方法主要有维恩图、旭日图、相邻矩阵、树图、弧长链接图等。

（四）文本文档

文本和日志是一类特殊的类别型数据的组合。若将单个单词、短语或日志令牌看成一个散点，则文本可视化可转化为常规的数据立方体可视化。多个文档的可视化则可转化成多个数据集或数值域的可视化。文本可视化已经是信息可视化领域的重要组成部分，也广泛用于可视化视图中的标注的表达，代表性方法有词云、主题河流、文档散等。

四、ECharts 简介

ECharts，是百度开发的一个使用 JavaScript 实现的开源可视化库，可以流畅地运行在 PC 和移动设备上，兼容当前绝大部分浏览器（IE8/9/10/11、Chrome、Firefox、Safari等），底层依赖轻量级的矢量图形库 ZRender，提供直观，交互丰富，可高度个性化定制的数据可视化图表。创新的拖拽重计算、数据视图、值域漫游等特性大大增强了用户体验，赋予了用户对数据进行挖掘、整合的能力。

支持折线图（区域图）、柱状图（条状图）、散点图（气泡图）、K 线图、饼图（环形图）、雷达图（填充雷达图）、和弦图、力导向布局图、地图、仪表盘、漏斗图、事件河流图 12 类图表，同时提供标题、详情气泡、图例、值域、数据区域、时间轴、工具箱 7 个可交互组件，支持多图表、组件的联动和混搭展现。

ECharts 内置的 dataset 属性（4.0+）支持直接传入包括二维表、key-value 等多种格式的数据源，通过简单地设置 encode 属性就可以完成从数据到图形的映射，这种方式更符合可视化的直觉，省去了大部分场景下数据转换的步骤，而且多个组件能够共享一份数据而不用克隆。

为了配合大数据量的展现，ECharts 还支持输入 TypedArray 格式的数据，TypedArray 在大数据量的存储中可以占用更少的内存，对 GC 友好等特性也可以大幅度提升可视化应用的性能。

比较经典的数据可视化是百度迁徙图，百度迁徙以区域和时间为两个维度，通过 LBS 开放平台分析手机用户的定位信息，能够映射出手机用户的迁徙轨迹，可用于观察当前及过往时间段内，全国总体迁徙情况，以及各省、市、区的迁徙情况，直观地确定迁入人口的来源和迁出人口的去向。百度迁徙图如图 2-24 所示。

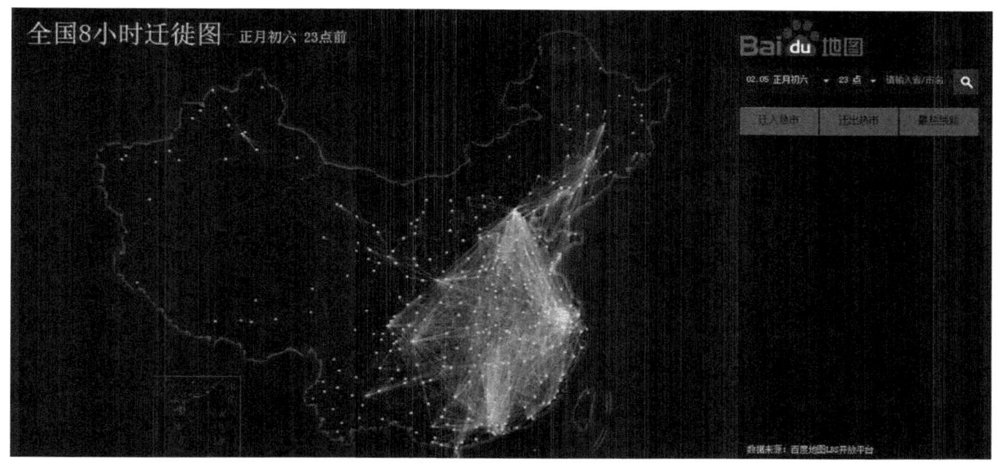

图 2-24　百度迁徙图

第七节　大数据安全

大数据技术的发展为数据价值的发掘提供了舞台，也引发了新一轮的数据安全与隐私保护问题。大数据技术的应用在生活中随处可见。例如，当用户通过微信扫描二维码并转发信息时，大数据分析工具会捕捉到用户的消费习惯及个人喜好，同时对用户需求进行分析和预测，通过分析结果为用户提供更多服务。公众在知情或不知情的情况下提供了数据，于是安全问题也由此产生。

现在是大数据发展的重要时期。信息安全是大数据发展过程中无法回避的巨大挑战。很多消费者在不知情的情况下被相关公司收集、窃取到了个人信息。更令人担忧的是，中国尚未出台个人信息保护法，只有部分法律法规中零散提及个人信息安全。因为没有上位法，很多与大数据相关的活动的合法性便无从说起。目前只能希望企业在运用大数据技术获得利润的同时重视信息安全问题，能够做好相应的防范与保护措施，保护消费者的隐私。

近年来，网络攻击技术深入发展，尤其是 Oday 以及木马技术的发展，严重削弱了传统实时在线式安全系统的防御能力。而系统化的甚至是有组织的、结合了新型攻击技术和社会工程手段的 APT（高级持续威胁）的出现，更是将信息安全的对抗提升到了新的高度。过去主要依靠多种类型安全设备进行分层防护的安全防护体系也已经面临越来越严峻的挑战。因此，对于未知安全威胁的识别，以及基于此建立的安全防护体系，成了未来信息安全防御体系的重点。

现有的网络安全技术不足以对针对大数据平台的攻击进行防御。幕后黑手使用的各种攻击手段，比以往更先进、更隐蔽、更复杂、持续时间更长。如何应对这种新型攻击已经成为各国网络安全行业共同研究的课题。而大数据技术正是该课题的主要方面之一。现在已经有国内公司利用大数据技术保护网络安全，从而使数据平台得到更强的防护，加强我国的网络自卫能力。

一、基于大数据的威胁发现技术

基于大数据的威胁检测系统是一种能够及时发现入侵并对其做出反应的程序。目前常见的威胁检测系统以两种技术作为支撑：一是异常发现技术；二是模式发现技术。

基于大数据的威胁检测技术相比于传统技术的优点如下：

（1）可以分析更大范围的内容。将大数据分析技术应用到威胁检测，可以在很大程度上扩大内容的分析范围，能够更加全面地发现各类攻击。传统威胁分析所能发现的威胁很有限，应用大数据分析就可以解决这一问题。

（2）可以分析更长一段时间内的内容。在引用分析技术后，威胁分析技术可以在一定程度上对付持续性、潜伏性攻击，使数据的时间跨度变长，克服传统威胁分析技术的短板，从而有效地应对具有高持续性特征的 APT 攻击。

（3）可以预测攻击威胁。传统防护是在攻击结束后才进行的，然而基于大数据的防护可以提前预测。它能够在攻击发生前做出预防，这也说明基于大数据的防护相比于传统防护更贴近现实。

（4）可以检测出未知的威胁。相比于只能发现已知威胁的传统威胁分析，基于大数据的威胁分析只要能建立合适的模型，就有很大的机会发现未知威胁。

二、基于大数据的认证技术

密码技术是数据安全的基本技术，防护技术是网络安全的基本技术，而作为网络交易基本条件的交易安全则要求可信的网络环境。其中，认证技术是交易安全最基本的技术。认证技术包括站点认证、报文认证和身份认证。本节主要介绍身份认证。

身份认证技术是信息安全的核心技术之一。在网络世界中，要保证交易通信的可信和可靠，必须做到正确识别通信双方的身份，于是身份认证技术的发展程度直接决定了信息技术产业的发展程度。身份认证技术是用来识别登录用户真实身份的技术，是保证信息不随意泄露的利器，用它可以验证用户的真实合法性。身份认证技术可以证实被认证对象是否属实或是否有效，其基本原理就是验证被认证人的属性，来判断其身份数据是否真实有效。目前，主要有三种方式来进行判别。

（1）可以根据只有你知道而别人不知道的信息来证明身份。

（2）可以根据只有你持有而别人不持有的东西来证明身份。

（3）可以根据你独有的特征来证明身份。

现在的身份认证可以实现硬件认证、多因子认证、动态认证等，认证技术已经进入比较成熟的阶段，并日趋完善。

三、基于大数据的真实性分析

目前，学术界普遍认为，引入大数据的真实性分析是最为有效的安全防范方法，基于大量数据综合分析能有效提升真假信息甄别水平。例如，对于用户的银行卡消费行为，可以通过用户画像来分析客户特征，为鉴别其各种行为的真实性提供参考和依据。

另外，引入人工智能的机器学习技术，建立和优化模型，可以进一步提升真假信息的鉴别能力，并随着机器学习和算法模型的进化而不断优化，甚至有可能超过人工鉴别能力。大数据时代的到来，定然会有更多更新、更丰富的安全技术应运而生。政府和企业的数据涉及保密问题，安全措施不能完全依赖外界，必须结合自己的技术特点，依托自身收集的大量数据，开展数据分析、建模，来提高信息甄别能力和安全管理水平。按照目前的趋势，将来大数据服务作为底层的技术基础，可帮助政府和企业搭建或定制自己专属的信息安全服务体系，提升各自领域的信息安全水平。

四、基于大数据的隐私数据保护技术

隐私数据包括个人身份信息、数据资料、财产状况、通信内容、社交信息、位置信息等，隐私保护的研究主要集中在如何设计隐私保护原则和算法，既保证数据应用过程中不泄露隐私，同时又能更好地利用数据。数据匿名化技术是隐私保护技术中的关键技术，包括 k-anonymity、l-diversity 及 t-closeness 等方法。有关机构提出了一种基于聚类的数据敏感属性匿名保护算法，既能对数据中的敏感属性值进行匿名保护，又能降低信息的损失程度；有的提出一个可扩展的和具有成本—效益的云上的大数据隐私保护框架，可以在高灵活性、可扩展性、有效性和成本—效益方式下使大规模的数据集匿名，并处理匿名数据集；有的还介绍了隐私保护的变化和发展，分析了差分隐私保护模型相对于传统安全模型的优势，并对其在数据发布与数据挖掘中的应用研究进行了相应介绍。

相对于数据匿名化技术，使用数据加密的隐私保护技术更能保证最终数据的准确性和安全性，其中密文检索技术是实现隐私数据安全共享的重要技术。此外，利用全同态加密直接对密文进行处理，更能保障隐私数据安全。相关研究机构提出了基于全同态加密的上述特点和实践应用，对全同态加密进行了系统的介绍，并设计了两个效率改进方案；有的分类总结了全同态加密的关键技术，指出了全同态加密构造方法的本质与亟须解决的关键问题，为研究全同态加密提供指南；有的还对面向大数据安全的密码技术进行了研究，分析数字匿名化技术、安全多方技术、密文计算技术的发展，并指出未来可行的一些研究方向。

第三章　生态环境大数据概述

第一节　概　述

大数据时代的来临，改变了数据与信息的传统处理方式，为生态环境监管和治理带来了前所未有的机遇。通过大数据建设，可以有效整合全方位的社会资源，构建立体化的生态环境监管和治理模式，提升生态环境监管和治理的组织效率、业务水平和整体能力，有助于推动生态环境监管能力现代化，加快我国生态文明的建设进程。

一、发展背景

自 20 世纪 80 年代以来，环境信息技术得到了飞速发展，环保部门开展了多种环境质量监测工作、生态环境调查工作及污染源管理工作，积累了大量数据，包括环境质量数据和污染源数据等。90 年代中期开始，随着各地环境信息化机构相继设立，相关环境信息化建设工作随之开展。各地按照国家环境信息化发展目标和环境保护工作重点，结合环境保护业务和管理工作具体需求，在环境信息化能力建设方面投入了大量资金，持续加强环境信息化基础能力建设，建成了环境数据中心，建设和升级改造了大量环境保护业务管理信息化系统，在数据计算、数据存储、网络支撑、安全保障、信息系统应用服务等能力建设方面取得大幅提升，保障了各级环境保护部门的日常工作和业务管理的顺利开展。

二、发展过程

通过对我国环境信息化建设与应用现状的分析，作者认为，我国环境信息化的发展过程可以分为三个阶段。

（一）我国环境信息化的起步阶段（1995—2005年）

这10年间，我国环境信息化先后经历B1、日援项目等建设，国家、省、市三级环境信息化发展基础得到进一步巩固。经过10年努力，取得了明显成效，主要表现在：

在发展规划和管理制度方面，原国家环保总局先后发布了《环境信息化“九五”规划和2010年远景目标》《国家环境信息“十五”指导意见》《环境信息管理办法》《环境信息标准化手册》《总局电子政务职责分工》《国家环保总局应用软件开发项目管理暂行办法》等一系列文件，要求按照统一规划、资源整合、信息共享的原则开展信息化建设，为环境信息化奠定了基础。

在管理机构建设方面，通过各级环保部门的努力和依靠重大项目的带动，基本建成了国家、省、部分重点地市三级环境信息机构，实现了环境信息队伍从无到有、从小到大的跨越式发展。2004年，成立了以总局局长为组长、各司一把手为成员的国家环保总局电子政务领导小组，在办公厅设立电子政务处，统一领导、规划和管理环保系统电子政务和信息化工作。

在基础网络建设方面，已建成覆盖全国省级环保局和121个城市环保局的卫星通信专网，连接至全国87个自动水质监测站，实现了总局与各省级环保局之间电子公文无纸化传输。已初步建成连接31个省级环保局、新疆生产建设兵团环保局和5个计划单列市环保局的环境信息广域网络系统。

在政府门户网站和内部办公平台建设方面，90%以上的省级环保局已建立本地环保门户网站，相当部分地市级环保局也已建立网站。各省级环保局以及大部分地市环保局已建成局域网办公系统。同时，原国家环保总局政府门户网站以政务信息公开全面为突出特点，连续获得“中国优秀政府门户网站”，总局内网电子政务综合平台以应用系统集成为特色，被评为全国“办公自动化典型应用系统”。

在应用系统建设方面，原国家环境保护总局针对环境质量管理、环境统计管理、建设项目审批管理、排污申报管理、排污收费管理、规模化养殖场管理等环境管理业务的实际需求，组织开发了业务应用系统，提高了环境管理工作效率和规范性，取得了良好的应用效果。

我国环境信息化工作在起步阶段虽然取得了较大进展，但与国家信息化发展总体要求和环境管理工作实际需要相比仍然有一定差距，主要表现在：

（1）网络覆盖能力不能完全满足信息传输与资源共享的需要。我国环境信息网络建设已具有了一定规模，但现有环境信息传输网络仅覆盖到省级环保局和部分地市级环保局，随着环境管理应用需求的不断增加，环境数据实时传输、信息资源共享的要求将越来越高，网络的覆盖范围、传输速度和稳定性等还需要不断加强和提高。

（2）环境信息资源尚未得到全面有效开发和共享。多年来环境管理工作积累了大量的基础数据，但这些数据库的采集、传输、加工、存储和应用比较分散，缺乏规范化，功能上还局限于简单的查询和统计，环境数据尚未能全面有效转化为可用信息资源。同时，部分地方和单位对环境信息化的要求认识不足，出现各自为政、封锁闭塞的现象，导致“信息孤岛”的问题，成为我国环境信息化建设的重要瓶颈。

（3）环境管理核心业务信息化程度还有待提高。环保部门许多核心业务的数据库和应用软件尚待开发。环境信息化建设与运行维护资金比例失调，缺少系统建成后的更新维护和人员培训等应用能力建设，存在重硬件、轻软件，重建设、轻应用的现象，造成环境信息基础设施与环境管理应用的脱节。

环境信息标准化建设和整体规划工作亟待加强。环境信息标准规范建设是环境信息化建设的重要内容，但目前尚未形成完整的环境信息标准体系。标准的制定、更新相对滞后，不同部门采用的数据格式和标准不统一，为数据进行后期处理带来很大困难。原环保总局虽然制定了代表环境信息发展规划的“金环工程”项目，但一直尚未立项，影响了国家整体环境信息系统的建设。

（二）我国环境信息化的发展阶段（2005—2015 年）

在发展阶段的 10 年间，我国环境信息化能力的提升主要经历了两次大的工程建设。

1. 基于物联网的全国污染源自动监控系统建设

重点污染源自动监控项目自 2005 年开始建设，这是我国环保部门建立的一套顺应世界潮流、符合中国国情、具有时代特色的环境管理体系和科技支撑体系的重大突破，被称为“全国最大的物联网”。该系统是生态环境部“三大体系”建设的重要组成部分，是通过自动化、信息化等技术手段，更加科学、准确、实时地掌握重点污染源的主要污染物排放数据、污染治理设施运行情况等与污染物排放相关的各类信息，及时发现并查处违法排污行为。该系统对于加强现场环境执法，强化环境监管措施与手段，有力查处环境违法，监督落实污染减排的各项措施，确保污染减排工作取得实效，切实改善环境质量具有十分重要的意义。

工程由国家投入 20 亿元建设经费，外加地方配套补充 80 亿元辅助，在全国 31 个省、自治区以及直辖市，6 个环保督察中心和 333 个地级市部署的国控污染源自动监控系统，是物联网在环保领域的规模型建设和行业级实践。对占全国主要污染物工业排放负荷 65% 的 13 000 余家工业污染源和近 700 家城市污水处理厂安装污染源自动监控设备，并与环保部门联网，实现实时监控、数据采集、异常报警和信息传输，形成统一的监控网络。地方各级环境保护部门在国控重点污染源自动监控系统建设的同时，又分别建设了省控、市控、县控重点污染源自动监控系统，不断完善了对重点污染源的自动监控体系。

截至 2018 年 10 月，全国已建成 344 个省级、地市级污染源监控中心，9 895 家国控重点污染源实施自动监控，与原环境保护部污染监控中心联网企业自动监控点位达到

14 899 个。

国控重点污染源自动监控系统的成功实施，提高了全国污染源监管能力，向建设具有我国特色的自动化、信息化的环境监管体系迈出了重要一步，对全国环保信息化建设产生了重要的引领与带动作用。

污染源自动监控系统的建成，用数据说话、用事实执法，不仅提升了环境监管水平、加强了环境执法能力，而且推动了环境监察的发展、丰富了环境监测的手段。污染源自动监控中心不仅是单纯的数据汇聚中心，而且是不断发展成了环境监管执法、环境应急预警和指挥中心，这使得环保部门以自动化、信息化为主要特征，逐步形成由环境卫星（宏观）、环境质量自动监测（区域流域）、重点污染源自动监控（微观）三个空间尺度构成的“天地一体化”的环境监管体系。

国控重点污染源自动监控建设的主要成果有：建设了部、省、市三级上下联通、纵向延伸、横向共享的环境监管物联网平台体系；形成一套法律、法规、制度（部门规章、规范性文件 20 多个）、规范和标准（30 多个）体系；培养和锻炼了一批管理和技术兼备的专业复合型人才；带动了环保产业大发展和科技创新；促进了环境管理手段的创新；推动了全国环境保护信息化能力的提高。

2．国家环境信息与统计能力建设项目

该项目是以贯彻落实党中央、国务院关于节能减排工作部署为指导，依据建立“科学的减排指标体系、准确的减排监测体系、严格的减排考核体系”总体要求而实施的信息化建设项目，是污染减排“三大体系”能力建设的重要组成部分。项目以加强环保信息传输、共享和应用能力、业务应用支撑能力、统计基础能力建设为目标，构建覆盖国家、省、市、县四级三层的环境信息网络系统，建立国家和省两级减排综合数据库、数据交换与共享平台以及各级环境信息管理与应用协同工作平台，提升信息化支撑能力，实现污染物减排数据的传输、交换与共享，为污染物减排工作提供重要的基础支撑环境，为实现全国节能减排和环境保护工作目标奠定了基础。

国家环境信息与统计能力建设项目主要成果是建立了国家、省、市、县四级贯通的环保业务专网。环保业务专网是纵向贯穿生态环境部、省、市、县的四级三层网络系统，网络已经覆盖生态环境部、31 个省（直辖市、自治区）环境保护厅（局）、新疆生产建设兵团环境保护局和 350 个地级城市（含地区、州、盟、建设兵团师部，不含直辖市区县）环境保护局、3 023 个区县（建设兵团团部）环境保护局以及生态环境部的直属机构生态环境执法局（应急中心）、中国环境监测总站、生态环境部环境工程评估中心、6 个环境督察局和各级环境监测站、环境监察部门，实现了全国环保机构之间网络的互联互通。项目搭建了部、省、市三级减排数据传输与交换平台，部、省两级减排综合数据库平台，减排应用支撑平台和减排应用系统开发部署基本完成，标准化体系、信息安全体系、系统运行维护体系相应完善。

（三）我国环境信息化成熟应用阶段（2015年至今）

2015年至今，我国环境信息化成熟应用的标志是生态环境监测网络建设方案和生态环境大数据建设总体方案的发布。

1. 生态环境监测网络建设方案发布

2015年7月，国务院办公厅下发《关于印发生态环境监测网络建设方案的通知》（国办发〔2015〕56号）。通知指出，生态环境监测是生态环境保护的基础，是生态文明建设的重要支撑。目前，我国生态环境监测网络存在范围和要素覆盖不全，建设规划、标准规范与信息发布不统一，信息化水平和共享程度不高，监测与监管结合不紧密，监测数据质量有待提高等突出问题，难以满足生态文明建设需要，影响了监测的科学性、权威性和政府公信力，必须加快推进生态环境监测网络建设。

方案就信息化建设提出三条明确要求。

（1）建立生态环境监测数据集成共享机制。各级环境保护部门以及国土资源、住房城乡建设、交通运输、水利、农业、卫生、林业、气象、海洋等部门和单位获取的环境质量、污染源、生态状况监测数据要实现有效集成、互联共享。国家和地方建立重点污染源监测数据共享与发布机制，重点排污单位要按照环境保护部门要求将自行监测结果及时上传。

（2）构建生态环境监测大数据平台。加快生态环境监测信息传输网络与大数据平台建设，加强生态环境监测数据资源开发与应用，开展大数据关联分析，为生态环境保护决策、管理和执法提供数据支持。

（3）统一发布生态环境监测信息。依法建立统一的生态环境监测信息发布机制，规范发布内容、流程、权限、渠道等，及时准确发布全国环境质量、重点污染源及生态状况监测信息，提高政府环境信息发布的权威性和公信力，保障公众知情权。

上述三条要求，对各地进行环境信息化建设提供了有力的政策支撑。目前，各地相继出台了落实方案的工作方案或实施意见，正在有序推进生态环境监测网络建设中的信息化建设。

截至2018年，生态环境部已经实时发布全国338个地级以上城市共1 436个空气质量监测点位可吸入颗粒物、细颗粒物、二氧化硫、二氧化氮、一氧化碳和臭氧6项指标监测数据和空气质量指数（AQI）等信息；实时发布全国9 895家重点污染源自动监控企业和14 899个监测点位数据。每月发布全国169个城市、“2+26”城市的空气质量排名和改善幅度，全国2 050个国家考核断面（1 940个为国家地表水评价断面，110个为入海河流断面）的地表水环境质量状况。国控辐射环境质量自动监测站建设正在积极推进，2019年年底将有大约500个自动站建成投入运行，国家生态环境自动监测体系已经初现雏形，自动监测数据在考核评价、预测预警等方面发挥了积极作用。

2．生态环境大数据建设总体方案发布

2016 年 3 月 7 日，原环境保护部发布《生态环境大数据建设总体方案》。2016 年既是《生态环境大数据总体方案》（以下简称《方案》）起步之年，也是“十三五”开局之年，《方案》也提出了生态环境大数据建设的 5 年目标，就是实现生态环境综合决策科学化、生态环境监管精准化、生态环境公共服务便民化。

（1）方案明确了生态环境大数据建设的实施进度表。2016—2018 年为基础建设年，主要完成生态环境大数据基础设施、保障体系建设和试点示范建设，基本形成大数据采集、管理和应用格局。

推动环境数据资源全面整合共享，既是《方案》的首要建设任务，也是生态环境大数据建设的基础和关键。为了配合数据集合共享工作的全面开展，原环境保护部还同步编制了《数据整合集成工作方案》。据此，原环境保护部组织编写的《环境数据资源共享管理办法》《环境数据资源共享目录》，以明确要求和各方职责，同时着手制定整合集成、传输交换、共享开放和数据质量等方面标准规范，以形成标准、规范、可用的环境信息资源。

此外，原环境保护部已开始建设环境数据资源共享平台和环境信息资源中心，协调推动部省两级数据互联互通，支撑全国环境数据资源整合集成和统一共享开放。

2019—2020 年为数据建设年，主要拓展深化大数据应用，形成生态环境大数据创新应用新业态、新模式和新方式。

大数据的应用和开展需要循序渐进，根据总体方案安排，原环境保护部已先行启动了环评、监测、应急、执法和网站等大数据应用，希望在以上 5 个业务领域取得大数据应用突破，积累建设经验。

（2）方案列出了三项主要任务，分别是加强生态环境科学决策、创新生态环境监管模式、完善生态环境公共服务。

“加强生态环境科学决策”部分首次提出建设全景式生态环境形势研判模式，主要是为了加强生态环境质量、污染源、污染物、环境承载力等数据的关联分析和综合研判，强化经济社会、基础地理、气象水文和互联网等数据资源融合利用和信息服务，为政策法规、规划计划、标准规范等制定提供信息支持，支撑生态保护红线、总量红线和准入红线的科学制定。

“创新生态环境监管”部分提出将重点整合 2013 年以来雾霾监测历史数据，形成雾霾案例知识库，开展雾霾预测预警大数据分析与应用，提升雾霾预测能力，推动环评统一监管，开展环境督察监管，强化环境监管手段，建立“一证式”污染源管理模式，强化卫星遥感、无人机、物联网和调查统计等技术的综合应用，提升自然生态天地一体化监测能力等，不仅对环评、监察监管、预警预测、污染源管理、执法手段、信用管理、历史数据应用等各方面进行了详细的论述，而且对数据从产生到应用场景都进行了呈现。

其中，全国环境影响评价数据“一本账”管理模式、“一证式”污染源管理模式也都

是首次在文件中提及。“一本账”管理模式主要是为了推动环评统一监管，建立环境影响评价数据标准、共享机制，建设全国环境影响评价管理信息系统，提升环评统计分析、预测预警能力，推动环评监管事前审批向事中和事后监管转变。“一证式”污染管理模式提出，以排污许可证制度为核心，利用排污许可证“证载”内容，支撑排污许可和环境标准、环境监测、环境统计、环评、总量控制、排污收费（环境税）、许可证监管等制度有效衔接，建立唯一的固定污染源信息名录库，对污染源进行统一编码管理，实现污染源排放信息整合共享，有效推进协同治理。

可以预见，“一本账”和“一证式”将为环评和污染源管理应用、生态环境大数据促转型提供切实可行的解决办法。

“完善生态环境公共服务”部分提出网上服务与实体大厅服务、线上服务与线下服务相结合的一体化服务模式等。

从生态环境监管到科学决策支撑，再到环境信息公开、政府综合服务等，方案都明确指向环境管理创新。

同时，为了实现生态环境大数据的稳步推进，生态环境部目前确定了吉林、贵州、江苏、内蒙古生态环境厅，以及武汉市、绍兴市生态环境局等 6 家生态环境大数据建设试点单位。

除试点单位外，福建、山东、重庆等省级生态环境部门也正在进行生态环境大数据建设，由此推动的新一轮环境信息化建设正在全国全面铺开，也必将为环境精细化管理提供有力的技术支撑。

第二节　生态环境大数据的特点和概念

目前，生态环境大数据虽然正在大范围开始广泛应用，但学术界或生态环境管理部门对生态环境大数据还没有一个明确的概念定义。

一、生态环境大数据的特点

因为生态环境要素非常多，大数据在解决生态环境问题时就会产生大量的多要素的生态环境大数据集合。

（一）生态环境大数据具有“天地一体”的巨大数据量

从数据规模来看，生态环境数据体量大，数据量也已从 TB 级别跃升到 PB 级别。随着各类传感器、RFID 技术、卫星遥感、雷达和视频感知等技术的发展，数据不仅来源于传统人工监测数据，还包括航空、航天和地面数据，它们一起产生了海量生态环境数据。例如，2011 年世界气象中心就已经积累了 229TB 的数据；我国林业、交通、气象和环保等数据量级也都达到了 PB 级别，而且还在以每年数百个 TB 的速度在增加。

（二）生态环境大数据的类型、来源和格式具有复杂多样性

从数据种类来看，生态环境数据类型多，数据来源渠道广，结构复杂。

一是生态环境数据来自气象、水利、国土、农业、林业、交通、社会经济等不同部门的各种数据。

二是大数据技术的发展使得生态环境领域的研究不再局限于传统结构化数据类型，使得各种半结构化和非结构化数据（文本、项目报告、照片、影像、声音、视频等）的应用与分析成为可能。例如，一段历史电影视频中关于气候的描述，公众移动手机拍摄的关于植物类别的图片等。

三是来源于不同部门的同一种数据其格式多样，目前无统一的标准规范，使得难以整合和合并不同部门之间的同类数据。

（三）生态环境大数据需要动态更新数据和历史数据相结合处理

从数据处理速度来看，由于生态系统结构与功能的动态变化而引起的生态环境数据具有强烈的时空异质性，生态环境数据多表现为流式数据特征，实时连续观测尤为重要。只有实时处理分析这些动态新数据，并与已有历史数据结合起来分析，才能挖掘出有用信息，为解决有关生态环境问题提供科学决策。

（四）生态环境大数据具有很高的应用价值

从数据价值来看，生态环境大数据无疑具有巨大的潜在应用价值，利用大数据技术从海量数据中挖掘出最有用的信息，把低价值数据转换为高价值数据，最终，高价值大数据为解决各种生态环境问题提供科学依据，从而改善人类生存环境和提高人们生活质量。

（五）生态环境大数据具有很高的不确定性

从数据真实性来看，虽然应用于生态环境领域的各种传感器监测精度质量参差不齐，正是因为这一点，仪器往往会产生很多相对无效数据，或是出现因人工干预而产生的假数据，而我们感兴趣的数据反而可能会埋没在大量数据中。因此，为了确保数据的精准度，需要利用大数据技术从海量数据中去伪存真，获取真实数据。

二、生态环境大数据的概念

伴随大数据渗透到生态环境保护工作，特别是以改善生态环境质量为核心的工作链的各个环节，生态环境大数据凭借其特有的数据体量大、结构类型多、价值密度低、处理速度快等特点，整合来自不同主体的客观数据和主观数据，将生态环境管理的各个利益攸关者紧密联系起来，打造不同主体之间信息共享、行为协同、监督互促的数据平台。在这个生态环境大数据平台上，政府能够全面、准确、快速地掌握关于生态环境的具体数据，以及公众的环境诉求，以工作链为导向，以信息链为纽带，以质量链为依托，驱动全社会共同努力实现环境质量改善；企业能够透明、及时地将生产和污染的相关信息上传至大数据平台，在法治和目标的牵引下，奖惩得当，实现绿色发展；公众能够积极、科学地将自己对环境的评价和诉求反映出来，通过大数据平台呈现在决策者面前。

国务院 2015 年发布的《促进大数据发展行动纲要》（国发〔2015〕50 号）对大数据做出这样的定义：大数据是以容量大、类型多、存取速度快、应用价值高为主要特征的数据集合，正快速发展为对数量巨大、来源分散、格式多样的数据进行采集、存储和关联分析，从中发现新知识、创造新价值、提升新能力的新一代信息技术和服务业态。

参照上面大数据的概念，结合生态环境大数据的特点，本书作者认为，生态环境大数据的概念可以分为狭义和广义两种。狭义的定义是：生态环境大数据是一个超大的、涉及政府与企事业单位的生态环境数据大集合。广义的定义是：以大数据技术为驱动，面向生态环境保护与管理决策的需求，快速获取各类生态环境数据资源，实时分析生态环境要素，提升生态环境管理精细化水平的新一代信息技术和服务业态。

第三节　生态环境大数据的本质特征

生态环境领域实施大数据，离不开大数据对社会经济发展本质特征的理解。

一、大数据的本质特征

任何理论认识都是对实践进行抽象、总结、升华的结晶。要深刻理解大数据的本质特征，需要将大数据在实践上带来的广泛影响、冲击、变革进行系统的把握，可以从微观、中观、宏观三个层次理解。

从微观层次看，大数据是信息经济时代人类努力记录、刻画、认知万事万物运动过程的必然结果，是数据高速增长并持续对人类数据承载能力、驾驭能力构成压力和挑战的现象的总结与表达。

从中观层次看，大数据是企业和国家新的资产形式，是信息经济时代最主要的生产要素，是改造“生产方式”的基础性力量。同时，它也是改造“社会关系”的基础性力量，个人的角色和思维、企业组织结构与战略、国家治理方式、国家之间竞争方式，将在数字空间中被重新构建。

从宏观层次看，大数据是认识论和方法论的变革，大量对象从不可知变为可知，从不确定性变为精确预测，从小样本近似推理变为全样本完整把握，以往人类一知半解的事物，现在可以完整地还原其面目，这可以说是人类认识世界和改造世界能力的一次升华。

大数据的本质特征需要从以下几个方面去理解。

（1）大数据的根本点绝不在于数据规模之大。因为数据的绝对规模并不是大数据的有效标志，目前全球数据每两年翻一番，以指数型速度增长，无论今天看来多大的数据，在几年后都是微不足道的小数据。所以，本书更加强调大数据之所以“大”，是因为它持续对人类的数据承载能力和驾驭能力构成压力和挑战。IDC 的数据显示：“数字宇宙的增长速度要远远高于世界存储能力增长速度。2013 年我们仅仅有能力储存 33%的数据资源，其余的只能丢弃，2020 年我们仅能存储 15%的数字宇宙内容。”

（2）大数据是促进生产力变革的基础性力量。这包括数据成为生产要素，数据重构生产过程，数据驱动型企业的快速崛起等。此外，数据作为生产要素构建起来的经济增长方式可能导致一些经济规律失效。过去的经济学规律非常强调“边际效应”，因为传统增长方式之下的能源、资源、环境都是越消耗越少，边际成本越来越高，最终约束经济无法持续快速增长。但数据作为生产要素其边际成本为零，不仅不会越消耗越少，反而保持“摩尔定律”所说的指数型增长速度，大数据时代需要新的经济增长理论来指导实践。

（3）大数据是促进国家治理变革的基础性力量。正如《大数据时代——生活、工作与思维的大变革》作者维克托·迈尔·舍恩伯格在定义中所强调的，“大数据是人们在大规模数据的基础上可以做到的事情，而这些事情在小规模数据的基础上是无法完成的”。在国家治理领域，阳光政府、责任政府、智慧政府建设，大数据为解决以往的“顽疾”和“痛点”提供了强大支撑；精准医疗、个性化教育、社会监管、舆情监测预警，大数据使以往无法实现的环节变得简单、可操作；大数据也使一些新的主题成为国家治理的重点，如维护数据主权、开放数据资产、保持在数字空间的国家竞争力等。

（4）大数据是人类认识世界和改造世界能力的一次升华。以往由于处理数据能力的限制，人类只能从“小数据”中发现规律，对于隐藏在大规模数据中的规律却无缘问津，小到基因测序、原子运动、机器设备的全息监测，大到气象学、天文学，这些领域的数据规模正在失控，人类已经无法驾驭。但大数据极大地扩展了人类的能力边界，在数据密集型领域进行研究和创新使之成为可能，可以预期，在不远的将来，大数据必将形成一轮巨大的创新浪潮。

二、生态环境大数据的本质特征

满足公众的环境需求是生态环境管理的根本目标，改善生态环境质量是生态环境管理的主要手段，如何在精确掌握公众环境需求的前提下，精准提供生态环境产品与服务是生态环境管理的核心问题，而大数据的运用恰好是解决这一问题的关键所在。

1．大数据是政府了解公众环境需求，实现环境管理精准化的重要依据

要改善生态环境质量，重要前提就是要了解公众环境需求。过去，我们认为这种环境需求是主观的，无法计量。大数据背景下，尽管环境偏好是主观的，但由偏好显示出的公众选择和行为却是客观的。偏好无法衡量，选择却可以度量。公众的环境偏好显示为绿色出行、环保关注、环境诉讼、医疗健康等积极和消极的环境行为，这些行为又直接表现为环保行为、环境健康、环境支付意愿、受偿意愿等一系列数字。这些数据从不同方面反映出公众的环境需求和评价。在收集公众环境需求信息的基础上，通过关键因素识别、需求函数模拟等多种方法就可以辨识出公众的环境感受和需求到底如何。针对不同环境本底、不同经济水平、不同发展模式的各个地区，结合当地公众的环境感受和需求，制定符合公众短期需要和长期需求的环境管理措施，政策落到实处、措施敲到点上，实现精准化的环境管理。

2．大数据是政府掌握环境动态信息，实现环境管理科学化的重要手段

环境大数据的运用不仅能够针对监测点实现全天 24 小时不间断的环境质量检测，实现环保数据的海量化；还能够将与环境质量密不可分的其他相关数据（如交通、气象、路况、油品、疾病等）纳入环境大数据平台，实现环保数据的关联化；更能将这些数据联系起来，利用回归模型和模拟系统对数据做出分析，直接指导环境治理方案的制定和调整，实现环保数据的深度化。环境数据的海量化、关联化、深度化正是摸清我国环境质量的根本，也是做出科学环境决策的前提，更是生态环境供给侧管理的关键。

3．大数据是企业规范排污治污行为，实现环境管理法治化的重要抓手

运用大数据对排污企业进行监测，不仅能为环境管理部门提供宏观的环境大数据，为行业管理部门提供中观的行业绿色发展数据，还能在微观上对排污企业实现实时监督和趋势监督。实时监督，就是一般意义上的对企业排污行为的监测；趋势监督，就是在获得连续多年的监测大数据后，结合企业以往的生产规模、排污状况，以及技术革新的相关信息，利用模型对企业可能的排污范围做出模拟。当企业实际排污量超出合理范围时，数据平台将自动对排污企业发出污染预警；当企业实际排污量低于合理范围时，则要调取企业的生产数据和技术数据，在确认企业没有理由降低污染量的时候，就要怀疑其是否有偷排等违规违法行为。可见，有效运用环境大数据的重点不在于将大量数据汇集起来，而在于如何利用科学方法，将这些看似繁杂、冗乱的数据利用起来，找到其中的规律，规范企业行为，实现环境管理法治化。

4．大数据是公众积极表达环境意愿，实现环境管理多元化的重要途径

当前，公众对于生态环境质量状况的不满，一个重要的原因就是来自生态环境质量信息的不对称。政府不了解公众的真实环境感受和需求，公众不了解政府为改善环境质量付出的各种努力和投入。由于政府和公众生态环境信息的不对称，引发了一些群体性事件的发生。改善生态环境质量是否能够满足公众的需求，首先就是要让公众掌握全面、准确的环境信息。在此基础上，再创造多种途径，引导公众正面表达对环境感受的评价和诉求，使其积极参与到环境保护中来。不断提高公众对环境信息的认知和处理能力，使公众在面对环境事件时不盲从、不偏信、不谣传，降低由于环境信息不对称而引发的各种负面影响，引导公众正确认识中国的发展阶段和环境现状，充分发挥公众正向的参与作用，实现多元化共治的环境管理。

第四节　开展生态环境大数据建设的重要意义

大数据应用和发展趋势势不可当，大数据必将对环境管理理念、管理方式产生巨大的影响。开展生态环境大数据应用具有重要的现实意义和紧迫的需求。

一、提高生态环境治理能力现代化的新途径

推进国家生态环境治理体系和治理能力现代化，需要构建以政府、企业、社会公众为多元主体的环境污染防治体系，需要突出污染源企业在环境污染治理的主体责任，需要发挥社会公众参与环境污染治理的作用。在互联网、大数据时代，政府提供电子公共服务让更广泛的社会公众、企业参与到政府的管理和决策中。通过互联网服务平台，政府部门采集大量社会公众需求信息，收集大量民意信息、诉求信息，这些信息与生态环境部门的数据相结合，形成生态环境大数据。通过对生态环境大数据进行分析，能够揭示数据之间的关联关系，能够发现现象背后的规律，提高生态环境治理的精准性和有效性。大数据能够变革社会治理的思考方式，将成为提高生态环境治理能力现代化的一个有效的手段。把大数据引入政府治理，是管理现代化的必然要求，也是提高生态环境治理能力现代化的新途径。

二、促进生态环境管理科学决策的新动力

信息资源开发利用对经济社会发展具有重要作用，是政府有效管理、科学决策和为民

服务的基础。环境信息资源开发利用程度是衡量环境信息化水平的一个重要标志。尤其是在当今互联网时代和大数据时代，大数据应用加速推动了政府部门信息资源的开发利用，推动了政府部门管理创新。利用大数据技术能够对环境管理中看似相互之间毫无关联的信息，碎片化的信息，反映问题某个方面表面现象的信息进行关联分析，从中发现趋势、找准问题、把握规律，实现政府部门“用数据说话，用数据管理，用数据决策”，推动各类问题的有效解决，提高政府管理决策的水平。大数据应用在加强环境管理和公共服务，说清污染物排放状况，说清环境质量的现状及其变化趋势，准确预测、预报、预警环境质量，准确预测、预警各类环境污染事故的发生、发展，提高环境形势分析能力等方面发挥着越来越重要的作用，成为促进环境管理和科学决策的新动力。

三、推动生态环境监管能力创新的新手段

环境监管是生态环境部门履行的一项基本职能，是实现环境保护目标的重要保障。随着环境问题越来越复杂，实现环境质量明显改善的目标要求越来越紧迫，环境监管的难度越来越大。面对环境监管对象复杂、范围广泛、任务繁重、社会关注度高、影响面大的现实问题，仅靠人员有限的环境执法队伍和通常的执法手段难以应对当前的监管要求。迫切需要转变思维观念、创新监管手段，运用信息化手段打造新的监管利器，实现环境监管能力现代化。大数据能够整合发改、工信、工商、税务、质监、银行、海关、交通、商务等部门有关污染源企业信息，以及社会公众举报的信息，通过综合分析，可以发现环境监测数据造假、未批先建、违法偷排等环境监管漏洞，提高执法的精准性，提高环境监管水平。

第五节　生态环境大数据的应用优势

20 世纪后半叶以来，随着经济的发展，全球生态环境问题日趋严重。目前全球生态环境问题突出表现在环境污染、气候变化、土地退化、森林锐减、生物多样性丧失以及水资源枯竭等方面。这些问题往往涉及尺度大、过程复杂、驱动因素众多、解决起来难度大。随着大数据时代的到来，大数据为各种生态环境问题的解决提供了新的机遇。本节以解决污染防治、改善生态退化和减缓气候变化中的大数据应用为例展开描述。

一、大数据在解决污染防治中的应用优势

随着工业化、城市化、化学农业和机动化的高速发展，全球环境污染日益加剧，以大气污染、水污染和土壤污染为主的三大污染引起的食品安全和人类健康问题严峻，直接威

胁到人类的生命。如何有效地治理这些污染，是各国政府及学者迫切需要解决的难题。然而，这些污染的产生受到多方面的影响，治理起来相当困难。首先，环境污染涉及的过程复杂，包括污染物排放的生物过程、污染物在承载体（大气、水和土壤）中的物理和化学过程；其次，污染成因很多，主要包括工业“三废”（废水、废气和废渣）、农业污染（肥料、农药和农膜）、机动车尾气排放、生活垃圾以及木材和煤等燃料燃烧；最后，影响污染因素多，因素之间存在相互重叠和交叉作用。因此，仅靠传统单因素单独治理污染不能解决根本问题，这就需要通过利用云计算、多元数据同化、多尺度数据耦合、时空分配和化学物种分配等大数据技术对各种环境污染及其相关的数据进行多因素融合分析，及时准确地发现各种污染的根源，分析不同污染过程中污染物的演变规律，了解各种主要污染物的“前世今生”，全面地获得污染物的变化规律和传输过程，通过这些信息来区分环境污染的轻重缓急，统筹规划治理方案，分步推进污染治理，既要综合治理，也要重点突破。

另外，环境污染对人类影响具有滞后性，污染发生时很难感知和预料，但这些影响一旦产生就表示已经发展到相当严重的地步。因此，除了增强污染事后治理，还需加强污染事前预防。当前环境污染很大程度上还只限于治理，很少采取预防措施，更缺少对重大环境污染事件的预报预测。目前，我国环境污染的预报预测主要是通过各种数据建立统计模型，但这些模型的参数缺少优化，预报预测准确性低。例如，我国已经开发了一些污染物扩散预测模型，可由于缺乏这些污染物长期实时数据，不能对模型参数优化，使得预报预测的准确性低。大数据时代的到来，为提高我国环境污染预报预测带来了机遇。随着云计算、机器学习和人工智能等技术的不断发展，使得建立基于认知计算的高精度环境污染预报系统成为可能。环保部门积累的环境污染应急管控经验可以加入认知计算系统，使得应急管控变为常态管理，例如，可以将专家经验加入认知计算系统中。认知计算整合优化各类模型，包括物理化学过程、气象、交通和社交等，它们再通过海量数据进行交叉验证，该算法使模型、数据和专家经验以自动训练、自我思考和自我学习的方式不断积累，为可靠追溯污染源、高精准预报预测、精细预防和治理等决策提供科学支撑。

二、大数据在改善生态退化中的应用优势

随着全球人口数量的增长和社会经济的发展，生态系统退化越来越严重，已经成为全球严重的生态环境问题之一。当前全球生态退化主要表现在森林面积减少、土地退化、生物多样性降低、水资源短缺等方面，这些退化引起了全球森林资源、水资源和土地资源的减少。生态退化除造成巨大经济损失外，还严重威胁到人类健康和生命安全。

首先，引起生态退化因素较多，主要包括乱砍滥伐、过度农垦、陡坡开垦、生境丧失、

生物资源过度开发、水环境遭破坏、外来物种入侵、海洋的过度捕捞以及环境污染等。以上因素相互交织，协同作用，致使一种生态退化类型可能是另一种退化的原因。例如，森林面积减少可引起土地退化、生物多样化减少、水资源短缺加重。其次，生态退化是一个复杂和综合的动态过程，它涉及跨领域、跨学科、跨部门的各种生态环境数据，又与社会、经济、文化和政策等领域密切相关；同时涉及土壤、农学、生态、环境和生物等学科的知识。过去几十年，虽然各国政府也采取了一些措施治理生态退化，但由于生态退化所涉数据来源多样、分布广泛，内容庞杂、涉及部门众多，而传统技术不能系统地整理和分析这些数据集，也不能完全提纯出数据背后的有价值信息，或者由于技术落后提炼出的信息为错误的，以这些错误的科学数据信息作为理论指导，使得政府的经济政策和防治决策对生态退化没用，甚至失误。目前，随着大数据的蓬勃发展，人们可以利用传感器技术和无线通信技术在数据获取方面的优势，系统地收集、整理和存储各种与生态退化相关的数据，包括地面监测数据，遥感影像数据，社会经济数据，科学研究数据，互联网以网站、论坛、微博等方式发布的有关资源环境的相关信息，实现了生态环境数据的整合和充分利用，为生态系统的资源管理、生态环境的动态监测和生态环境评价提供多样化、专业化和智能化的数据服务；利用分布式数据库、云计算、人工智能、认知计算等技术在大数据处理方面的优势，并结合大数据各种算法库、模型库和知识库分析这些不同结构的数据，实现数据与模型的融合，挖掘隐藏在海量数据背后的各种信息，通过这些信息既可以分析各种生态系统退化的过程和规律，也可以为决策者提供360度的数据信息，为治理和预防生态退化提供正确的科学决策。例如，使用Hadoop的分布式文件系统（HDFS）和分布式并行编程框架（MapReduce）对生态环境大数据进行批量处理；利用决策树、贝叶斯、K-Means、岭回归模型、逻辑斯蒂模型、线性回归模型、认知算法、关联规则的Apriori算法等各种模型和算法对海量数据进行深度挖掘和关联分析，通过各种数据的碰撞产生出有价值的信息。

三、大数据在减缓气候变化中的优势

近百年来，由于气候自然波动和人类活动引起的温室效应，地球气候正经历一次以全球变暖为主要特征的显著变化。全球变暖导致了极端气候出现频率增加、厄尔尼诺现象加剧且影响范围变大、冰川萎缩、内陆冻土加剧融化、沙漠化加剧、海平面上升和海水倒灌、水资源短缺加重、湿地面积减少和生物多样性下降。例如，在2001—2010年，全球冰川平均质量年下降速度为0.54m（相当于水当量）。全球变暖除引起全球气候变化外，还对农业、生态环境和人体健康产生了巨大的影响。大气中温室气体浓度增加引起了大气温室效应增强，并最终导致了全球气候变暖，温室气体主要包括CO_2、CH_4和N_2O。为了减缓和预测全球变暖的速度，政府间气候变化专门委员会（IPCC）编制了各种温室气体的排放源和吸收汇的全球清单，并预测了未来全球温度的变化；各个国家也都根据本国实际拥有数据情况编制国家温室气体清单。但目前这些温室气体清单还都不是实时清单，都是温室气体排放和吸收的总量。这主要是因为缺少温室气体的实时监测数据和缺少处理海量数据的技术。在大数据时代，网络信息技术和无线通信技术的融合，极大地促进了各种智能传感器的快速兴起和发展，使我们可以获得温室气体、气候等大量实时监测数据和与之相关的非结构化数据；基于云计算环境下，分布式数据存储技术与传统的关系型数据库相结合可以解决海量数据的存储和管理，例如，Hbase、Redis 和 Key-Value 等大数据存储技术；同理，这些海量温室气体、气候和其他相关数据的处理分析也需要各种模型和算法，但对于编制实时温室气体清单来说，最关键的技术是怎样实现在线和离线相结合对海量数据进行分析。离线静态数据的大数据处理形式是批量处理，Hadoop 是典型的批量数据处理系统；在线数据的大数据处理形式包括实时流式处理和实时交互计算两种，流式数据处理系统如 Storm、Scribe 和 Flume 等，交互式数据处理系统如 Spark 和 Dremel。另外，利用大数据技术融合温室气体数据和气候模型，预测未来温度的变化速度，例如，人工智能和认知算法等大数据技术。通过编制实时温室气体清单和预测未来温度变化幅度，可以为制定减排措施提供科学依据，同时也为人们的生活带来方便。可以发现，生态环境问题彼此相互联系，相互影响，相互制约。因此，治理和预防需要对区域甚至全球的生态环境情况进行全面分析，找到关键问题与关键区域，制订不同的解决方案与对策，通过对比分析找到最优解决途径。利用大数据在数据采集、数据存储、数据分析，以及数据解释和展示等方面的优势，有利于揭示生态环境问题的本质，并分析其背后的驱动因素及相互作用机制。在数据采集方面，通过建立高密度、全区域和多方位的监测网络体系，配合文本、图片、XML、HTML、各类报表、图像和音频/视频信息等与生态环境相关的非结构化数据和半结构化数据的采集，共同形成生态环境大数据集。在数据存储方面，NoSQL（Not only SQL）数据存储包括分布式文件系统和分布式数据库系统两种类型。通过与大数据的 NoSQL 数据存储管理技术相结合，克服传统关系型数据库由于采用分片技术而经常出现的存储空间不够、数据加载缓慢和排队加载等问题。在数据分析方面，我国生态环境相关的数据大多是数据集成，供客户端自行下载分析；而大数据分析却能将统计分析、深度挖掘、机器学习和智能算法与云计算技术结合起来，对空气、土壤、水文、生物多样性、气候、人口和社会经济等数据进行关联性分析，这些分析结果可为管理者的决策提供科学支持。除此之外，在数据解释和展示上，传统数据显示方式是用文本形式下载输出，而大数据却可以给用户提供可视化结果分析。由此可见，只有大数据时代，我们才能够真正实现复杂生态环境问题的定量评估和精准决策，为加快我国生态文明建设和促进生态环保事业的发展提供科学依据和有效对策。

第六节 国外环境大数据应用现状

本节以美国为例，介绍大数据在环境保护领域的应用现状。

美国很早就将大数据的理念融入环境保护工作中。在 2012 年奥巴马政府颁布的《大数据的研究和发展计划》推动下，美国环保局加快了环境大数据的发展步伐。美国经验表明，环境大数据会成为推动环保工作的“推进剂”，以及缓和政府和公众由于环境事件所引发社会矛盾的“润滑剂”。

一、完善的机构设置

完善的机构设置为环境数据“收集—处理—公开—技术支持”一体化全过程管理提供支持和保障。美国环保局是美国环境信息的主管部门，将数据和信息的收集、使用和传播作为自身任务之一。美国环保局设环境信息办公室（司局级），由首席信息官领导。环境信息办公室负责信息的全过程管理，下设 4 个处级办公室，分别是信息收集办公室、技术运行与规划办公室、信息分析与获取办公室及项目管理办公室。另外，除联邦环保局，区域办公室及各州环保部门中均设有环境信息办公室或信息专人，负责各部门的有关环境信息工作，包括信息收集、上传、维护、发布等。环境信息办公室在执行其职责的全过程中，各司其职，密切配合，形成了大数据收集、分析、技术处理和发布的一体化工作流程。这一机制，确保了环境信息从信息源（企事业单位）到信息受体（公众）形成畅通的信息传递渠道。

二、政府推动建立数据监测网络，整合并共享数据

设施登记系统（FRS）是美国环保局数据整合的工具。美国环保局对包括企业、污水处理厂、民用设施甚至采矿作业等享有排污权的设施进行登记，通过赋予唯一“设施标识码”形成排污设施登记数据库，使得不同业务系统的数据之间关系得以明确，并能够实现跨业务系统和跨库检索。排污设施登记系统由美国环保局环境信息化办公室进行集中管理和维护。环保事实数据库（Envirofacts）是美国环保局的环保数据查询系统，开放给社会大众查询包括空气、水、废、毒、辐射、土壤、地图等相关信息。美国环保局对于环境数据的传输与分享是靠环境信息交换中心（Central Data Exchange，CDX）实现的。环境信息交换中心的目标是建立快速、有效、安全且精确的实时数据交换网络，以此连接联邦政府、地方政府、企业及美国环保局的各分支单位。CDX 基于互联网传输，采用最新的信息

技术与工具构建，以提升电子数据交换的安全。

三、严格的制度确保企业提供准确可用的数据

在美国，环保局对污染物/有害物质排放和分布情况的适时掌握是环境大数据应用的基础。环保局获得数据和信息主要是靠严格的企业对污染物/有害物质的报告制度，而不是靠定期或不定期的污染普查或调查。因为有严格的惩罚制度，所以企业不诚实报告自己的污染物或有害物质，是非常有风险的做法。一旦被环保部门发现，或者被公众发现，除支付罚款以外，其商业信誉也将受到严重损害，企业经常需要再额外支付一些环保经费，来修补自己的形象。

四、为全民参与环境大数据提供平台

美国政府发展大数据的特点是以各级政府为主导，同时依托高等院校和科研院所，鼓励企事业单位和社会团体等社会力量的积极参加，并以不同的方式开展合作，合作形式上主要以具体明确的项目为基础展开。联邦政府机构发布并主导国家大数据战略，开展计划促进大数据应用，并协调投资，在联邦政府部门的支持下，各州政府也积极参与国家的各项大数据计划或者制订符合自身特点的大数据研究和发展计划，并因地制宜地向当地居民提供大数据公共服务。为加强公众参与，联邦环保局要求公众对所建立的设施登记系统的设施数据进行质量反馈。美国环保局在《紧急规划与社区知情权法》生效后发布了危险物质清单，凡受监管的有害物质，排放单位都有报告的义务。瞒报、漏报或报告不准确可能面临严重的罚款。清单具有以下特点：环保局可在任何时间依法增加或减少清单中的有毒化学品；任何人都可以请求管理者增加或减少上述清单中的有毒化学品；州长可以请求管理者增加或减少列表中的有毒化学品。

五、决策部门全面掌握环境大数据并科学分析

企业报告准确的污染信息可以确保环保部门对于全国的污染情况、地方环保局对于辖区内的污染情况的了解。但数据还需要加工和分析，这样才能得到决策部门和公众都能理解和读懂的污染物报告，这是环保部门制定环境保护目标、工作重点和信息公开的基础。各州环保局的污染物/有害物质数据库与联邦环保局之间，以及各州之间的数据都是共享的。所以，各州也都可以知道其他州的污染物排放或有害物质存储、生产和使用的信息，这些数据最后也可以被公众获得（免于公开的信息除外）。

六、对我国生态环境大数据的借鉴意义

1．设立专门的生态环境大数据管理机构

我国应当借鉴美国环保大数据中一体化的机构设置经验。在国家层面建立专门的司局开展生态环境大数据工作，负责生态环境大数据的采集、传输与交换、存储、分析处理和公开共享工作。在地方各级环境机构设立专门的生态环境大数据管理机构，配合生态环境部大数据专门司局的工作。以实现生态环境大数据工作的一体化流程管理，实现管理的体系化。

2．建立专门的生态环境大数据库

对于我国环境污染的多发性和复杂性，应借鉴美国环境大数据的经验对环境大数据按照环境污染的类型、污染物种类等进行类型划分，以更快、更准确地获取某一类型环境污染防治相关数据信息，提升数据应用的效率。本书认为，建立全国性的或区域性的污染源基础数据库和环境质量基础数据库非常重要，这是生态环境管理能否摸清底数、说清现状的关键所在。

3．加强大数据应用的国际合作

美国的大数据处理技术优先发展且已经相当成熟，我国的生态环境大数据应用技术处理水平在起步阶段，需要加强国家间的交流与合作，引进其先进的技术和人才，为我国的生态环境大数据技术应用服务。

4．加强公众参与

加强生态环境大数据应用的公众参与，进行产学研相结合，政府加大生态环境大数据的资金投入，并与高校、科研院所合作，加强大数据技术的科研创新投入和大数据人才的培养。创新应用生态环境大数据的内容向全社会公开，公民可对政府公开的环境数据及时提出反馈和质疑，加强数据监督，以提高数据的准确性，提升公众服务效率。

第七节 生态环境大数据面临的挑战

尽管我国生态环境大数据建设刚刚起步，部分地方也取得了积极进展，但是在发展过程中仍然存在不少缺陷，如整个生态环境大数据的顶层设计滞后、体制机制创新动力不足，重概念口号、轻实施配套，重建设投入、轻效果提升，重设备技术、轻机制建设，重建设发展、轻安全保障等问题。因此，亟须深化机制和政策研究，以“避免设计局限化、破解信息碎片化、力戒建设空心化、破除安全脆弱化”为目标，破解传统环境信息化建设和电子政务建设中未能解决的一些老大难问题。

一、数据壁垒难破解，制度建设需加强

信息化建设中“信息碎片化”的根源在于管理体制的碎片化，不同部门之间职能交叉重叠，政府部门各自为政，造成业务协同和信息共享存在壁垒。管理制度不健全、数据共享难度大、标准规范不统一、信息保密和公开的法律法规建设滞后，更助长了壁垒的存在。要破解信息碎片化难题，推动相关部门、行业、群体、系统之间的数据融合、信息共享、业务协同和智能服务，强有力的跨部门统筹协调机制是必要条件。

二、开放共享仍受限，数据应用有困境

尽管各级环保部门掌握的公共数据量大、面广、价值密度高，但由于技术规范、数据标准、管理责任、部门利益等方面的原因，很多数据被隔离，相关数据之间天然的时空关联性和耦合性被割裂，大大降低了数据的价值。各地区之间、部门之间、层级之间尚未建立有效的信息交互、共享的平台和机制，导致各类数据难以有效利用，“信息盲点”“数据重复”“数据垄断”“数据打架”现象大量存在，不但政府部门不好利用，而且一些本该公众知情的环保信息也难以向社会开放，降低了环保部门的公信力和服务效率。此外，部分地区由于地理信息空间基础数据库的建设尚不完善，难以形成可供开发利用的高质量、稳定可靠、高价值密度的“大数据集”，数据的可用性和易得性难以得到保证，生态环境大数据建设与应用面临“无米之炊”的难题。

三、人才力量难满足，技术应用不到位

各级环保部门对于生态环境大数据的理解和认识直接影响到大数据应用的推进及其成效。目前，各级环保部门专职信息化人员的数量普遍无法满足业务要求，复合型人才匮乏，信息化应用能力和技术水平参差不齐，主动运用大数据分析手段来提升业务水平的能力有待提升。部分地方政府对于建设生态环境大数据的理解不到位：一方面容易导致重建设轻应用，机房建了，设备买了，却因应用模块开发不足或缺乏专业人才无法对数据进行有效的挖掘和分析应用，环境服务的信息化、智慧化、便捷化、精细化程度依然较低；另一方面容易导致重投资轻成效，在技术需求方面被企业绑架，盲目投资，而建设成果却无法满足实际工作的需求。

四、信息安全存隐患，保障能力要加强

生态环境大数据面临网络与信息安全隐患。大数据的安全主要包括大数据自身安全和大数据技术安全。大数据自身安全指在数据采集、存储、挖掘、分析和应用过程中的安全，在这些计算和存储过程中由于黑客外部网络攻击和人为操作不当造成数据信息泄露，外部攻击包括对静态数据和动态数据的数据传输攻击、数据内容攻击、数据管理和网络物理攻击。例如，很多野外生态环境监测的海量数据需要网络传输，这就加大了网络攻击的风险，如果涉及军用的一些生态环境数据，本来人们可以国内共享，但如果被黑客获得这些数据，就可能推测到我国军方的一些信息，后果不堪设想。随着云计算技术的发展，数据在云端的存储存在严重的安全隐患。例如，美国“棱镜门”事件，美国政府就是通过云计算和大数据技术收集大量数据也包括各国生态环境敏感数据。因此，我国未来应加强生态环境大数据安全技术研发、生态环境大数据信息安全体系的建设和管理等。

第八节 生态环境大数据的发展途径

生态环境大数据建设是一项系统性、创新性工程，对推进环境治理体系和治理能力现代化将发挥积极的促进作用。《生态环境大数据建设总体方案》进一步明确了生态环境大数据建设的指导思想和目标，各地在建设时仍需要结合当地实际，进行顶层设计、统筹规划、全面布局、按需建设。

要做好生态环境大数据建设，本书作者认为应该做好以下几个方面的工作：

一、加强组织保障，健全工作机制

党的十八大报告中，有 19 处表述提及信息、信息化、信息网络、信息技术与信息安全。更重要的是，报告明确把“信息化水平大幅提升”纳入全面建成小康社会的目标之一，并提出了走中国特色新型工业化、信息化、城镇化、农业现代化道路，促进这“四化”同步发展。这充分反映了在我国进入全面建成小康社会的决定性阶段，党中央对信息化的高度重视和认识进一步深化。信息化本身已不再只是一种手段，而成为发展的目标和路径。这必将对今后 10 年我国信息化推进和信息通信业发展产生重大而深远的影响。

2014 年 2 月 27 日，中央网络安全和信息化领导小组在北京宣告成立，并在北京召开了第一次会议。中共中央总书记、国家主席、中央军委主席习近平亲自担任组长，李克强、刘云山任副组长，再次体现了中国最高层全面深化改革、加强顶层设计的意志，显示出在

保障网络安全、维护国家利益、推动信息化发展方面的决心。新组建的中央网络安全与信息化领导小组层次之高前所未有，过去都是在国家层面上的，这次是在党中央层面上的。党和最高领导人出任组长、副组长，第一次比较彻底地体现了信息化是“一把手工程”的内在要求。这是落实十八届三中全会精神的又一重大举措，是中国网络安全和信息化国家战略迈出的重要一步，标志着这个拥有 6 亿网民的网络大国加速向网络强国挺进。

党的十九大报告多次提及互联网领域，内容涉及建设网络强国、数字中国、智慧社会，推动互联网、大数据、人工智能和实体经济深度融合等。

国务院在《关于落实科学发展观加强环境保护的决定》中明确提出：“要完善环境监测网络，建设‘金环工程’，实现‘数字环保’，加快环境与核安全信息系统建设，实行信息资源共享机制。”

生态环境大数据是环境领域信息化建设的重要组成部分，而信息化建设则是一个“一把手”工程。国家、省、市三级生态环境部门要根据中央有关要求，成立“网络安全和信息化领导小组”。该领导小组要依据国家信息化战略，着眼全国生态环境系统的长远发展，统筹协调各级网络安全和信息化重大问题，研究制定网络安全和信息化发展战略、宏观规划和重大决策，推动本系统网络安全和信息化建设，不断增强安全保障能力和信息化应用水平。

完善管理机制，将“网络安全和信息化领导小组办公室”设立在各级的信息中心，本级所有业务信息化建设立项应由信息中心和规划财务部门提出立项与审批意见，业务部门提供需求，信息中心和业务部门共同实施。探索实行环境信息化信息主管制度（CIO 制度），实现对信息化工作的统一领导和统筹协调。

健全运行机制，建立信息维护分级负责制度，明确各业务部门职责，保证环境信息的统一管理。整合优化现有系统，新建系统必须遵循统一的标准规范，完善系统内部的信息共享交换机制，保障环境信息的充分共享和利用。

二、注重顶层设计，明确发展方向

为加快推进大数据有序健康发展，国务院、行业主管部门、生态环境部都明确要求在大数据建设中，要注重顶层设计和统筹规划。

科学有效的生态环境大数据顶层设计和合理健全的统筹规划，是生态环境大数据建设和应用得以顺利实施和有效运行的前提。通过科学的顶层设计，准确确定生态环境大数据建设应用的范围，把握建设重点，避免重复建设，详细规划建设任务与实施路径，并把顶层设计上升到决策高度，保证顶层设计落实，是生态环境大数据建设应用成功的坚实基础。

生态环境部已出台生态环境大数据建设总体方案，明确建设内容和发展方向，提出具体的实施意见。各省生态环境部门要根据国家总体设计方案，结合本省实际，制订出台详细的实施方案，与生态环境部做好对上衔接，与各市级环境局做好业务指导。保障统一架构、整合资源、信息共享、业务协同，充分发挥信息化整体效益。只有从顶层设计着手，统一规划、统一标准、统一建设、统一管理，全面优化现有系统，构建新增业务系统，才能建立好高效可用的“用数据管理、用数据决策、用数据服务”的生态环境大数据体系。

三、建立信息共享机制，发挥数据应用价值

环境保护的根本出发点是服务社会，服务对象既包括政府监管部门，又包括排污与治污企业、社会机构和社会公众等。研究编制环境信息资源共享政策和制度，通过生态环境大数据整合现有的应用和信息资源，建立集环境监测、监察执法、环评审批、固废处理、辐射环境、大气、土壤、海洋、江河湖泊等环境要素齐全、业务覆盖范围广的生态环境大数据资源中心，开发环境信息资源共享与服务平台，构建面向环保行业及社会需要的环境信息资源共享服务体系，实现环境要素信息的一源一数、一数共用。加强环境要素信息的数据挖掘，对获取的数据进行环境变化趋势、环境形式预测、污染扩散模型、环境承载能力分析、环境风险防控、区域环境状况分析等，辅助经济建设和环境保护决策。

完善标准规范、提高数据质量和应用的效果。通过建立统一的数据标准，规范信息传输接口和数据计算方法等，提高数据质量和有效性。同时，需完善相应技术规范、完善自动监控系统的运维和管理标准，研究制定一整套从现场安装、运维、实施、管理到监控中心管理、维护等全方位的规范和标准并进行推广。通过规范运维管理考核制度，提高生态环境监测网络数据的有效性和权威，促进环境监管水平的不断提升。

通过生态环境大数据建设，扩大数据的服务范围，除服务环保领域的各级政府部门、各类企业、社会机构和社会公众外，还可以为交通运输、城市管理、气象、安全与应急等提供环境信息资源服务，更充分地发挥环境数据的应用价值。

四、构建支撑服务体系，加强信息安全保障

支撑生态环境大数据建设和应用的持续、安全有效的运行，需要多方机构和科技的服务，包括研究机构、咨询机构、标准研究组织、开发机构、环保业务部门、网络安全部门、评测部门等，为规划实施和技术路线的选择提供专业的支持和帮助，为各环境要素的自动检测与采集设备的准确性、稳定性和安全性提供标准与判断，为环保物联网的现场端和传输设备的运维、智慧监管中心的运维和可持续性建设与应用提供强有力的支撑。

加快研究制定环境信息安全战略和规划，将生态环境大数据安全纳入重点管理工作。推进落实信息安全等级制度，完善网络安全应急预案，强化网络与信息安全应急处置工作。加强安全防护力度，完善安全管理制度，加强对各级网络与信息安全设施建设的指导和协

调，加大对专职从事网络安全人员的技术培训，提高业务技能。

五、建立资金保障机制，加强人才队伍建设

生态环境大数据建设周期长，投入高，需要各级生态环境部门理顺并建立长效的资金投入渠道，建立稳定的专项资金。将环境信息化的运维经费纳入财政预算，通过充足的财政支持确保生态环境大数据建设。鼓励采取“建设—运营”的模式建设生态环境大数据，通过政府财政支持和市场化运作相结合的方式，从而保障生态环境大数据能够持久稳定地发挥积极的作用。

高素质的队伍是环境信息化和生态环境大数据建设的根本保障，在依托科研机构和社会力量建设的同时，必须通过人才培养、引进和储备，保证有充足的高端、综合性人才投入环保物联网的建设中去；必须在系统内部培养一支既懂环保业务，又精通信息技术的复合型环境信息化人才队伍，才能将生态环境大数据建设、运行和维护好，发挥业务信息化的最大效能。

总之，生态环境大数据建设与应用是提升环境保护统筹与监管能力、改变环保形象的必由之路，是环境信息化发展的必然趋势。目前生态环境大数据具备一定技术、系统和产业基础，生态环境大数据建设和应用是一个持续发展、不断完善的过程，需要各级、各方面力量的不懈努力和共同参与。随着国家大数据战略的实施，基于大数据的环境保护智慧化进程必将行稳致远。

第四章　生态环境大数据平台架构

第一节　概　述

随着大数据技术和应用的迅猛发展，通过横向扩展和分布式集群部署等方式，大数据架构比传统集中式架构性能更优，在数据平台架构云化重构、实时应用支撑、能力开放等方面发挥了重要的作用，原有的技术要求已经不适应发展，迫切需要制定适合生态环境大数据平台的技术要求，以明确大数据平台的技术架构、标准、演进等相关内容。

“架构”（architecture）一词最初来源于建筑，其核心是通过一系列构件的组合来承载上层传递的压力。架构是系统组成部件及其之间的相互关系，通过明确这种关系，使得架构之间联系更加科学合理，系统更加稳定。

在信息科学领域，普遍采用“架构”的历史并不是很长，但在使用方法上则遵循了相同的规则。ISO/IEC42010《系统和软件工程：架构描述》定义架构是“一个系统的基本组成方式和遵循的设计原则，以及系统组件与组件、组件与外部环境的相关关系”。在软件工程领域，架构定义为“一系列重要决策的集合，包含软件的组织，构成系统的结构元素及其接口选择，以及这些元素在相互协作中明确表现出的行为等”。

从上面的定义分析可知，架构是在理解和分析业务模型的基础上，从不同视角和层次去认识分析和描述业务需求的过程。通过架构研究，能实现复杂领域知识的模型化，确定功能和非功能的要求，为不同的参与者提供交流、研发和实现的基础，每一类参与者都会结合架构的参考模型，形成各自的架构视图。

在软件和系统工程领域，架构通常需要遵循以下设计原则和方法：

1．分层原则

这里的层是指逻辑上的层次，并非物理上的层次。目前，大部分的应用系统均分为三层，即表现层、业务层和数据层。在层次设计过程中，每一层都要相对独立，层之间的耦合度要低，每一层横向要具有开放性。

2．模块化原则

分层原则确定了纵向之间的划分，模块化确定了每一层不同功能间的逻辑关系，避免不同层模块的嵌套，以及同层模块间的过度依赖。

3．设计模式和框架的应用

在不同的应用环境、开发平台、开发语言体系中，设计模式和框架是解决某一类问题的经验总结，设计模式和框架的应用在架构设计中能达到事半功倍的效果，是软件工程复用思想的重要体现。

在编制生态环境大数据平台总体框架和技术架构中，应充分考虑本单位的信息化和政务工作的实际，做好现状分析，明确技术目标。

本书以山东省生态环境大数据平台建设为例进行阐述。

第二节　现状分析与技术目标

一、现状分析

当前，各级生态环境部门都在进行各类的业务信息化建设，有的地方应用成果和绩效不错，有的地方业务系统开发完成后应用绩效非常不理想，也有的地方以大数据名义建设的信息化平台同样存在应用绩效差的情况。究其原因，通过梳理现状，作者认为，除了信息系统在与业务结合的过程存在脱节，在关键的数据应用和数据管理方面存在以下几个主要的问题：

1．数据整合不够

具体指数据整合的广度和深度不够，原有数据整合范围主要集中在传统系统中，当跨部门和跨业务的分析应用开展时，需要重新整合与清洗更多的跨专业的原始数据。自 2017 年下半年开始的全国政务信息系统整合共享工作开展以来，虽然各级生态环境部门按照要求进行数据级的整合共享工作，但从目前实际的应用效果来看，离大数据整合共享应用还有很大的差距。根本原因是没有根据生态环境部门的信息系统实际情况开展明确的有针对性的整合共享。

2．数据标准不足

基础数据如主数据、指标等缺乏统一的标准和管控，且因标准缺乏而引发了更多的数据重复存放、逻辑关系错误、解释口径不一等问题。目前，从全国层面上看，环境数据类标准规范数据较少，在支撑各地生态环境大数据建设中还缺乏有力的保障。有的地方认识到这个问题，已经开展了生态环境数据类地方标准的编制和发布工作。

3．数据支撑效率有待提升

随着数据应用不断增多，原来急用先行指导原则下的烟囱式开发模式，导致建立了很多部门级的数据孤岛，数据共享程度低，数据支撑的整体效率偏低。

4. 系统架构亟待优化改进

随着业务需求和数据量的急剧增加，系统性能压力越来越大，扩容成本越来越高，原有的数据体系架构已难以满足需要。

二、技术目标

通过梳理本单位的现状，分析需求后，就要明确生态环境大数据平台应用实现的技术目标，主要内容有：

一是打造面向未来的、高性能、可扩展的互联网化的大数据平台架构体系。

二是建立大数据能力开放体系，采用平台统一建设，数据集中汇聚，能力分级开放，应用百花齐放的部署模式，要具有快速迭代、敏捷开发的能力。

三是建立一体化的数据管控和数据资产运营管理体系，实现生态环境数据的有效治理。

第三节　生态环境大数据总体架构

原环境保护部发布的《生态环境大数据总体建设方案》要求，生态环境大数据总体架构为“一个机制、两套体系、三个平台”。一个机制即生态环境大数据管理工作机制，两套体系即组织保障和标准规范体系、统一运维和信息安全体系，三个平台即大数据环保云平台、大数据管理平台和大数据应用平台。生态环境大数据总体框架如图 4-1 所示。

图 4-1　生态环境大数据总体框架

一个机制：生态环境大数据管理工作机制包括数据共享开放、业务协同等工作机制，以及生态环境大数据科学决策、精准监管和公共服务等创新应用机制，促进大数据的形成和应用。

两套体系：组织保障和标准规范体系为大数据建设提供组织机构、人才资金及标准规范等体制保障；统一运维和信息安全体系为大数据系统提供稳定运行与安全可靠等技术保障。

三个平台：生态环境大数据平台分为基础设施层、数据资源层和业务应用层。其中：大数据环保云平台是集约化建设的 IT 基础设施层，为大数据处理和应用提供统一基础支撑服务；大数据管理平台是数据资源层，为大数据应用提供统一数据采集、分析和处理等支撑服务；大数据应用平台是业务应用层，为大数据在各领域的应用提供综合服务。

根据山东省生态环境厅信息化和业务应用实际，总体框架设计为“1133”，可概括为“一套机制、一个中心、三个平台、三套体系”。

一套机制：生态环境大数据管理机制，建立生态环境大数据管理的组织保障、管理制度和数据共享流程。

一个中心：环境大数据资源中心，以全省污染源基础数据库为核心，实现全省生态环境大数据的集中、统一管理与服务。

三个平台：包括省级政务云平台、环境大数据支撑平台和大数据应用平台。大数据云平台为大数据处理和应用提供集中的基础设施，由省级政务云平台提供服务；环境数据支撑平台为各类大数据应用提供统一支撑服务；大数据应用平台为大数据在各领域的应用提供综合服务。

三套体系：标准规范体系为大数据建设提供统一的标准规范等体制保障，运行维护体系和安全保障体系为大数据系统提供稳定运行与安全可靠的技术保障。

山东省生态环境大数据平台建设项目的总体框架如图 4-2 所示。

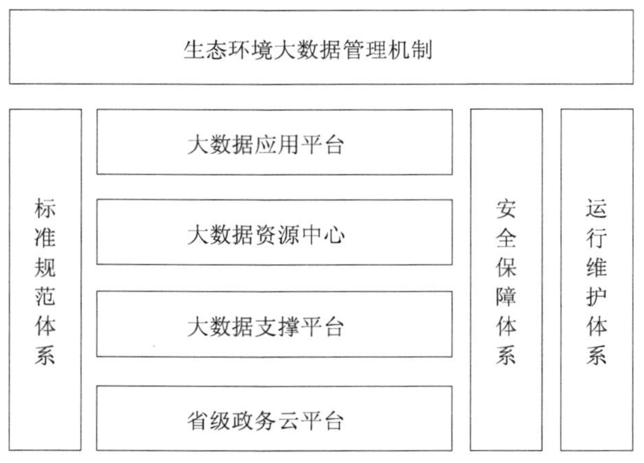

图 4-2 山东省生态环境大数据平台总体框架

一、省级政务云平台

山东省级政务云平台主要提供大数据基础设施的服务，包含大数据的计算、存储和网络资源。从大数据的定义分析可知，数据量巨大是大数据的主要特征之一。为支撑海量数据的管理、分析、应用和服务，大数据需要大规模的计算、存储和网络基础设施资源。

目前，政府部门应用的大数据基础设施硬件是基于当地政务云平台提供的普通商用服务器的集群，这种通用化的集群可以结合其他类型的并行计算设施一起工作，如基于多核的并行处理系统、混合式的大数据并行处理框架和硬件平台等。此外，随着云计算技术的发展，大数据基础设施硬件平台也可以与云计算平台结合，运用云计算平台中的虚拟化和弹性资源调度技术，为大数据处理提供可伸缩的计算资源和基础设施。

如果不在当地政务云平台部署应用，可以采用大数据一体机。大数据一体机是当前主要的发展方向，它通过预装、预优化的软件，硬件资源根据软件需求做特定设计，使得软件最大限度地发挥硬件能力。

与大数据一体机对应的是软件定义的兴起，代表了大数据基础设施未来重要的发展方向。从本质上讲，软件定义是希望把原来一体化的硬件设施拆散，变成若干个部件，为这些基础的部件建立一个虚拟化的软件层。软件层对整个硬件系统进行更为灵活、开放和智能的管理与控制，实现硬件软件化、专业化和定制化。同时，对应用提供统一、完备的API，暴露硬件的可操控成分，实现硬件的按需管理。

软件定义基础设施主要包括硬件的三个层次：网络、存储和计算。

1．网络

软件定义网络强调控制平面和数据平面的分离，在软件层面支持了比传统硬件更强的控制转发能力，实现数据中心内部或跨数据中心链路的高效利用。

2．存储

软件定义存储同样将存储系统的数据层和控制层分开，能够在多存储介质、多租户存储环境中实现最佳的服务质量。

3．计算

软件定义计算将负载信息从硬件抽象到软件层，在异构数据中心的 IT 设备集合中实现资源共享和自适应的优化计算。

二、大数据支撑平台

在省级政务云平台提供基础设施服务的基础上，根据大数据应用实际，我们将生态环境部发布的生态环境大数据总体框架中的大数据管理平台拆分成大数据支撑平台和大数据资源中心，特别突出了对大数据资源中心的建设。

在大数据支撑平台中，我们针对基础支撑和应用支撑进行了设计。

（一）环境数据基础支撑服务

环境数据基础支撑服务作为一种工具，为大数据提供计算的底层工具，能够支持“P级”的数据计算和处理。

依托于 Hadoop 框架下的大数据存储、处理技术以及 OpenStack 云计算平台，通过对业务数据、社会数据、互联网数据等多方面的采集数据进行有效的信息资源规划，运用环境数据处理服务、流计算服务等 10 多个服务对数据进行整合处理，为大数据分析系统、各个应用系统提供强有力的数据支撑。图 4-3 为环境基础支撑服务的体系结构。

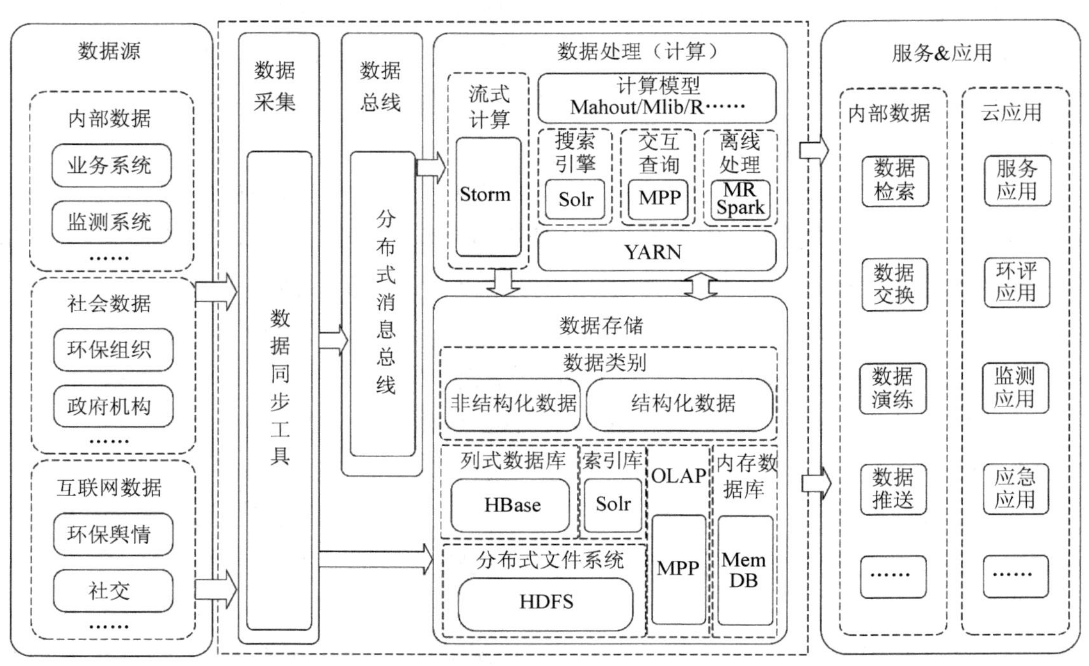

图 4-3 环境基础支撑服务的体系结构

环境数据基础支撑服务提供大数据全生命周期服务，提供从 GB 到 PB 级数据在高并发访问、数据查询和分析处理等不同应用场景大数据处理的能力，解决环保业务的复杂性、多样性、数据量大等问题，可以快速搭建大数据处理环境，简化大数据使用的门槛。重点要做好分布式文件系统、非关系型数据库和资源管理的建设工作。

1. 分布式文件系统

分布式文件系统（Distributed File System）是指文件系统管理的物理存储资源不一定直接连接在本地节点上，而是通过计算机网络与节点相连。分布式文件系统的设计基于客户机/服务器模式。一个典型的网络可能包括多个供多用户访问的服务器。另外，对等特性允许一些系统扮演客户机和服务器的双重角色。

当前大数据的文件系统主要采用分布式文件系统（DFS）。一方面，随着存储技术的发展，数据中心发生了巨大的变化，文件系统朝着统一管理调度、分布式存储集群的方向发展，存储系统的容量上限、空间效率、访问控制和数据安全有了更高的要求。另一方面，用户对存储系统的使用模式发生了很大的变化，主要表现在两个方面：一是从周期性的批式应用，向交互性的查询和实时的流式应用发展；二是多引擎综合的交叉分析需要更高性能的数据共享。

2．非关系型数据库

NoSQL 数据库摒弃了关系模型的约束，弱化了一致性的要求，从而获得水平扩展能力，支持更大规模的数据。其模式自由（Schema Free），不再坚持 SQL 查询语言，因此催生了多种多样的数据库类型，目前广为接受的是类表结构数据库、文档数据库、图数据库和键-值存储。

类表结构数据库是最早出现在模式上，也是最接近于传统数据库的 NoSQL 数据库，多采用列存储。文档数据库的数据保存载体是 XML 或 JSON 文件，从而能够支持灵活丰富的数据模型。一般文档数据库可以通过键值或内容进行查询。图数据库主要关注的是数据之间的相关性以及用户需要如何执行计算任务。图数据库按照图的概念存储数据，把数据保存为图中的节点以及节点之间的关系，在处理复杂网络数据的时候，重点解决了传统关系数据库在查询时出现的性能衰退问题。图数据库以事务性方式执行关联性操作，这一点在关系型数据库领域只能通过批量处理来完成，除了社交网络，在地理空间计算、搜索与推荐、网络/云分析以及生物信息学等领域，都已经具有广泛的应用。

3．资源管理

资源的本质是竞争性的，资源管理的本质是在困难的情况下，在一系列约束条件下，寻找可行解决的问题。不同类型资源的应用一起部署可以提高总体资源利用率。资源管理目前主要分为两种方式：一是虚拟化；二是基于 YARN 或 Mesos 的资源管理层。

虚拟化技术是云计算系统的核心组成部分之一，是将各种计算及存储资源充分整合和高效利用的关键技术。虚拟化的计算机资源的抽象方法，通过虚拟化可以用与访问抽象前资源一致的方法访问抽象后的资源，从而隐藏属性和操作之间的差异，并允许通过一种通用的方式来查看和维护资源。虚拟化技术是云计算、云存储服务得以实现的关键技术之一。它将应用程序以及数据，在不同的层次以不同的面貌加以展现，从而使得不同层次的使用者、开发及运维人员，能够方便地使用、开发及维护存储的数据、应用于计算和管理的程序。

YARN 是 Apache 新引入的子系统，与 MapReduce 和 HDFS 并列，是一个资源管理系统。YARN 的基本设计思想是将 MapReduce 中的 JobTracker 拆分成了两个独立的服务：一个全局的资源管理器 ResourceManager 和每个应用程序特有的 ApplicationMaster。其中，ResourceManager 负责整个系统的资源管理和分配，而 ApplicationMaster 则负责单个应用程序的管理。YARN 支持多种计算框架，通过双层调度器实现平台的统一管理和调度，以及框架自身的调度。YARN 具有良好的扩展和容错性，能将资源统一管理和调度平台融入多种计算框架，从而实现较高的资源利用率和细粒度的资源分配。

（1）环境数据处理服务。随着环境管理工作的日益精细化，环境数据的数据量呈暴增状态，环境业务对数据质量和数据标准有严格的规范要求。为实现对环境大数据平台海量数据的有序处理，需按照环境数据标准体系建立数据处理服务。通过提供一种针对海量（TB/PB 级）数据、实时性要求不高的分布式处理服务，满足环保应用系统全量数据存储及离线计算需求；可以使用户能够轻松跨越大数据分布式计算环境搭建、运维的技术门槛和烦琐工作，直接专注于数据分析、数据挖掘、商业智能等应用场景。

环境数据处理服务包含了大数据非实时处理的主流技术组件，如 Hadoop、HBase、Spark、Hive、Pig、Oozie、Hue 等，提供了从自动化部署运维、性能优化、资源隔离、资源调度、数据计算任务执行及跟踪等全套解决方案，如图 4-4 所示。

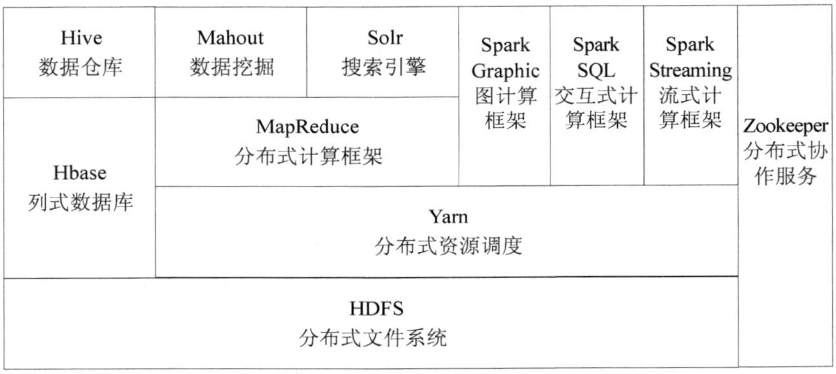

Hive 数据仓库
Mahout 数据挖掘
Solr 搜索引擎
Spark Graphic 图计算框架
Spark SQL 交互式计算框架
Spark Streaming 流式计算框架
Hbase 列式数据库
MapReduce 分布式计算框架
Yarn 分布式资源调度
Zookeeper 分布式协作服务
HDFS 分布式文件系统

图 4-4　环境数据处理服务组件

（2）环境业务应用流计算服务。环境应用系统运行过程中会产生很多过程数据（如日志），通过对过程数据分析可以获取用户行为，监控信息安全，精准推送信息。

与其他业务系统数据交换过程中也可用流式计算结合消息队列完成。

流式计算服务可提供一种分布式的、可靠的、容错的针对大规模流式数据处理的服务。使用户可以从各种数据来源中连续捕获和存储 TB 级以上数据，进行实时分析、在线机器学习、信息流处理、连续性的计算、分布式 RPC（通过网络调用远程计算任务）、ETL（数据抽取、转换和加载）等各种操作。环境业务应用流计算服务如图 4-5 所示。

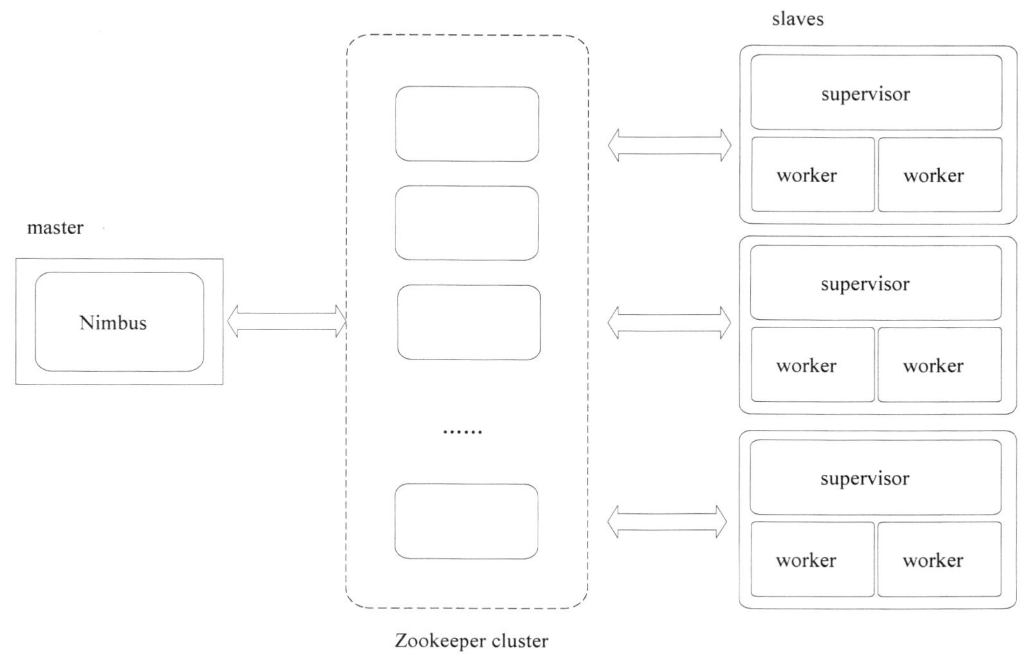

图 4-5　环境业务应用流计算服务示意图

（3）环境业务分布式并行数据库。环境业务分布式并行数据库服务能满足山东环保业务系统在 TB-PB 级结构化数据秒级并行计算及即席查询等能力需求。

分布式并行数据库服务按照 Shared-Nothing 无共享的标准的大规模并行处理架构构建，支持行列存储、数据压缩、MapReduce、不停机扩容、多级容错等机制，支持数百节点，PB 级数据的稳定运行。环境业务分布式并行数据库示意图如图 4-6 所示。

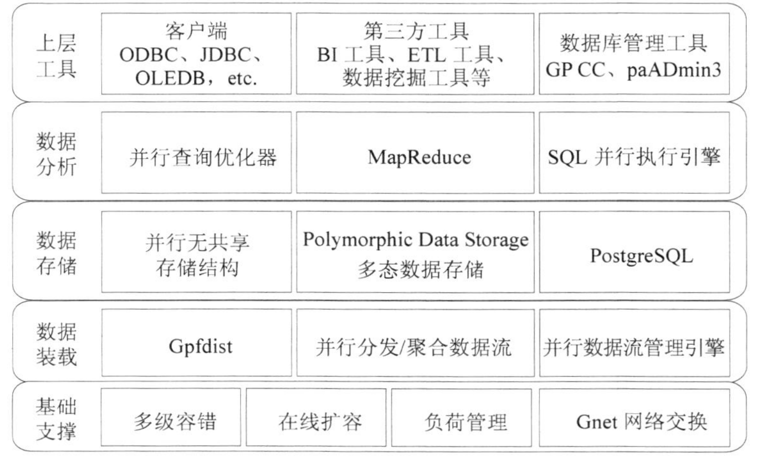

图 4-6　环境业务分布式并行数据库示意图

（4）环境业务应用内存数据库。环境应用系统存在很多实时性要求极高的应用场景，如环境自动监控、滚动大屏、实时预警等，此类场景需要将关键数据加载到快数据库中，利用分布式缓存，对数据并发和响应速度进行内存级加速。

内存数据库（即快数据库）是一个弹性伸缩的、提供事务支持的基于内存的分布式海量数据处理系统，用于构建和加速需要超高速数据交互的、具有高度可扩展能力的应用系统，具备 SQL 读写能力，支持多地多中心级的广域网集群部署。内存数据库服务可以提升数十倍的数据访问速度。内存数据库服务提供了可视化的监控工具。环境业务应用内存数据库示意图如图 4-7 所示。

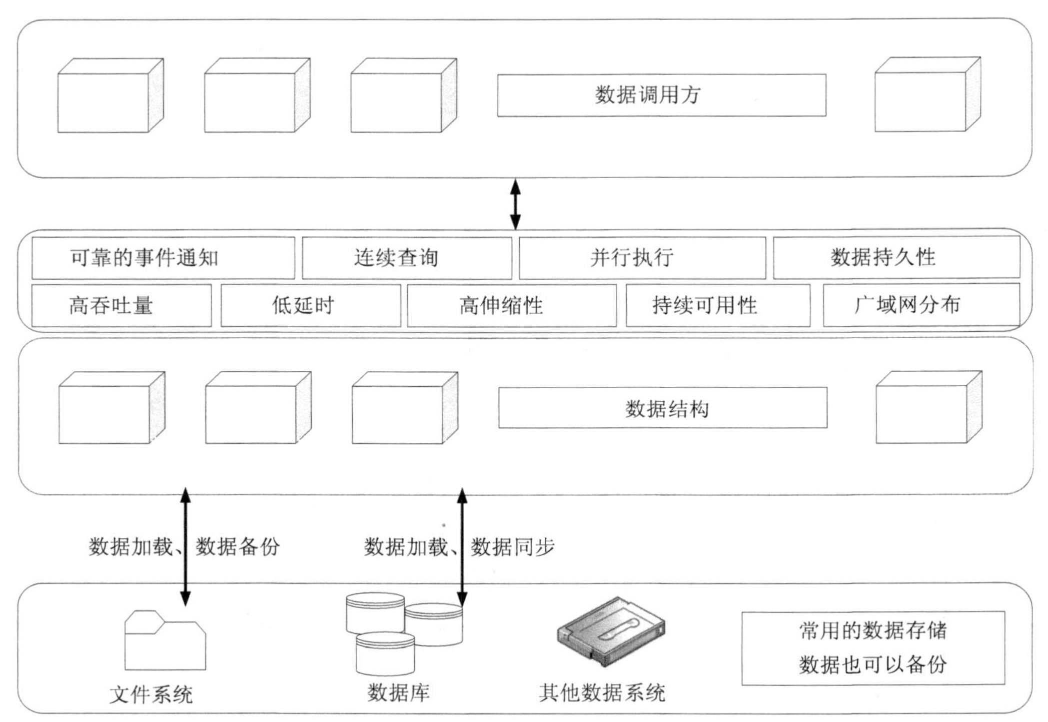

图 4-7　环境业务应用内存数据库示意图

（5）环境搜索引擎服务。搜索引擎服务为环境业务系统提供了一种稳定可靠、弹性伸缩、开箱即用的全文搜索服务，用户不必了解底层技术实现即可在云环境中轻松使用、扩展和监控搜索引擎服务。服务基于 Solr 实现，提供了自动安装部署、组件功能扩展、监控、容灾等方面的全套解决方案。同时，提供多种服务规格，方便用户按需选择。

搜索引擎服务是为实现高流量和低等待时间而构建的，采用了分布式集群部署方式、分布式文件系统存储索引，克服了海量数据检索的瓶颈，并提供自动容错，自动负载均衡，保证了服务实例的稳定性和高效性。如图 4-8 所示。

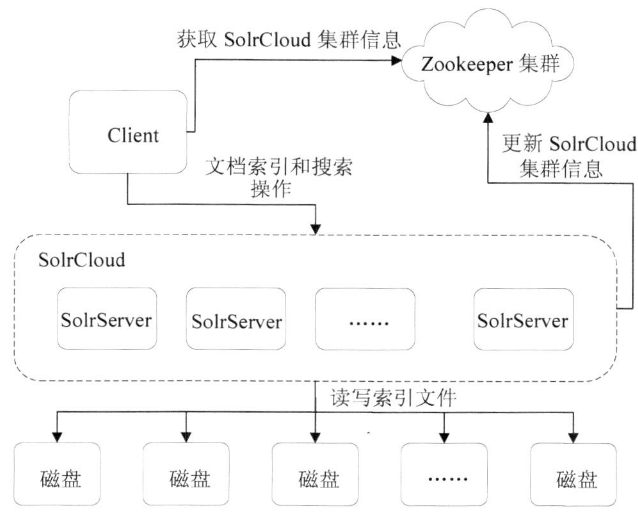

图 4-8　环境搜索引擎服务示意图

（二）环境业务应用支撑服务

环境业务应用支撑服务由环境业务应用服务、数字认证服务、访问控制服务、统一的业务流程服务、移动支撑服务等组成。

1. 环境业务应用服务

环境业务应用服务由单点登录服务、数字认证服务、组织模型管理服务、访问控制服务、业务流程服务、业务表单组件等组成。

其中，单点登录服务为项目建设的各应用子系统进行集成，提供统一的单点登录支撑接口，简化用户的登录过程，实现身份权限的合理使用。数字认证服务为平台内安全连接业务专网，为正常使用各应用系统提供可靠帮助。通过建设组模型管理体系，将各业务系统进行统一梳理与定义，完成应用系统建设的组织建模基础。从应用系统特性出发，访问控制组件结合身份认证接口，以密码技术和 PKI 技术为核心，以数据加密、数字签名、访问控制等安全技术为基础，规范身份认证和访问控制机制，使合法用户能够访问网络上的所授权的资源，将非法用户拒绝于网络之外。统一的业务流程服务，通过流程管理能力、业务支撑能力以及数据大集中能力三方面的建设，可以为各业务系统中业务流程的实现提供基本的流程建模、控制、管理、监控、分析的功能。基于 JSF 和 Hibernate 技术，进行业务实体建模、页面流和 JSF 表单设计，通过表单定制快速生成增、删、改、查等常见的业务逻辑。图 4-9 为单点登录示意图。

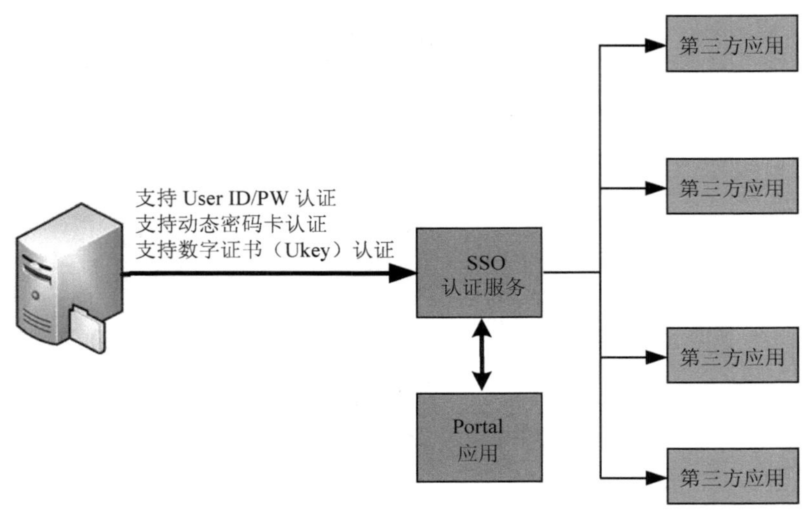

图 4-9 单点登录示意图

2. 数字认证服务

基于省级政务云平台提供的 CA 数字证书，进行系统集成工作。实现工作人员能够在办公过程中安全连接到省电子政务外网，还能够在环境业务专网中正常使用各应用系统。同时，保障各个应用系统在数据传输过程中的保密性、完整性、不可否认性。

3. 访问控制服务

访问控制组件结合身份认证接口，以国产密码技术和 PKI 技术为核心，以数据加密、数字签名、访问控制等安全技术为基础，充分考虑身份认证机制、信息传输安全、权限控制等安全因素，在网络上实现强有力的身份认证和访问控制功能。使合法用户能够访问网络上所授权的资源，将非法用户拒绝于网络之外。

访问控制采用 RBAC（基于角色的访问控制）和面向对象的访问目标管理技术。RBAC 使用权限管理更简单、更清晰；面向对象的访问目标管理技术，使访问控制的目标多样化，丰富了访问控制的应用范围。

4. 统一的业务流程服务

通过流程管理能力、业务支撑能力、数据大集中能力三个方面的建设，可以为各业务系统中业务流程的实现提供基本的流程建模、控制、管理、监控、分析的功能。基于业务流程服务开发业务流程，可以使得开发人员专注于流程中每个节点上的业务数据的处理，而不用为实现复杂易变的流程控制写任何代码，结合统一的身份服务的统一认证授权服务也使得各应用系统之间可以实现互联。业务流程服务设计如图 4-10 所示。

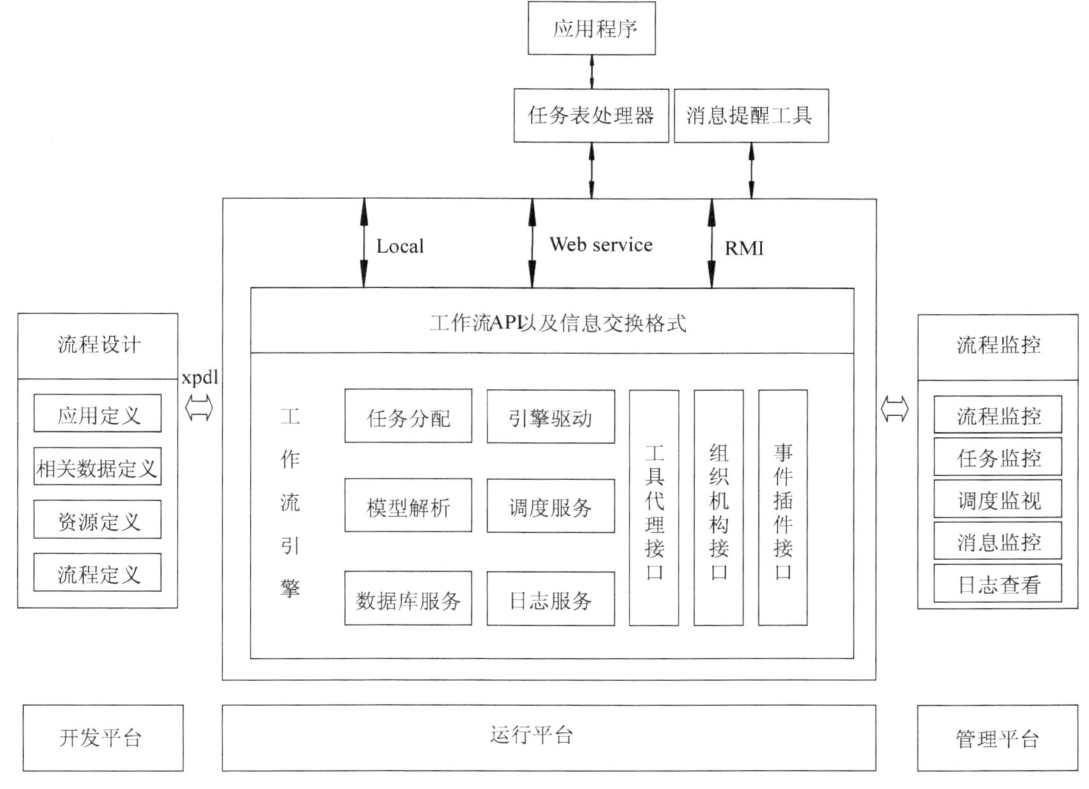

图 4-10　业务流程服务设计示意图

5．移动支撑服务

从基于互联网应用的实际出发，运用先进的移动互通理念，实现随时随地调查、随时随地取证、随时随地执法与随时随地办公。在大数据应用平台建设有移动应用门户，意在把所有的移动端业务封装在统一平台，由移动支撑统一提供支撑。

移动支撑服务包括基础服务与后台管理两部分。其中，基础服务从业务实际出发，包含登录、消息、通信录、发现、个人信息等功能。后台管理功能包括后台管理服务与开发平台两部分组成。通过应用移动支撑服务，为更好地开展日常环保工作提供可靠保障，提升日常工作效率与开展方式，实现生态环境保护工作灵活、高效、有序开展。

三、大数据资源中心

生态环境大数据资源中心汇集污染源基础数据、大气环境管理数据、水环境管理数据、土壤环境管理数据、固废管理数据、自然生态环境管理数据、核与辐射管理数据、环境影响评价数据、环境监察执法数据、环境应急管理数据、排污许可证数据等，实现“一源一数”。

大数据资源中心主要包含元数据、主数据、数据仓库、大数据分析等。基于元数据管理，大数据资源中心关注数据仓库、主数据和业务主题库与外部厅局数据库，以及基于主数据的分析，从而发掘大数据的潜在信息，实现大数据价值。

（一）元数据

元数据（Metadata）是关于数据的组织、数据域及其关系的信息，是关于数据的数据（Data about Data）。元数据是信息资源描述的重要工具，可以用于信息资源管理的各个方面，包括信息资源的建立、发布、转换、使用、共享等。元数据在信息资源组织方面的作用可以概括为五个方面：描述、定位、搜寻、评估和选择。

元数据管理（Metadata Management）是关于元数据创建、存储、整合与控制等一整套流程的集合。元数据管理在大数据治理中具有非常重要的地位。应用元数据管理能够提升战略信息的价值，帮助分析人员做出更有效的决策，帮助业务分析人员快速找到正确的信息，从而减少对数据的研究时间，减少数据的误用，减少系统开发的生命周期，提高系统开发和投入运行的速度。更重要的是，元数据管理系统可以把整个业务的工作流、数据流和信息流有效地管理起来，使得系统不依赖特定的开发人员，从而提高系统的可扩展性。

目前，元数据标准的两种主要类型：行业标准和国际标准。行业元数据标准有 OMG 规范、万维网协会（W3C）规范、都柏林核心规范、非结构化数据的元数据标准、空间地理标准、面向领域元数据标准等。目前，国际元数据标准主要是 ISO/IEC11179，通过描述数据元素的标准化来提高数据的可理解性和共享性。

（二）环境数据库

大数据资源中心的数据库，主要包括基础数据库、主题数据库、元数据库、环境指标库、环境规则库和外部数据库等。其中，主题数据库针对环境数据体系中不同数据组织层次，采用了不同的建模策略，又包括基础业务数据库和数据仓库。元数据库主要存储技术元数据和业务元数据，目的是对大数据资源中心的元数据进行统一管理，满足数据存储和一般查询的需求。

（三）数据仓库

随着大数据时代的到来，传统的关系型数据库已不能满足大数据存储的需求，人们开始将焦点转移到数据仓库技术上。数据仓库是为企业所有级别的决策制定过程，提供所有类型数据支持的战略集合。它是单个数据存储，出于分析性报告和决策支持目的而创建。数据仓库是“面向主题的、集成的、随时间变化的、相对稳定的、支持决策制定过程的数据集合”。

数据仓库主要有数据采集、数据存储与管理，以及结构化数据、非结构化数据和实时数据管理等功能。在传统的数据仓库管理系统中，关系型数据库是主流的数据库解决方案，在当前大数据应用的背景下，基于分布式文件的数据存储管理是主要的方向，它基于廉价存储服务器集群设备，能够满足容错性、可扩展性、高并发性等需求。

数据仓库与元数据管理有着较深的依赖关系。在数据仓库领域中，元数据按用途分成技术元数据和业务元数据。元数据能提供基于用户的信息，能支持系统对数据的管理和维护。

具体来说，在数据仓库系统中，元数据机制主要支持以下五类系统管理功能：

（1）描述哪些数据在数据仓库中。

（2）定义要进入数据仓库中的数据和从数据仓库中产生的数据。

（3）记录根据业务事件发生而进行的数据抽取时间安排。

（4）记录并检测系统数据一致性的要求和执行情况。

（5）衡量数据质量。

（四）主数据

主数据（Master Data，MD）是指在整个企业范围内各个系统（操作/事务型应用系统以及分析型系统）间要共享的数据，如与污染源企业、供应商、账户及组织单位相关的数据。在传统的数据管理中，主数据依附于各个单独的业务系统，相对分散。数据的分散会造成数据冗余、数据编码不统一、数据不同步、产品研发的延迟等问题。因此，为保证主数据在整个污染源企业范围内的一致性、完整性和可控性，就需要对其进行管理。

主数据管理（Master Data Management，MDM）用一组约束和方法来保证主题域和系统相关数据的实时性和质量，其核心在于“管理”。主数据管理不会创建新的数据或数据结构，只是提供一种方法或方案，使企业能够有效地对数据进行存储管理。

主数据管理是数据管理的一种高级形式，它必须构建于 ETL（Extract-Transform-Load）或 EII（Enterprise Information Integration）等技术之上，因此，很多主数据管理平台本身就包含了数据抽取、数据加载、数据转换、数据质量管理、数据复制和数据同步等功能。主数据管理可以帮助创建并维护主数据的单一视图，保证单一视图的准确性、一致性及完整性，从而提供统一的业务实体定义，简化和改进流程并响应业务需求。

（五）大数据分析

大数据只有通过分析才能获取很多智能的、深入的、有价值的信息。越来越多的应用涉及大数据，而这些大数据的属性与特征，包括数量、速度、多样性等都是呈现了不断增长的复杂性，所以，大数据的分析方法就显得尤为重要，它是数据资源是否具有价值的决定性因素。

大数据分析的理论核心就是数据挖掘，基于不同的数据类型和格式的各种数据挖掘算法，可以更加科学地呈现出数据本身具备的特点，正是因为这些公认的挖掘方法使得深入数据内部挖掘价值成为可能。

大数据分析的应用核心就是大数据预测。大数据预测完全依赖大数据来源，因此具有“全样非抽样、效率非精确、相关非因果”的特征。按照预测的精细程度，大数据预测可分为不同的层级，能否在不同层级获得准确的预测结果，关键在于前台数据和后台数据、宏观数据和微观数据、共性数据和个性数据之间的关联分析。

大数据分析的结果主要应用到智能决策领域。智能决策支持系统（Decision Support System，DSS）通过人工智能、专家系统和智能分析引擎，能够更充分地理解关于决策问题的描述性知识、决策中的过程性知识、求解问题的推理性知识等，从而解决智能决策领域的复杂问题。

四、大数据应用平台

大数据不仅促进了基础设施和大数据分析技术的发展，更为面向行业和领域的应用和服务带来巨大的机遇。大数据应用平台主要包含大数据可视化、大数据服务与共享，以及基于大数据的综合分析应用服务等方面的内容。

传统的数据可视化基本上是后处理模式，超级计算机进行数值模拟后输出的海量数据结果保存在磁盘中，当进行可视化处理时从磁盘读取数据。数据传输和输入输出的瓶颈等问题增加了可视化的难度，降低了数据模拟和可视化的效率。在大数据时代，这一问题更加突出，尤其是包含时序特征的大数据可视化和展示。

在大数据应用过程中，无论是数据使用者还是数据开发者，在使用数据的时候，都是通过数据访问接口来实现，传统数据访问接口主要有 JDBC（Java Data Base Connectivity）、ODBC（Open Data Base Connectivity）、Web 服务等。在大数据时代，数据访问一般是通过开放平台接口来实现的，通过平台独立、低耦合、自包含、基于可编程数据服务的接口，为大数据的应用提供了通用机制，能够实现平台、语言和通信协议无关的数据交换服务。

结合信息资源规划成果，在建设统一的大数据资源中心的基础上，搭建大数据应用平台。平台内的应用系统分三期建设，各应用系统彼此关联、协同共享，所产生的数据资源均汇聚到大数据资源中心，在原有系统迁移到大数据云平台后，数据资源也需接入大数据资源中心，打破各业务部门的信息孤岛，加强信息共享和业务协同，用信息化的手段强化跨部门统筹协调的能力，支撑多部门合力解决共同面临的环境保护问题，并对外提供统一的大数据应用共享服务。

大数据应用平台涉及生态环境部门的全部业务应用，应分期建设完成。根据国家政务信息系统整合共享有关要求，结合山东生态环境管理实际，大数据应用平台以生态环境业务要素分类，每个业务要素建设一个系统，主要建设水环境综合管理系统、大气环境综合管理系统、土壤与固废综合管理系统、自然生态环境综合管理系统、核与辐射环境综合管理系统、环境监管执法综合管理系统、环境监测管理系统、公众服务系统、环境业务数据综合分析系统、环境业务应用与安全监管系统共 10 个系统。

第四节 生态环境大数据平台技术架构

大数据架构的研究和实现主要是在领域分析和建模的基础上，从技术和应用两个角度来考虑，具体来说，分为技术架构和应用架构两个视角。

（1）技术架构是指系统的技术实现、系统部署和技术环境等。在业务系统和软件的设计开发过程中，一般根据部门的未来业务发展需求、技术水平、研发人员、资金投入等方面来选择适合的技术，确定系统的开发语言、开发平台及数据库等，从而构建适合生态环境部门发展要求的技术架构。

（2）应用架构是从应用的视角看，大数据架构主要关注大数据共享和应用、基于开放平台的数据应用（API）和基于大数据的工具应用（APP）。

由大数据架构的分析和应用可知，技术和应用的落地是相辅相成的。在具体架构的落地过程中，可结合具体应用需求和服务模式，构建功能模块和业务流程，并结合具体的开发框架、开发平台和开发语言，从而实现架构的落地。图 4-11 展示了一种典型的基于 Hadoop 的大数据架构实现。

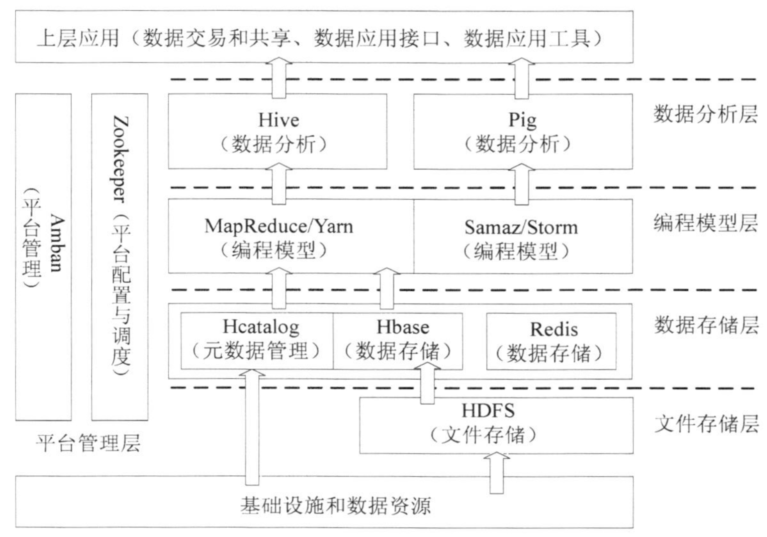

图 4-11 基于 Hadoop 的大数据框架实现示例

一、大数据技术架构

大数据技术作为信息化时代的一项新兴技术，技术体系处在快速发展阶段，涉及数据的处理、管理、应用等多方面。具体来说，技术架构是从技术视角研究和分析大数据的获取、管理、分布式处理和应用等。大数据的技术架构与具体实现的技术平台和框架息息相关，不同的技术平台决定了不同的技术架构和实现。一般的大数据技术架构参考模型如图 4-12 所示。

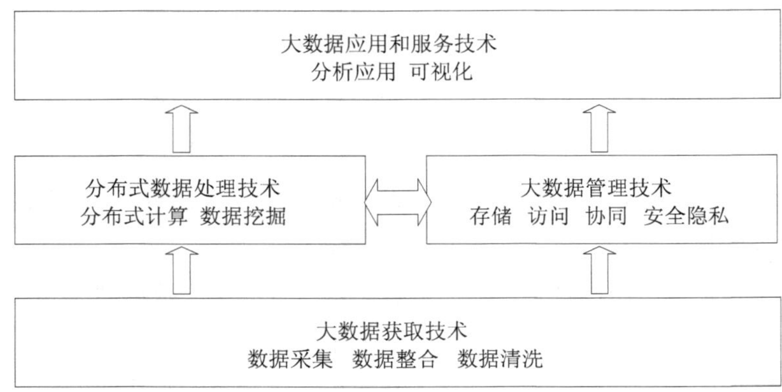

图 4-12 一般的大数据技术架构参考模型

由图 4-12 可知，一般的大数据技术架构主要包含大数据获取技术层、分布式数据处理技术层和大数据管理技术层及大数据应用和服务技术层。

（一）大数据获取技术

目前，大数据获取的研究主要集中在数据采集、整合和清洗三个方面。数据采集技术实现数据源的获取，然后通过整合和清理技术保证数据质量。

数据采集技术主要是通过分布式爬取、分布式高速高可靠性数据采集、高速全网数据映像技术，从网站上获取数据信息。除网络中包含的内容之外，对于网络流量的采集可以使用 DPI 或 DFI 等带宽管理技术进行处理。

数据整合技术是在数据采集和实体识别的基础上，实现数据到信息的高质量整合。需要建立多源多模态信息集成模型、异构数据智能转换模型、异构数据集成的智能模式抽取和模式匹配算法、自动的容错映射和转换模型及算法、整合信息的正确性验证方法、整合信息的可用性评估方法等。

数据清洗技术一般根据正确性条件和数据约束规则，清除不合理和错误的数据，对重要的信息进行修复，保证数据的完整性。需要建立数据正确性语义模型、关联模型和数据约束规则、数据错误模型和错误识别学习框架、针对不同错误类型的自动检测和修复算法、错误检测与修复结果的评估模型和评估方法等。

（二）分布式数据处理技术

分布式计算是随着分布式系统的发展而兴起的，其核心是将任务分解成许多小的部分，分配给多台计算机进行处理，通过并行工作的机制，达到节约整体计算时间，提高计算效率的目的。目前，主流的分布式计算系统有 Hadoop、Spark 和 Storm。Hadoop 常用于离线的复杂的大数据处理，Spark 常用于离线的快速的大数据处理，而 Storm 常用于在线的实时的大数据处理。

大数据分析技术主要指改进已有数据挖掘和机器学习技术；开发数据网络挖掘、特异群组挖掘、图挖掘等新型数据挖掘技术；突破基于对象的数据连接、相似性连接等大数据融合技术；突破用户兴趣分析、网络行为分析、情感语义分析等面向领域的大数据挖掘技术。

大数据挖掘就是从大量的、不完全的、有噪声的、模糊的、随机的实际应用数据中，提取隐含在其中的、人们事先不知道的但又是潜在有用的信息和知识的过程。目前，大数据的挖掘技术也是一个新型的研究课题，国内外研究者从网络挖掘、特异群组挖掘、图挖掘等新型数据挖掘技术展开，重点突破基于对象的数据连接、相似性连接、可视化分析、预测性分析、语义引擎等大数据融合技术，以及用户兴趣分析、网络行为分析、情感语义分析等面向领域的大数据挖掘技术。

（三）大数据管理技术

大数据管理技术主要集中在大数据存储、大数据协同和安全隐私等方面。

大数据存储技术主要有三个方面。第一，采用 MPP 架构的新型数据库集群，通过列存储、粗粒度索引等多项大数据处理技术和高效的分布式计算模式，实现大数据存储。第二，围绕 Hadoop 衍生出相关的大数据技术，应对传统关系型数据库较难处理的数据和场景，通过扩展和封装 Hadoop 来实现对大数据存储、分析的支撑。第三，基于集成的服务器、存储设备、操作系统、数据库管理系统，实现具有良好的稳定性、扩展性的大数据一体机。

多数据中心的协同管理技术是大数据研究的另一个重要方向。通过分布式工作流引擎实现工作流调度、负载均衡，整合多个数据中心的存储和计算资源，从而为构建大数据服务平台提供支撑。

大数据隐私性技术的研究，主要集中于新型数据发布技术，尝试在尽可能少损失数据信息的同时最大化地隐藏用户隐私。但是，数据信息量和隐私之间是有矛盾的，因此尚未出现非常好的解决办法。

（四）大数据应用和服务技术

大数据应用和服务技术主要包含分析应用技术和可视化技术。

大数据分析应用主要是面向业务的分析应用。在分布式海量数据分析和挖掘的基础上，大数据分析应用技术以业务需求为驱动，面向不同类型的业务需求开展专题数据分析，为用户提供高可用、高易用的数据分析服务。

可视化通过交互式视觉表现的方式来帮助人们探索和理解复杂的数据。大数据的可视化技术主要集中在文本可视化技术、网络（图）可视化技术、时空数据可视化技术、多维数据可视化和交互可视化等。在技术方面，主要关注原位交互分析（In Situ Interactive Analysis）、数据表示、不确定性量化和面向领域的可视化工具库。

（五）大数据平台技术架构应遵循的原则

（1）基于数据集中、能力开放、云化架构等原则进行总体架构设计。

（2）数据集中实现对各业务系统/平台数据的集中采集、统一处理和统一共享。

（3）能力开放包括数据开放、服务开放和应用开放三个层面。

（4）云化架构包括数据存储云化、数据采集云化、数据处理云化、数据应用云化等。

二、大数据应用架构

大数据应用是其价值的最终体现，当前大数据应用主要集中在业务创新、决策预测和服务能力提升等方面。从大数据应用的具体过程来看，基于数据的业务系统方案优化、实施执行、运行维护和创新应用是当前的热点和重点。

大数据应用架构描述了主流的环境大数据应用系统和模式所具备的功能，以及这些功能之间的关系，主要体现在围绕大数据共享和应用、基于开放平台的数据应用和基于大数据的工具应用，以及为支撑相关应用所必需的数据仓库、数据分析和挖掘、大数据可视化技术等方面。

应用视角下的大数据参考架构如图 4-13 所示。

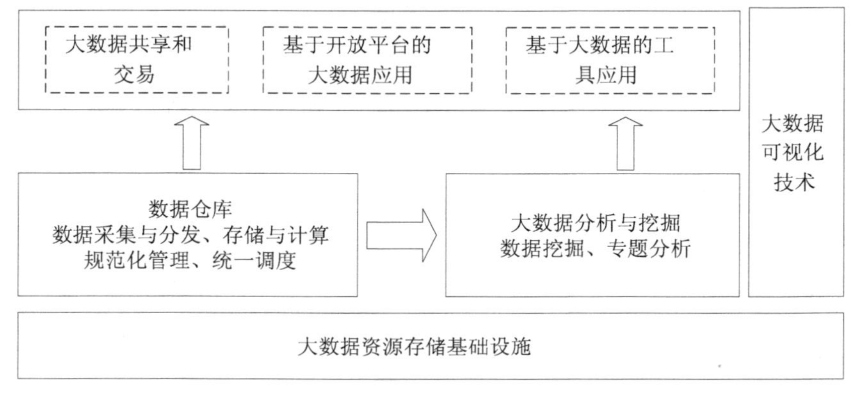

图 4-13 应用视角下的大数据参考架构

大数据应用架构以大数据资源存储基础设施、数据仓库、大数据分析与挖掘等为基础，结合大数据可视化技术，实现大数据交易和共享、基于开放平台的大数据应用和基于大数据的工具应用。

大数据共享和应用，让数据资源能够流通和变现，实现大数据的基础价值。大数据共享和应用是在大数据采集、存储管理的基础上，通过直接的大数据共享和服务、基于数据仓库的大数据共享和服务、基于数据分析挖掘的大数据共享和服务三种方式和流程实现。

基于开放平台的大数据应用以大数据服务接口为载体，使数据服务的获取更加便捷，主要为应用开发者提供特定数据应用服务，包括应用接入、数据发布、数据定制等。数据开发者在数据源采集的基础上，基于数据仓库和数据分析挖掘，获得各个层次应用的数据结果。

大数据工具应用主要集中在智慧决策、精准执法、业务创新等产品工具方面，是大数据价值体现的重要方面。结合具体的应用需要，用户可以结合相关产品和工具的研发，对外提供相应的服务。

三、山东省生态环境大数据平台技术架构

按照上述大数据技术架构和应用架构的一般性组成要求，结合生态环境大数据平台的技术和应用特点，我们对一般性的技术架构和应用架构进行了融合。山东省生态环境大数据平台技术架构如图 4-14 所示。

生态环境大数据平台技术架构的组成及作用：

1. 省级政务云平台

依托山东省省级政务云平台已有的计算资源、存储资源、网络资源等，为整个平台提供基础环境，保障整个平台具备稳定、持续的服务能力。

省级政务云平台为生态环境大数据平台提供基础能力，包括存储框架、计算框架和管理框架。存储框架实现对海量结构化和非结构化数据高效安全的长期存储，并实现简单快速的管理和维护。计算框架通过多种开源、成熟、高效的计算组件，实现不同业务场景和数据格式的计算处理，主要分为实时计算、准实时计算和批处理计算。管理框架提供对整个基础能力系统相关平台的资源管控、任务调度、监控告警、元数据管理等功能，以保障平台的安全运营。

2. 生态环境大数据资源中心

依托网络爬虫、端口通信、数据交换与传输平台，整合与污染源监管、生态环境监管有关的环境数据资源，形成集成整合、动态更新的环境数据资源库，为环境数据的综合应用、开放共享提供“一套数”。

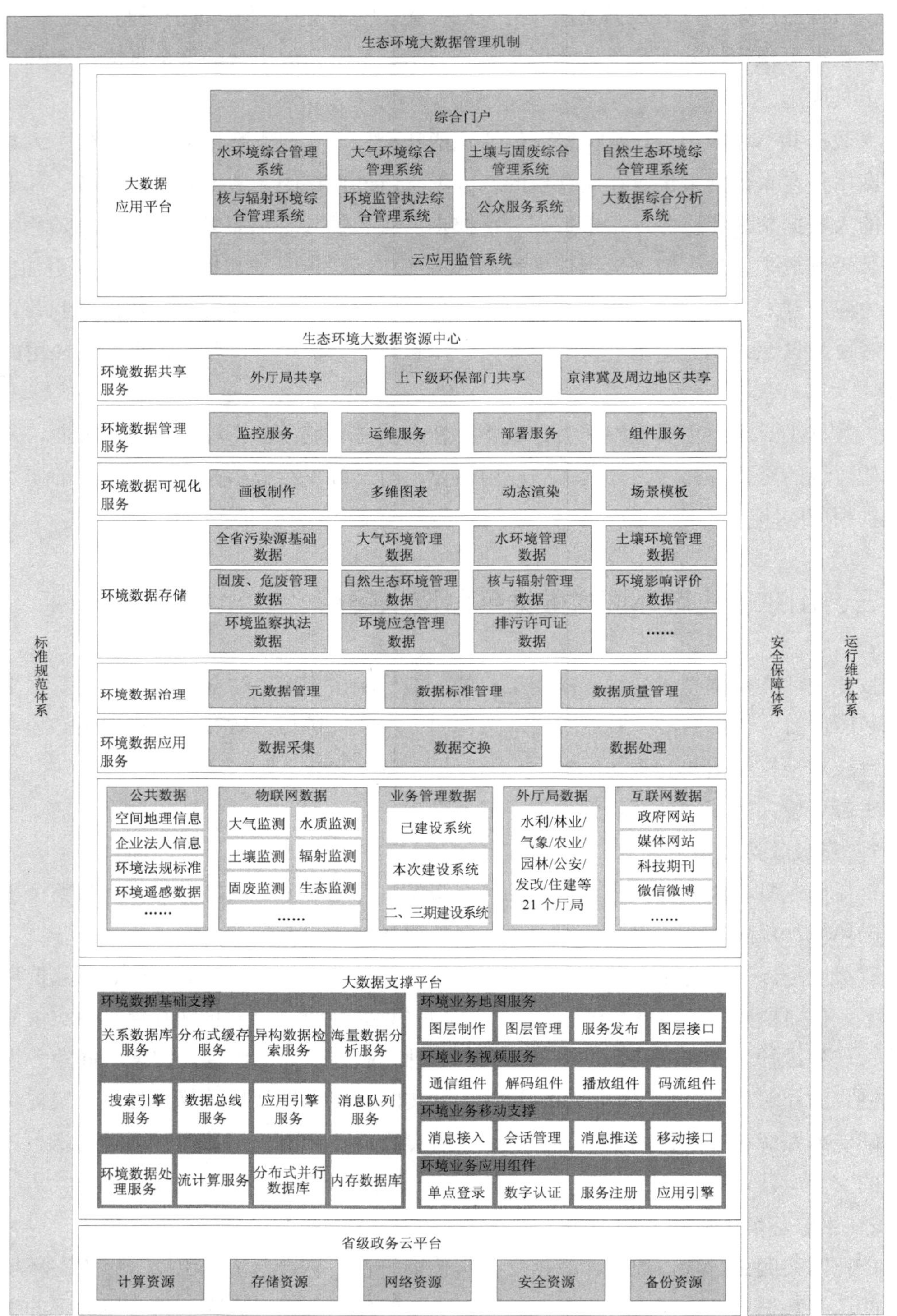

图 4-14 山东省生态环境大数据平台技术架构

建设包含元数据管理、质量管理、标准管理于一体的环境数据治理服务，保障环境数据质量，提高环境数据标准化程度。

依托统一的环境数据资源，对外提供标准化的数据服务和数据环境产品，并通过信息资源共享清单，保障环境数据资源的统一管理、精确分类、高效查询。

依托统一的环境数据资源，提供包括数据转换、数据处理、可视化于一体的数据综合分析组件，为海量数据提供以实时数据处理、实时结果为导向的数据分析工具，并围绕水环境质量、大气环境质量、污染源监控等业务进行专题分析，以满足“生态环境综合决策科学化”“生态环境监管精准化”“生态环境公共服务便民化”的要求。

3. 生态环境数据支撑平台

建设包含环境业务应用服务、环境业务移动支撑服务、环境业务应用监管、环境管理业务地图展示、环境管理门户于一体的生态环境数据支撑平台，为整个平台提供统一的身份认证服务、环境数据地理展示服务、应用监管服务等，提升业务应用系统的集成整合、协同联动能力。

4. 生态环境业务应用平台

建设大气环境综合管理、水环境综合管理、土壤与固废环境综合管理、自然生态综合管理、核与辐射综合管理、环境监管执法综合管理以及公共服务于一体的，涵盖各环境业务要素的生态环境业务应用平台，促进生态环境保护工作相关部门间的业务协同与互动，有效提高环境保护业务管理信息化和科学决策水平，提升生态环境部门综合服务能力。

5. 标准规范体系

在项目建设过程中，遵循统一的标准规范体系，保证整个项目的规范性、开放性。

6. 运维体系

为保障整个平台的稳定性和持续性，根据已有运维体系，提供管理与服务并重、精细化的运维服务。

7. 安全体系

按照信息安全等保三级要求进行建设，保障整个系统的安全。

第五章　生态环境大数据支撑平台

第一节　概　述

生态大数据支撑平台是一个信息的集成环境，是将分散、异构的应用和信息资源进行聚合，通过统一的访问入口，实现结构化数据资源、非结构化文档和互联网资源、各种应用系统跨数据库与跨系统平台的无缝接入和集成，提供一个支持信息访问、传递及协作的集成化环境，实现个性化业务应用的高效开发、集成、部署与管理；并根据每个用户的特点、喜好和角色的不同，为特定用户提供量身定做的访问关键业务信息的安全通道和个性化应用界面，使管理人员可以浏览到相互关联的数据，进行相关的事务处理。

这些运行支撑组件要能被大数据资源中心运行维护人员有效利用，需要通过二次开发和重组，以应用的形式提供出来，这就是我们所说的应用支撑能力。应用支撑系统构建在应用服务器之上，提供应用的体系结构和服务模块，包括关系型数据库、分布式缓存服务、异构数据检索服务、地图服务、移动支撑、应用服务和中间件等。

大数据支撑平台是支撑大数据资源中心和大数据应用平台建设的基础应用环境，为最大限度地提高开发效率，降低工程实施、维护的成本和风险，开发了大量公共支撑组件，并提供组件的运行和管理环境。

生态环境大数据支撑平台由环境数据基础支撑服务和环境业务应用支撑服务组成。大数据支撑平台总体架构如图 5-1 所示。

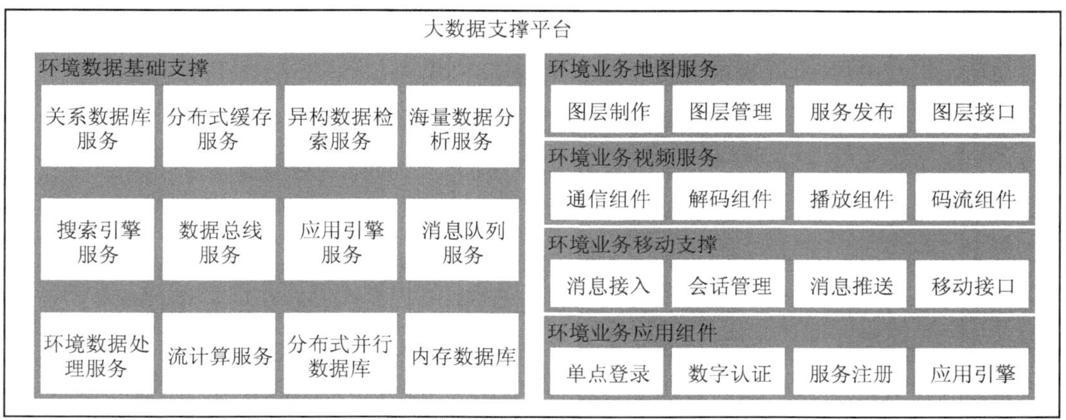

图 5-1　大数据支撑平台总体架构

第二节　环境大数据基础支撑服务

大数据平台基础支撑服务能力，作为大数据平台体系的核心部分，提供大数据平台存储框架、计算框架、管理框架，并开放大数据能力，为各应用系统提供可调用的服务。

环境大数据基础支撑服务是多种大数据工具的统称，为大数据提供计算的底层工具，能够支持“P 级”的数据计算和处理。

依托于 Hadoop 框架下的大数据存储、处理技术以及 OpenStack 云计算平台，通过对业务数据、社会数据、互联网数据等多方面的数据采集进行有效的信息资源规划，运用环境数据处理服务、流计算服务等 10 多个服务对数据进行整合处理，为大数据分析系统、各个应用系统提供强有力的数据支撑。

一、支撑平台的基础能力

大数据平台基础能力，包括基础框架和能力开放两部分，为大数据平台提供存储、计算和平台管理相关能力组件，支撑大数据平台核心数据处理，并通过多形式的能力开放，实现对生态环境业务的快速响应。

基础框架为大数据平台提供基础能力，包括存储框架、计算框架和管理框架。存储框架实现对海量结构化和非结构化数据高效安全的长期存储，并实现简单快速的管理和维护。计算框架通过多种开源、成熟、高效的计算组件，实现不同业务场景和数据格式的计算处理，主要分为实时计算、准实时计算和批处理计算。管理框架提供对整个基础能力系统相关平台的资源管控、任务调度、监控告警、元数据管理等功能，以保障平台的安全运行。

能力开放，主要包括数据开放、服务开放和应用开放。

（1）数据开放。数据的自由流通最为关键，必须打破数据孤岛。为此，在业务部门对数据安全进行授权许可的情况下，允许将整理后的基础数据，对数据需求方开放，支撑业务与数据服务。

（2）服务开放。实现对生态环境部门内部的各类数据需求进行集约化，以提供高效、快速的数据服务响应能力，这是大数据平台实现对内数据支撑的主要通道。同时，通过统一封装的接口，对外部有关部门和上下级生态环境系统提供种类数据服务、查询功能。另外，可以在大数据平台通过数据沙箱的方式开放部分数据，同时提供常用的算法工具和分析工具，代用户通过程序算法进行数据挖掘分析。

（3）应用开放。通过统一、标准的接口封装，向外部有关部门和上下级生态环境系统提供数据服务。对外接口需满足相关单位和用户对数据的要求，可向他们按照实时、准实时、批量同步等数据传输策略提供接口。外部接口须保障内部数据、外部数据的安全性，除已授权的用户、外部相关单位、上下级生态环境系统外，不得对外泄露数据信息。

二、支撑平台的关键能力

生态环境大数据平台的基础能力是要在业务承载上支撑大数据平台核心处理能力及其相关应用。需要综合考虑移动互联网对环境业务运行的整体要求，以及海量数据的有效存储管理能力、多模式的高效数据处理能力和面向业务的灵活、开放的数据服务能力等要求。在适当定制开发的基础上形成适应生态环境部门业务运行支撑关键技术组件，并在此基础上，构成生态环境大数据平台基础能力关键组件视图。

（一）关键技术组件视图

生态环境大数据平台基础能力关键组件如图 5-2 所示，可分为存储框架、计算框架、管理框架和能力开放四大类。

（1）存储框架中，包括分布式文件系统 HDFS、NoSQL 数据库、内存数据库和管理关系数据库元数据的 MySQL。

（2）计算框架中，包括分布式计算组件、数据仓库组件、内存计算组件、流式处理组件和实时检索组件。

（3）管理框架中，包括平台资源管理组件、分布式协同组件、安全认证组件、平台监控组件、任务调度管理组件以及元数据管理组件。

（4）能力开放中，包括对平台内部数据、服务进行统一、标准化封装，并通过 Web service、JDBC 和 JSON 对外提供开放能力。

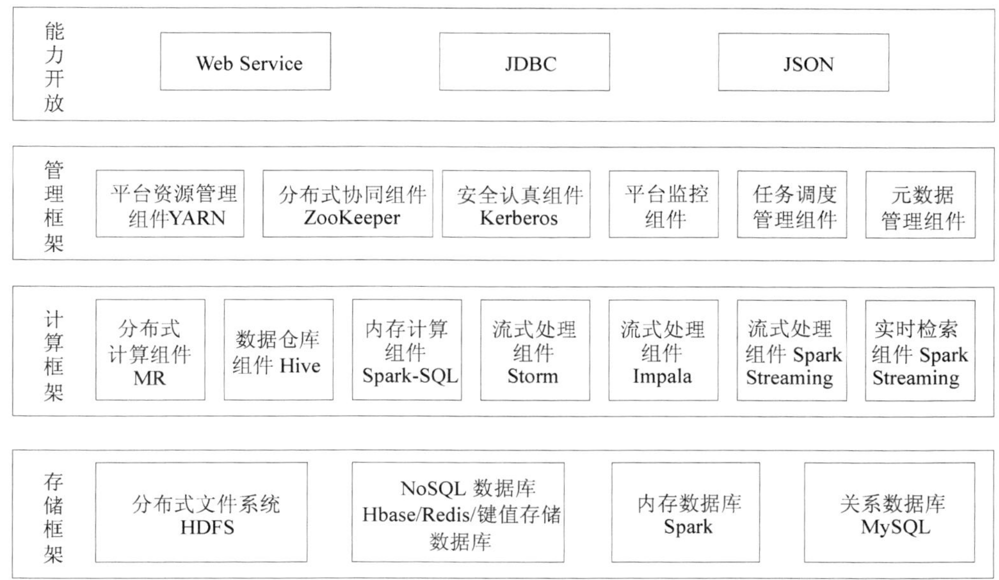

图 5-2　基础能力关键组件视图

（二）关键能力目录

在生态环境大数据平台基础能力关键组件的基础上，大数据平台通过对关键技术组件进一步进行组合、封装或集成，进而在大数据平台面向业务和运行中分出不同角色权限的关键能力目录，如图 5-3 所示，具体可分为资源、数据、工具、服务四类能力。

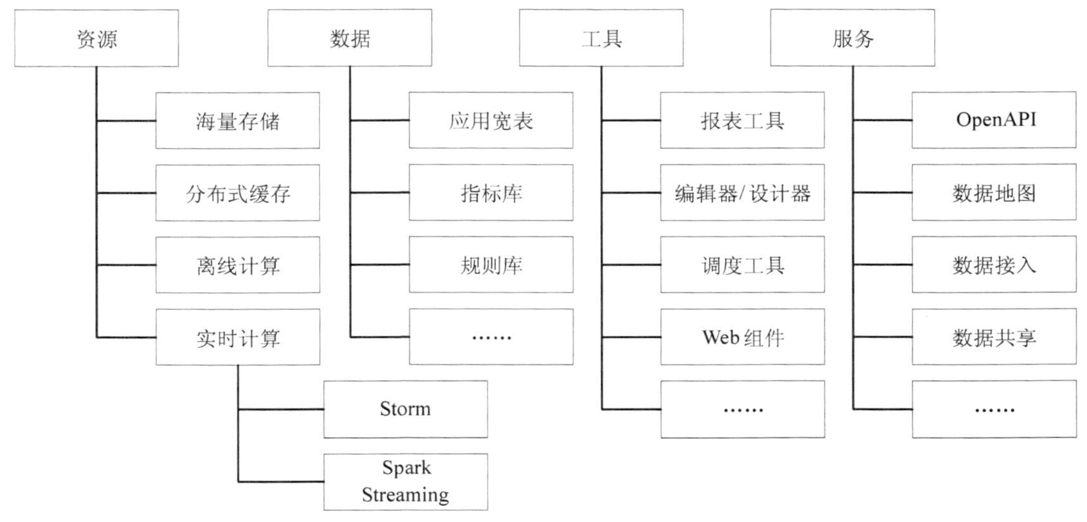

图 5-3　关键能力目录图

（1）资源类，包括海量存储、分布式缓存、离线计算和实时计算四类能力。

（2）数据类，包括应用宽表、指标库、规则库三类能力。

（3）工具类，包括报表工具、编辑器/设计器、调度工具、Web 组件四类能力。

（4）服务类，包括 OpenAPI、数据地图、数据接入和数据共享等能力。

三、支撑平台的管理、计算、存储框架

大数据支撑平台的基础能力，由管理、计算、存储框架组成，如图 5-4 所示。

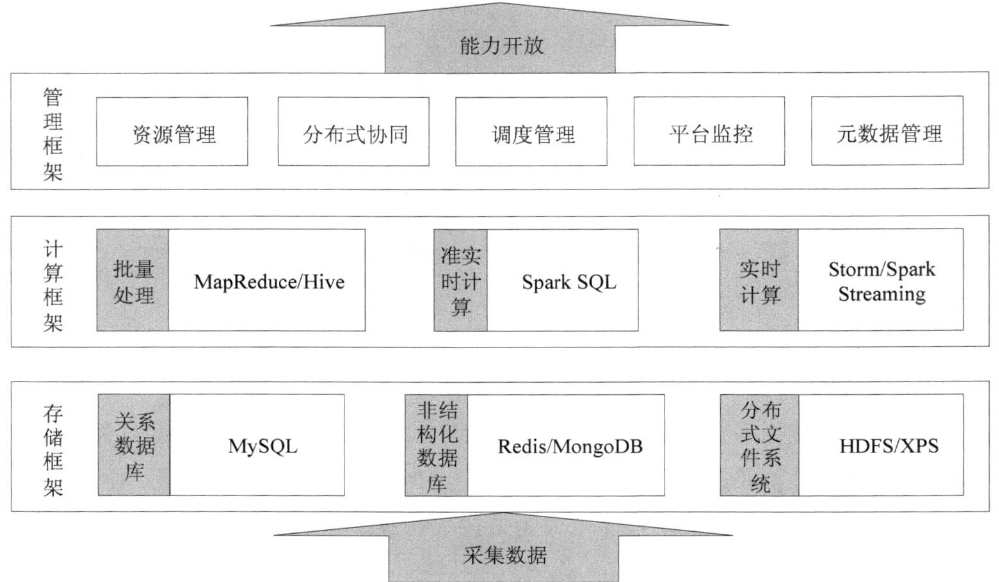

图 5-4 支撑平台的管理、计算、存储框架图

1. 存储框架

存储框架是指对数据存储提供基于 HDFS 的列式存储数据库（HBase），以及并行架构下的分布式数据库。

2. 计算框架

计算框架是指部署多种计算引擎，支撑不同数据服务应用场景，具体为：

（1）MapReduce，支撑数据清洗、转换等 ETL 批处理类任务；

（2）Impala 和 Hive，支撑 OLAP 类简单数据统计的快速响应；

（3）Spark SQL、Spark Streaming、Storm，支撑实时、准实时数据计算；

（4）MapReduce、Spark，支撑机器学习类预测性数据挖掘分析；

（5）ESearch，支撑基于数据标签的快速信息检索等探索性数据分析。

3．管理框架

管理框架主要包括资源管理、分布式协同、调度管理、平台监控、元数据管理。其中，YARN、MESOS、Docker、ZooKeeper，实现对平台资源的管控；Kerberos、Hortonworks 的 Ranger、Cloudera 的 Sentry，支撑平台的数据安全。

（一）存储框架

大数据平台要求海量存储，采用分布式文件系统、NoSQL 和关系数据库做支撑，实现海量数据高效、安全的长期存储，以及简单快速的管理和维护。

1．分布式文件系统

分布式文件系统可以存储结构化数据和非结构化数据。大数据分布式文件系统应具有以下特性：

- 廉价存储，单位存储成本低；
- 易用，可提供方便的对外接口；
- 横向扩展能力，支持上万节点的分布式存储集群；
- 负载均衡，保持数据节点的存储平衡；
- 高容错，保证数据的安全、不丢失，可自动将出现故障的服务器上的数据和服务迁移到集群中的其他服务器；
- 支持多种存储格式，如 Text、LZO、Snappy、RCFile 等；
- 高可用，主节点实现 HA，主节点挂掉时自动切换到备用节点，服务不终止，提高稳定性。

（1）性能指标。分布式文件系统正常情况下应在 50ms 内响应，分布式文件系统应具有动态的横向扩展能力，可以扩展到不少于 1 万个节点。

（2）应用场景。分布式文件系统适用于提供低成本高效率的对象存储服务，包括云应用程序、内容分发、备份和归档、灾难恢复等。分布式文件系统可单独使用，也可以和分布式计算框架结合使用。它不适用于大量小文件及响应要求高的场景，而适合存储 DPI、AAA、各类详单、WAP 网关等数据，分布式文件系统建议采用 HDFS。

（3）文件压缩。LZO 格式压缩和解压速度比较快，压缩率合理，支持 Split，是 Hadoop 中最流行的压缩格式，支持 Hadoop Native 库，可以在 Linux 系统下安装 lzop 命令，使用方便。建议以 LZO 压缩格式为主，Snappy 配合使用。

（4）文件大小。为避免存储浪费和提高效率，HDFS 中应尽量避免小文件，对于大量小文件，建议通过合适的方式进行合并后存储。Block 的大小建议设置为 128MB 或 256MB，文件大小建议不小于 1GB。

2．NoSQL数据库

NoSQL 数据库具有以下优点：

- 易扩展性：可以在最小化系统开销和不停机的情况下，线性增加系统的存档容量和计算能力，系统可以自动地进行负载均衡，同时能够利用新的硬件资源，适应数据的不断增长。
- 高效的随机读：虽然应用级 Cache 层被广泛使用在应用服务器和数据库之间，大数据规模应用的大量访问仍然无法命中 Cache，需要访问后端存储系统，NoSQL 可以解决这一问题。
- 写吞吐率高：大数据规模的应用需要很高的写吞吐率。
- 高效低延迟的强一致性：实现一个全局的分布式强一致性系统是很难的，但是一个至少能在单个数据中心内部提供这种强一致性的 NoSQL 数据库系统已经可以提供较好的用户体验。
- 高可用性和容灾恢复：可提供 HA，能够容忍某个数据中心的失败并最小化数据丢失，同时能够在合理的时间窗口内通过另一个数据中心提供数据服务。
- 故障隔离性：能有效地对磁盘系统上的故障进行容错和隔离，单个磁盘的故障只会影响很小的一部分数据，同时系统可以很快地从故障中恢复。
- 大数据分析的支持：可利用分布式编程模型进行数据分析，无须做任何的数据迁移。

（1）性能指标。正常情况下 NoSQL 可以实现 10 ms 内响应。吞吐量和集群规模正相关。单台服务节点应提供不低于 4 万 QPS 的服务能力。

响应时间还取决于单次查询的数据量或者插入的数据量等。

（2）应用场景。NoSQL 适用于低延迟的数据访问应用，适合在线应用的场景，如 K-V（键值）查询。

常用的 NoSQL 数据库包括键值存储数据库、列式存储数据库、文档型数据库、图形数据库。

大数据平台的 NoSQL 建议采用 HBase 实现。

3. 列式存储数据库

列式存储数据库是以列相关存储架构进行数据存储的数据库，主要适合于批量数据处理和即时查询。相对应的是行存储数据库，数据以行相关的存储体系架构进行空间分配，主要适合于小批量的数据处理，常用于联机事务型数据处理。

列式存储数据库优点包括：

- 极高的装载速度（最高可以等于所有硬盘 IO 的总和）；
- 适合大量的数据；
- 实时加载数据仅限于增加（删除和更新需要解压缩 Block，然后计算，此后再重新压缩储存）；
- 高效的压缩率，不仅节省储存空间，也节省计算内存和 CPU；
- 非常适合做聚合操作。

（1）性能指标。统计类操作应在 10 s 内响应，即时查询应在 10 ms 内响应。

（2）应用场景。批量数据统计分析和即时查询。大数据平台的列式存储数据库推荐使用 HBase。

4．缓存数据库

分布式缓存能够处理大量的动态数据，因此比较适合互联网等大规模应用。从本地缓存扩展到分布式缓存后，关注重点从 CPU、内存、缓存之间的数据传输速度差异扩展到了业务系统、数据库、分布式缓存之间的数据传输速度差异。分布式缓存有以下特性：

- 高效地读取数据；
- 能够动态地扩展缓存节点；
- 能够自动发现和切换故障节点；
- 能够自动均衡数据分区；
- 能提供图形化的管理界面，部署和维护都十分方便。

（1）性能指标。分布式缓存应在 0.1ms 内响应，应提供不低于 8 万 IOPS 的吞吐量。

（2）应用场景。由于分布式缓存是基于内存的，所以适用于小数据量的缓存。如辅助数据库操作提升信息的查询速度的场景、污染源自动监控等需要由用户生成内容的场景等。

大数据平台的分布式缓存推荐使用 Redis、Memcached。

5．关系数据库

关系数据库，是建立在关系模型基础上的数据库，借助于集合代数等数学概念和方法来处理数据库中的数据。现实世界中的各种实体以及实体之间的各种联系均用关系模型来表示。它目前还是数据存储的传统标准。

关系数据库具有以下优势：

- 可保持数据的一致性（事务处理）；
- 由于以标准化为前提，数据更新的开销很小（相同的字段基本上都只有一处）；
- 可以进行 Join 等复杂查询。

上述特性中，能够保持数据的一致性是关系数据库的最大优势。

（1）性能指标。单个事务处理在 50 ms 内完成，指定主键的 Join 查询在 50 ms 内完成。

（2）应用场景。关系数据库适合用户存储元数据、用户权限等数据。大数据平台的关系数据库推荐使用 MySQL。

（二）计算框架

分布式计算为实时计算、准实时计算、批处理。

1．实时计算

实时计算一般分为三个阶段：数据的产生与收集阶段（实时收集）、传输与分析处理阶段（实时处理）、存储与对外提供服务阶段（实时查询）。实时计算应提供以下功能：

- 简单的编程模型；
- 多编程语言支持；
- 支持容错；
- 可管理工作进程和节点的故障；
- 支持水平扩展；
- 计算是在多个线程、进程和服务器之间并行进行的；
- 可靠的消息处理；
- 保证每个消息至少能得到一次完整处理，任务失败时，它会负责从消息源重试消息；
- 低延迟，高效消息处理；
- 系统的设计保证消息能得到快速的处理。

（1）性能指标。实时计算应实现 1 s 内响应。单机能处理每秒不低于 50 万条记录。

（2）应用场景。实时计算适用于低延迟的场景，如实时统计报表、实时算法、实时机器学习等。其适用于部门 DPI、各类详单等数据的实时清洗、稽查等。大数据平台的实时计算框架（流式计算）推荐使用 Storm、Spark Streaming。

2. 准实时计算

为支撑准实时应用，需具备准实时数据接入能力，准实时接入能力需具备秒级响应保证数据的安全性、一致性和准确性。准实时计算的基本特性如下：

- 高性能，能够以低资源消耗完成每秒数千交易的传送或者复制；
- 兼容性，开放的结构使用户适应各种异构数据平台；
- 可靠性，保证数据的连续可用；
- 一致性，支持断点，恢复后自动从断点续传；
- 安全性，数据传输过程中采用压缩和加密；
- 高可用性，保障业务近似零停机，降低业务中断带来的损失。

（1）性能指标。准实时计算应在秒级到 10 min 内返回，响应时间依赖于提交作业处理的数据量以及复杂度。

（2）应用场景。准实时计算适用于大数据领域交互式、面向 Ad-Hoc 查询的 SQL 分析场景。适用于污染源自动监控、自助评估分析等。大数据平台的准实时计算框架推荐使用 Spark SQL。

3. 批处理

大数据平台有很好的横向扩展能力，能提供针对 TB/PB 级别数据、实时性要求不高的批量处理能力，主要应用于在数据仓库、日志分析、数据挖掘、人工智能等领域。批处理应具备以下功能：

- 具备跨集群数据共享能力，支持万级别的集群数，扩容不受限制；

- 提供功能强大易用的 SQL、M/R 引擎，兼容大部分标准 SQL 语法；
- 可轻易获得海量运算，用户不必关心数据规模增长带来的存储困难、运算时间延长等烦恼，大数据平台根据用户的数据规模自动扩展集群的存储和计算能力，使用户专心于数据分析和挖掘，最大化发挥数据的价值。

（1）性能指标。横向扩展不低于 1 万个节点；吞吐量与集群规模、作业复杂度有关，如 500 台集群每天可处理不低于 10 万个作业。

（2）应用场景。批处理适用于高延迟的计算服务，如离线数据分析，搜索引擎建立索引等场景，适用于 DPI 等数据分析、推荐等应用。大数据平台的批处理框架推荐使用 MapReduce、Hive。

（三）管理框架

1. 资源管理

（1）资源分配。资源分配应具有以下功能：

1）支持多用户。弹性的存储和计算资源分配，用户可按需申请资源配额，独立管理自己的资源；用户独立管理自有的数据、权限、用户、角色，彼此隔离，以确保数据安全；用户间可通过数据授权来实现数据交换，提供多种形式的授权策略。

2）支持任务优先级。在资源使用高占比的情况下，能根据运行中的任务优先级，动态调整其在队列中的资源占比，保证高级别任务优先完成。

3）可以配置最小保证的资源和最大可以使用的资源。

4）可以配置最大同时可以运行的 Job 数量。

5）可以配置资源池的使用权限和管理权限，使用权限可以提交作业，管理权限可以 Kill 作业、修改资源。

（2）资源调度。常用的资源调度器有 FIFO、Fair Scheduler、Capacity Scheduler 等，用户也可以按照接口规范要求编写自定义的资源调度器，并通过简单的配置使它运行起来，资源调度应具有以下功能：

1）资源表示模型。执行节点向主控节点注册，注册信息包含该节点可分配的 CPU 和内存总量等。

2）资源调度模型。为了提高可扩展性，可采用双层资源调度模型。双层调度器仍保留一个经简化的集中式资源调度器，但具体任务相关的调度策略则下放到各个应用程序调度器完成。

3）资源抢占模型。为了提高资源利用率，资源调度器会将负载较轻的队列的资源暂时分配给负载重的队列，仅当负载较轻队列突然收到新提交的应用程序时，调度器才进一步将本属于该队列的资源分配给它。考虑此时资源可能正被其他队列使用，因此，调度器必须等待其他队列释放资源后，才能将这些资源“物归原主”，这通常需要一段不确定的等待时间。为了防止应用程序等待时间过长，调度器等待一段时间后若发现资源并未得到释放，则进行资源抢占。

4）层级队列管理。层级队列组织方式应具有以下特点。第一，子队列：队列可以嵌套，每个队列可以包含子队列。第二，最小资源：可以为队列设置一个最小容量，表示该队列能保证的最小资源。第三，最大资源：可以设置一个最大容量，这是资源的使用上限，任何时刻使用的资源总量都不能超过该值。第四，用户权限管理：可以配置资源池的使用权限和管理权限，使用权限可以提交作业，管理权限可以 Kill 作业、修改资源。

（3）资源隔离。目前主要支持内存和 CPU 两种资源。内存是一种“决定生死”的资源，CPU 是一种“影响快慢”的资源。资源隔离包括内存隔离和 CPU 隔离。

2．任务调度

（1）工作流。工作流是放置在控制依赖 DAG 圈中的一组动作（如 Hadoop 的 MapReduce 作业、Pig 作业等），其中指定了动作执行的顺序。工作流应具备以下功能：

1）提供工作流可视化配置能力，提供简易的图形化的界面，用户可直观地对工作流流程进行编辑，提供拖动功能，如想添加操作仅需拖动图标即可完成。

2）提供常用操作功能支持，如 Hive 脚本、Hive Server 脚本、Pig 脚本、Spark、Java 程序、Sqoop 脚本、MapReduce 作业、Shell、SSH、HDFS、邮件、短信、数据流、DistCp 支持。

3）提供常用操作功能中的常用配置项的支持，如 MapReduce 中的 Map 数、Reduce 数等。

4）提供工作流执行中遇到异常情况下，消息提示的能力。

5）提供在主工作流中嵌套子工作流的能力。

6）提供工作保存、提交、分享能力。

（2）触发器。触发器构建在工作流工作方式之上，提供定时运行和触发运行任务的功能。触发器本身不会去执行具体的 Job 相关的所有资源发送到真实的执行环境，如 Hive、Client、关系数据库系统等，自己仅仅记录并监视 Job 的执行状态，并对其状态的变化做出相应的动作。例如，Job 失败可以重新运行，Job 成功转到下一个节点。触发器应具备以下功能：

1）提供对已有工作设置计划任务的能力，包括设置执行频率、执行时间、执行周期等，支持 Cron 语法。

2）提供对已有工作流设置初始参数的能力，工作流作为模板，用户可根据自身情况自定义工作流执行条件。

3）提供对已有工作流超时时间的设定，精确到秒。超出时间的作业将被强制结束进程。

4）提供 SLA 配置能力。

（3）协处理器。协处理器将多个触发器管理起来，支持对多个触发器分别设置触发参数，如开始时间、结束时间等，支持自定义参数的设定，只有满足所有指定条件后触发器才开始作业执行。有时候一个作业执行必须依赖另一个作业执行完成的结果，可以在收集器中统一设定，这样只需要提供一个收集器提交即可，然后可以启动/停止/挂起/恢复任何协调者。

（4）作业浏览。常用的作业调度引擎有 Oozie、Azkaban 等，作业浏览应具备以下功能：

1）提供作业手动执行、停止、暂停、恢复能力，用户可以手动触发作业执行。

2）提供正在运行作业的查看能力，可以查看作业提交时间、状态、名称、进度、提交人等信息。

3）提供已完成历史作业的查看能力，通过列表可查看历史作业的提交时间、完成事件、持续事件、名称、提交人等信息。

4）提供作业全文检索能力，输入框输入任意关键字可对作业进行筛选。

5）提供相同作业历史汇总能力，定时作业在时间范围内重复执行，可以比较每次作业的执行情况。

6）提供作业详细信息的查看能力，包括组、开始、创建、结束时间、应用程序路径、运行次数等。

7）提供作业运行时参数配置的查看能力，包括开始、结束时间、输入输出路径、执行用户等。

8）提供作业日志的查看能力，包括实时的程序日志、输入输出日志、任务诊断日志等。

9）提供作业元数据的查看能力，包括 Node 地址、执行节点、作业类型、状态、进度、输出大小等。

（5）性能指标。

1）提供低于 1 s 的作业提交和响应速度；

2）提供单节点至少支持 1 万个作业每天的处理能力；

3）提供集群无状态水平扩展能力；

4）提供处理不低于 2 000 个作业的并发能力；

5）提供 7×24 h 不间断服务。

3. 监控告警

监控告警实现平台多层级可视化监控，包括节点监控、集群监控。监控告警系统支持流程化、可视化。监控告警的目的是提高大数据基础能力的服务质量，及时发现异常情况并迅速修改故障。监控实现对关键指标的采集，告警则是利用采集到的指标数据根据告警策略以及告警类型通知运维人员。

（1）监控管理。基础监控应具备以下功能：

1）需要提供整个集群基本的 CPU、内存、硬盘利用率，I/O 负载、网络流量情况的监控；

2）可以了解每个节点的基本运行情况分析；

3）将集群的主机等监控和功能组件自带的监控集成为统一的监控功能。

（2）集群监控。集群监控功能是指对大数据的存储资源和计算资源的使用情况进行统一监控和统计的功能。维护人员需要查询多集群的存储资源和计算资源的使用情况，包括多集群的资源使用详细信息。

集群监控的内容包括集群容量、使用率、稳定性、请求响应速度、负载情况等。集群监控应具备以下功能：

1）存储资源监控。监控集群存储资源使用情况，应具备以下功能：

①集群基本信息，包括存储容量、使用率等；

②集群的负载情况，包括处理队列、等待队列情况；

③读写请求响应速度监控，根据离线系统和实时系统设置不同的标准；

④读写的成功率以及失败率；

⑤可用性监控，当服务不可用时高优先级告警。

2）计算资源监控。监控集群计算资源使用的详细信息，应具备以下功能：

①对集群 CPU 使用总时长的监控；

②对集群内存（物理内存、逻辑内存、堆）使用总容量的监控；

③对集群主机系统文件的读写总容量的监控；

④对集群 HDFS 分布式文件的读写容量的监控；

⑤对集群任务运行用户的监控；

⑥对集群任务运行状态的监控；

⑦对集群任务运行过程信息（如 MapReduce 总数、重复运行次数、MapReduce 平均运行时间等）的监控。

3）关键服务监控。大数据平台中有很多关键服务，对集群的稳定性以及可用性影响很大，关键服务监控包括 NameNode、ResourceManager、Hive Metastore、Hive Server 2 等服务。

关键服务挂掉时，监控系统应该能尝试恢复，恢复后以邮件或短信告知集群管理员。如果无法恢复服务，则采取高级别告警。

（3）作业监控。作业监控集中监控各作业运行情况，能够快速反馈并定位作业运维问题，可取代系统运维由运维人员手动完成的现状，降低作业执行错误风险，降低作业运维人员的工作强度，提高企业投资回报率。在监控页面，开发者不仅可以查看当天每 5 分钟的实时数据，以及最近 7 天、15 天、30 天的历史数据，还可以查看任意一天每 5 分钟的历史数据。

1）作业调度监控：

①提供作业当前 24 小时调度任务监控；

②提供作业成功率统计监控；

③提供作业总数量统计监控；

④提供作业历史执行结果统计监控；

⑤提供作业状态统计监控，包括作业开始时间、成功率、未成功率、失败率、错误率、死亡率等。

2）作业运行监控：

①提供运行中作业类型数量监控能力，可以按作业状态、名称、提交人等信息聚合显示；

②提供已完成历史作业类型数量监控能力，可以按历史作业的提交时间范围、完成时间范围、持续时间范围、名称、提交人等信息聚合显示；

③提供自定义面板能力，可以选择自己关注的作业名称，绘图进行监控。

（4）服务监控。服务监控对已经上线的服务提供监控能力，开发者无须申请，服务监控能够帮助开发者及时发现服务中潜在或已经发生的问题。在监控页面，开发者不仅可以查看当天每 5 分钟的实时数据，以及最近 7 天、15 天、30 天的历史数据，还可以查看任意一天每 5 分钟的历史数据。

1）健康监控：

①提供服务的定期检测能力，检测服务是否能被使用者正常调用。服务开发者须按照平台定义的约定，提供健康检测接口。平台会根据服务重要程度进行定期访问，返回满足约定的视为检测成功。绘制健康检测时间曲线供开发者查看。

②提供服务的定期 Ping 检测能力，按用户设定周期定期执行 Ping 操作，收集数据绘制图表。

③提供健康评分能力，根据应用平均负载，应用平均访问延时，告警数量等指标进行综合评分后，计算出反映应用健康程度的分值。

④实时提供服务的网络入、出流量监控，默认显示 2 天。同时提供最近 7 天、15 天、30 天的网络流量使用情况监控图，还可以查看任意一天的网络流量情况是否与预期相符。

⑤实时提供服务的已使用连接数、总连接数、空闲连接数使用情况监控，默认显示 2 天。同时提供历史数据比较，方便分析问题。

⑥提供“导出半年数据”能力，将最近半年每日的网络流量数据导出到本地进行查看。

⑦实时提供服务的总请求时间、总服务端响应时间、总平台开销时间监控，默认显示 2 天。同时提供历史数据比较，方便分析问题。

⑧提供服务慢查询监控，将导致慢查询的访问汇总绘制图表。

⑨提供服务调用异常监控，收集返回状态码不正常的请求信息汇总绘制图表。

⑩提供服务调用超时的请求监控，收集请求源、目的 IP、请求参数等维度信息汇总绘

制图表。

2）请求量监控：

①提供服务总请求次数可视化图形监控；

②提供基于各个浏览器类型的可视化图形监控；

③提供基于客户端 IP Top10 的可视化图形监控；

④提供根据 HTTP 协议行为类别的可视化图形监控服务，如 GET、PUT、POST；

⑤提供根据协议类型的可视化图形监控服务，如 Restful、soap、SDK 等。

（5）告警管理。

告警是企业给服务开发者的监控告警服务中的一项功能，根据用户设置的阈值对生产中的服务异常情况进行告警，并提供告警信息查看、告警自定义阈值和告警订阅功能。

1）提供基础告警和自定义告警消息能力。

2）提供对已发生过的告警，用告警列表进行展示的能力。

3）提供自定义消息列表展示发生过的自定义消息的能力。

4）提供自定义告警策略能力，可设置一系列告警触发条件的集合。告警触发条件支持“或”关系，即一个条件满足，就会发送告警，也支持“与”关系，即所有条件满足，才会发送告警。

5）提供默认的基础告警策略能力，如健康检测连续失败、请求响应时间超时等。

6）提供配置告警接收组能力，开发者可以把关心相同告警的人聚合到一个组，只有告警接收组内成员才能收到告警信息。

7）提供配置告警接收方式的能力，告警接收方式支持邮件、短信。

8）提供设置告警聚合策略能力，对已发生的告警在一定时间段内的发生次数、类型等进行聚合配置。多次告警产生时，应用此规则，可以将同类型告警进行聚合，以减小告警次数。若数据采集为 5 min 一个周期，用户选择持续 10 min，则表示连续 2 个周期都达到触发条件，才发送告警。

9）提供清楚详细的告警状态描述，包括未恢复、恢复、数据不足等。

10）提供清楚详细的术语定义，包括告警策略、告警触发条件、默认策略类型、告警类型、策略类型与告警类型的关系等。

四、支撑平台的能力开放

（一）组件目录

1. 报表工具

报表工具是立足于大数据基础上的数据分析产品，简单易用，是能够帮助用户快速完成创建报表、查看报表的BI工具应用。

报表工具的结构大致可以分为二层，分别是客户端（应用展示）、数据存储与计算层。

客户端（应用展示）：用户可以直接面对的操作界面。

数据存储与计算层：BI工具的数据存储和计算由基础架构支撑。

报表工具应具备以下功能：

（1）报表单元格功能，远程交互编辑，多人协同设计报表模板；

（2）定制个性化报表设计器，设计器的菜单、工具栏，包括页面结构等均可以根据不同类型的用户进行个性化定制；

（3）多样式数据呈现方式，支持HTML、PDF、Excel、word、TXT、Flash等格式；

（4）生成内置的模板文件；

（5）异构数据源的表关联，数据库数据源包括了Oracle、SQLserver、MySQL、DB2等主流的关系数据库，支持SQL取数据表或视图，亦支持存储过程。

2．编辑器/设计器

编辑器提供Hive、Impala、Spark、Pig等组件的查询服务。用户可以直接在页面上方便地使用上述几个组件。

设计器提供了图形化的界面，作业时只需要拖动控件就可以完成。控件包括Hive脚本、HiveServer 2脚本、Pig脚本、Spark、Java程序、Sqoop、MapReduce作业、Shell、SSH、HDFS、电子邮件、DistCp等。

3．调度工具

作业调度工具，它能够管理逻辑复杂的多个作业，按照指定的顺序将其协同运行起来。

工作流调度工具则通过界面对作业进行配置、定时、实时的操作。同时支持Java、Shell、MapReduce、Hive、Sqoop、Mail等多种任务的重复调度，实现集群架构，突破单集群的容量限制，可轻松扩展规模。

报表、数据仓库、服务开放等业务底层处理都需要通过运行作业的方式来获取，而要想管理作业之间的相互依赖、定时、串/并行、分支判断、作业资源分配等是件很复杂的事。这时就需要作业调度引擎的支持。

为所有租户提供统一的生产作业调度系统，则租户可自主管理作业的部署、作业优先级及生产监控运维。如果租户间有数据交换，那么彼此的作业可形成依赖。

作业调度应提供以下功能：

（1）执行框架采用分布式架构，并发作业数可线性扩展；

（2）支持多种调度周期：分钟、小时、日、周、月、年；

（3）支持节点暂停、一次性运行等特殊状态控制；

（4）可视化展示调度任务DAG图，方便用户对线上任务进行运维管理；

（5）支持任务运行状态监控，支持任务重跑、Kill、暂停等操作；

（6）支持线上冒烟测试；

（7）支持补数据。

4. OpenAPI

所谓的 OpenAPI 是数据服务提供的一种方式，数据经过数据清洗、数据建模、数据融合，最终将数据封装成一系列提供单一功能的 API 开放出去，供第三方开发者使用。服务种类提供包括但不限于：标签获取、特征识别、用户社交模型、流量经营模型、征信模型、渠道视图分析模型、流量监控、套餐质量评估模型、用户行为轨迹查询、IP 溯源查询、分布式爬虫框架、KV 引擎、多维数据可视化框架、搜索引擎、自然语言处理框架、语音识别、模型知识库等。

其服务能力则包括：

（1）提供服务调用能力，确保任何时刻生成环境中的服务都能被正常执行。

（2）提供服务快速检索能力，随着服务数量日益剧增，使用者找到自己想要的服务难度逐渐增加。应提供可根据服务实现定义的大类、子类，逐一筛选使用者需要的服务。

（3）提供服务文档管理能力，系统自动为用户根据服务定义规范生成服务文档，支持用户自定义文档操作，支持文档简单编辑功能。

（4）提供服务测试能力，提供界面，用户可对自己须使用的服务进行简单的请求测试。允许使用者自定义请求参数（Header/RequestBody），模拟请求，检验请求参数及返回结果是否与预期相符。

（5）提供定义完整的公共状态码说明文档，异常发生时错误信息比较简要，用户可通过说明文档了解详细问题说明，以便快速定位问题。

5. 数据地图

数据地图是基于远程虚拟桌面的一站式数据探查和分析组件，用于数据观察、特征识别、口径识别、数据建模、模型评测等研究性质的工作。

远程虚拟桌面技术，为数据安全提供了有力的保障。在数据探索环境中允许查看授权范围内全量的数据表，可以直接获取数据血缘关系，指标维度溯源，业务关键词联想识别，并可以选择业务人员熟悉的工具进行灵活自由的数据观察与处理分析，提升业务开发效率。

6. 数据接入

用户登录到大数据平台后，通过图形化的界面，可以把自己的数据导入平台中使用，数据接入支持推拉模式的各种主流方式，并可按需升级为统一数据接入平台，实现各类接口数据的无缝可视化接入，如关系型和非关系型数据、各种主流非结构化数据等。

7. 数据共享

为发挥大数据的价值，数据共享包括对内提供的基础数据共享、整合层数据共享以及对外通过标准 API 封装方式的共享，对内支撑数据的分析与挖掘等应用，对外为企业内各种实时的业务运营提供信息支撑，并对外部系统提供统一的数据调用接口，具有实时、动态的信息交互能力。

8. 服务脱敏

服务脱敏保护了数据敏感信息（如信用卡号）、个人识别信息（如身份证号码）的隐私性，使用屏蔽字符（例如，'×'）替代字符，保证敏感信息不落地，以满足安全性的规范要求，以及由管理/审计机关所要求的隐私标准，它包括：

（1）提供污染源企业敏感词库维护能力，根据规则引擎实现数据脱敏能力；

（2）提供自定义脱敏规则设置能力，支持正则表达式匹配；

（3）提供用户级别、服务级别规则设置能力。

9. 数据挖掘

ApacheSparkMLlib 是 Apachespark 体系中重要的模块。MLlib 是 spark 对常用的机器学习算法的实现库，同时包括相关的测试和数据生成器。MLlib 目前支持常见的机器学习问题：分类、协同过滤、回归、聚类、降维、数据统计及评价，同时也包括一个底层的梯度下降优化基础算法，以及最小二乘法等，并且加入了常用的统计、评价功能模块。Mllib 优势有：

（1）易用性，继承了 Spark Core Engine 的优势。

（2）高性能，高质量的机器学习算法，比 MapReduce 快 100 倍。

（3）易部署，支持多种部署模式和多种数据源。

（4）丰富性，众多的机器学习算法和工具。

（二）应用场景

能力开放包括数据开放、服务开放、应用开放三类。数据开放是指通过各种协议方式提供原始或脱敏后的数据。服务开放是指提供标准化的服务调用。应用开放是指提供定制化的数据应用或数据产品。当用户需要某一块业务支持时，可以通过能力开放平台进行申请。管理人员可以在平台上对已提供的服务进行管理。

针对不同应用场景，采用不同的能力开放方式提供不同的服务。对于外部系统需要定时批量数据的情形，可以通过批量同步方式或者文件访问方式进行数据开放。对于外部系统需要的实时数据接口，可以采用服务调用方式进行服务开放。对于最终用户，可以采用提供应用功能方式进行应用开放。

1. 各部门应用开发支撑场景

如图 5-5 所示为部门网络指标评估应用开发示意图。

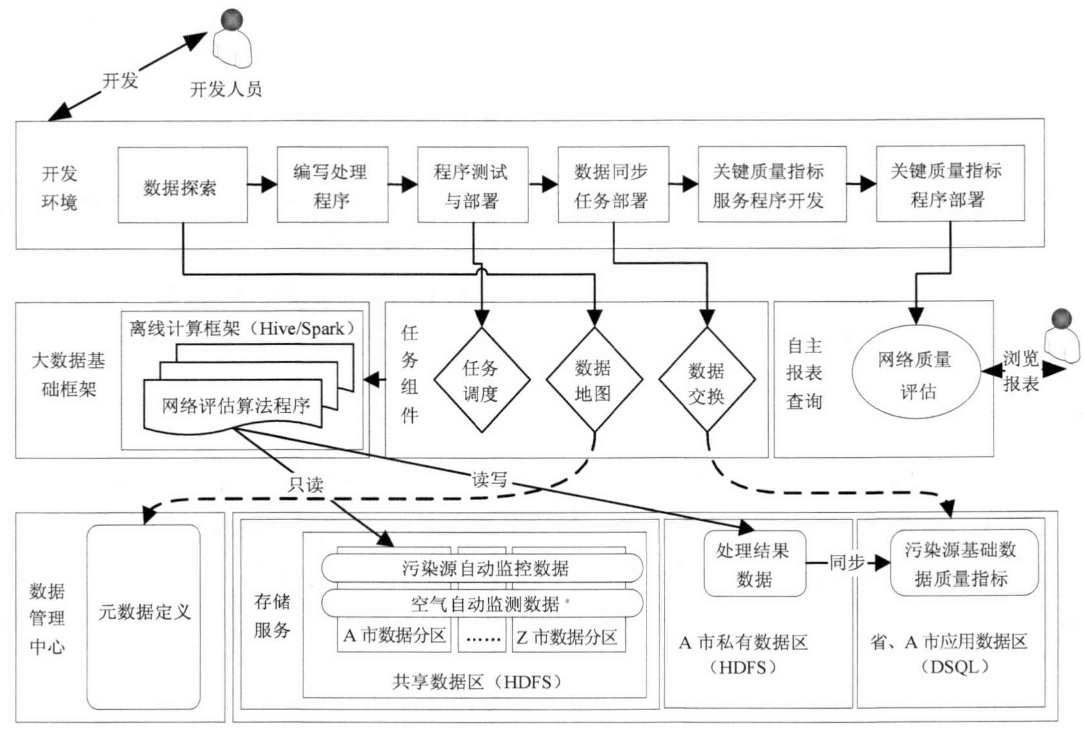

图 5-5　部门网络指标评估应用开发示意图

用户网络指标评估应用开发场景中，数据存储分为共享数据区和私有数据区。在共享数据区，提供只读权限，各级处理后生成的结果数据分别保存在各自的私有数据区。在私有数据区，提供开发环境，供开发人员进行数据探索、编写处理程序、程序测试和部署等工作。其他用户可以通过自助报表查询工具对关键质量指标进行查询。

在数据探索环节，可以通过“数据地图”组件，访问数据管理中心的元数据定义。

在程序测试与部署环节，可以通过“任务调度”组件，将程序部署在离线计算框架，通过访问共享数据区，计算处理后的数据，保存在 A 市私有数据区（HDFS）。

在数据同步任务部署环节，通过“数据交换”组件，完成处理结果数（HDFS）同步到移动网络关键质量指标（DSQL）。

在关键指标程序部署环节，完成网络关键质量指标评估程序部署。

用户可通过自助报表查询浏览报表，自助报表通过访问移动网络关键质量指标（DSQL），根据用户需求生成相应报表。

2．省级生态环境部门基于大数据平台的污染源实时监控场景

随着大数据相关能力的上线，各省针对污染源实时监控活动的时效性将得到大幅提升。如图 5-6 所示为污染源实时监控业务场景关键支撑环节示意图。

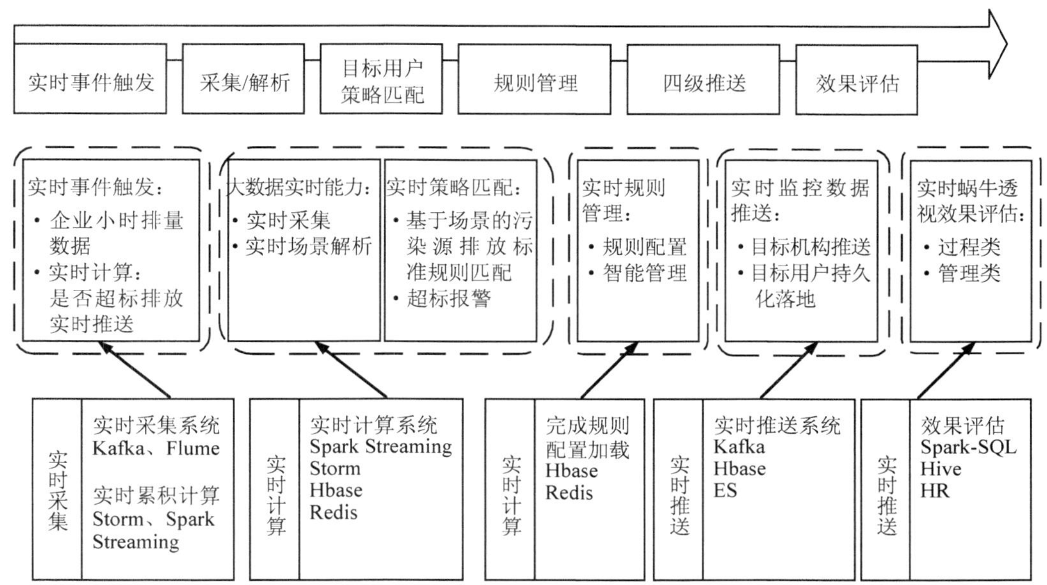

图 5-6　污染源实时监控业务场景关键支撑环节示意图

（1）采集与消息队列数据封装。基于各级用户业务处理增量接口表，大数据平台采集程序利用单线程方式抽取增量数据，并用多线程方式按照固定格式封装成报文（报文由包头和包体组成，包头用于区分场景类别，包体用于存放特定信息）送入大数据平台 Kafka 队列中；若省级已部署对外消息服务的 USB，则大数据平台直接通过 Kafka 与之对接，实现目标用户信息采集。

（2）规则匹配。Storm 集群中的数据处理程序实时接收从 Kafka 队列中送过来的报文，多线程处理接收的每一条报文，完成基于业务场景的业务规划匹配，同时将筛选、过滤清单及原因数据写入大数据平台 HBase 表，供后续活动分析使用。其中，HBase 用于保存各类结果数据，Redis 用于存储过程数据集群，完成业务规则匹配后，再次将目标用户数据封装成报文送入 Kafka 队列。它主要完成以下任务：

1）目标用户数据推送：数据推送程序实时接收从 Kafka 队列中送过来的报文，解析报文并将营销活动目标用户及短信内容推送到短信发送平台。

2）活动评估：大数据平台根据污染源自动监控实时信息、是否超标和向执法部门推送等情况，完成活动最终效果评估。

五、支撑平台性能指标

整个大数据平台基于开源组件构建，基础组件性能与配置相关建议见表 5-1。

表 5-1 基础组件性能和配置表

开源组件	要求建议	
Hadoop	压缩组件	主选：LZO；辅选：Snappy
	文件系统	HDFS
	响应时间	50ms 内
	弹性扩展	支持 IW 节点扩展
	Block	128MB 或 256MB，文件大小建议不小于 1GB
NoSQL	建议组件	HBase
	响应时间	10ms 内
	QPS	不低于 4 万
列式存储数据库	建议组件	HBase
	响应时间	批处理 10s 内，实时 10ms 内
缓存数据库	建议组件	Redis
	响应时间	0.1ms 内响应，不低于 8 万 IOPS 的吞吐量
实时计算系统	建议组件	Storm、Spark Streaming
	响应时间	1 s 内响应，单机每秒不低于 50 万条记录
准实时计算系统	建议组件	Spark SQL
	响应时间	从几秒到 10 min 以内
批处理系统	建议组件	MapReduce、Hive
	响应时间	时间较长，需几十分钟甚至几个小时

第三节 环境大数据业务应用支撑服务

环境大数据业务应用支撑服务由环境业务应用服务、环境业务移动支撑服务、环境业务服务总线等组成。

一、环境业务应用服务

环境业务应用服务由单点登录服务、数字认证服务、组织模型管理服务、访问控制服务、业务流程服务、业务表单组件等组成。

其中，单点登录服务为各应用系统进行集成，提供统一的单点登录支撑接口，简化用户的登录过程，实现身份权限的合理使用。数字认证服务为平台内安全连接业务专网，为正常使用各应用系统提供可靠帮助。通过建设组织模型管理体系，将各业务系统进行统一梳理与定义，完成应用系统建设的组织建模基础。从应用系统特性出发，访问控制组件结合身份认证接口，以密码技术和 PKI 技术为核心，以数据加密、数字签名、访问控制等安全技术为基础，规范身份认证和访问控制机制，使合法用户能够访问网络上的所授权的资源，将非法用户拒绝于网络之外。统一的业务流程服务，通过流程管理能力、业务支撑能力以及数据大集中能力三方面的建设，可以为各业务系统中业务流程的实现提供基本的流程建模、控制、管理、监控、分析的功能。基于 JSF 和 Hibernate 技术，进行业务实体建模、页面流和 JSF 表单设计，通过表单定制快速生成增、删、改、查等常见的业务逻辑。

（一）单点登录服务

1．服务概述

生态环境大数据平台的单点登录服务是基于已有组件基础上，为平台建设和集成的各业务系统提供统一的单点登录支撑接口。对于 B/S 结构应用系统，简化用户的登录过程，同时提供集中和便捷的身份管理、安全的认证机制、权限管理和审计，用户只需通过浏览器界面登录一次，即可通过单点登录系统访问后台的多个用户权限内的 Web 应用系统，无须逐一输入用户名、密码登录。满足用户对信息系统的使用方便和安全管理的需求。

对于分布式网络结构和异构系统，可以在不同网络区域的应用服务器上分布式地部署单点登录系统，并进行系统集群管理，提高数据通信时的负载均衡和并发处理能力，得到安全可靠和高效的单点登录服务。此外，还可以通过双机备份功能，提高整个系统的安全性。

单点登录至少应支持三种登录方式，包括键盘输入认证、动态密码认证、数字证书认证。其中数字证书是一个经证书授权中心数字签名的包含公开密钥拥有者信息以及公开密钥的文件，为最常用的技术方法。

2．功能服务

单点登录功能服务包括用户认证、访问控制与授权。

3．用户认证

集成单点登录功能，使用户仅需要进行一次登录就能使用系统提供的所有功能，而无须在进入各个不同业务应用系统时分别登录。该机制检索用户的已认证身份，然后可以将它传递给后端应用程序。

它的实现机制采用二次登录技术，与原有系统的开发语言、操作系统、数据库、应用平台类型等无关。在认证服务器上保存用户所有应用系统的用户名/口令信息列表，认证服务器上采用透明转发机制，自动帮用户实现登录过程。

（1）多种身份认证方式。单点登录一次登录后就能访问所有的系统，因此对于用户的身份认证方式要求较高。为了确保单点登录的安全性，对用户实行增强的身份认证方式，以免用户的密码被盗取后，所有的应用系统面临被他人非法访问的危险。

面对传统的静态密码的各种不安全问题，采用三种方法进行优化：

1）基于 PKI 技术的增强身份认证方式。支持数字证书认证，并可使用软证书或是 USB Key 电子钥匙等多种身份认证方式。

2）结合 CA 数字证书认证系统，可以为用户分配数字证书，对用户密钥进行安全管理，并且系统也支持第三方 CA 认证机构颁发的数字证书。

3）除数字证书认证方式之外，同时也可采用静态密码认证，并且保留动态密码认证，短信认证等接口，以适应大数据平台的安全需求。

（2）统一身份认证。采用轻量目录存取服务 LDAP 建构统一用户信息数据库，并以树状的层次结构来存储数据，实现对服务、组织、人员、组、策略以及其他资源的集中、分层、分组管理。LDAP 作为一个公开和开放的目录服务标准，也是身份认证和身份管理的标准，具有很好的互操作性和兼容性，为大数据平台搭建一个统一身份认证和管理的框架。采用 LDAP 技术，提供开发接口给新建系统，为后续新的应用系统的开发提供统一身份认证的平台和标准。

（3）统一用户身份管理。将用户的身份信息和密码同步到各个系统的数据库中，系统管理员在一个平台上统一管理用户在各个系统中的账号和密码。管理平台对用户身份信息进行统一管理，不仅利于管理，而且能防止过期的用户身份信息因未及时删除而带来的安全风险。在人员离职、岗位变动时，只需在管理中心一处更改，即可限制其访问权限，消除对后台系统非法访问的威胁。

（4）用户自注册管理。根据定制的策略，最终用户可以自助完成某些工作，无须管理员介入，包括用户主账号和二级账号自注册、密码丢失重置和个人账号管理等，从而提高了工作和管理效率。

（5）用户批量导入导出管理。用户批量导入导出管理实现了将大量的用户信息通过工具导入到服务器中，同时也可以在用户管理界面为用户进行分类，提供导出报表服务，以便管理用户。

4．访问控制与授权

集成单点登录功能，为用户提供访问控制与授权管理，可对所有用户进行访问权限授权。

（1）访问资源管理。在已登记了的大数据平台所有需要保护的应用系统，对其进行描述和管理。列出每一个应用系统下所具有的用户情况。在每个系统下查询用户情况，以直观的方式显示每一个资源下有权访问的用户信息，并对所有用户进行统一的授权。采用基于角色的授权机制，按照环保系统内部的组织结构划分角色，并为用户绑定角色。对于不同的角色分配相应的应用系统，以决定其是否可以访问还是不能访问某个系统。授权后，在单点登录平台上将只会显示其有权访问的系统。

（2）访问策略管理。为不同的角色定制不同的访问策略。访问策略包括可以访问的资源和访问控制规则。访问规则设置灵活，例如，按时间段或者按网段，能够根据不同的情况定制不同的策略，对各种不同情况进行访问控制。针对不同类型的用户提供了简单策略管理和高级策略管理等多种模式，提升访问策略管理的易用性和灵活性。

（3）分级授权管理。对用户进行分级授权管理，设定不同级别的系统管理员。超级管理员可以管理所有的用户。本级的管理员只能管理本级的用户，并为用户分配权限，而不能管理其他组的用户。明确管理职责，有利于大数据平台的用户管理，提高功能服务水平，保障数据信息安全。

5．单点登录与业务应用关系

单点登录与业务应用的关系，见表 5-2。

表 5-2　单点登录与一期业务应用的关系

应用支撑	应用系统	服务内容
单点登录	水环境保护监督管理子系统	提供单点登录，使用户只需通过浏览器界面登录一次，即可通过单点登录系统访问后台的多个用户权限内的 Web 应用系统，无须逐一输入用户名、密码登录
	饮用水水源地保护子系统	
	机动车环保达标及非道路移动机械监管子系统	
	土壤环境综合管理子系统	
	固体废物和危险化学品智慧监管子系统	
	生态红线管理子系统	
	农村环境管理子系统	
	自然保护区管理子系统	
	辐射智慧监管子系统	
	双随机抽查监管子系统	
	挥发性有机物综合管控子系统	
	污染源基础信息动态管理子系统	
	环评审批子系统	
	环保举报管理子系统	
	大数据平台综合门户	
	环境业务数据综合分析	
	云应用与安全监管	

6．应用场景

（1）便捷身份认证。单点登录服务实现用户只需通过浏览器界面登录一次，即可通过单点登录系统访问后台的多个用户权限内的 Web 应用系统，无须逐一输入用户名、密码登录。

（2）用户信息服务和组织机构信息服务。由于单点登录实现的身份认证建立在环保工作人员信息之上，工作人员又属于业务处室、直属单位，因此可以通过单点登录建立具备身份认证功能的用户信息服务和机构信息服务。

（二）数字认证服务

基于已有的数字证书，进行系统集成工作。实现工作人员能够在电子政务办公过程中安全连接到业务网，并能够如同在业务内网环境中正常使用各应用系统。同时，保障各个应用系统在数据传输过程中的保密性、完整性、不可否认性。

（1）功能服务。数字证书功能服务包括 Internet 远程接入、访问控制、用户身份认证、数据安全传输。

1）Internet 远程接入。依据安全控制策略为用户提供从外网访问内网资源的安全访问通道，实现用户在任何地方都能通过宽带或者无线网络即能通过 Internet 访问业务网。

2）访问控制。提供基于用户数字证书的 ACL 功能，对不同的用户提供不同的远程接入系统业务网功能。例如，根据用户数字证书状态或者根据用户证书中的其他条件等来判断此证书访问业务的权限。

3）用户身份认证。在全省环保系统范围内开展基于 PKI 信任体系的建设，提供数字证书的安全认证模式。

4）数据安全传输。基于 SSL VPN 提供加密传输服务，从数据完整性、保密性、不可否认性三个维度增强数据安全，从而防止由于 Internet 的开放性以及相关监听工具的泛滥，使数据的获取变得十分容易。

（2）与业务应用关系，见表 5-3。

表 5-3 数据认证服务与业务应用的关系

<table>
<tr><th>应用支撑</th><th>应用系统</th><th>服务内容</th></tr>
<tr><td rowspan="16">数字认证</td><td>水环境保护监督管理子系统</td><td rowspan="16">工作人员能够在电子政务办公过程中利用 Internet 网络安全连接到业务网，并能够在业务内网环境中正常使用各应用系统。同时，为各个应用系统在数据传输过程中提供加密服务，保障数据的保密性、完整性、不可否认性</td></tr>
<tr><td>饮用水水源地保护子系统</td></tr>
<tr><td>机动车环保达标及非道路移动机械监管子系统</td></tr>
<tr><td>土壤环境综合管理子系统</td></tr>
<tr><td>固体废物和危险化学品智慧监管子系统</td></tr>
<tr><td>生态红线管理子系统</td></tr>
<tr><td>农村环境管理子系统</td></tr>
<tr><td>自然保护区管理子系统</td></tr>
<tr><td>辐射智慧监管子系统</td></tr>
<tr><td>双随机抽查监管子系统</td></tr>
<tr><td>挥发性有机物综合管控子系统</td></tr>
<tr><td>污染源基础信息动态管理子系统</td></tr>
<tr><td>环评审批子系统</td></tr>
<tr><td>大数据平台综合门户</td></tr>
<tr><td>环境业务数据综合分析</td></tr>
<tr><td>云应用与安全监管</td></tr>
</table>

（3）应用场景。

1）建立内网资源安全访问通道。为用户提供从外网访问内网资源的安全访问通道，实现用户在任何地方都能通过宽带或者无线网络即能通过 Internet 访问业务网。

2）提供数据传输加密服务。保障数据在传输过程中不会被破解、篡改、不可否认。

（三）环境业务组织模型管理组件服务

1．服务描述

本组件提供对组织模型的管理服务。

（1）组织模型的地位和作用。组织模型就是对组织结构进行建模，是利用抽象的模型或者元素，构造出的一系列关系，用于表达组织机构中的实体间的层次和隶属。组织模型是用来定义组织形式的模型，它以职责、权限的形式定义了成员、各个部门的作用与任务，同时提供灵活的结构以适应不同的部门或不同的组织结构。

组织模型是大部分应用系统构建的基础。几乎所有的应用系统都涉及组织机构模型的建设，一个组织机构模型的好坏直接影响基于它构建的其他应用系统。

组织机构模型对现实中的机构进行了抽象建模，提供了统一的概念和语义。通过组织模型的建设能很好地解决应用中人员调动、权限变化、职位变迁、部门合并、分级授权管理等各种业务问题。

组织模型提供了一个统一的抽象，对用户统一集中管理，可管理多级用户，支持用户分类分组、多种用户接口、用户权限安全等方面的管理。

组织模型为单点登录、统一授权提供基础，也为灵活授权、统一管理提供了基础。

（2）组织模型支持各种业务应用。在当前，通常一个部门或一个机构拥有多个应用系统，而这些应用系统往往由多个厂家承建，它们是基于不同的组织机构模型建立的，虽然它们面对的是同一个机构、同一个部门，但这些组织机构模型在实体的抽象、定义等各个方面都存在很大的差异，导致面对现实中同一个东西，在模型中表现出来却是千差万别。这样导致新的系统不能复用以前建设好的组织模型，它只能重新建设一个供它自己专用的新的组织模型。随着应用系统的增加，组织机构模型也随着增加。这样就带来了很多问题：

首先，组织机构模型的重复建设，浪费财力物力。

其次，越来越多的各式各样的组织模型，给管理维护带来了巨大的工作量的复杂性，增大了维护工作的出错率，影响系统的稳定性。

最后，组织模型的分离导致了各个应用系统处于孤立状态，对各个应用系统进行协作带来了很多困难。

目前，还没有对组织模型进行规范的相关标准，行业内各个厂家都是依据自己的需求进行组织机构的建模，都拥有自己的组织模型。对组织模型的抽象不全面、不规范。

建立一套建设组织模型的规范，行业内在建设组织模型时参考规范进行建设，这样的组织模型就更具有普遍性，我们就能尽可能地进行组织模型的复用，减少重复建设。降低组织模型的维护成本和编撰复杂度，提高系统的可用性和稳定性。同时，还能减少多个组织模型带来的其他方面的问题，如重复多次的认证、组织模型信息的共享等，为上层其他应用系统的建设提供了方便和基础。

（3）组织模型的数据存储。组织模型的实例数据支持数据库存储和目录存储两种方式，支持通用标准协议（LDAP）。

根据组织模型规范，梳理并建设全省环保系统组织身份目录。组织身份目录是通过对现状调查来形成的。该模型对于组织机构及其相关身份职责进行了完整描述；组织身份目录重点在于职能岗位及其相应职责，组织身份目录可以认为是现状模型的体现，通过树状层层细分，给出岗位和职责映射。

2. 组织模型定义

（1）实体定义，见表 5-4。

表 5-4　大数据平台实体定义表

序号	分类	描述
1	机构	对应的实体名为 Organization，是指在社会生活中，人们为实现某种职能所建立的、由人财物和信息等若干因素有序地联结起来的、相对稳定的社会实体单位的抽象，通常指机关、团体或其他工作单位及其内部组织，如山东省生态环境厅
2	部门	对应的实体名为 Department，是根据行政划分而实际存在的实体部门的抽象，如山东省生态环境厅办公室
3	人员	对应的实体名为 Person，是部门内的实体人员及类似实体的抽象，如张三
4	角色	对应的实体名为 Role，是指在处理特定业务时设定的具有特定工作范围或工作职责，用于解决特定业务问题的实体抽象，如办公室文件收发员
5	用户组	对应的实体名为 Group，是为满足特定业务需求而组建的、不受机构或部门限制的人员集合的抽象，是临时的或长期的，如服务中心
6	岗位	对应的实体名为 Position，是根据部门编制、实际存在的工作岗位的实体抽象，如某市生态环境局局长

（2）实体描述。

1）机构。机构是指在社会生活中，人们为实现某种职能所建立的、由人财物和信息等若干因素有序地联结起来的、相对稳定的社会实体单位的抽象，通常是指机关、团体或其他工作单位及其内部组织，例如，山东省生态环境厅。见表 5-5。

表 5-5 机构属性表

序号	元数据	英文名	数据类型	约束	示例	描述
1	唯一标识符	uid	字符串	非空唯一	略	机构实体对象的唯一标识符，不可重复
2	中文名称	name	字符串	非空	山东省生态环境厅	机构的名称，不能为空
3	英文名称	enname	字符串		SDDLR	机构的英文名称
4	机构代码	organization code	字符串		123456789	指组织机构代码标识，按照《GB 11714—1997 全国组织机构代码编制规则》，它由8位数字（或大写拉丁字母）本体码和1位数字（或大写拉丁字母）校验码组成
5	法人或负责人姓名	principal name	字符串		张三	指由法律、法规规定的组织机构登记机关或批准机关核发的有效证照或批文上的法定代表人姓名或负责人姓名
6	法人或负责人证件类型	principal ID type	字符串		身份证	护照、军官证、士兵证、临时身份证、户口簿等，缺省为身份证
7	法人或负责人证件号码	principal ID num.	字符串		略	对应证件类型的证件唯一号码
8	机构类型	organization Type	字符串		国家行政机关法人	表明本机构属于哪一个类型，参考《GB/T 20091—2006 组织机构类型》
9	创建时间	create time	日期型		20080504 12:11:54	表示一个机构实体对象的创建时间
10	描述	description	字符串		略	对机构实体的描述
11	版本号	version	整型		0	版本号

2）部门。部门是根据行政划分而实际存在的实体部门的抽象，例如，山东省生态环境厅办公室。部门属性表见表 5-6。

表 5-6 部门属性表

序号	元数据	英文名	数据类型	约束	示例	描述
1	唯一标识符	uid	字符串	非空唯一	略	部门实体对象的唯一标识符，不可重复
2	中文名称	name	字符串	非空	山东省生态环境厅办公室	表示一个部门的名称
3	英文名称	enname	字符串		××× office	表示一个部门的英文名称
4	部门别名	alias name	字符串		其他名称，如简称	表示一个部门的其他名称，如市信息化领导小组办公室简称市信息办
5	部门级别代码	grade code	字符串		05	表示一个部门的行政级别，参考《GB/T14946—2002 全国干部、人事管理信息系统指标体系分类与代码》表 A.54
6	类型代码	dept type	字符串		10	指以企业登记机关、机构编制管理机关和社会团体登记机关核定或确定的类型为准，参考《GB/T16987—2002 组织机构代码信息数据库（基本库）数据格式》
7	成立日期	establish date	日期型		20020312	部门成立的日期
8	行政区域代码	divisionscode	字符串		121123	指按照《GB/T2260—2007 中华人民共和国行政区划代码》规定的行政区划名称和代码，确定组织机构注册地址所在的省（自治区、直辖市、特别行政区）、市（地区、自治州、盟）和县（自治县、市、市辖区、旗、自治旗），用代码表示
9	邮政编码	zip code	字符串		100011	一个区域的邮政编码
10	创建时间	create time	日期型		20080506 12:11:54	表示部门实体创建的时间
11	描述	description	字符串		略	对部门实体的描述
12	部门楼牌号	dept office	字符串		×××楼201室	部门的办公室地址
13	部门联系电话	dept phone	字符串		略	部门联系电话
14	部门传真	dept fax	字符串		略	部门的传真号码
15	部门领导	dept leader	字符串		略	部门领导，取值一个实际存在的人员实体对象的 UID
16	主管领导	dept manager	字符串		略	部门主管领导，取值一个实际存在的人员实体对象的 UID
17	序号	tab index	整型		2002	用于排序
18	版本号	version	整型			版本号

3）人员。人员是部门内的实体人员及类似实体的抽象，例如，张三。人员属性表见表 5-7。

表 5-7 人员属性表

序号	元数据	英文名	数据类型	约束	示例	描述
1	唯一标识符	uid	字符串	非空 唯一	略	人员实体对象的唯一标识符，不可重复
2	名称	name	字符串	非空	张三	在登记注册、人事档案中正式记载的本人姓氏名称
3	是否在编	official	整型		1	值为 1 表示在编，为 0 表示不在编，默认为 1
4	编制类别	official type	字符串		公务员编制	表示人员的编制类别，如行政编制
5	职级	duty level	字符串		处级	表示人员的当前职务级别
6	职务	duty	字符串		办公室主任	表示人员的当前职务
7	登录名	login name	字符串	非空 唯一	admin	用户用于登录系统进行身份验证的用户名，保持唯一，不能重复
8	登录密码	password	字符串		111afdc	用户用于登录系统进行身份验证的用户密码，仅用于采用“用户名/密码”方式进行身份验证
9	证件类型	Idtype	字符串		身份证	护照、军官证、士兵证、临时身份证、户口簿等，缺省为身份证
10	证件号码	Idnum	字符串		略	对应证件类型的证件唯一号码
11	CA 证书唯一标识	cauid	字符串		略	保存本用户对应的 CA 证书的唯一标识，用于以 CA 证书登录。此标识符可以与用户唯一标识符 uid 一致
12	电子邮箱	email	字符串		A123@163.com	联系的电子邮箱
13	性别	sex	字符串			人员的性别，只能取“男”或“女”两个值，空为未知
14	出生日期	birthday	字符串		20080805	人员的出生日期
15	国籍	country	字符串		中国	人员拥有的国籍
16	省籍	province	字符串		山东省	人员户籍所处的省市
17	居住城市	city	字符串		济南	人员居住的城市
18	办公地址	office address	字符串		经十路 3377 号	人员的办公地址
19	办公电话	office phone	字符串			人员的办公电话
20	办公传真	office fax	字符串			人员的办公传真号码
21	家庭电话	home phone	字符串			家庭联系电话
22	家庭地址	home address	字符串			家庭联系地址
23	移动电话	mobile phone	字符串			用于联系的移动电话
24	序号	tabindex	整型			序号
25	创建时间	create time	日期型		20080907 10:23:55	表示人员实体创建的时间
26	版本号	version	字符串		10	版本号

4）角色。角色是指在处理特定业务时设定的具有特定工作范围或工作职责，用于解决特定业务问题的实体抽象，例如，办公室文件管理员。见表 5-8。

表 5-8 角色属性表

序号	元数据	英文名	数据类型	约束	示例	描述
1	唯一标识符	uid	字符串	非空 唯一	略	角色实体对象的唯一标识符，不可重复
2	名称	name	字符串	非空	文件管理员	本角色的名称
3	描述	description	字符串		略	对本角色对象的描述信息
4	序号	tabindex	整型		40	序号
5	创建时间	createtime	日期型		20080807 08:13:34	表示角色实体创建的时间

5）用户组。用户组是为满足特定业务需求而组建的，不受机构或部门限制的人员集合的抽象，可以是临时的或长期的，例如，信息化领导小组。见表 5-9。

表 5-9 用户组属性表

序号	元数据	英文名	数据类型	约束	示例	描述
1	唯一标识符	uid	字符串	非空 唯一	略	用户组实体对象的唯一标识符，不可重复
2	名称	name	字符串	非空	信息化领导小组	本用户组的名称
3	描述	description	字符串		略	对本用户组对象的描述信息
4	序号	tabindex	整型		40	序号
5	创建时间	createtime	日期型		20080807 08:13:34	表示用户组实体创建的时间

6）岗位。岗位是根据部门编制实际存在的工作岗位的实体抽象，例如，大气科科长。见表 5-10。

表 5-10　岗位属性表

序号	元数据	英文名	数据类型	约束	示例	描述
1	唯一标识符	uid	字符串	非空唯一	略	岗位实体对象的唯一标识符，不可重复
2	名称	name	字符串	非空	科长	本岗位的名称
3	职务类别	dutytype	字符串	非空	领导职务	职务类型分领导职务和非领导职务两种
4	描述	description	字符串		略	对本岗位对象的描述信息
5	序号	tabindex	整型		40	序号
6	创建时间	createtime	日期型		20080807 08：13：34	表示本岗位实体创建的时间
7	职务级别代码	dutylevel	整型	非空	12	岗位对应的职务级别，整型值，参考《GB 12407—1990 干部职务级别代码》
8	职务级别名称	duty	字符串		局级	本岗位对应的职务级别名称

3. 组织身份模型实体关系设计

组织身份模型实体关系，如图 5-7 所示。

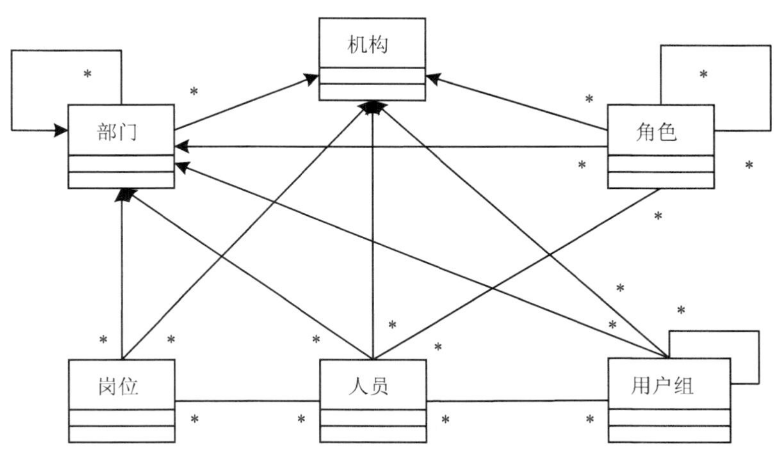

图 5-7　组织身份模型实体关系图

组织身份模型实体关系是组织身份模型中各个实体之间的关联关系的统称。

机构和部门的关系：一对多关系，一个机构可以包含多个部门，一个部门只能被一个机构包含。

机构和人员的关系：一对多关系，一个机构可以包含多个人员，一个人员只能被一个机构包含。

机构和角色的关系：一对多关系，一个机构可以包含多个角色，一个角色只能被一个机构包含。

机构和岗位的关系：一对多关系，一个机构可以包含多个岗位，一个岗位只能被一个机构包含。

机构和组的关系：一对多关系，一个机构可以包含多个组，一个组只能被一个机构包含。

部门和部门的关系：一对多关系，一个部门可以包含多个子部门，一个子部门只能被一个部门包含。

部门和人员的关系：一对多关系，一个部门可以包含多个人员，一个人员只能被一个部门包含。

部门和角色的关系：一对多关系，一个部门可以包含多个角色，一个角色只能被一个部门包含。

部门和岗位的关系：一对多关系，一个部门可以包含多个岗位，一个岗位只能被一个部门包含。

部门和组的关系：一对多关系，一个部门可以包含多个组，一个组只能被一个部门包含。

组和组的关系：多对多关系，一个组可以包含多个组，一个组也可以被多个组包含。

组和人员的关系：多对多关系，一个组可以包含多个人，一个人也可以被多个组包含。

岗位和人员的关系：多对多关系，一个岗位可以由多个人员担任，一个人员也可以担任多个岗位。

角色和人员的关系：多对多关系，一个人员可以担当多种角色，一个角色也以由多个人员担当。

角色和角色的关系：多对多关系，一个角色可以包含多个子角色，一个子角色也可以被多个父角色包含。

（四）环境业务访问控制服务

1．服务描述

访问控制组件结合身份认证接口，以密码技术和PKI技术为核心，以数据加密、数字签名、访问控制等安全技术为基础，充分考虑身份认证机制、信息传输安全、权限控制等安全因素，在网络上实现了强有力的身份认证和访问控制功能。使合法用户能够访问网络上的所授权的资源，将非法用户拒绝于网络之外。

访问控制采用RBAC（基于角色的访问控制）和面向对象的访问目标管理技术。RBAC使权限管理更简单、更清晰；面向对象的访问目标管理技术，使访问控制的目标多样化，丰富了访问控制的应用范围。

2．权限管理模型

访问控制的基本目标是为了限制访问主体（用户、进程、服务等）对访问客体（文件、系统等）的访问权限，使计算机系统在合法的范围内使用，决定用户能做什么，也决定代表用户的程序能做什么。

访问控制决定了谁能够访问系统，能访问系统的何种资源以及如何使用这些资源。访问控制能够阻止未经允许的用户有意或无意地越权获取数据。

根据电子政务体系对访问控制的要求，访问控制模型参考 RBAC 模型，并在此基础上进行扩展，增加 Actor 对象，即用户（User）和角色（Role）的集合；增加域（Domain）对象，即授权的作用范围；增加用户（User）和权限（Permission）的关系，即除对角色授权外，单个用户（User）可以直接授权。

3．基本概念定义

操作者（Actor）：执行者、参与者。包含用户（User）和角色（Role）的集合总称，可以是应用系统的代理（Agent），或其他任何能够发起请求的对象。可以反向包含自身，即树状结构。接口中引用的 actorUID 泛指用户（User）对象、角色（Role）对象和代理对象（Agent）的 UID 值。

用户（User）：发起请求的主体，对应组织机构中的 Person 对象，或者一个应用代理程序（Agent）。可以通过授权管理对用户直接进行授权。

角色（Role）：一组具有相同属性或者业务需求的人员集合，是授权的主体，可以是组织模型中的机构、部门、用户组、角色、岗位等。

资源（Resource）：对象（Object）。资源或对象，被授权对象。可以反向包含自身，即树状结构。

操作（Operation）：权限类型。是访问控制可以执行的最小功能项，被 Actor 调用或执行。

许可（Permission）：是一个许可，对在一个或多个 Resource 上执行的 Operation 的许可。

会话（Session）：每个 Session 是一个用户到多个 Role 的映像，当一个 Actor 启动它所有角色的一个子集的时候，建立了一个 Session。每个 Session 和单个的 Actor 关联，并且 Actor 可以关联到一个或多个 Session。

域（Domain）：描述作用范围，也叫作用域。通过分配不同的对象（Actor、Resource、Operation），生成授权范围，授权是在域的范围内进行。

4．访问控制规则

正向授权：开始时假定主体没有任何权限，然后根据需要授予权限。

权限继承：权限的继承通过对象的父子关联实现，如果设置为可继承，则执行者子对象自动继承父对象的权限，子资源自动继承父资源的权限。

权限过滤：通过设置相应的权限过滤规则，控制资源的权限继承，过滤当前资源节点从父节点继承获得的访问权限。

再授权：是指权限拥有者将自己拥有的权限再分配给其他用户，这个授权过程称为再授权过程。再授权中的权限具有包含关系，即只能授予自己拥有的权限。

权限回收：是指系统回收已经分配给用户的权限。根据不同的情况，通过权限继承得到的权限，如果父权限被回收，子权限必定被回收；通过再授权得到的权限，根据设置不同规则，可规定父权限被回收，保留或回收子权限。

权限排斥：主要是指当用户拥有权限 A 时，则不能同时再拥有权限 B。通过定义权限排斥规则，通过静态方式或者动态方式计算权限排斥。

负权限：是指操作者不应该拥有的权限。负权限通过权限计算叠加完成，计算时负权限优先。

权限等效：是指如果设置用户 B 等效于用户 A，则用户 B 拥有用户 A 的所有权限。A 称为被权限等效对象，B 称为权限等效对象。权限等效具有时效性。

5．功能设计

访问控制服务功能设计见表 5-11。

表 5-11 访问控制服务功能设计表

<table>
<tr><td rowspan="19">资源</td><td rowspan="5">系统功能</td><td>新增</td><td>新增资源</td></tr>
<tr><td>排序</td><td>排序资源</td></tr>
<tr><td>导入</td><td>导入资源</td></tr>
<tr><td>导出</td><td>导出资源</td></tr>
<tr><td>扩展属性</td><td>资源扩展属性管理</td></tr>
<tr><td rowspan="14">资源功能</td><td>新增</td><td>新增资源</td></tr>
<tr><td>删除</td><td>删除资源</td></tr>
<tr><td>修改</td><td>修改资源</td></tr>
<tr><td>移动</td><td>移动资源</td></tr>
<tr><td>排序</td><td>排序资源</td></tr>
<tr><td>设置继承</td><td>设置资源继承</td></tr>
<tr><td>导入</td><td>资源导入</td></tr>
<tr><td>导出</td><td>资源导出</td></tr>
<tr><td>扩展属性</td><td>资源扩展属性管理</td></tr>
<tr><td>权限列表</td><td>显示资源权限</td></tr>
<tr><td>权限计算</td><td>计算资源权限</td></tr>
<tr><td>直接授权列表</td><td>资源权限管理</td></tr>
<tr><td>负权限列表</td><td>资源权限管理</td></tr>
<tr><td>过滤权限列表</td><td>分配权限进行过滤</td></tr>
</table>

操作者	系统功能	扩展属性	操作者扩展属性管理
	部门功能	基本信息	部门基本信息
		直接授权列表	部门权限管理
		负授权列表	部门负权限管理
	人员功能	基本信息	人员基本信息
		直接授权列表	人员权限管理
		负授权列表	人员负权限管理
访问控制域	系统功能	新增	新增控制域
		排序	排序控制域
		导入	域人员导出
		导出	域人员导入
		操作类型管理	域操作类型管理
		日志列表	记录对域操作的类型、地址、操作者、标题、操作描述、时间
	域功能	新增	新增域
		删除	删除域
		修改	修改域
		排序	排序域
		设置管理	域设置管理
		增加资源	增加资源到域
		增加操作者	增加操作者到域

（1）资源管理。

1）系统功能：实现对资源的新增、修改、删除、排序、导入导出及资源扩展属性的管理。

2）资源功能：在顶节点下新建资源，实现资源的属性结构展示，并对资源进行修改、删除、排序、移动、导入导出及扩展属性管理。

查看资源的权限列表，并可以通过直接授权、负权限、过滤权限等模式对资源进行授权操作。

（2）操作者管理。

1）部门功能：实现对资源下部门的删除、权限继承，查看每个部门被授予的直接权限和负权限列表。

2）人员功能：实现对资源下人员的删除、权限继承、权限等效等，查看每个人员被授予的直接权限和负权限列表。

（3）域管理。域主要用于实现资源和机构信息的分级管理，超级管理员可以设置多个域，为每个域设置不同的管理员及所管理的不同资源、不同的组织机构信息，被授予权限的二级管理员就可以登录控制台对所管理的资源进行操作。

6．接口设计

访问控制接口分为权限访问接口、管理接口。

（1）权限访问接口，见表 5-12。

表 5-12 权限访问接口表

序号	分类	描 述
1	权限判断	判断 Actor 对 Resource 是否有指定操作权限
2	权限查询	（1）获得 Actor 对象对 Resource 的操作类型
		（2）获得 Actor 对象能以指定操作类型访问的资源
		（3）获得在资源对象上具有指定操作类型的 Actor 对象
		（4）获取 Actor 数组对资源数组是否具有指定的操作

（2）管理接口，见表 5-13。

表 5-13 管理接口表

序号	分类	描 述
1	操作者管理	（1）创建操作者
		（2）修改操作者
		（3）删除操作者
		（4）获得操作者对象
		（5）获得操作者包含的子对象
		（6）获得操作者的父对象
		（7）查找操作者
2	资源管理	（1）创建资源对象
		（2）更新资源对象
		（3）删除资源对象
		（4）获得资源对象
		（5）获得资源对象的子对象
		（6）获得资源对象的父对象
		（7）查找资源对象

序号	分类	描　述
3	操作类型管理	（1）创建操作类型
		（2）更新操作类型
		（3）删除操作类型
		（4）增加子操作类型
		（5）移除子操作类型
		（6）获得操作类型对象
		（7）获得子操作类型
		（8）获得父操作类型
		（9）查找操作类型
4	域管理	（1）创建域对象
		（2）修改域对象
		（3）删除域对象
		（4）获得域对象
		（5）查找域对象
		（6）向域中增加对象
		（7）从域中移除对象
		（8）获得域中对象
		（9）获得对象所属的域对象
5	分配权限	（1）直接授权
		（2）批量授权
		（3）权限回收
		（4）新建权限过滤
		（5）删除权限过滤
		（6）获得权限过滤
		（7）新建权限等效
		（8）删除权限等效
		（9）获取权限等效的对象
		（10）获取被权限等效的对象

（五）环境业务流程服务

1．服务描述

统一的业务流程服务，通过流程管理能力、业务支撑能力以及数据大集中能力三方面的建设，可以为各业务系统中业务流程的实现提供基本的流程建模、控制、管理、监控、分析的功能。基于业务流程服务开发业务流程，可以使得开发人员专注于流程中每个节点上的业务数据的处理，而不用为实现复杂易变的流程控制写任何代码，结合统一的身份服务的统一认证授权服务也使得各应用系统之间可以实现互联。

2. 总体结构设计

总体结构设计如图 5-8 所示。

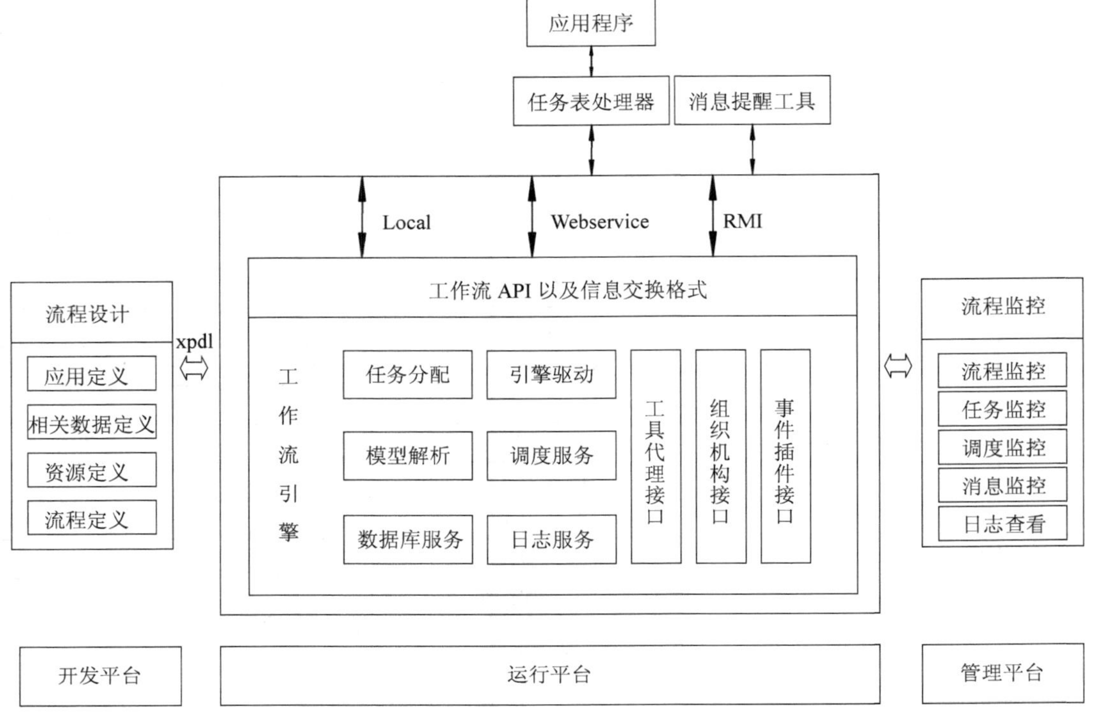

图 5-8 总体结构设计图

（1）开发平台。开发平台基于 Eclipse 插件体系运行，包含项目管理、流程设计等功能。

流程设计具有图形化的工作流定义功能，用户可使用鼠标通过“拖拉”操作轻松实现业务流程定义。流程设计遵循 XPDL 规范将流程定义保存为 XML，并可将 XML 定义文件导入数据库中供引擎使用。

（2）运行平台。运行平台是流程应用运行的基础平台，包含工作流引擎、任务表处理器和消息提醒工具等部分。

工作流引擎负责实例化流程，并根据流程定义控制驱动流程实例的运行、分配活动的执行人。引擎对外提供了流程运行时的相关数据，并保存应用对流程相关数据的修改。引擎对外提供丰富的供流程运行的应用编程接口 API 和服务提供者接口 SPI。

任务表处理器提供了发起流程、待办任务列表、工作台处理和综合查询等功能，是流程应用运行的环境。执行人通过任务表处理器实时地参与到任务处理中，并驱动流程运转。

消息提醒工具作为客户端工具，可通过消息服务引擎实现即时消息提醒功能。

（3）管理平台。流程管理平台提供了流程定义的导入导出，提供对流程实例数据的查询和控制，提供对流程历史数据的查询和流程复活功能，并可对流程实例进行图形化的展示。

流程管理平台还提供了调度监控、消息监控和日志查看等系统管理功能。

3. 功能设计

（1）工作流引擎。

1）独立部署。独立部署的远程调用形式包括 RMI 和 WebService。工作流引擎实例依赖于底层的工作流数据库，数据库保存工作流系统表结构，主要的系统表包括流程定义表、流程实例表和流程历史表三部分。

工作流运行平台采用远程调用的模式，业务流程组件引擎与业务系统通过 RMI 或 WebService 实现调用。如图 5-9 所示。

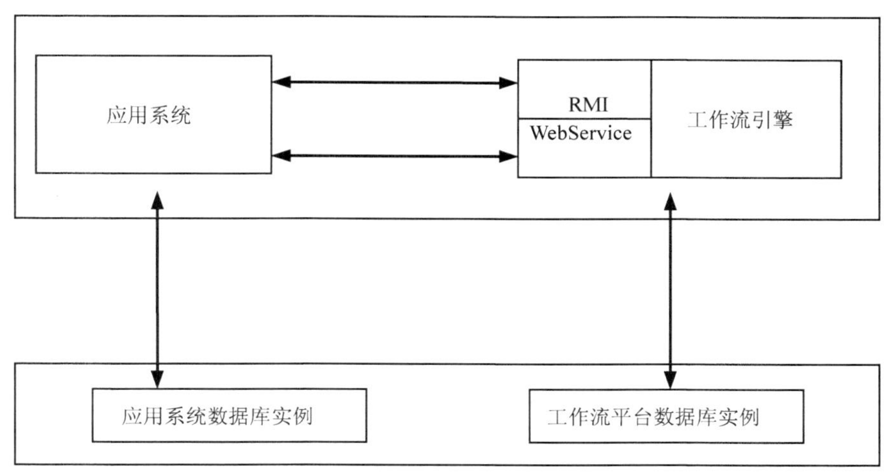

图 5-9　业务流程组件调用图

业务系统与应用系统具体包含的模块如图 5-10 所示。

2）统一工作流平台。工作流平台运行在应用服务器之上，并将工作流数据持久保留在数据库中。

引擎提供容器级的 SPI 回调接口，这些接口需要部署在工作流平台的引擎实例中。

（2）工作流应用端。工作流应用端，即业务系统通过工作流接口实现业务流程管理功能。

1）分布式部署。工作流引擎是工作流管理系统提供执行服务的核心模块，它是在系统体系结构分布的基础上所实现的高层次的分布。分布式工作流引擎是指采用一组分布在不同节点上的工作流引擎来共同协作完成对整个流程实例的执行，每个工作流引擎完成其中一部分实例的执行，不同工作流引擎之间通过可靠的通信机制实现协作。通过分布在不同网络节点上的多个工作流引擎协作来运行工作流过程，可以明显地改善集中式工作流引擎的性能瓶颈问题。

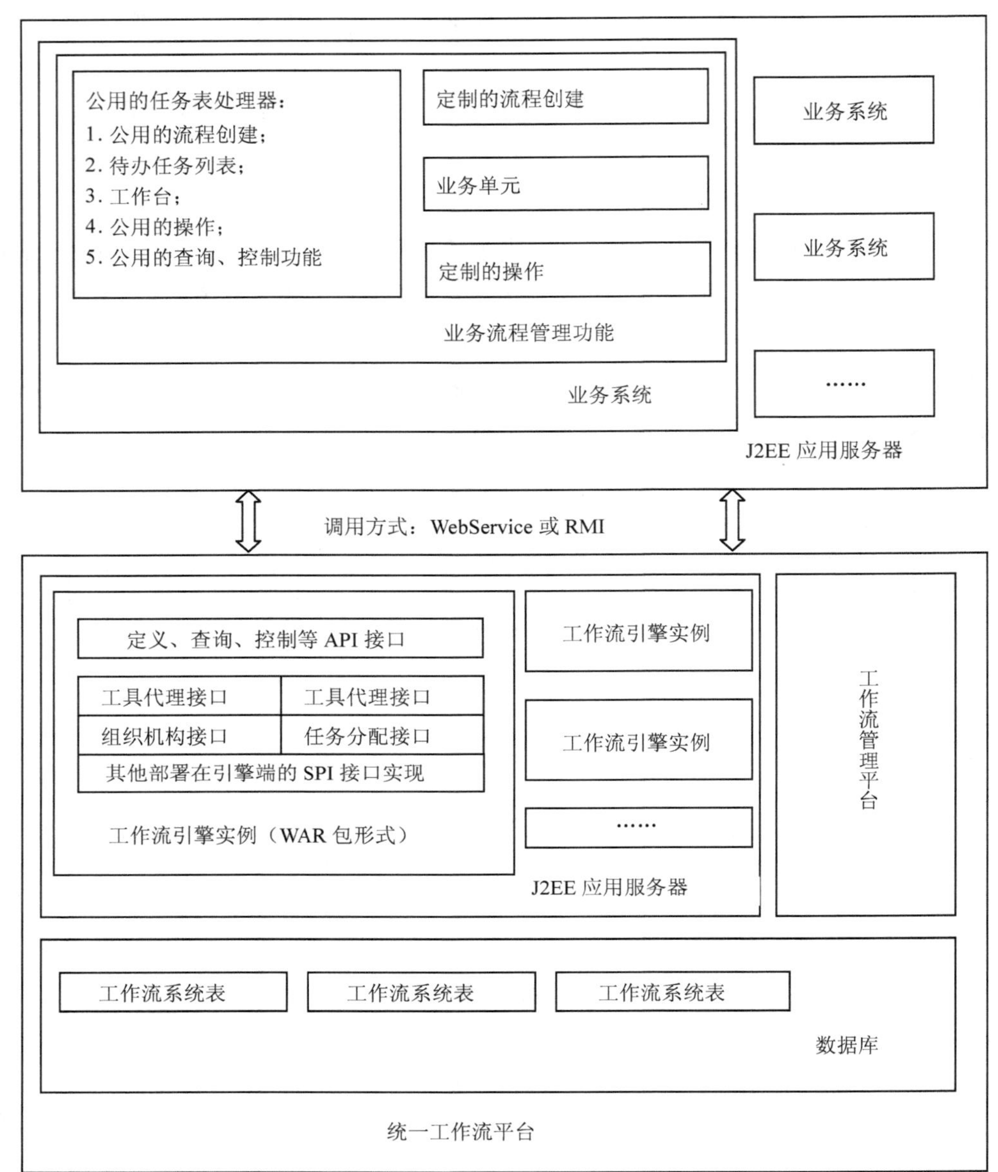

图 5-10　业务系统与应用系统具体包含的模块

不同业务系统存在交互时，需要相互调用各业务系统提供的工作流引擎服务；一个工作流引擎客户端可以调用不同的工作流引擎服务（可以同时调用嵌入式工作流引擎服务和多个远程工作流引擎服务）。

引擎分布式部署如图 5-11 所示。

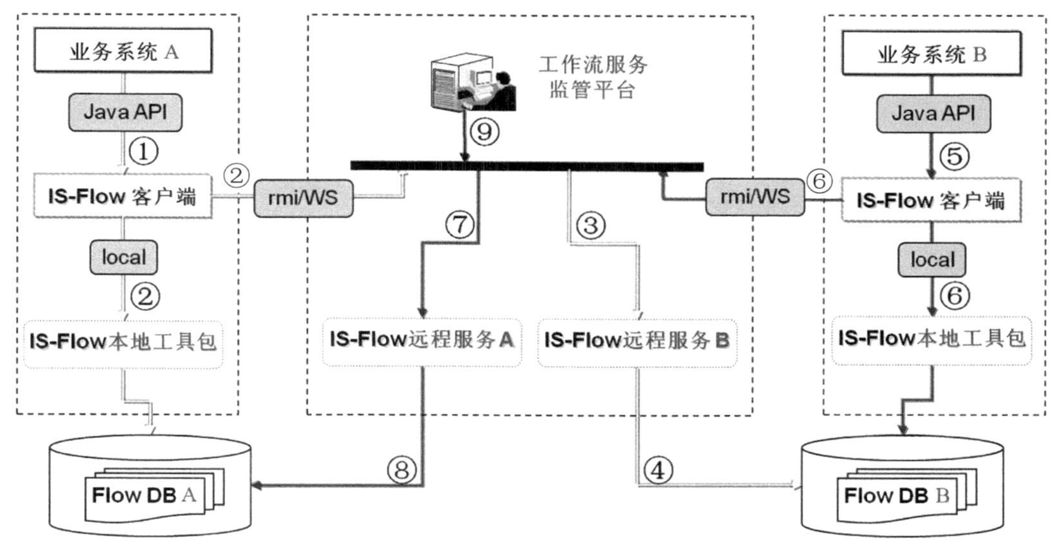

图 5-11　引擎分布式部署示意图

不同工作流引擎服务间需要彼此交互时，业务系统客户端调用需要交互工作流引擎的远程服务，不需要彼此交互时使用本地服务，最大限度地提高系统性能。工作流程跨组织级别跨地域流转的时候，可以借助业务流程组件提供的消息提醒工具，以消息的方式收取和阅读回执。

业务流程组件还提供了分布式部署引擎间的事件响应机制，支持用户扩展实现引擎间的交互事件，支持自定义事件在流程图中的复用。

2）集群部署。业务流程组件支持 InforWeb、WebSphere、WebLogic、JBoss 和其他符合 J2EE 规范的应用服务器，支持在这些应用服务器上以集群的方式部署应用执行。以 Weblogic 为例，Weblogic 支持集群技术，一个集群的应用程序或应用程序组件分布在一个集群里的多个 WebLogic 服务器实例上。最简单地集群管理和维护方法是重复地发布同一个对象到集群中的每一个服务器实例上，因此可以将一个包含业务流程组件引擎嵌入式部署的应用发布到每个 Weblogic 服务器的实例，来实现工作流引擎的集群部署运行。如图 5-12 所示。

基于此集群部署图，可以最大限度地提高业务流程组件工作流工具软件的服务效率；当系统内部调用时，业务流程组件当作系统内的一个工具包，融入系统；当系统与外部进行流程交互时，由业务流程组件远程服务为其服务，不影响系统自身的 Web 服务。

3）嵌入式部署。应用系统与工作流引擎运行在同一个 Java 虚拟机的类加载空间上，即业务系统与工作流应用为同一个 WAR 包或 EAR 包。工作流平台可集中维护各个业务系统的工作流引擎，完成统一运维。如图 5-13 所示。

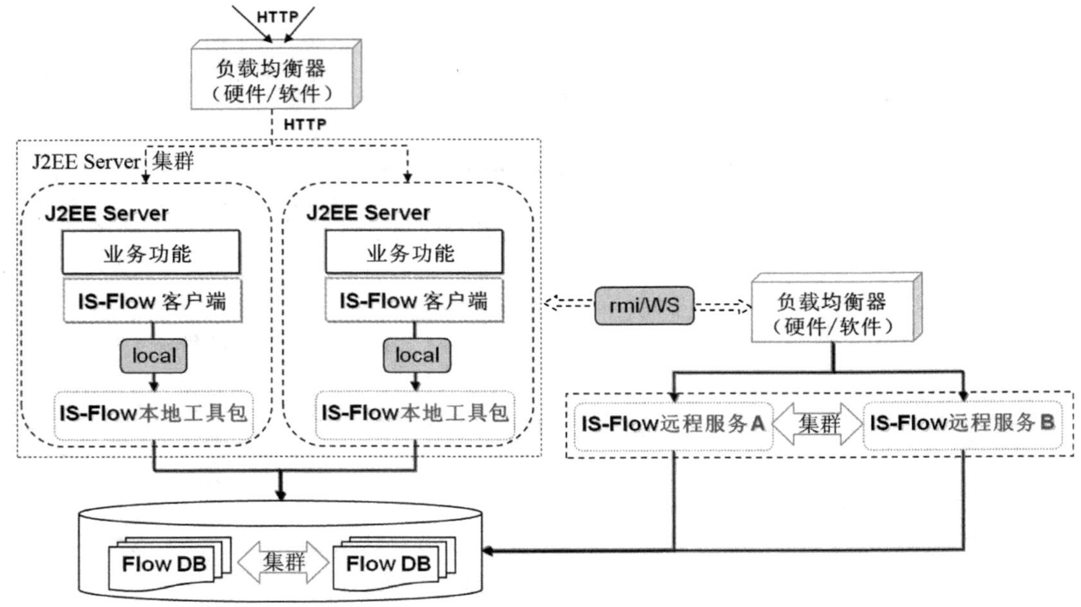

图 5-12 工作流引擎的集群部署示意图

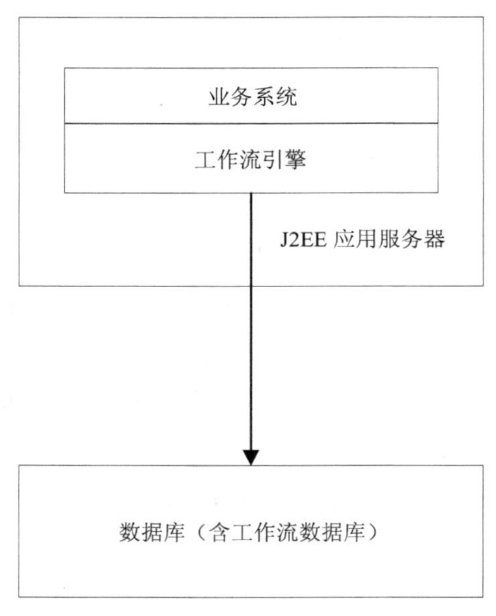

图 5-13 嵌入式部署示意图

引擎为嵌入式部署方式提供了 JTA、传递连接等事务方案，保障数据安全。

①基本流程支持。工作流模型是指可建模的业务活动执行过程。由于业务本身的复杂性，业务所涉及的人与人之间的协作关系的复杂性，以及业务系统与业务系统之间协作关系的复杂性，导致工作流模式的类型也有多种。业务流程组件常见的工作流模式包括：串

形、分支（并形）、条件分支（M 选 N 分支）、同步、活动集、子流程（同步、异步）、循环、自循环、独占式选择、简单聚合、多重选择、同步聚合、多重聚合、鉴别器、隐式终止、无同步的多实例、设计时确定的多实例、执行时确定的多实例、执行时不确定的多实例、延迟选择、交叉存取并行路由、转折点、取消活动、取消实例等。

②复杂流程支持。业务流程组件支持复杂流程，可以实现：

- 支持回退路由：处理人 A 可要求上一处理人 B 重新办理或重新发送；同时支持多级回退，处理人 A 可要求前任一节点处理人 B 重新办理或重新发送，处理人 B 可以选择按顺序重新执行流程，也可以选择越级上报给处理人 A。
- 支持取回路由：在不删除流程的情况下，使用反向回传的功能，可从有问题的步骤直接取回已流到后面数个步骤的流程，修改完毕后再送至下一步骤。
- 支持自由流：一个任务执行后，其后续的运转不按照预定的顺序进行，而是人为地动态选择，可跳转到指定节点。
- 支持自循环：支持节点自身循环，可使用分支表达式控制节点重复执行次数，技术上可支持节点的无限次自循环。
- 支持重复激活流程：设置条件分支的表达式脚本，在指定的条件未满足前，会自动重复执行一连串步骤。
- 支持流程复活：复活已结束流程，流程在哪个环节结束，复活时可让该环节处于运行状态，该节点的流程变量等参数与结束前保持一致。

③版本管理策略。流程可以通过流程优化工具或业务建模工具实现流程在运行时的动态调整，流程优化工具支持在节点中拖入、拖出“执行人”“特色操作”“业务单元”，实现流程节点的业务优化，流程被优化后可直接导入引擎，不需要重启引擎即可实时被业务应用感知。

对于流程定义，工作流引擎具有智能化的流程版本控制策略，包括：

- 一个流程定义可以有多个历史版本，供不同阶段的流程实例使用；
- 默认新的流程实例使用最新的流程定义版本；
- 默认旧的流程实例使用原来的流程定义；
- 同时，旧的流程实例可以更新到新的流程定义。

流程版本管理：对流程定义的多次导入，会导致流程定义版本号的上升。当流程定义被重复导入后，原流程定义会被实例化，即只能被已发起运行的流程实例引用，而不能再用于创建新的流程实例。

B/S 建模工具支持流程定义模板的个性化管理。

对于个人编辑的流程定义模板均会以私有文件夹的形式存在于服务器上，通过登录系统可以进行查询、新建、删除、修改等操作，对个人模板库进行管理。

另外，具有设计流程权限的用户登录系统后还可以查看、修改、重新部署当前运行的引擎中部署的所有流程。对于访问 B/S 建模工具的权限在系统中有严格控制。

④日历规则定义：业务流程组件中日历按范围划分，可分为全局日历和局部日历。

全局日历是指对所有流程都起作用的日历，局部日历针对某些流程、活动、参与者起作用，如果没有设置局部日历，引擎会采用系统提供的默认全局日历。每个日历的规则定义可通过配置完成，可设置工作时、周工作日历、节假日和加班日。

局部日历可分为流程日历、活动日历、参与者日历。流程设计时设置流程采用哪种日历，针对活动可选择流程日历、参与者日历、自定义日历。参与者日历是指流程运行时会根据实际工作项执行人选择相应的日历，参与者日历又包括角色日历和用户日历。

（3）任务分配机制。流程由活动构成，活动中的任务分配关键要素有“执行人”“业务单元”“流程控制操作”“成员间的协作关系”等。实际业务流程中往往有同一业务流程中的不同的人需要做不同的工作的需求，这时就需要业务流程组件提供的可规则定义的任务分配机制。

1）抢任务模式。抢任务模式是多人中选择一个人来完成某一项工作的模式。一般来说工作被分配给一个角色，而具有相同角色的人都可以执行此任务。最终先接受任务的人获得任务的执行权。在设计器中进行相关设置，由引擎解析。

2）会签模式。可以由多个人共同来完成一项业务活动。会签一般应用于具有相同技能或相同职务的人共同完成一件事的情况，如政府中的局长办公会、土地使用情况现场勘查、企业中的合作开发等。多个人按完成的业务单元的不同，可以再进行分组。分组之后产生四种协作模式：组间组内会签模式、组间会签组内抢任务模式、组间互斥组内抢任务模式、组间互斥组内会签模式。

①组间组内会签模式：可能执行相同业务活动的多个人分组之后，任务由所有组内的所有人共同完成。比较典型的会签模式的例子是对某种申请的多人审批。在会签的过程中，每个人视审批的内容不同，可以做不同的审批工作，为更好地协同每个人的工作，可以由一位秘书进行审批意见的汇总以及将工作情况及时通报给每一个人。

②组间会签组内抢任务模式：可能执行相同业务活动的多个人分组之后，每个组只选择一个人来执行任务。

③组间互斥组内抢任务模式：可能执行相同业务活动的多个人分组之后，任务由其中一个组内的某一个人完成。

④组间互斥组内会签模式：可能执行相同业务活动的多个人分组之后，任务由其中一个组内的所有人共同完成。

多组任务分配同一业务活动中，可以安排不同的人做不同的事情；符合某些条件的人，条件是否成立依赖于运行时的具体数据；在一个活动中如果定义了多个组，多个组之间可以竞争执行任务，也可以由所有组共同执行任务；在一个组中如果定义了多个人，则多个人之间可以竞争执行任务，也可以由所有人共同执行任务。

任务的执行人可以是一个或多个建模时静态指定的人；一个或多个在运行过程中动态指定的人；一个或多个在建模时静态指定的角色；一个或多个在运行过程中动态指定的角色；同时支持按照成员权重分配任务。

3）工作代理机制。代理任务用于应对任务执行人由于特殊原因（如出差）不能及时处理任务的情况。代理任务按设置代理人的时机不同可以分为事前代理与事中代理。由于已经估计到未来一段时间自己将不能处理任务，因此可以预先为自己设置代理人，工作流引擎会将原本分配给原执行人的任务重新定向到他所设置的代理人，这种情况称为事前代理；对于已经分配给自己的任务，又不能及时处理的，也可人为地将任务重新分配给临时指定的代理人，这种情况称为事中代理。无论是事前代理还是事中代理，任务的原执行人都可以随时取回自己被代理的任务。

①事前代理的设置：设置代理执行人，业务流程组件系统支持为原执行人指定代理人的功能。指定代理人后，在为原执行人创建未接收任务的时候，同时也为原执行人的代理人创建未接收任务，实现原执行人与其代理人抢任务的需求；其中会签或者单一执行人的情况下，为代理人创建任务，但是不再为原执行人创建任务；用户使用代理执行人功能时，只需设置原执行人 User 对象的 proxyUser 属性。

②事中代理的设置：即任务重定向，原执行人出差前，可以通过调用引擎接口将自己已有未完成的任务移交给别人，确保不会出现自己的任务没有处理而耽误整个流程的运转。

③取回代理：执行人可以取消原代理执行人，也可以取回被代理任务。原执行人出差回来后，通过修改当前执行人的 proxyUser 属性为" "或者 null，来实现取消代理的需求；业务流程组件提供当前执行人代理任务列表，原执行人可以从中选择代理人没有处理的任务进行取回。

④可按流程设置代理：业务流程组件提供流程级别的代理设置，整个流程中的任意一个活动节点，都可以设置此代理。

⑤事件代理：支持事件触发的代理执行人策略。如处长短期休假或出差触发“文秘”代理事件，由指定副处长代理日常事务。

（4）流程分析。

1）报表工具。流程分析报表将各个业务流程数据以 Flash 动态图的方式呈现出来，为管理人员对业务流程管理（Business Process Management）、业务流程重组（Business Process Reengineering）提供数据依据。

2）统计分析。业务流程组件可以定制各指标项的流程分析报表，可以实现按流程、组织机构、人员、时间、工作量等指标进行统计，并以图表的形式展现。

①按人员统计：统计每个人在某一时间段内处理完成的任务笔数、平均/最大/最小处理时间、当前待处理任务笔数。

②按流程统计：按指定日期统计所定义的每个业务流程中每阶段任务审批的用时情况，以及平均用时情况进行统计。

③按时间统计：统计某段时间内，某流程定义所产生的所有实例中每项任务的处理总笔数，其中超时处理的笔数，以及占任务总数的比例。

（5）认证与授权管理。

1）人员数据同步。提供统一的资源接口，通过实现该接口引擎可直接使用统一的组织机构与人员数据。

提供资源接口 ResourceProvider，用户通过实现该接口获取自己的组织机构和人员数据，并且该接口的实现可通过管理平台进行可视化配置。

2）节点授权。可以对流程中的节点进行任务分配授权，任务分配可以是一个或多个在建模时静态指定的角色，也可以是一个或多个在运行过程中动态指定的角色。支持多种任务分配策略，包括抢任务方式（竞争工作项）、会签方式以及基于人员的负载均衡策略等。

4．接口设计

（1）流程模型服务。流程模型服务是对流程模型的管理服务。流程模型提供对业务流程的形式化描述，通过流程定义工具输入或输出定义好的流程模型，以及图形化展示。其包括部署、删除、更新、查找、获取流程定义、控制流程定义版本、获取和改变流程定义状态等服务，见表 5-14。

表 5-14　流程模型服务表

序号	服务分类
1	部署指定流程定义
2	更新指定版本流程定义
3	删除流程定义
4	获取指定流程定义状态
5	改变指定流程定义状态
6	查找指定的流程定义
7	获取最新版本的流程定义
8	获取指定版本的流程定义
9	获取流程定义的所有版本

（2）流程实例服务。流程实例服务是操作并控制流程实例、活动实例运行和状态的服务。本类服务访问和操作流程中的实例数据。各应用系统主要使用的是本类服务，包括执行流程的客户端以及创建并启动流程实例、删除流程实例、获取及改变流程实例的状态、获取活动列表和改变活动状态、获取工作项列表、改变工作项状态、重新分配工作项等，见表 5-15。

表 5-15 流程实例服务表

序号	服务分类
1	获取流程实例对象
2	创建流程实例
3	创建流程实例并指定起始节点
4	创建子流程实例
5	删除指定的流程实例
6	获取指定流程实例状态
7	改变指定流程实例状态
8	改变指定流程实例依赖的定义版本
9	查找指定流程实例
10	获取指定的活动实例
11	获取指定活动的后续活动
12	获取指定活动的前驱活动
13	获取指定流程实例的活动实例组
14	获取指定流程实例的子流程实例数组
15	获取指定流程实例的父流程实例
16	获取指定活动实例状态
17	改变指定活动实例状态
18	活动实例回退
19	获取工作列表
20	更新指定的工作项
21	结束指定的工作项
22	获取流程实例数据
23	设置流程实例数据
24	指派活动参与者
25	运行指定的活动实例
26	运行指定路径的活动实例
27	启动流程实例
28	结束流程实例

（3）应用调用服务。应用调用服务是调用其他应用程序实现任务自动化的服务。本类服务来实现流程服务和各应用系统间的调用，可在流程服务的各环节调用其他应用程序，实现业务流程贯通，见表 5-16。

表 5-16 应用调用服务表

序号	服务分类
1	同步调用应用程序
2	异步调用应用程序
3	获取异步应用程序调用结果
4	获取应用程序状态
5	强制停止应用程序

（4）流程互操作服务。流程互操作服务是流程服务之间相互通信和调用的服务。本类服务实现流程服务器之间的协同工作，见表 5-17。

表 5-17 流程互操作服务表

序号	服务分类
1	调用服务
2	接收数据
3	答复服务
4	赋值服务

（5）流程管理服务。流程管理服务是对流程服务器进行监控、管理的服务。本类服务可以启动、停止流程服务器，获取流程运行的日志信息，导出或迁移流程定义等，见表 5-18。

表 5-18 流程管理服务表

序号	服务分类
1	启动流程服务器
2	停止流程服务器
3	活动实例跳转
4	重新指派工作项
5	获取指定流程实例的历程
6	导出指定版本的流程定义
7	导入流程定义
8	获取指定日志信息

（六）环境业务表单组件

1. 服务描述

业务表单组件基于 JSF 和 Hibernate 技术，支持业务实体建模、页面流和 JSF 表单设计，可针对业务模型提供较强的代码生成能力，通过表单定制快速生成增、删、改、查等常见的业务逻辑。

2. 功能设计

（1）设计器功能。业务流程组件表单设计器是一个 GUI（Graphical User Interface）界面的可执行程序，能够实现所见即所得的表单设计，在设计器中能够通过鼠标点击、拖拽等简单操作即可实现：

1）支持业务建模，支持业务模型到数据模型的转换；

2）支持数据建模，支持创建、更新、忽略数据库表；

3）支持代码构建，自动生成代码，支持人工编码；

4）表单元素丰富，提供文本框、文本区域、密码框、隐藏字段、输出文本、图片、按钮、链接按钮、单选下拉菜单、单选列表框、复选框、表单、消息、面板、数据表格、列等界面组件，提供流程实例标识号、活动实例标识号、工作项标识号、应用程序实例标识号、获取工作流相关数据等流程交互组件；

5）支持表单元素的数据绑定，无须编码，同时支持人工编码；

6）支持页面布局设置，支持设置每个表单元素的显示格式，包括前景色、背景色、字体、边框、数字格式等；

7）业务流程组件表单设计器可以将设计好的表单输出为表单模板文件，方便实现复用。

可以通过将多页控件集成到表单中，实现内容显示在不同的页签。如果采用分页显示查询结果，在页面中添加分页滚动条组件，并设置分页滚动条的“关联项”属性为指定表格的 ID。

（2）表单模板。由表单设计器设计完成的表单定义文件统称为表单模板。表单模板可以由内建的表单模型创建得来，并且通过独立的表单模板文件的复制、另存、编辑也能实现表单的“类似创建”。

（3）表单扩展功能。业务流程组件表单设计器提供扩展机制，支持 JSP、JSF 页面的编辑，同时还支持*.zul、*.ipr 等表单的扩展。

同时对于门户系统的表单，业务流程组件也提供扩展支持。

1）数据绑定。设置数据绑定后，能够完成对数据库记录的增加、修改、删除及查询。根据设计要求，设计器支持在同一表单中向多个数据表、数据源进行数据提交。在前端页面可通过脚本编程实现表单直接操作数据库的能力。

2）数据校验。支持可配制的验证器：

①双精度范围验证：验证输入的双精度数据是否在指定的范围之内；

②长整型验证器：验证输入的长整型数据是否在指定的范围之内；

③字符串长度验证器：验证输入字符串长度是否在指定的范围之内。

验证器的主要作用就是确保模型前后处于一致的状态，当发生验证错误时，服务器的响应类似于转换器。

业务流程组件支持以下两种类型的转换器：

①日期时间转换器：把字符串转换为 Date 类型的数据，模式属性可以指定日期类型的模式，如 2006/10/12 日期模式为 yyyy/mm/dd，时区属性选择目前所在的时区。

②数字转换器：是把字符串转换为数字类型。

编码方式实现定制监听器。

监听器所能完成的功能可以是任意的，可以通过一定的开发完成某种特定的监听器并在定义表单时使用它。支持自定义开发数据校验监听器。

3）预览打印。表单设计器解决了普通 B/S 模式下 Web 打印的一系列问题，能够支持所见即所得的精准打印。其具体包括：

①支持打印缩放，能够将比较大的表单缩放到比较小的纸上；

②支持打印隐藏，对于某些表单内容能够只显示不打印；

③支持空行补齐，在表单数据较少时，仍能保证打印出来的表单充满整个纸张；

④支持自定义分页，能够实现按行分页，按分组分页的打印效果；

⑤支持常见各种型号的打印机；

⑥支持常见各种纸张型号以及自定义纸张；

⑦每个表单单元格都可以设置三种打印类型：全打印、套打、不打印；

⑧提供自由单元格，能够实现精准的套打。

4）导出格式。在应用中表单支持以 xls、pdf 等文件格式的导出。另外，还支持以 html 的格式导出。

5）携带附件。附件功能与数据验证类似，由表单展示构件触发事件后，能够在新窗体中添加附件。采用这种方式能够支持：

①一个表单元素中添加单个附件；

②一个表单元素中添加多个附件；

③附件添加前后的检查，如附件大小检查等。

6）接口设计。电子表单接口设计见表 5-19。

表 5-19　电子表单接口表

序号	接口分类	描述
1	表单模板管理接口	（1）部署表单模板
		（2）删除表单模板
		（3）更新表单模板
		（4）获取表单模板对象
		（5）获取表单模板所有版本
		（6）查询表单模板
		（7）导入表单模板
		（8）导出表单模板
2	表单文档服务接口	（1）生成表单文档
		（2）输出表单文档
		（3）提交表单数据
		（4）提交表单文档
		（5）删除表单文档
		（6）查询表单文档
		（7）获取表单数据
		（8）设置表单数据

二、环境业务移动支撑服务

从山东省生态环境保护全局出发，运用先进的移动互联技术，实现随时随地调研、随时随地取证、随时随地执法与随时随地办公。在大数据应用平台建设集中的移动业务门户，意在把所有的移动端业务封装在统一平台，由平台提供统一支撑。

移动支撑服务包括基础服务与后台管理两部分。其中，基础服务从业务实际出发，包含登录、消息、通信录、发现、个人信息等功能。后台管理功能由后台管理服务与开发平台两部分组成。通过应用移动支撑服务，为更好地开展日常环保工作提供可靠保障，提升日常工作效率与开展方式，实现生态环境保护工作灵活、高效、有序开展。

（一）服务概述

环境业务移动支撑服务实现向山东生态环境移动 App 提供统一的基础服务、后台管理，整合各类环保移动应用功能，为其他移动业务应用提供集成接口，实现集移动办公、业务办理、数据查询等功能于一体，为建设全省统一的移动应用夯实基础，避免移动端的重复建设，加快移动应用建设周期，降低开发成本和难度。

（二）体系结构

移动支撑体系结构如图 5-14 所示。

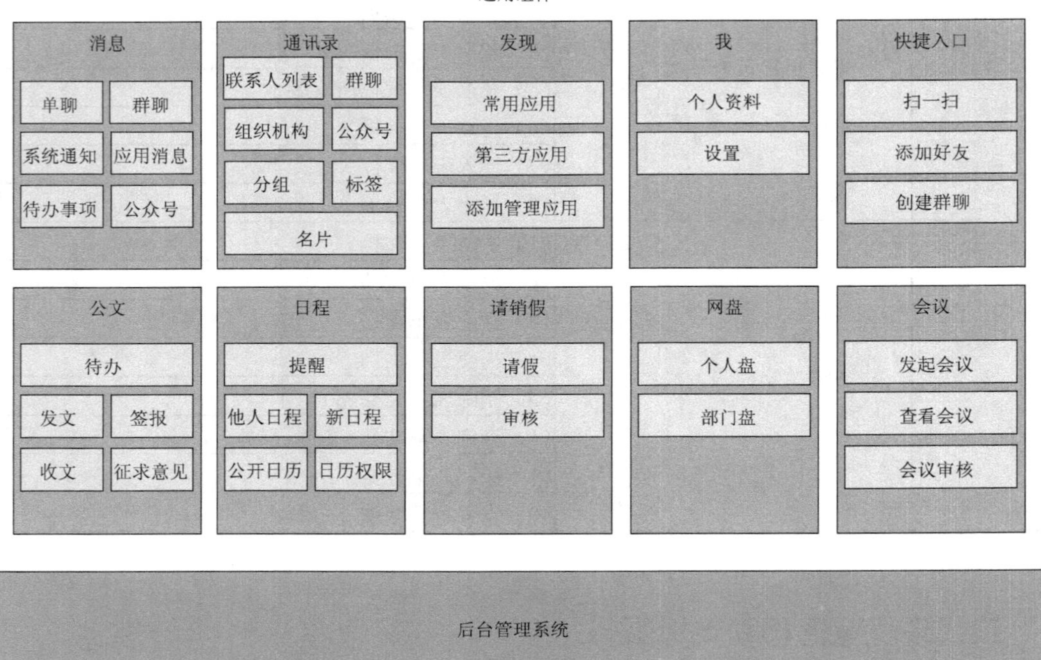

图 5-14　移动支撑体系结构

1. 基础服务

基础服务实现为移动应用提供统一的基础性、通用性功能，避免重复开发。基础服务由登录、消息、通信录、发现、我五大功能组成。

（1）登录。登录功能为用户提供登录入口，为简化用户登录流程，已登录过的用户，下次可直接登录，无须再次输入账号和密码。

（2）消息。作为用户沟通的主要入口，消息功能为用户提供与其他用户、组群之间进行信息沟通。消息类型包括文本消息、表情消息、语音消息、图片消息、视频消息、位置消息、文件消息等。

（3）搜索。实现用户的本地搜索，包括对联系人、群组、通讯记录、公众号等进行搜索。

（4）会话列表。用户之间的会话以列表形式进行展现，方便用户再次进行会话。

（5）待办事项。待办事项功能，旨在及时为用户推送待办事项信息，提醒用户进行事件处理，为日常工作顺利开展提供可靠保障。

（6）即时通信。用户可以选择需要联系的相关用户进行即时通信，包括与私人通信、与团队通信。支持的通信方式包括语音、图片、文字、视频等。

（7）公众号。公众号实现用户向特定群体发送文字、图片、语音、视频等信息，实现全省环保系统工作人员之间、环保部门和公众之间的全方位沟通、互动，形成一种主流的线上线下互动方式。

（8）通信录。通信录为用户提供相关组织机构、群聊、分组、公众号、联系人等相应资源的查看功能，方便用户在通信录中查找相应的人员与资源信息，便于及时发起沟通和获取相关信息。

1）添加联系人。用户可通过账号添加相关用户，并及时保存到通信录中，方便用户在通信录中查找该用户。

2）联系人列表。为用户提供日常联系人列表，用户可以查找相关用户，直接发起对话或建立群聊。

3）组织机构。为用户群体提供定制的组织机构功能，根据用户群体特性，按照组织或部门进行人员分类，方便用户及时找到相关人员信息，扩大沟通范围。

4）群聊。在通信录中保留用户的群聊信息，方便用户及时找到该群聊。

5）公众号。在通信录中为用户提供相关订阅公众号的查找功能，方便用户及时获取公众号信息。

6）分组。分组功能区别于群聊功能，方便用户管理小组信息，在通信录中，用户可以按照分组名称查找相应分组。

7）名片。提供用户账号相关信息展示，展示内容包括姓名、手机号、办公电话、邮箱、性别、职务、所属部门、所属单位、签名等。

（9）发现。发现作为用户的应用入口，为用户提供各种经过集成的移动业务应用，以日常手机应用形式展现，方便用户使用。

（10）个人信息。实现设置个人资料、账户安全等信息。

个人资料。为用户提供个人资料管理功能，方便用户进行个人资料的管理。

（11）设置。设置作为用户管理消息通知、账号安全、通用、意见反馈、关于等功能的入口，用户可以在设置功能内管理相关系统设置。

（12）综合管理。综合管理实现对用户信息进行统一管理，同时实现对消息、公众号进行相应管理，确保消息、公众号准确发布各项应用消息。

2. 后台管理服务

后台管理服务对用户信息进行统一管理和维护，保障用户信息的唯一性和有效性，包括个人信息管理、系统管理、访问管理、会话管理、版本管理、开放平台账号管理、活动管理。

一是个人信息。

个人设置。个人设置实现对用户详细信息进行相关设置，包括登录标识、姓名、手机号码、电子邮箱、用户编号等信息。同时实现对用户角色进行定义，保障业务功能有序开展。

二是密码设置。

实现对用户账号密码进行设置，密码设置过程中采用密文的方式显示，并需要多次填写。

三是系统管理。

系统管理分为菜单管理、码表管理、应用分类分组管理和应用分类管理。

（1）菜单管理。菜单管理实现对功能菜单进行管理，权限用户可以灵活管理菜单类型。

（2）码表管理。码表管理实现对功能码表进行管理，权限用户可以灵活管理码表信息。

（3）应用分类分组管理。应用分类分组管理实现对应用划分进行管理，权限用户可以灵活管理应用分类分组。

（4）应用分类管理。应用分类管理实现对应用分类进行管理，权限用户可以灵活管理应用分类。

四是访问管理。

（1）平台角色管理。平台角色管理实现对用户进行权限管理，保障用户行为安全，提升系统安全与稳定性。

（2）平台用户管理。平台用户管理实现对系统用户进行统一管理，提高系统用户的准确性。

（3）组织管理。管理用户的组织机构，实现准确配置组织信息。

（4）访问记录管理。管理系统访问记录，规范用户访问行为，保障系统安全。

五是会话。

（1）系统通知。实现拟定系统通知，推送给用户。

（2）消息过滤。通过设置消息过滤功能，对陆续到达的信息进行过滤操作，将符合用户需求的信息予以保留，将不符合用户需求的信息过滤掉。

（3）群组管理。管理平台全部群组，实现对群组进行实时管理。

（4）用户设备信息。管理用户设备信息，为用户稳定登录提供可靠保障。

（5）用户反馈。管理用户反馈相关信息，并进行详情查看。

（6）版本管理。管理平台版本，包括详情查看、设置范围、删除范围等功能。

六是开放平台账号管理。

对开放平台账号进行管理，保障开放平台账号安全。

（1）开放平台。开放平台为消息、公众号进行相应管理，确保消息、公众号准确发布各项应用消息。

（2）消息中心。管理平台发布的消息，管理人员可以将编辑好的消息推送给用户。

（3）服务中心。管理平台发布的公众号信息，管理人员可以将编辑好的消息推送给用户。

（三）应用场景

1．移动办公

依托移动支撑服务提供的公文、日程、请销假、网盘、会议等组件，建立移动行政办公系统，实现随时、随地处理各项工作事务，高效整合零碎时间完成办公。

2．数据产品服务

基于移动支撑服务提供的后台管理功能和消息功能，建立移动数据产品服务，使各类数据分析统计结果能够第一时间传递至用户，辅助环境决策和环境管理业务。

3．移动业务信息查询与展示

基于移动支撑服务的基础服务，建立环保移动应用，实现环保工作中业务信息、管理信息、监控信息等的随时看、随时查，包括放射源信息、污染源信息、双随机抽查信息、固废转移信息、空气自动监测信息、污染源自动监控信息、水环境信息等。

三、环境业务服务总线

服务调用实现以广为接受的开放标准为基础，来支持应用之间在消息、事件和服务级别上动态的互联互通，以实现对各个应用服务进行服务调度、服务监控、服务管理与整合。根据大数据平台的建设目标，将搭建环境业务服务总线，为业务系统之间进行应用与服务调度提供服务基础，满足整个平台的接口调用，实现全局统一调度、集中管理的建设目的。

（一）协议转换

服务调用支持信息化建设过程中普遍采用的 JMS、Http/Https、Socket、JDBC 等标准协议，实现为各业务系统的松耦合通信和快速部署与调整业务功能创造有利的条件，降低了因为频繁修改现有系统的通信协议而带来的稳定性风险。

（二）数据转换

服务调用支持 XML、TXT、自定义消息等格式的消息，同时基于这些消息还可以进行消息增强（增加时间戳、增加字段等）、消息验证、消息组合等，实现增强新业务的部署速度，降低因为修改相关业务系统带来的稳定性风险，提高了多系统之间的松耦合度。

（三）服务管理

服务管理提供服务编排、路由、安全、注册、监控等调用管理服务。

1．服务编排

服务编排实现通过重复利用本地或远程已有系统的不同协议的服务进行组合从而生

成新的服务，并可以通过不同的协议从服务总线上暴露给其他业务系统。

2．服务路由

服务路由实现了数据的发送方只负责发送数据，对于数据接收方的通信协议、数据格式、所处位置和运行状态都可以不用关心。服务路由具体功能包含静态路由、动态路由、广播、消息拆分、聚合、穿透等方式。

3．服务安全

通过各种机制及加密算法，保障数据的安全性。

（1）访问安全。通过 UserName/Password、IP 或签名等机制对服务访问者进行身份识别，同时根据事先对其分配的权限访问进行访问控制，通过访问机制可以控制到具体的 SOAP/HTTP 操作，实现增强整体的访问控制能力，对系统的访问具有更强的可预知性。

（2）防窃取。采取 DES 加密算法对服务访问者的请求数据进行加密，防止数据被窃取。

（3）防篡改。数据在服务消费者和服务提供者之间传递的过程中，采取数字签名的方式，防止数据被篡改。

4．服务注册

服务注册提供一个单一来源的目录元数据，用以存取和配置服务，包括服务细节、技术接口、拥有实体、相关政策和 XML 模式，并且提供发布、目录和分类功能。通过服务注册实现在一个可控的方式内发现服务，保障业务和技术元数据与服务关联，而且服务提供者的联系信息亦能够被分类。

5．服务监控

服务监控实现实时监控纷繁负载的业务调用，并且提供血缘关系管理、调用状态管理、多维度统计分析、自定义运营报告等功能。实时服务监控的内容包括：

（1）服务运行情况；

（2）消费者访问情况；

（3）提供者提供情况；

（4）SLA 满足程度；

（5）提供者与消费者之间的依赖关系；

（6）依赖分析，从而能确定哪个客户端在使用服务；

（7）服务总线整体运行情况（失败次数、拒绝次数、超时次数、非法次数、正常次数）。

（四）消息机制

针对服务调用过程中的通信，消息通信提供发布/订阅、单路、请求/应答、请求/回调等方式，实现服务之间的消息传输与交换。

1．发布/订阅

消息通信能够根据对消息的订阅规则，实现同一个消息可以被多个 Endpoint 消费。

2. 单路

Endpoint 单向发出消息，并不期待有回复信息。

3. 请求/应答

Endpoint 向队列中发出消息，并且可以从另一个队列中取得消息消费者的反馈信息。或者服务调用者一直等待服务的处理结束并有返回结果时。

4. 请求/回调

服务调用者异步调用某一服务并传递给该服务一个回调的服务地址，当该服务处理完后就调用该回调函数。

（五）应用场景

服务总线实现业务应用系统可以统一、高效地相互调用功能模块，减少重复开发。同时利用服务总线，帮助原有系统实现改造和云迁移。

第六章　生态环境大数据资源中心

第一节　概　述

自20世纪80年代以来，生态环境部门开展了多种、多次环境质量监测、生态环境调查及污染源管理工作，积累了大量的数据。近几年，随着物联网、云计算、大数据、移动互联网等技术在环境管理工作中的应用，环境数据采集的频率加大，覆盖的环境监测对象越来越广，环境部门所获取的环境数据越来越多，环境保护的管理业务也在不断拓宽。环境管理业务涉及环境质量、环境统计、污染源管理、生态环境保护、固体废物、应急减排等多个方面，各项环境管理业务对 IT 技术依赖程度增加，产生的各类环境数据也越来越多。整理、规范这些环境数据，不仅是社会经济发展和科学创新的需要，也是我国环境保护工作的一项重要内容。环境数据资源是国家基础信息资源的重要组成部分。随着全社会对环境问题的日益关注，社会各部门和公众对环境数据共享与服务的需求也越来越迫切，要求越来越高。环境数据资源的共享和应用是国家环境信息化工作的重要内容，也是国家环境信息化工作的奋斗目标。为达到环境数据资源共享和应用的目标，建立生态环境大数据资源中心是必然的选择。

通过生态环境大数据资源中心建设能够提高生态环境数据资源开发和利用，提升环境信息化水平，是环境信息化建设取得实效的关键，必须摆在重要战略位置。建设生态环境大数据资源中心，加强环境信息资源开发利用，不仅对提高环境管理水平具有重要的推动作用，而且对推动环境保护、优化经济发展具有重要的积极作用。

生态环境大数据资源中心汇集污染源基础数据、大气环境管理数据、水环境管理数据、土壤环境管理数据、固废管理数据、自然生态环境管理数据、核与辐射管理数据、环境影响评价数据、环境监察执法数据、环境应急管理数据、排污许可证数据等，实现“一源一数”。打破“信息化建设孤岛”的怪圈，在环境系统内建设一个统一的大数据资源中心，将各单位、各部门的数据、信息集中存放在这个大数据资源中心，统一使用、统一管理、统一维护，形成“一网一库一源一数”和“一数多用”的信息化建设格局。同时实现从数据采集、数据交换，到数据存储、数据处理、数据可视化的数据资源服务，为今后大数据应用提供海量数据，为环境业务应用系统提供数据支撑，实现数据的共享。更充分地使用已有数据资源，减少资料收集、数据采集等重复劳动和相应费用，而把精力重点放在开发新的应用程序及系统集成上。实现分布式管理和海量数据存储，保障了数据的安全，亦可方便查询使用。

生态环境大数据资源中心是生态环境大数据平台的核心，是依据各类数据标准与规范，通过数据交换、整合、导入、录入等手段，全方位收集环境监测、监督、管理中使用的各种基础类、背景类、业务类的数据资料，并对这些资料进行规范化、标准化的处理和加工，形成体系完整、时间跨度长、专业覆盖全面、科学系统的环境信息资源体系，为环境监管、治理、规划、决策等提供最强大的数据服务和信息共享支撑。

本书作者认为，生态环境大数据资源是国家的战略资源。

一、生态环境大数据资源中心基本概念

（一）数据资源中心

近代欧美国家知识管理史始于图书馆。那时大多数机构建立图书馆主要是将其作为书刊资料的相对静态的贮存所或档案馆。随着社会经济和科学技术的发展，到 20 世纪 70 年代后期，人们觉得需要在机构内建立一个有专门设施的据点来展示新技术、培训工作人员学习终端硬件与软件，并处理成批终端用户的大量需求（这些用户也需要和希望成为能利用计算机的人），而现有设施不足以进行这些工作，于是便产生了信息中心的概念。从事这些工作的信息中心被认为进入了信息中心的第一阶段。

信息中心的第二阶段是开始引导、指引终端用户利用大批国内外的外部数据库。到第三阶段，信息技术概念、直观推理、人工智能、决策支持系统、专家与知识系统和其他概念开始被引入信息中心的操作培训计划中。在此阶段，终端用户不仅知道应该用哪个键，以什么指令序列启动机器，还知道他们不知道的事物、必须找到的东西、可得到什么、如何查到它们、如何存取它们，特别是如何运用它们解决手头的问题，从中取得成果等。

现在国外有些人正在谈论使信息中心变为知识中心、学习中心或信息资源中心的必要性。这些知识、学习或信息资源中心其实也就是信息中心的最高阶段——第三阶段。他们认为这类中心必须是人民大众的学习中心、知识中心，有助于发展所有人创造性地解决问题的能力，即如上所述，知道有什么信息、如何找到它们、如何存取它们、如何利用它们和如何从中取得成果的能力。

目前，数据资源中心一般是指一个行政机构，业务职能包括基础信息和资源利用情况、变化趋势动态数据的收集、技术处理及预测分析，为政府部门提供决策支持和管理支持，向社会提供公益服务。其主要从事某个领域资源信息化、信息研究与信息服务工作；承担

一定的资源统计登记和政务工作。数据资源中心一般会收集、整理、开发、研究和推广相关的信息资源。政府部门的数据资源中心，一般是指对政务信息资源的收集、整理、开发、利用。

（二）生态环境大数据资源中心

目前，生态环境大数据资源中心建设的理论与实践探索在我国处于起步阶段，尚未有生态环境大数据资源中心的明确定义。

根据我国现行的环境数据中心建设实践经验，普遍理解的生态环境大数据资源中心是指狭义的数据资源中心，即能够向环境及其相关信息使用者提供各类电子政务信息资源服务的综合数据中心。它由信息获取、信息管理、信息服务三部分组成。

但是，在大数据时代背景下，从广义的环境信息资源的角度看，我们认为广义的生态环境大数据资源中心应是汇集、整理生态环境保护及与之密切相关领域所涉及的一切文件、资料、图表和数据等信息，开展生态环境数据资源综合开发利用，为政府生态环境职能部门提供决策和管理支持，向社会提供公益服务的综合性平台或机构。

二、目前生态环境数据存在的问题

（一）数据信息孤立

环境信息化建设有一个从初级阶段到中级阶段再到高级阶段的发展过程。随着信息技术在环保行业的逐步应用，各部门围绕一项项业务工作，开发或引进一个个应用系统。各业务职能部门都从自身业务的视角孤立开展信息系统和数据资源建设，一般不会统一考虑数据标准或信息共享问题，忽略了业务领域本身的协同和内在联系，没有统一的信息资源规划，导致了越来越多的信息孤岛。

（二）数据信息冗余

不同业务部门之间、不同软件之间的数据信息不能共享，数据不能交换，且有些不同的环保业务部门所管理的对象存在不同程度的重叠，但对应的信息系统却互相独立，造成系统内数出多门、一源多数、相互矛盾的情况较为普遍。

（三）数据标准不一

各业务部门主要从自身内部的业务出发，开发满足本部门需求的管理系统，每建设一个应用系统就单独建立一个数据库，不同的应用就拥有不同的数据库。各个数据库自成体系，互相之间没有关联。数据编码和信息标准不统一，数据分散于各个部门，没有统一的数据编码和信息标准，也缺乏应有的处理和加工，难以进行共享和应用。

（四）数据利用不足

数据的应用只是停留在查询和统计阶段，环境业务之间的关联性无法用数据说明，无法实现业务协同。需要全面提升信息的综合分析与服务的水平，提取环境管理的关键因素，充分运用大数据等技术，分析区域内的各类环境信息，为各级领导提供丰富的分析决策依据。

总之，针对目前环境数据存在的“数据多、分布散、平台杂、质量差”的现象，迫切需要制定生态环境数据标准，研究建立环境信息资源目录，整合集成各类环境数据资源，对数据进行充分的利用，体现环境数据的价值。

三、建设生态环境大数据资源中心的重要意义

建设生态环境大数据资源中心是提升生态环境信息服务水平、转变环境信息共享方式、不断拓展环境信息应用深度和广度的重要举措，是环境信息化的重要建设内容，是发展生态环境数据共享的必然趋势。

（1）生态环境大数据资源中心是环境信息化建设内容的核心部分，既要满足为环保各部门间协同办公提供数据支持的业务需要，同时又要兼顾为环境决策提供科学依据。

（2）生态环境大数据资源中心实现对各种环保业务的数据资源的采集，能够快速可靠地与环保各业务部门的现有业务系统进行数据交换，同时完成了数据采集和整合，完成基础数据库的建设。

（3）对基础库数据进行深入挖掘分析，建立科学高效、贴近实际业务的环保业务主题分析库，构建先进的智能分析平台。

（4）建立完善的资源目录体系，提供对环境数据的各种展现，实现各级用户根据不同信息种类、不同检索频度的查询，从而真正增强生态环境大数据资源中心的服务能力。统一污染源管理，统一标准代码管理，统一数据管理，统一各业务系统间的数据访问，统一数据利用，统一数据交换，统一为环境管理、政府决策及环境信息公开提供全面、多层次的环境数据服务。

第二节　信息资源规划

信息资源规划是信息化顶层设计的核心方法。环境管理工作涉及部门众多、信息资源种类繁多且信息量庞大，亟须开展信息资源规划工作。着眼于环境信息化建设业务与数据

两大核心体系，通过统一信息资源规划有效整合环境相关数据，建设完成环境信息资源规划数据集及配套软件系统，为后期的信息化建设奠定基础。

什么是信息资源规划？

信息资源规划（Information Resource Planning，IRP），是指对企业生产经营所需要的信息，从采集、处理、传输到使用的全面规划。在企业的生产经营活动中，无时无刻不充满着信息的产生、流动和使用。要使每个部门内部，部门之间，部门与外部单位的频繁、复杂的信息流畅通，充分发挥信息资源的作用，不进行统一的、全面的规划是不可能的。

美国信息资源管理学家 F.W.霍顿（F.W.Horton）和马钱德（D.A.Marchand）等人在 20 世纪 80 年代初就指出：信息资源（Information Resources）与人力、物力、财力和自然资源一样，都是企业的重要资源，因此，应该像管理其他资源那样管理信息资源；搞好信息资源管理的目的是通过企业内外信息流的畅通和信息资源的有效利用，来提高企业的效益和竞争力。显然，搞好企业信息资源开发利用的前提是搞好信息资源规划。生态环境部门要做好信息资源开发，首先一定要做好信息资源规划！

一、信息资源规划目标

信息资源规划的目的是对生态环境监管工作涉及的数据进行信息资源梳理，从数据产生、获取到处理、存储、传输及利用进行全面的规划。

通过统一信息资源规划、有效整合环境相关数据，建立信息资源目录，在使用者和各部门之间搭建起一个桥梁和纽带，建立共享信息组织和服务基础框架，在此框架中规定共享信息描述标准，实现共享数据描述信息采集和发布、共享数据获取功能和流程，环境系统内各级信息提供者根据标准要求准备共享信息，通过信息资源目录提供的功能著录和发布共享元数据信息。这些信息以目录的形式进行聚合和组织，形成多角度、多层次的信息资源共享体系，各级信息使用者通过信息资源目录，检索所需的共享数据描述信息，并通过相关流程获取实际的数据，为提升生态环境信息化水平奠定坚实的数据资源基础。信息资源规划将实现以下目标：

（一）摸清数据现状

通过全面、细致的调研，对各级生态环境部门掌握的数据资源进行清查摸底，为数据资源规划提供基本依据。

（二）理顺业务需求

全面分析环境保护的各类业务，厘清当前生态环境信息库建设工作的数据需求和未来业务发展对数据资源的新需求。

（三）建立信息资源标准体系

以国标和行标为依据，建立涵盖基础数据分类编码、元数据和数据字典的生态环境信息标准体系。

（四）完善信息资源整合共享机制

建立并完善数据资源整合共享机制，确保数据资源随着环境保护发展变化和信息化建设的深入推进持续稳定更新。

（五）完善信息资源管理工具

建设完成辅助信息资源管理的元数据管理系统和信息资源目录管理系统，同时建设辅助大数据管理工作的大数据运营管理等软件工具。

二、信息资源规划原则

信息资源规划过程应遵循以下三个原则。

（一）结合现状，业务主导

信息资源规划工作应该结合环保工作的现状，围绕业务开展，前期需要充分的业务梳理和业务调研，保证最终成果不脱离实际、切实能够辅助环境管理业务。

（二）内容全面，技术先进

信息资源规划要保证规划内容覆盖全部环境相关业务，并且充分运用云计算、大数据等互联网先进技术，对环境信息资源进行整理，建立起分类合理的信息资源数据集。

（三）规范有序，高效实施

信息资源规划工作的进行需要按照规范的规划流程开展，并可以借助成熟的工具提高工作效率，根据业务需求的紧急程度确定规划顺序。

三、信息资源规划方法和技术路线

信息资源规划有别于一般的信息化建设总体规划的重要之处，就是需要有中高层管理人员参加，是业务人员与信息技术人员紧密合作的一项工程。

信息资源规划的范围，是由要开发的信息系统（新建的或整合已有的）所涉及的业务范围决定的。生态环境部门根据具体的信息化建设任务和信息资源开发利用的要求，确定信息资源规划的范围。

根据高复先教授研究提出的信息资源规划理论与实践经验，大数据资源中心的数据规划要做好需求分析和系统建模的工作，其工程方法模型如图 6-1 所示。

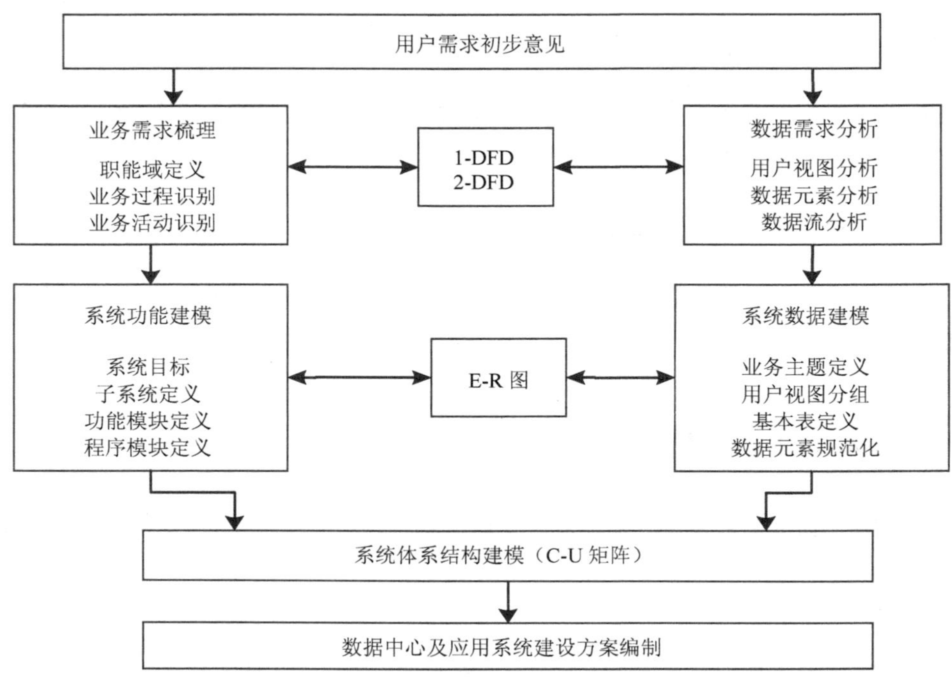

图 6-1 环境信息资源规划工程化方法模型

整个信息资源规划工作分为两个阶段：需求分析阶段和系统建模阶段。

需求分析阶段按职能域分小组进行工作，各职能域的规划任务和结果是：

（一）定义职能域和外单位

定义职能域：界定信息资源规划的所有职能域，描述每一个职能域的管理目标、主要功能和对当前机构部门的覆盖关系。

定义外单位：界定与上述职能域有数据交换关系的外单位，包括系统内部的单位和系统外部的单位。

（二）业务需求分析

信息资源规划的第一阶段要进行需求分析，包括对功能的需求分析和对数据的需求分析。功能的需求分析包括定义业务过程和业务活动分析。需求分析是按照环保工作的职能域对各部门主要业务活动进行的，而不是现有机构部门的照搬，职能域的划分和定义具有稳定性。

根据环保业务管理现状和要求，对环保主要业务管理内容进行归类整理，形成环保业务框架，包括环境质量、污染源管理、自然生态、环境执法、核与辐射监管、政策法规、应急指挥等业务职能域。

（三）各职能域数据流分析

调研并登记各个规划职能域的用户视图（单证、报表、账册、屏幕表单等），并作规范化组成分析；对各职能域绘出一二级数据流程图，搞清楚职能域内外、职能域之间、职能域内部的数据流；进行各职能域的输入、存储、输出数据流的量化分析。

（四）建立系统功能模型

在业务模型的基础上，对业务活动进行计算机化可行性分析，并综合现有应用系统程序模块，建立各子系统对应的系统功能模型。系统功能模型由逻辑子系统、功能模块、程序模块组成，成为新系统功能结构的规范化的表述。

（五）建立系统数据模型

系统数据模型由各子系统数据模型和全域数据模型组成，数据模型的实体是“基本表”（Base Table），这是由数据元素组成的达到“三范式”（3-NF）的数据结构，是系统集成和信息共享的基础。

（六）建立系统体系结构模型

将功能模型和数据模型联系起来，就是系统的体系结构模型（C-U 矩阵），它对控制模块开发顺序和解决共享数据库的“共建问题”，均有重要的作用。每个子系统一个 C-U 矩阵，全域一个 C-U 矩阵。

（七）建立信息资源管理基础标准

建立支持主业务系统的数据管理基础标准，包括数据元素标准、信息分类编码标准（A 类编码对象、B 类编码对象、C 类编码对象）、用户视图标准、概念数据库标准和逻辑数据库标准。这些标准均建在企业的数据中心（存储在信息资源元库 IRR 中），供后续开发和系统运行维护使用，也作为外单位与公司进行信息交换的统一标准。

四、信息资源规划的组织实施

大数据建设是“一把手工程”，对于信息资源规划这样一项基础性的工作，需要调动核心业务部门的业务人员和信息技术人员参加，配置核心业务的优势资源项目，更需要在单位主要领导的大力支持和协调下来完成。

因此，信息资源规划项目，强调要构建三级的项目管理组织架构，组建领导小组、核心小组和规划小组，如图 6-2 所示。

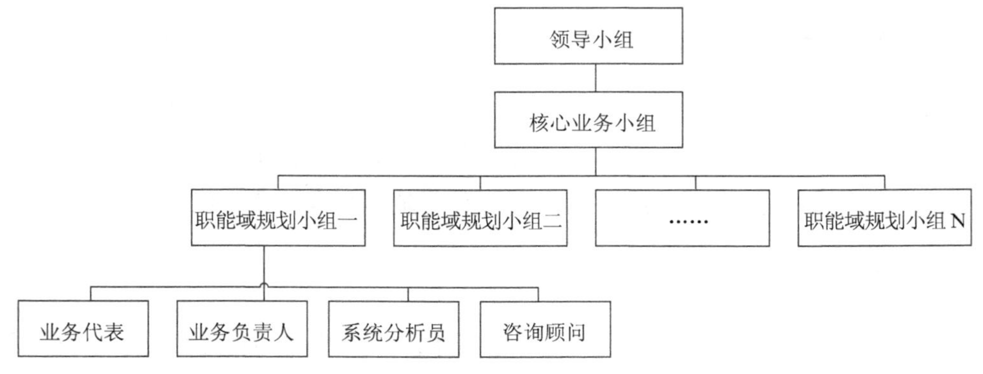

图 6-2 环境信息资源规划实施组织架构图

生态环境部门的一把手及相关业务部门的主管领导组成领导小组，负责项目的总体把握和监督工作；由业务专家和信息技术专家及相关咨询专家构成核心小组，负责项目的执行控制和沟通协调工作，并向领导小组汇报工作，由信息化主管领导直接领导。

核心小组由信息资源规划项目负责人和各职能域规划小组的骨干组成，他们要面向所有规划的职能域，统一解决管理协调和关键技术问题。

核心小组的“三大员”（规划方案管理员、规划元库管理员和信息分类编码管理员）是信息资源规划阶段技术管理的关键人员，也是后续开发阶段技术管理的关键人员。要选拔责任心强、基础好的系统分析或管理人员，在规划工作中加强学习和锻炼，快速提高。到信息资源规划项目结束时，能独立利用软件工具管理信息资源元库（IRR），并成为后续开发阶段的信息分类编码组、数据库设计组、数据交换协调组的骨干。

职能域规划小组由生态环境部门的业务代表、业务负责人和系统分析员所构成。

第三节 大数据资源中心技术架构

本书所表述的大数据资源中心，是基于政务云平台环境下的大数据资源中心，与传统的数据中心有较大的差异，本书不对政务云平台的基础设施进行描述。

一、系统架构设计

大数据资源中心系统架构按照多层多阶的方式组织成了若干个逻辑上相对独立的功

能区。系统架构设计如图 6-3 所示。

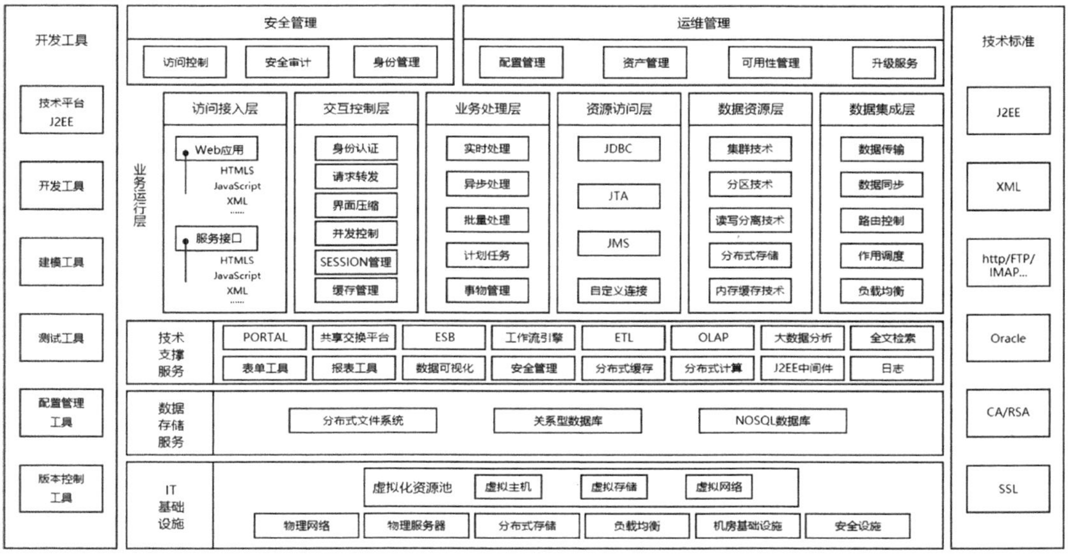

图 6-3　大数据资源中心架构设计

（一）IT 基础设施层

IT 基础设施主要是部署系统的底层硬件资源，包括虚拟化资源池、虚拟主机、虚拟存储、虚拟网络、物理网络、物理服务器、分布式存储、负载均衡、机房基础设施、安全设施等。目前，全国大部分生态环境部门的信息系统都已经在当地的政务云环境下运行，在此不再赘述。

（二）数据存储服务层

数据存储服务为整个平台提供各类数据的存储服务，包括分布式文件系统、关系型数据库、NoSQL 数据库。其中：

（1）分布式文件系统可以解决数据的存储和管理难题：将固定于某个地点的某个文件系统，扩展到任意多个地点/多个文件系统，众多的节点组成一个文件系统网络。每个节点可以分布在不同的地点，通过网络进行节点间的通信和数据传输。

（2）关系型数据库按照数据类型、应用特点等建立多张能互相连接的二维行列表格组成的数据库。

（3）NoSQL 数据库，非关系型数据库，具有灵活的数据模型，可以处理非结构化/半结构化的大数据，可以快速反应，极大地提升用户满意度，满足生态环境大量数据、集群分布式部署需求。

（三）技术支撑服务层

技术支撑服务层，将分散、异构的应用和信息资源进行聚合，通过统一的访问入口，实现结构化数据资源、非结构化文档和互联网资源、各种应用系统跨数据库和跨系统平台的无缝接入和集成，提供一个支持信息访问、传递以及协作的集成化环境，包括 Portal、共享交换、ESB、ETL、OLAP 等。

（1）Portal，是一个基于 Web 的应用程序，它主要提供个性化、单点登录、不同来源的内容整合以及存放信息系统的表示层。通过 Portal 技术，生态环境大数据项目可以集成多个系统，以统一的方式提供给用户。

（2）共享交换，实现数据在不同的信息实体之间进行交互，在异构环境中实现数据的共享，加快信息系统之间的数据流通，实现数据的集成和共享，使用该技术，可以实现生态环境厅与各业务部门的数据共通和交换，完成数据流通。

（3）ESB，可以消除不同应用之间的技术差异，让不同的应用服务器协调运作，实现了不同服务之间的通信与整合，可以提供一系列的标准接口。使用该技术，可以实现与多个不同技术平台的集成、整合。

（四）业务运行层

业务运行层主要是业务规则的制定、业务流程的实现等与业务需求有关的系统设计，包括访问接入层、交互控制层、业务处理层、资源访问层、数据资源层、数据集成层等。

（1）访问接入层，主要应用 Web 应用、服务接口等技术，方便用户浏览、集成其他服务。

（2）交互控制层，主要应用身份认证、请求转发、界面压缩、开发控制、SESSION 管理等，解决用户与平台交互过程中涉及的权限、资源访问、控制等技术问题。

（3）业务处理层，主要应用实时处理、异步处理、批量处理、计划任务、事务管理等，解决与业务层各类用户、数据的访问请求。

（4）资源访问层，主要应用 JDBC、JTA、JMS、自定义连接，是连接业务与数据之间的桥梁。

（5）数据资源层，主要应用集群技术、分区技术、读写分离技术、分布式存储、内存缓存技术，汇集、处理各类数据资源。

（6）数据集成层，主要应用数据传输、数据同步、路由控制、作用调度、负载均衡，保障数据正常、安全的传输与同步。

（五）安全管理层

安全管理层包括访问控制、安全审计、身份管理等技术。

（六）运维管理层

运维管理层包括配置管理、资产管理、可用性管理、升级服务等管理工具。

（七）开发工具层

开发工具层包括 J2EE、测试工具、配置管理、版本控制等工具。

（八）技术标准层

技术标准层主要应用的技术标准包括 SSL、XML、J2EE 等。

二、设计实践

本书以山东省生态环境大数据建设项目为例，对大数据资源中心设计建设进行阐述。

（一）数据资源流程

山东省生态环境厅在大数据项目设计之初，就将建立生态环境大数据资源中心作为核心内容之一。通过建设大数据资源中心，全面整合现有业务系统数据、外厅局数据、互联网数据，覆盖省—市—县三级生态环境数据，实现数据统一处理、统一存储，形成生态环境基础数据库、主题数据库、环境指标库、规则数据库和外部资源数据库。

遵循山东省地方标准《政务信息资源目录编制指南》（DB37/T 2886—2016）编制了信息资源目录，采用一系列大数据技术手段，集成并接入各类业务数据和互联网环境相关数据，建立以大气环境管理、水环境管理、土壤环境管理、自然生态环境管理、核与辐射管理、污染源监管、公众服务等环境管理业务为核心的信息资源，实现数据的科学管理和业务工作决策支持，提升数据使用价值，同时通过大数据资源中心，实现与生态环境部、京津冀及周边地区、山东省 16 个市生态环境保护局和 21 个厅局的数据共享，有效加强环境数据一体化协同服务。

山东省生态环境大数据信息资源总流程图如图 6-4 所示。

（二）环境数据资源体系

大数据资源中心实现数据的广泛采集和分布式存储，并且数据资源能够被统一管理和维护、发布和共享。依托数据应用服务的数据采集引擎（日志采集组件、网络爬虫组件、端口通信组件、ETL 组件），实现数据的广泛采集。同时，大数据资源中心对数据资源进行统一管理、维护、发布和存储。

大数据资源中心的体系框架如图 6-5 所示。

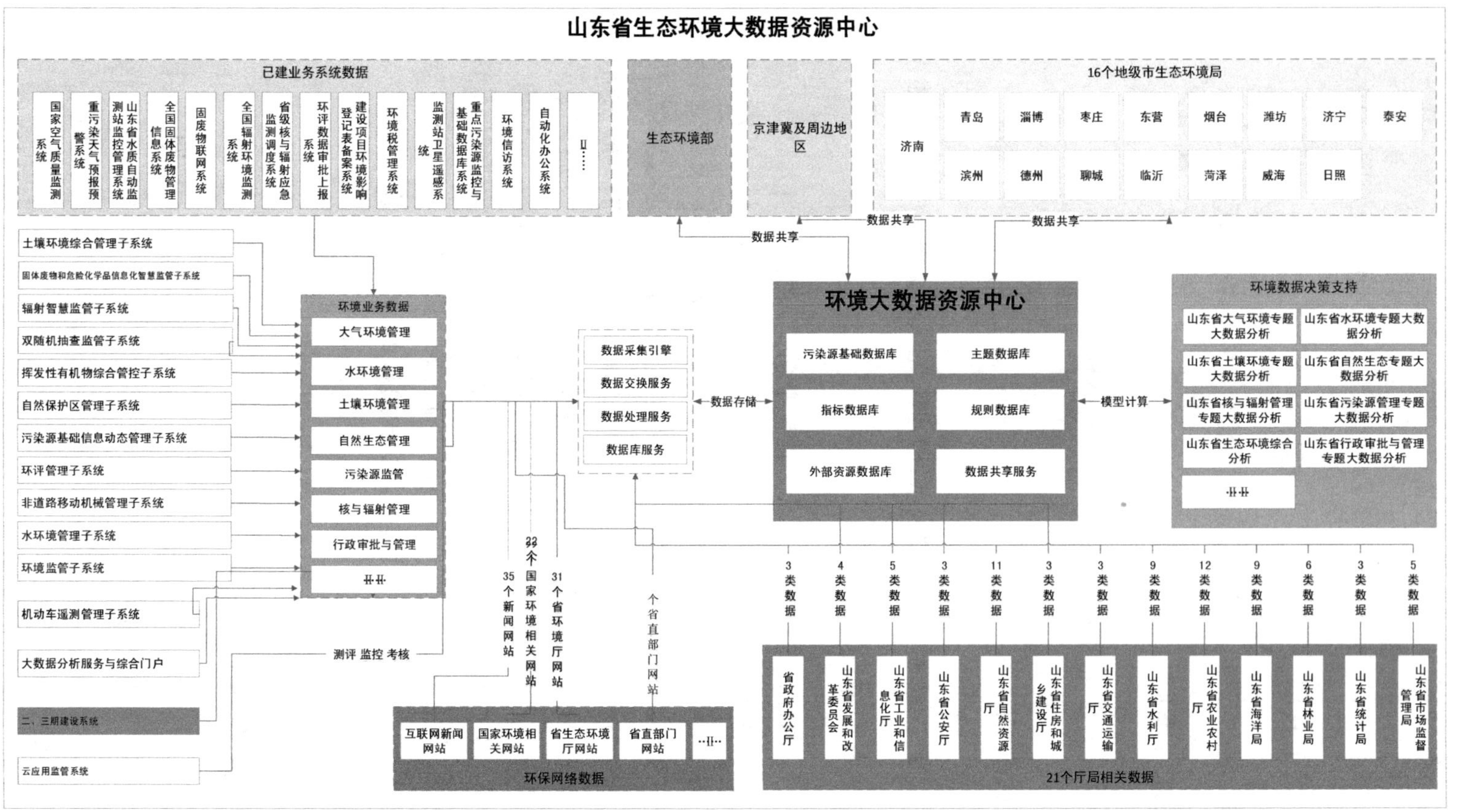

图 6-4 山东省生态环境大数据信息资源总流程图

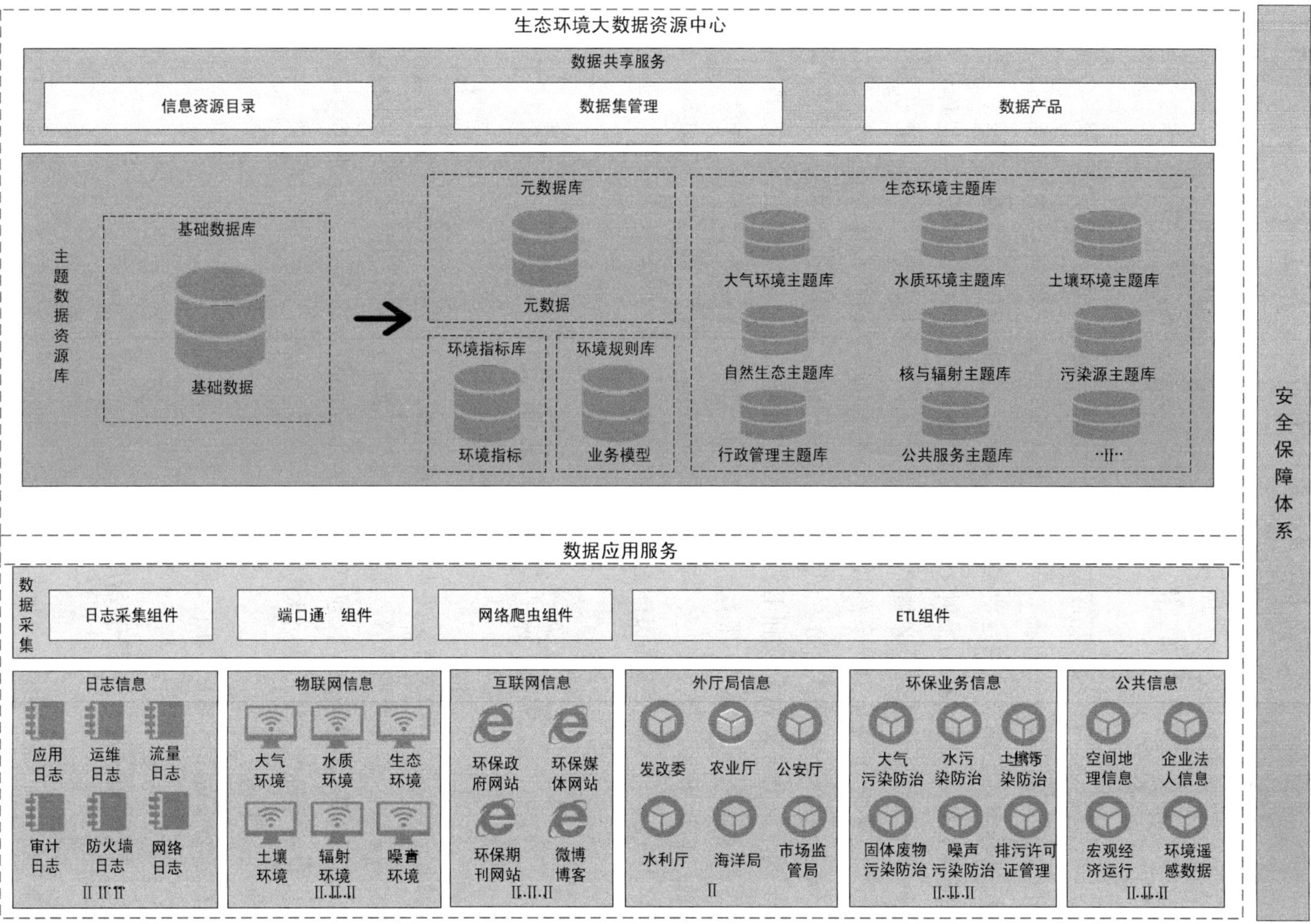

图 6-5　大数据资源中心的体系框架

依托“大数据应用服务”的数据采集引擎，通过日志采集组件获取各类应用系统及硬件设备的日志数据，如业务系统日志、审计日志、防火墙日志等。通过网络爬虫组件等工具获取互联网数据，如气象预报、环保资讯、科技文献等。通过端口通信组件获取物联网数据，如视频数据、废气监测数据等。通过ETL组件或标准的数据接口从各业务处室、市县生态环境局、外部机构（发改、国土、农业部门等）获取环保业务数据和公共数据。

日志数据和互联网数据、物联网数据、环境业务数据、公共数据进行统一存储，经过统一的清洗和转换、装载、刷新、分类等处理步骤后，形成生态环境主题数据库、元数据库、环境指标库。生态环境主题数据库包含大气环境主题库、水环境主题库、土壤环境主题库、自然生态主题库、核与辐射主题库、监管执法主题库、公共服务主题库，本书认为按业务属性分类更适用于数据挖掘。元数据库中的元数据用以识别资源、评价资源、追踪资源在使用过程中的变化，简单高效地管理海量数据。环境指标库包含大气、水、土壤、自然生态等环境保护和污染防治的指标信息、目标信息，用以结果对比、绩效考核等。

基于统一的业务数据开发利用和共享机制，建立信息资源管理服务，提供信息资源目录和数据服务、数据产品，实现数据的共享和统一管理、维护、对外发布和共享。针对一些无法通过自动采集、数据量少、填报频率低的数据，提供文件上传、在线填报等数据填报方式，并通过数据审核服务保证上传数据的质量。

第四节　环境数据库设计与建设

大数据资源中心的数据库，主要包括基础数据库、主题数据库、元数据库、环境指标库、环境规则库和外部数据库等。其中，主题数据库针对环境数据体系中不同数据组织层次，采用了不同的建模策略，又包括基础业务数据库和数据仓库。元数据库主要存储技术元数据和业务元数据，目的是对大数据资源中心的元数据进行统一管理，满足数据存储和一般查询的需求。

各数据库按标准建成后，由大数据资源中心统一管理。

一、数据库系统开发生命周期

数据库系统是信息系统的基础构件，因此，数据库系统开发生命周期与信息系统生命周期之间有着内在的联系。数据库系统开发生命周期的各个阶段如图 6-6 所示。

我们应认识到数据库系统开发生命周期的各个阶段并没有非常严格的顺序，而是通过反馈环（feedback loop）在各个阶段之间反复迭代。例如，在数据库设计时遇到的问题，可能需要回退到需求收集与分析阶段。几乎在所有的阶段之间都存在反馈环，图 6-6 中显示了其中一些比较明显的反馈环。表 6-1 描述了数据库系统开发生命周期各个阶段的主要活动。

对于只有少量用户的小型数据库系统来说，生命周期的活动并不复杂。然而，对于一个需要支持成千上万个用户的数百种查询和应用的大中型数据库系统来说，系统的生命周期将会变得非常复杂。

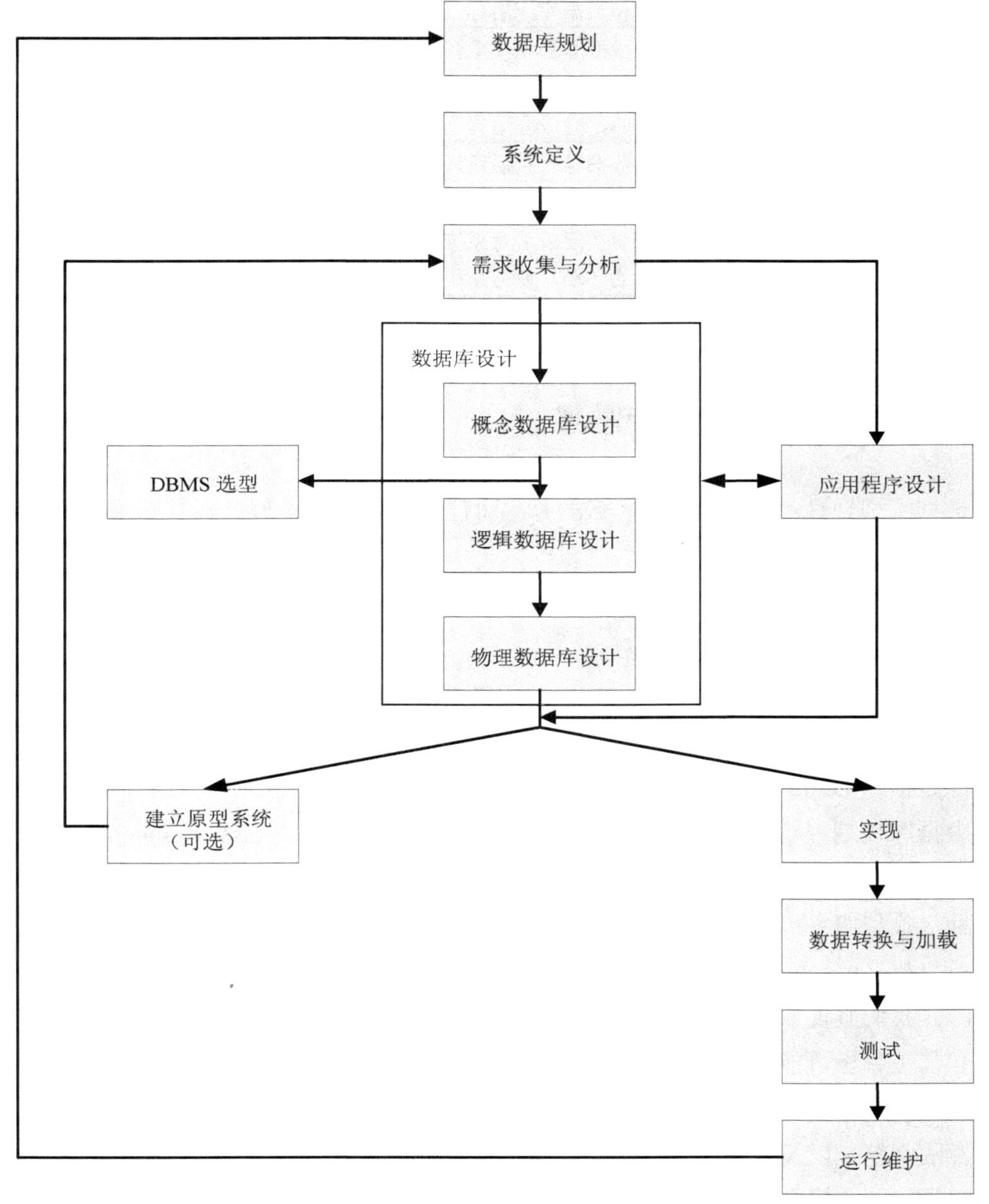

图 6-6　数据库系统开发生命周期示意图

表 6-1 数据库系统开发生命周期各个阶段的主要活动

阶段	主要活动
数据库规划	规划如何尽可能高效和有效地实现生命周期的各个阶段
系统定义	确定数据库的范围和边界，包括主要用户的视图、用户和应用领域
需求收集和分析	收集和分析数据库系统的需求
数据库设计	完成数据库的概念设计、逻辑设计和物理设计
DBMS 选型	选择一个合适的 DBMS
应用程序设计	完成用户界面和数据库应用程序的总体设计
建立原型系统（可选）	建立可运行的数据库系统模型，使得设计人员和用户能够通过可视化的界面对最终系统的外观和功能进行评估
实现	生成物理数据库，完成应用程序的编码工作
数据转换与加载	将旧系统中的数据导入新系统，若可能，则将应用程序移植到新的数据库上运行
测试	运行系统，找出错误，并验证系统实现是否与用户需求一致
运行维护	数据加系统完全实现后，对系统进行持续性的监控和维护。必要时，重新进行生命周期各阶段的活动，使得系统能够整合新的需求

二、数据库规划与设计思想

数据库规划是一种管理活动，目的是尽可能高效及有效地展开数据库系统开发生命周期的各个阶段。

数据库规划必须与组织机构关于信息系统的整体策略结合在一起。构思信息系统策略时，主要会涉及以下三个主要问题：

一是识别生态环境的规划、目标以及随之而定的信息系统需求。

二是评估现有的信息系统，明确其长处与短处。

三是估量 IT 机遇可能带来的竞争优势。

数据库规划中重要的第一步是清晰定义项目的任务描述（mission statement）。任务描述定义了数据库系统的主要目标，通常由项目主管或负责人撰写。任务描述有助于明晰项目目标，找到切实可行之路，从而高效及有效地实现数据库系统的设计开发。第二步是确定任务目标（mission objective）。每个任务目标都应当和一个数据库系统必须支持的功能相对应。我们假设如果数据库系统支持所有的任务目标，那么任务描述也就实现了。任务描述和任务目标可能还包括一些额外的信息，通常包括工作量、所需资源和资金。

数据库规划阶段还应建立相关标准，明确数据应该如何收集、确定数据的格式、需要什么样的文档，以及如何着手进行设计和实现阶段的工作。标准的建立和维护是非常耗时的，因为初期的建立和后期的持续维护都需要大量资源。但设计良好的标准是员工培训和质量控制的基础，可确保所有工作都符合同一模式，与员工的技能和经验无关。例如，为了消除数据冗余和数据不一致，我们可以在数据字典中定义数据项命名的规则。任何与数据相关的合理的或来自部门的需求都应记录在案，例如，约束某些类型的数据应为有密级的和敏感的。

数据库设计是建立数据库及其应用系统的核心和基础，它要求对于指定的应用环境，构造出较优的数据库模式，建立起数据库应用系统，并使系统能有效地存储数据，满足用户的各种应用需求。数据库规划示意如图 6-7 所示。

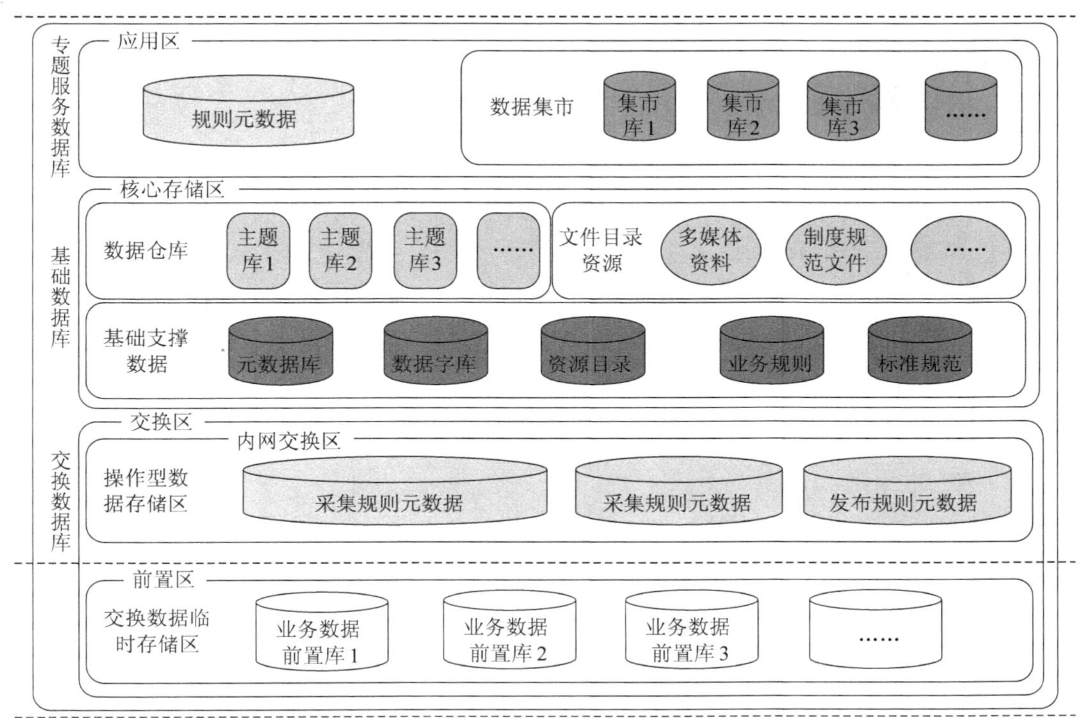

图 6-7　数据库规划示意图

数据库设计思想主要包括以下几个方面：

（一）需求驱动

在数据库建设过程中，始终要以满足业务管理、信息共享和面向高层决策的需要为目标。

（二）围绕数据

数据是数据库建设最重要的资源。在数据库系统建设中应采用数据整合的方式，进行数据的采集、处理、汇总、整理、比对、利用、共享和交换。针对具体的数据体系，建设不同结构的数据库。

（三）合理性

数据库设计需要整合数据中心已有的信息数据，需要结合成熟的数据仓库建设方法论，将系统的安全性、稳定性、技术成熟性、系统可扩展性都考虑在设计之中，满足数据库建设的合理性要求。

（四）可行性

采用最成熟和先进的设计理念，搭建业务数据库和数据仓库，采用先进成熟的平台技术，使整个数据库体系的建设具有可行性、前瞻性的特色。

三、数据库设计原则、方法与建模

（一）设计原则

在把握上述设计思想的同时，数据库系统建设遵照以下基本设计原则完成对数据库系统的设计。

1．统一性原则

建立统一的数据库设计方法，遵循数据库设计的范式。统一性原则有利于数据交换和互操作。

2．元数据管理原则

元数据是进行通用化设计的技术基础，建立数据库的元数据模型，对应用系统的通用模块构造具有重要的意义。

3．以业务为中心的数据库设计原则

以业务作为设计数据库的根本依据。以业务需求为中心，同时综合考虑其他方面的因素（包括技术、管理等方面），对数据库进行设计。

4．以业务为中心的数据仓库设计原则

以业务作为设计数据仓库的根本依据。以业务需求为中心，同时综合考虑其他方面的因素（包括技术、管理等方面），对数据仓库进行设计。

（二）设计方法

数据库设计可以采用的方法主要有两种：“自下而上”（bottom-up）和“自上而下”（top-down）。自下而上方法从底层的属性（指实体和联系的属性）入手，通过分析属性之间的关联，将它们分别组合成代表实体类型和实体类型之间联系的关系。规范化时，首先确定所需属性，然后基于属性之间的函数依赖将属性聚集成规范化的关系。

自下而上的方法适用于涉及属性相对较少的简单数据库的设计。对于包含了大量属性的复杂数据库来说，由于很难完全建立起所有属性之间的函数依赖，也就很难根据属性生成规范化的关系，因此自下而上的方法不再适用。复杂数据库的概念数据模型和逻辑数据模型可能包含成百上千个属性，因此需要一种能够简化设计过程的方法。而且，对于复杂数据库来说，在定义数据需求的初始阶段，很难马上确定所有的属性。

对于复杂数据库，一种更佳的策略是采用自上而下的方法：建模初始，数据模型仅包含少量的高层实体以及实体之间的联系，然后连续使用自上而下的方法精化模型，进一步确定低层的实体、实体之间的联系以及相关属性。我们可以使用实体-联系（Entity-Relation，ER）模型的概念来说明自上而下的方法。实体联系模型首先确定数据库系统所包含的实体和实体之间的联系。例如，在 DreamHome 的示例中，我们可以首先建立实体 PrivateOwner 和 PropertyForRent，然后确定这两个实体之间的联系 PrivateOwner Owns PropertyForRent，最后提取这两个实体所包括的属性（这里仅列出部分属性）——PrivateOwner 包含了 ownerNo、name 和 address 三个属性，PropertyForRent 则拥有 propertyNo 和 address 两个属性。

除此之外，数据库设计方法还包括由里向外（inside-out）以及多种方法结合的混合策略。由里向外的设计方法与自下而上的方法类似，区别在于：由里向外首先建立主要实体的集合，然后向外扩展，确定与已建立实体相关的其他实体、联系和属性。混合策略则将数据模型分割为可组装的构件，对不同的构件既可以使用自下而上的方法，也可以选择自上而下的方法。

（三）数据建模

1．数据建模的目的

数据建模的目的主要有两个：一是有助于设计人员对数据含义（语义）的理解；二是有助于设计人员与用户之间的交流。数据建模要求回答关于实体、联系、属性的问题。为此，设计人员需要找出企业数据的原本的语义，不论它们是否出现在形式化的数据模型中。实体、联系和属性是描述企业信息的基石，但是对设计人员来说可能一直很难理解它们的含义，直到它们被正确地记录在文档中。数据模型有助于我们对数据含义的理解，因此，通过数据建模可以确保我们能够正确理解：

（1）每个用户对数据的观点；

（2）与其物理表现形式无关的数据本身的性质；

（3）各用户视图中数据的使用。

数据模型可以用来表达设计人员对企业信息需求的理解，如果双方都熟悉模型中使用的符号，数据模型就可以帮助用户和设计人员进行交流。生态环境部门也在逐步规范建模数据的方式，选择一种特定的数据建模方法并且贯穿整个数据库项目的开发过程。数据库设计中最常用的是 ER 模型。

2．数据模型的标准

一个理想的数据模型应符合表 6-2 所列的标准（Fleming and Von Halle，1989）。但是，有时这些标准互相矛盾，需要进行折中，例如，在试图追求更好的表现力时，数据模型就会失去简洁性。

表 6-2 建立理想数据模型的标准

结构有效性	与部门定义和组织信息的方式一致
简洁性	容易被信息系统领域的专业人员或非专业人员（用户）理解
表现力	能够区别不同的数据，以及数据之间的联系和约束
没有冗余	排除无关信息，特别是不重复表达信息
共享性	并不限于特定的应用或技术，因此可广泛使用
可扩展性	可以扩展支持新的需求，并且尽可能不影响现有用户的使用
完整性	与部门使用和管理信息的方式一致
图表化表示	能够用易于理解的图表符号表示模型

四、数据库设计流程

在数据库设计思想的指导下，遵循具体的数据库设计原则，进行数据库具体设计。数据库设计的方法及步骤分为以下几个阶段：

（一）需求分析

需求分析阶段要在用户调查的基础上，通过分析，逐步明确用户对数据库建设的需求，包括数据需求和围绕这些数据的业务处理需求。通过对组织、部门等进行详细调查，在了解现行系统的概况、确定新系统功能的过程中，收集支持系统目标的基础数据及其处理方法。

（二）概念设计

概念设计阶段要产生反映用户单位各组织信息需求的数据库概念结构，即概念模型。概念模型必须具备丰富的语义表达能力、易于交流和理解、易于变动、易于各种数据模型转换、易于从概念模型导出与 DBMS 有关的逻辑模型等特点。

概念数据库设计的第一步是建立一个（或多个）满足用户单位数据需求的概念数据模型。一个概念数据模型包括：

（1）实体类型；

（2）联系类型；

（3）属性和属性域；

（4）主关键字和可替换关键字；

（5）完整性约束。

概念数据模型由 ER 图、数据字典等文档支持，这些文档是在模型开发过程中逐步生成的。

（三）逻辑设计

逻辑设计阶段除了要把 ER 图的实体和联系类型，转换成选定的 DBMS 支持的数据类型，还要设计子模式并对模式进行评价，最后为了使模式适应信息的不同表示，需要优化模式。

（四）物理设计

物理设计阶段的主要任务是对数据库中数据在物理设备上的存放结构和存取方法进行设计。数据库物理结构依赖于给定的计算机系统，而且与具体选用的 DBMS 密切相关。物理设计常常包括某些操作约束，如响应时间与存储要求等。

数据库设计过程中，需要对存储的数据进行合理组织，在考虑数据的合理组织时应注意以下几个方面。

1. 储存的信息应能满足管理上的需要

数据库建设是为目前以及今后的管理和辅助决策服务的，所储存的信息不仅要能满足目前的需要，而且还要考虑到为今后的决策支持系统提供必要的数据，要注意所储存信息的系统性、完整性。

2. 信息的储存方式要方便使用、管理和维护

在设计库/表结构时，应该尽可能考虑到科学的要求和实际处理问题的方便。将某一层次的管理、某一方面的管理所需要的数据组织在一起。这样便于增加功能模块的内聚性，减少模块之间的联系，符合面向对象的程序设计思想。

3. 注意进行数据库的规范化设计

信息在关系型数据库系统中是以库/表结构存储的，现实生活中的表格、卡片等形式往往不是规范的二维表格。通过规范化设计将表格加以合理拆分，使数据符合数据库标准，是规范化工作的主要内容。

4. 考虑数据的具体内容

当表中的字段确定下来之后，还应考虑各个字段的类型、长度、小数位、初值，是否允许为空等问题。不同的开发语言所提供的数据类型往往不同。一般来讲，开发语言所提供的数据类型越丰富，则实现编程越容易。

（五）数据库安全设计

采用身份验证、数据库备份与恢复、审计追踪和攻击检测等手段，保障数据库安全。

1. 用户身份认证

通过采用系统登录、数据库连接和数据库对象使用三级机制来实现认证，其中，系统登录是验证访问用户输入的用户名和密码正确与否，而数据库连接是要求数据库管理系统验证用户身份，数据库对象采用分配不同的权限机制来为不同使用用户设置相应的数据库对象权限来保障数据库内数据的安全性。

2. 基于角色的存取控制

基于角色的存取控制是将存取权限赋予角色，用户必须是相应角色成员之一，才能得到该角色的权限，角色可以根据组织中不同的职责来创建，用户则按照职责被指定其所扮演的角色，基于角色的存取控制简化了对权限的管理。

3. 数据库加密

通过加密改变了原有数据信息，即使未授权的用户获得了已加密的信息，因不知解密的方法，仍然无法了解获取的信息数据的原始内容。

4. 数据备份与恢复

数据备份与恢复是保障数据完整性和一致性的有效机制。在此机制下，一旦数据库系统发生故障，管理人员可以根据先前的数据备份文件，在最短的时间内实现恢复数据，进而让数据库回到故障发生之前的数据状态。数据备份方式包括静态备份、动态备份、逻辑备份，数据恢复使用的方式包括磁盘镜像、备份文件、在线日志。

（六）数据库高性能设计

在计算机数据存取过程中，采用建立索引和缓存的方式，以保障性能。

（1）对于需要随机存取的数据，分页是最自然的索引方法，同时能够方便地进行缓存，实现高效率的随机存取。

（2）对于数据文件，采用随机存取，因此，数据文件以分页的形式进行组织管理，每个页面 8KB。

（3）对于事务日志文件，采用顺序存取。在正常运行时，数据库管理系统定期将日志顺序写入事务日志文件；在恢复时，顺序读取事务日志文件。

（七）数据库完整性设计

通过建立完整性约束，保障数据库中的数据在逻辑上的一致性、正确性、有效性和相容性，实现防止数据库中存在不符合语义、不正确的数据。

（1）将数据的存储分为数据和事务日志，在存取过程中使用锁来控制并发访问，以保证数据库的完整性。

（2）任何数据更改操作在写入数据文件之前，先将更改前后的数据写入事务日志文件中，当事务由于用户取消、数据逻辑错误或软硬件故障中断时能够正确地回滚或前滚到正确的状态，同时通过锁控制多用户对同一数据的并发访问。

（八）数据库实施

数据库实施阶段主要分为建立实际的数据库结构、装入试验数据对应用程序进行测试、装入实际数据建立实际数据库三个步骤。

（九）数据库运行和维护

数据库经过测试运行后即可投入正式运行。在正常运行过程中需要不断地对其进行评价、调整和修改，这里的调整和修改只是局部很小的结构调整，数据库设计必须保证数据结构的整体稳定性。

另外，在数据库的设计过程中还包括一些其他设计，如数据库的安全性、完整性、一致性和可恢复性等方面的设计。不过，这些设计总是以牺牲效率为代价的，设计人员的任务就是要在效率和尽可能多的功能之间进行合理的权衡。

五、数据库建设

数据库建设是生态环境大数据平台建设的关键。在建库时，要充分考虑数据有效共享的需求，同时也要保证数据访问的合法性和安全性。

（一）元数据库

元数据包括技术元数据和业务元数据。

1. 技术元数据

关注于数据仓库中的对象描述和对象关系，是数据面向技术人员的体现。系统所管理的技术元数据包括数据库资源、接口文件及其结构、数据库表及其结构、过程及函数、视图及其结构、数据网关稽核规则。

2. 业务元数据

关注于业务定义或业务部门制定的与规范相关的元数据信息，是数据面向业务人员的体现。系统所管理的业务元数据包括业务指标、维度信息及相关的维值信息。

（二）业务数据库

业务数据库包括一系列的基础业务数据库和环境信息主题库，如图 6-8 所示。

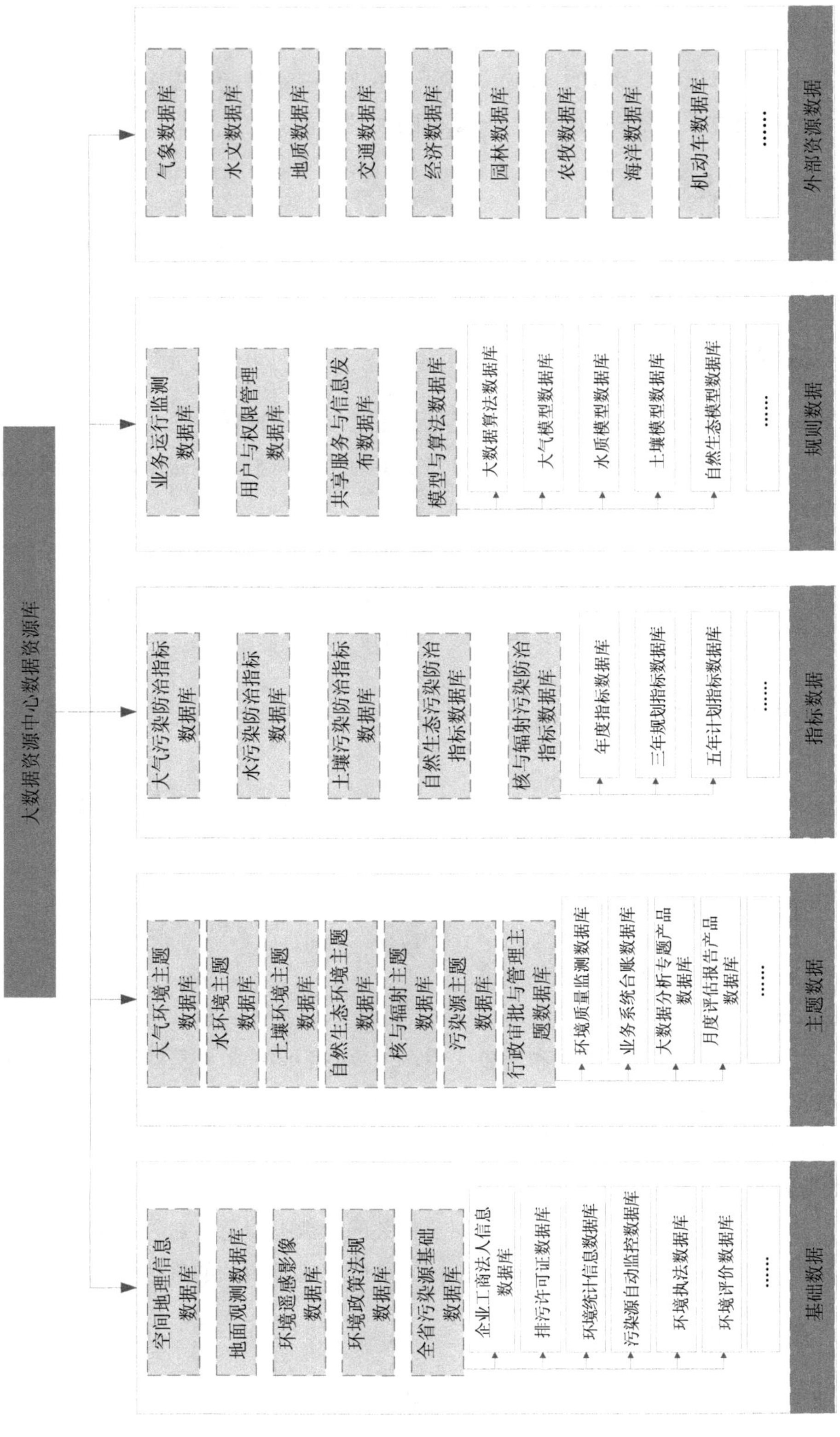

图 6-8　大数据资源中心数据资源库

1．主数据库

主数据库主要用于存储与环境主题分析相关的各类事实数据、维度数据，并提供各类环境主题分析功能，如污染源主数据库、环境质量主数据库、公共编码数据库等。

2．基础业务数据库

基础业务数据库是指按照信息资源规划及资源目录建设的各业务系统的数据库，存储各类基础的业务数据，包括污染源自动监控数据库、环境统计数据库等各类数据资源库。

（三）环境指标数据库

环境指标数据库包含大气、水、土壤、自然生态等环境保护和污染防治的指标信息、目标信息、业务各级达标指标、业务各级考核指标，用以结果对比、绩效考核等。

（四）环境规则数据库

基于规则库（规则引擎）的系统往往比基于数据库的更加强大和更加灵活，其处理数据和规则去制定决策。在处理大量的简单的业务规则时非常在行，可以处理很大范围内的逻辑推理。

规则引擎由推理引擎发展而来，是一种嵌入在应用程序中的组件，实现了将业务决策从应用程序代码中分离出来，并使用预定义的语义模块编写业务决策。接受数据输入，解释业务规则，并根据业务规则做出业务决策。

（五）外部数据资源库

大数据资源中心的数据来源除环保系统自有数据外，还包括第二方与环境相关的其他政府部门数据和第三方涉及生态环境的网络数据，因此还需建设外部资源数据库，便于更好地实现数据管理、数据问题溯源，以及公共资源的共享服务等。

（六）数据容量计量

有了足够的且可以随着业务增长而扩充的数据容量，才能保证数据中心应用系统的正常工作。因此，必须估算数据中心的数据存储容量以及今后几年的发展趋势，并从存储容量出发确定对服务器的性能要求。数据中心总体存储容量规划包括以下四部分：

（1）数据仓库容量（包括数据、索引和归档日志）。

（2）数据集市容量（包括数据、索引和归档日志）。

（3）ODS 容量（包括数据、索引和归档日志）。

（4）数据仓库、数据集市、ODS 备份在磁盘阵列上的空间（假设磁盘阵列上只存放它们的每日增量备份，且只保留一周）。

六、数据仓库

数据仓库的建立主要是为了满足环境管理决策的信息支持，需要对基础业务数据进行多角度的综合分析，分析查询的数据量会很大，数据间的关系相对不复杂，适合采取多维关系模型。具体根据主题划分的复杂程度采取星型模型、雪花模型、星座模型的混合设计，简单主题采取星型模型，复杂主题采取雪花模型或星座模型。

数据的存储和管理是数据仓库的核心内容之一，环境数据仓库存储详细数据及必要的汇总数据，支撑整个环境管理业务分析和决策。ODS 的数据通过 ETL 有效地集成到数据仓库中，并按照主题进行重新组织。数据仓库设计时应全面考虑，实施时可以先按照需求的轻重缓急选择部分业务主题，然后逐步扩展到全部业务。

数据仓库区是专门针对环境业务数据整合和数据历史存储需求而组织的集中化、一体化的数据存储区域。数据仓库由覆盖多个主题域的环境信息组成，这些信息主要是低级别、细粒度数据，同时可以根据数据分析需求建立一定粒度的汇总数据。它们按照一定频率定期更新，主要用于为数据集市提供整合后的、高质量的数据。数据仓库一般很少直接面向最终用户。

数据仓库侧重于数据的存储和整合，通常采用简单索引。

数据仓库区内的数据按照主题存放，数据粒度与 ODS 缓冲区一致或粗于缓冲区。这些数据主要是环境业务数据与历史信息，数据在线存储的周期一般较长。数据仓库区的数据是由 ODS 缓冲区的数据按照数据仓库模型的要求进行整合后形成的。

（一）数据库与数据仓库的区别

数据库是面向事务的设计，数据仓库是面向主题设计的。数据库一般存储在线的环境监控数据，数据仓库存储的一般是历史数据。

数据库设计是尽量避免冗余，一般采用符合范式的规则来设计，数据仓库在设计时有意引入冗余，采用反范式的方式来设计。

数据库为捕获数据而设计，数据仓库为分析数据而设计，它的两个基本的元素是维表和事实表（维是看问题的角度，如时间、部门，维表放的就是这些东西的定义，事实表里放着要查询的数据，同时有维表的 ID）。

数据仓库，是在数据库已经大量存在的情况下，为了进一步挖掘数据资源、为了决策需要而产生的，它绝不是所谓的“大型数据库”。那么，数据仓库与传统数据库比较，有哪些不同呢？让我们先看看 W.H.Inmon 关于数据仓库的定义：面向主题的、集成的、与时间相关且不可修改的数据集合。

“面向主题的”：传统数据库主要是为应用程序进行数据处理，未必按照同一主题存储数据；数据仓库侧重于数据分析工作，是按照主题存储的。这一点，类似于传统农贸市场与超市的区别——市场里面，白菜、萝卜、香菜会在一个摊位上，如果它们是一个小贩卖的；而超市里，白菜、萝卜、香菜则各自一块。也就是说，市场里的菜（数据）是按照小贩（应用程序）归堆（存储）的，超市里面则是按照菜的类型（同主题）归堆的。

“与时间相关”：数据库保存信息的时候，并不强调一定有时间信息。数据仓库则不同，出于决策的需要，数据仓库中的数据都要标明时间属性。决策中，时间属性很重要。同样都是累计购买过九车产品的顾客，一位是最近三个月购买九车，一位是最近一年从未买过，这对于决策者意义是不同的。

“不可修改”：数据仓库中的数据并不是最新的，而是来源于其他数据源。数据仓库反映的是历史信息，并不是很多数据库处理的那种日常事务数据。因此，数据仓库中的数据是极少或根本不修改的；当然，向数据仓库添加数据是允许的。

数据仓库的出现并不是要取代数据库。目前，大部分数据仓库还是用关系数据库管理系统来管理的。可以说，数据库、数据仓库相辅相成、各有千秋。

数据仓库方案建设的目的是为前端查询和分析作基础，由于有较大的冗余，所以需要的存储也较大。为了更好地为前端应用服务，数据仓库必须有如下优点，否则是失败的数据仓库方案。

1. 效率足够高

用户要求的分析数据一般分为日、周、月、季、年等，可以看出，日为周期的数据要求的效率最高，要求 24 小时甚至 12 小时内，客户能看到昨天或者是实时的数据分析。由于有的单位每日的数据量很大，设计不好的数据仓库经常会出问题，延迟 1～3 日才能给出数据，显然是不行的。

2. 数据质量

用户要看各种信息，肯定要准确的数据，但由于数据仓库流程至少分为 3 步，2 次 ETL，复杂的架构会更多层次，那么由于数据源有脏数据或者代码不严谨，都可以导致数据失真。用户看到错误的信息就可能导致分析出错误的决策，造成损失，而不是带来效益。

3. 扩展性

之所以有的大型数据仓库系统架构设计复杂，是因为考虑到了未来 3～5 年的扩展性，这样的话，用户不用太快花钱去重建数据仓库系统，就能很稳定运行。这主要体现在数据建模的合理性上，数据仓库方案中多出一些中间层，使海量数据流有足够的缓冲，不至于数据量大很多，就运行不起来了。

（二）数据集市

数据集市是一组特定的针对某个主题域、部门或用户分类的数据集合。这些数据需要针对用户的快速访问和数据输出进行优化，优化的方式包括对数据结构进行汇总和索引。

数据集市可以保障数据仓库的高可用性、可扩展性和高性能。对数据要求如下：

（1）数据集市应通过 ETL 对数据仓库数据进行抽取、清洗、转换和加载。

（2）数据集市应直接引用数据仓库中生成的派生指标数据和汇总数据，从而保证整体统计口径的一致性。

（3）作为面向报表服务、多维分析服务和应用服务的数据输入，数据集市的数据应直接支持管理层和分析人员的个性化、深层次的分析需求。

第五节　数据集成

数据集成是把不同来源、格式、特点性质的数据在逻辑上或物理上有机地集中起来，从而为用户提供全面的数据共享。在数据集成领域，已经有了很多成熟的框架可以利用，这些技术在不同的着重点和应用上解决了数据共享和为用户提供决策支持。

一、数据集成模型分类

在数据集成领域，已经有了很多成熟的框架可以利用。通常采用联邦式、基于中间件模型和数据仓库等方法来构造集成的系统。在这里将对这几种数据集成模型做一个基本的描述。

（一）联邦数据库系统

联邦数据库系统（FDBS）由半自治数据库系统构成，相互之间分享数据，联盟各数据源之间相互提供访问接口，同时联盟数据库系统可以是集中数据库系统或分布式数据库系统及其他联邦式系统。在这种模式下又分为紧耦合和松耦合两种情况：紧耦合提供统一的访问模式，一般是静态的，在增加数据源上比较困难；而松耦合则不提供统一的接口，但可以通过统一的语言访问数据源，其中核心的是必须解决所有数据源语义上的问题。

（二）中间件模式

中间件模式通过统一的全局数据模型来访问异构的数据库、遗留系统、Web 资源等。中间件位于异构数据源系统（数据层）和应用程序（应用层）之间，向下协调各数据源系统，向上为访问集成数据的应用提供统一数据模式和数据访问的通用接口。各数据源的应用仍然要完成它们的任务，中间件系统则主要集中为异构数据源提供一个高层次检索服务。

中间件模式是比较流行的数据集成方法，它通过在中间层提供一个统一的数据逻辑视图来隐藏底层的数据细节，使得用户可以把集成数据源看为一个统一的整体。这种模型下的关键问题是如何构造这个逻辑视图并使得不同数据源之间能映射到这个中间层。

（三）数据仓库模式

数据仓库是在环境管理和决策中面向主题的、集成的、与时间相关的和不可修改的数据集合。其中，数据被归类为广义的、功能上独立的、没有重叠的主题。这几种方法在一定程度上解决了应用之间的数据共享和互通的问题，但也存在以下的异同：联邦数据库系统主要面向多个数据库系统的集成，其中数据源有可能要映射到每一个数据模式，当集成的系统很大时，对实际开发将带来巨大的困难。

数据仓库技术则在另外一个层面上表达数据之间的共享，它主要是为了针对企业某个应用领域提出的一种数据集成方法，也就是我们在上面所提到的面向主题并为企业提供数据挖掘和决策支持的系统。

二、数据层

图 6-9 展示了数据仓库中作为基本建筑单元的高层组件，它是用户单位（包括大数据）的所有数据集成。

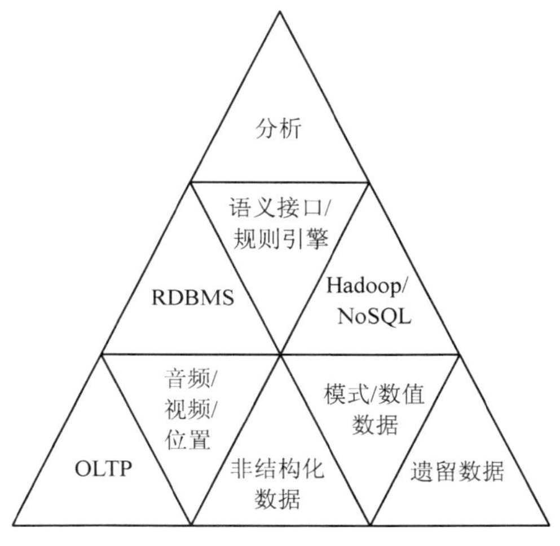

图 6-9　数据仓库的组件

数据仓库将整个用户的数据呈现给用户，用于业务决策和分析。在大数据平台中的数据层包括以下内容：

1．遗留数据

从遗留系统和应用来的数据（包括结构化和半结构化格式的数据，在线或者离线存储），可以集成到数据架构中。有很多这种数据类型的用例。地震数据、飓风数据、污染源普查数据、城市规划数据和社会经济数据等都可归类为在一段时间内的遗留数据。

2．事务（OLTP）数据

事务系统上的数据一般会加载到数据仓库中。由于可扩展性问题，事务性数据经常被建模，从而使并不是从源系统来的数据都能用于分析。大数据平台可以用于加载和分析数据，其整体作为预处理或第二次处理的步骤。从 ERP、SCM 和 CRM 系统获取的数据在处理过程中经常会被丢弃，这些数据片段可用于创建一个强大的后端数据平台，该平台可以处理任何步骤分析和组织数据。

3．非结构化数据

内容管理平台更面向于生产和存储内容或只存储内容。大部分内容没有分析，也没有标准的技术用于在内容上创建分析指标。任何性质的内容都是创建它的上下文的，同时属于拥有内容的组织。通过基于用户定义的处理规则进行导航，大数据平台将提供接口来深入内容。内容处理的输出将用在定义和设计分析上，用来对非结构化数据进行深度挖掘。处理内容数据的输出可以用语义技术集成，以及用于可视化和可视化数据挖掘。

4．视频

生态环境部门需要用到视频类数据。在视频中三个组成部分，即内容、音频和相关元数据，此类数据的处理技术和算法不是非常成熟且十分复杂。然而，大数据平台给处理这种数据提供了所需的基础设施。大数据平台可将此类数据和相关分析集成到数据仓库架构中。

5．音频

信访语音数据及从视频中抽取的音频包括了大量的涉及环境保护内容。虽然当前的数据仓库在处理和整合这些数据上有限制，但大数据技术已经出现，它们能够无缝地处理数据，将数据整合在数据仓库的上下文中。在大数据平台中，音频数据抽取内容可以作为上下文数据和相关的元数据处理和存储。

6．图像

带有大量数据静态图像，在政府机构（地理空间集成）、医疗（X 光和 CAT 扫描）和其他领域中非常有用。将这些数据集成到数据仓库中会给一个生态环境部门带来极大的好处，因为共享此类数据可以产生大量发现问题的机会，而这些机会以前由于缺乏数据而根本不存在。

7．数值/模式/图

环境物联网的传感器数据、气象数据、科学数据、固废秤重数据、GPS 数据、流媒体视频和其他此类数据是模式、数值数据或图，并且会周期性地重复出现。处理这种数据并将结果集成到数据仓库中，将提供进行相关性分析、聚类分析或贝叶斯类型分析的机会，这将有助于确定污染源排放、环境执法和环境违法的行为，从而使得环境管理的决策者能够识别和应对环境风险，从而促进业务性能的优化。

8．社交媒体数据

通常为网站、微博、微信、QQ 等数据，但是社交媒体数据不止这些。此数据可以从第三方网站购买，或者运用网络爬虫工具抓取。在数据仓库中处理这种数据可以使用规则引擎或者语义技术来完成。处理的输出可以与数据仓库的多个维度集成。

数据层包含对组织最常用的并且可作为其资产的数据集或第三方来源中的数据集。现在可以处理的已知数据集包括数据层中提到过的数据的 20%。剩余的数据要如何处理，整合是怎样发生的，要回答这些问题，先讨论底层算法，这些算法需要集成到处理架构和技术层中。

三、算法

大数据处理需要按照图 6-10 所示的顺序进行。

图 6-10　大数据处理流程

数据采集后的第一步是要发现数据。这是处理数据的复杂性所在，尤其是非结构化数据。为加速降低复杂度，在商业或开源的解决方案中已经出现了几种算法。有用的关键算法包括以下几种：

1．文本挖掘

这些算法可作为商业现成的软件解决方案获得，可以轻松地集成到数据架构中。文本挖掘算法的主要重点是基于用户定义的业务规则处理文本和抽取数据，抽取的数据可用于进一步的数据探索来对文本进行分类。在数据仓库生态整合数据的过程中，语义技术起到了至关重要的作用。

2．数据挖掘

这些算法都可以作为商业软件从 SAS 和 IBM 这样的公司以及像 Mahout 的开源实现中获得。数据挖掘算法的主要重点是基于统计数据模型产生数据输出，这些模型可用于人口聚类、数据聚类、基于维度和分段（称为微分段）等技术。数据输出有深度和广度，为进行数据探索提供了一个基于立方体的环境。

3．模式处理

这些算法用于模式处理，模式的来源包括污染源物联网传感器数据、空气自动监测站点数据、污染源视频监控数据等。当检测到一个模式时，对于单个实例数据以事务的方式处理。在数据仓库中集成这个数据的优点是能够利用这些一次性发生的数据和整个数据集得到一个关于数据行为的更加确定的预测模型。大数据平台提供基础架构来存储原始数据和模式算法处理的输出，提供全面的数据架构和探索能力。

4．统计模型

这些算法作为模型在很大程度上用在金融服务和医疗保健业中，以计算管理人口划分的统计数据。这些算法针对每个组织都进行了定制。组织使用这些算法，生产出那些今天在计算中不能够复用的输出，这是由于数据的大小和相关的处理复杂性。

5．数学模型

这些算法是模型，可以用于重度污染天气预测、气象预报、欺诈分析和其他需要数学模型的非统计的计算。已有的基础设施和计算技术不能最大限度地满足这些算法当前状态的数据需求。在大数据平台中，这些模型和相关的计算结构所需要的数据都可以在数据仓库的处理层中找到。

大数据平台架构和数据处理活动会包括上面所述的算法，以解决从数据仓库中特定类别的数据处理、报表和分析交付。既然我们有数据和相关联类型的算法，在讨论集成策略之前，让我们再了解一下技术层。

四、技术层

对结构化数据、半结构化数据、非结构化数据或大数据的处理，要把相关的技术混合在一起使用，并集成到异构的架构中，主要包括以下内容：

- RDBMS；
- Hadoop；
- NoSQL；
- MDMQ 解决方案；
- 元数据解决方案；
- 语义技术；
- 规则引擎；
- 数据挖掘算法；
- 文本挖掘算法；
- 数据发现技术；
- 数据可视化技术；
- 报表和分析技术。

从解决方案架构的角度来看，在大数据平台的数据仓库构建基础架构时，这些技术将展示出明显的集成方面的挑战。这里列出的每种技术都具有自己特定的性能以及可扩展性方面的优势和局限性，并且需要理解如何结合这些技术的长处来处理需求和输出，我们可以一个或多个程序用于解决方案的实现。

五、集成策略

数据集成是指将不同来源系统的数据进行结合，从而使业务用户来研究业务和用户。在早期的数据集成中，对于事务系统及其应用来说，数据是有限的。有限的数据集为创建决策支持平台提供了基础，该平台用于做出业务决策的分析指南。

在过去的 30 年里，随着数据仓库的出现，数据类型及数据量的增长，加上基础设施和技术进步，我们可以支持数据的分析和存储需求，这已经永远改变了数据集成的形式。

传统的数据集成技术都集中在 ETL、ELT、CDC 和 EAI 类型的架构和相关的编程模型上。然而，在大数据中，需要改造这些技术从而满足大小和处理复杂度的要求，包括需要处理的数据的格式。大数据处理需要实现两个步骤的过程。第一步是一个数据驱动的架构，其中包括数据处理的分析和设计。第二步是物理架构的实现。

（一）数据驱动的集成

在使用这种技术构建下一代数据仓库时，在部门内的所有数据都根据数据类型分类，并取决于数据的本质和相关的处理需求，数据处理使用业务规则来完成，这些规则封装在处理逻辑中，并集成到一系列的程序流中，其中结合了元数据、MDM 和像分类这样的语义技术。

图 6-11 显示了不同类别数据的输入数据处理过程。该模型基于数据的格式和结构将每一种数据类型进行分段，然后使用 ETL、ELT、CDC 或文本处理技术来处理相应的层，这些层中有处理规则。下面分析数据集成架构和它的好处。

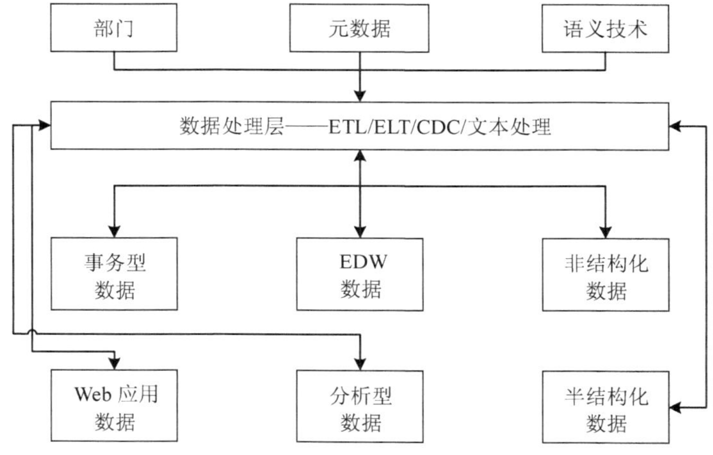

图 6-11　输入数据处理过程

1．数据分类

如图 6-11 所示，数据的广义分类如下所示：

（1）事务型数据——经典的 OLTP 数据属于此类。

（2）Web 应用数据——由组织开发的 Web 应用中的数据可以添加到此类别中。此数据包括点击流数据、Web 商务数据、客户关系和呼叫中心对话数据。

（3）EDW 数据——这是目前组织所使用的数据仓库中的现有数据。它可以包括组织中所有不同的数据仓库和数据集市，由业务用户存储和处理数据。

（4）分析型数据——这是目前部署在组织中的分析系统中的数据。主要基于 EDW 或事务型数据。

（5）非结构化数据——这一大类包括以下几种：

- 文本——文档、笔记、备忘录和合同。
- 图像——照片、图表、图。
- 视频——与组织相关的企业和管理的视频。
- 社交媒体——Facebook、论坛、YouTube、网站、微博、微信、QQ 等。
- 音频——信访音频举报的对话等。
- 传感器数据——包括与环境监管业务相关的任意或所有设备上传感器中的数据。
- 气象数据——现在生态环境部门用于分析天气对重污染天气的影响，已成为一个重要组成部分。
- 科学数据——这个数据适用于污染防治、医疗保健和金融服务部门，其中执行包括模拟和模型生成等大量数字运算类型的计算。

（6）半结构化数据——包括电子邮件、演示文稿、数学模型和图，以及地理空间数据。

2．架构

如果可以清晰地识别和列出不同的数据类型，我们就可以清晰地定义数据的特征，包括数据类型、相关元数据、可以标识为主数据元素的数据元素、数据的复杂性，以及从所有权及管理角度来看数据的业务用户。

3．工作负载

正如前面所述，处理大数据最需要的是工作负载管理。数据架构和分类让我们分配适当的基础设施，这些基础设施可以执行数据的不同类别的工作负载要求。

根据数据量及其延迟，数据可分为四大类，如图 6-12 所示。根据类别的类型，可以把数据分配给物理基础设施层进行处理。这种工作负载管理的方法为数据仓库中所有部分都创造了动态可扩展性的需求，这可以通过有效地利用现有的和新的基础设施选项设计。在这个时刻要注意的关键问题是处理逻辑需要灵活地跨不同的物理基础设施组件进行实现，因为依赖于处理的紧急程度，相同的数据可归类为不同的工作负载。

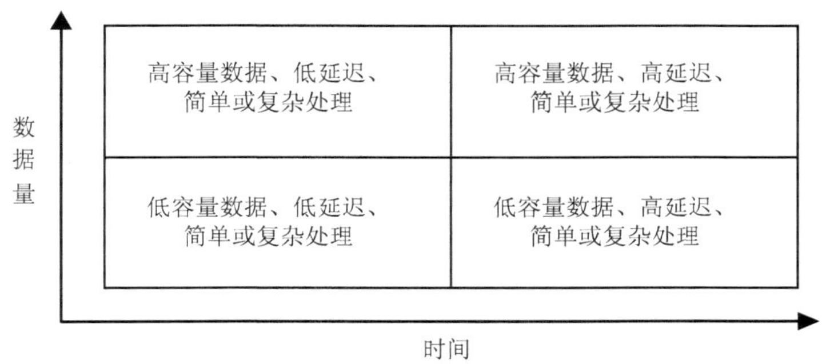

图 6-12　工作负载种类

工作负载架构将进一步确定混合工作负载管理的条件，即一个类别的工作负载数据将添加到另一类别的工作负载的处理中。

例如，处理高容量、低延迟数据与低容量、高延迟数据对数据处理环境造成了各种压力，而数据处理环境一般只处理一种数据及其工作负载。用户查询和数据加载发生在同一时间或在相对较短的时间间隔加剧了这种复杂性，加上现在这种情况接连不断地失控，从而影响整体的性能。如果相同的基础架构处理大数据和传统数据以及所有这些复杂性，问题只会更加严重。

使用工作负载象限的目标是确定数据处理相关的复杂性，以及如何减轻为创建大数据平台的数据仓库在基础设施的设计中可能存在的风险。

4．分析

在整个数据元素的集合中，识别分析处理的需求并分类在数据仓库平台的设计中是关键需求。这项要求的基础源于这样一个事实，即你可以在数据发现级别创建分析。

图 6-13 展示了大数据平台数据仓库平台的分析处理过程。这里关键的架构集成层是数据集成层，它是语义、报表和分析技术的结合，它基于语义知识框架，并且是大数据平台分析和人工智能的基础。

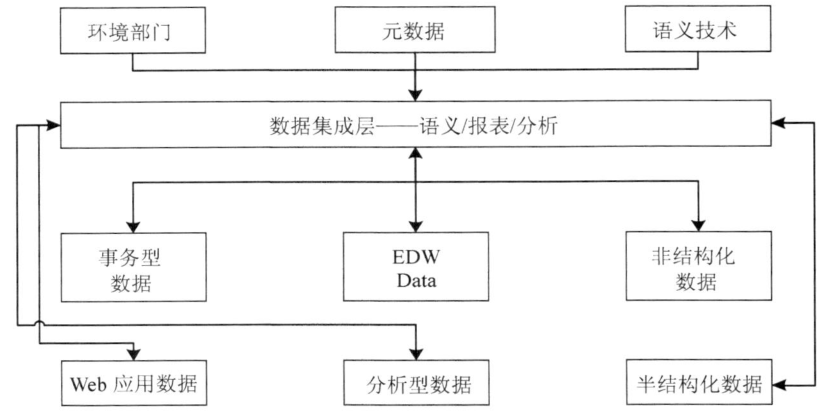

图 6-13　数据可视化的语义层集成

最后确定数据架构是耗时的任务，一旦完成可为物理实现提供坚实的基础。物理实现将使用前面讨论的技术来完成，这些技术包括大数据和 RDBMS。

（二）物理组件集成和架构

大数据平台的数据仓库将在异构基础设施和架构中部署，将传统的结构化数据和大数据集成到一个可扩展的运行环境中。

大数据平台的数据仓库执行的物理架构将面对的主要挑战包括数据加载、可用性、数据量、存储性能、可扩展性，以及对数据的多样和变化的查询要求和维护环境的运营等。

1．数据加载

（1）没有明确的格式、元数据或模式，大数据加载过程只简单地获取数据并另存为文件。当你想要处理实时源到系统时，这个任务可能是压倒性的。数据的处理可以按照大型或微批次窗口来进行。大数据一体机可以配置和调整，在设置中而不是在纯实现中以解决这些严峻的问题。缺点是也可能产生一个自定义的架构配置，但这是可以控制的。

（2）在平台中连续处理的数据可能导致一段时间的资源争夺。在大型文档、视频或图像的情况下尤其如此。如果这一要求是关键的架构驱动因素，大数据一体机能够适用于这种特性，从而在配置和安装过程中避免盲目性。

（3）在大型环境中 MapReduce 的配置和优化可能是令人生畏的，大数据一体机架构给你提供参考架构设置，以避免这种陷阱。

2．数据可用性

（1）对终端用户使用的任何与处理和转换数据相关的系统，数据可用性一直是一个挑战。Hadoop 或 NoSQL 的好处是降低这种风险，并使数据在采集后能够立刻用于分析。面临的挑战是快速加载数据，因为这里不需要预转换。

（2）数据可用性取决于 SerDe 或 Avro 层元数据的特异性。如果在获取时数据能够充分地分类，那么它对于立即进行分析和发现是可用的。

（3）由于大数据层中没有数据的更新，因此重新处理包含更新的新数据会创建重复的数据，这需要尽量减少对可用性的影响。

3．数据量

（1）由于数据的内在性质，大数据量很容易失控。需要关注和注意在每个采集周期中数据的增长。

（2）数据保留要求可能是不同的，这取决于数据的性质、数据的新旧程度及其与业务的相关性。

（3）数据探索和挖掘是一个非常普遍的活动，它是跨组织进行大数据采集的一个驱动因素，同样产生大型数据集作为处理的输出。这些数据集需要在大数据系统中进行维护，即定期清理和删除中间数据集。这是一个通常被用户忽略的领域，并且可以在一段时间内造成性能被消耗殆尽。

4．存储性能

（1）磁盘性能是建立大数据系统时一个重要的考虑因素，大数据一体机模型使得我们能够更好地关注存储类和分层架构。这将为存储基础设施的长远规划和增长管理提供起始工具包。

（2）如果在规划大数据处理时把内存、SSD和传统的存储架构结合起来，那么在不同层之间数据的持久性和交换都可以消耗处理时间和周期。

5．运营费用

为数据仓库及其大数据平台进行成本核算是一项复杂的任务，其中包括基础设施的最初购置开销，加上实现架构的人力成本，再加上持续维护所需的基础设施和人力成本（包括购买第三方服务和专家提供的帮助）。当前，全国生态环境部门的业务系统大部分已经在当地的政务云平台运行，运营费用由当地财政部门根据云资源的实际使用情况核算支付。

（三）外部数据集成

图6-14显示了创建数据仓库的外部数据集成方法。这种方法保留了现有的数据处理和数据仓库平台，并在新技术架构中创建一个新的平台用于处理大数据。使用元数据和语义技术开发了数据总线，这将创建数据探索和处理的数据集成环境。

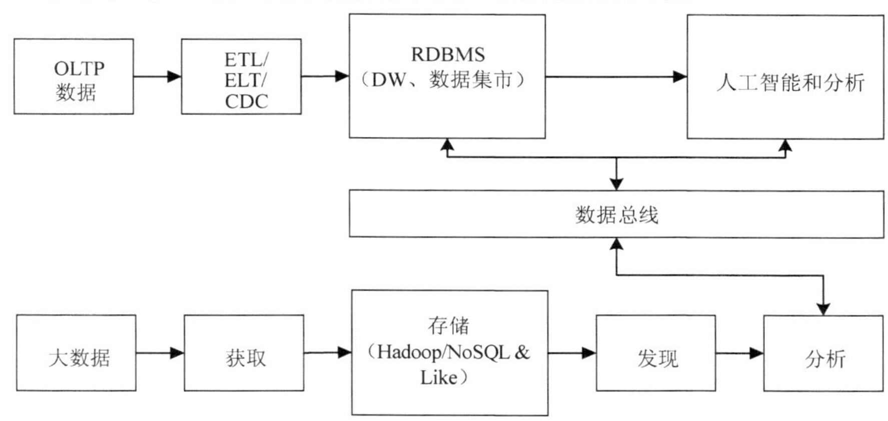

图6-14　数据仓库的外部数据集成方法图

该架构中的工作负载处理，可分为基础设施中的大数据处理和基础设施中当前状态的数据仓库。工作负载的流水线化有助于保持性能和数据的质量，但在数据总线架构中增加了复杂性，它可以是一个简单的层或一个极其复杂的处理层。对于每一个数据仓库架构中的系统，这是一个定制的解决方案，每个系统需要大量的数据架构技能和维护。大数据的数据处理将在RDBMS平台之外，并在一个较低的价格点提供创建无限可扩展性的机会。

六、Hadoop 与 RDBMS

图 6-15 显示创建大数据平台数据仓库的集成驱动的方法。为了创建数据仓库，我们需要用 Hadoop 或 NoSQL 创建的大数据处理平台和已有的基于 RDBMS 的数据仓库基础设施相结合，方法是在这两个系统之间部署连接器。此连接器将为在这两个平台之间交换数据搭建一座桥梁。在部署过程中，大多数的 RDBMS、BI、分析和 NoSQL 供应商已经完成 Hadoop 和 NoSQL 连接器的开发。

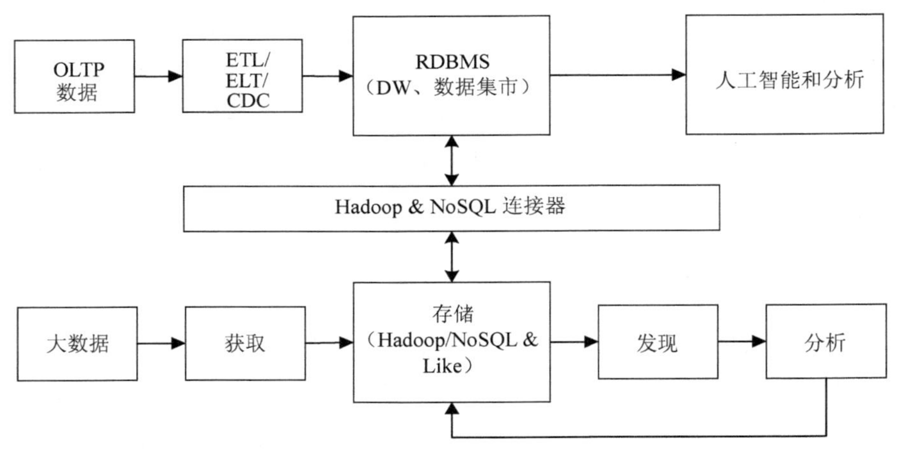

图 6-15 数据仓库的集成驱动方法

在这种架构中，工作负载处理融合了在两个平台上的数据处理，提供了可扩展性并降低了复杂性。工作负载的流水线化在这两个基础设施层上创建了一个可扩展的平台，在任意的平台中，可以无缝地进行数据发现。这种架构的复杂性是对于连接器性能的依赖性。连接器主要模仿一种 JDBC 的行为，而且考虑数据发现过程中的查询复杂性，数据传输带宽将是一个严重的阻碍。

七、语义框架

构建大数据平台的数据仓库需要支持集成的强大的元数据架构，但这并不能满足数据探索的要求。当把多个来源和系统中的数据集成在一起时，有多层的层次结构，其中包括参差不齐和倾斜的层次结构，存在不同组别的数据粒度和数据质量问题，特别是非结构化数据（包括文本、图像、视频和音频数据）。为了可视化，处理数据和展示数据都需要更强健的架构，即语义框架。

图 6-16 展示了语义框架架构的概念。该框架包括多个处理层和数据集成技术，将作为

大数据平台数据仓库的一部分进行部署。处理层和它们的功能包括以下内容。

词法处理		
实体抽取	关系模型	分类体系/本体

↓

聚类		
紧密性/邻近性	分类	链接/层次结构

↓

语义知识处理		
领域学习	编程	元数据链接

↓

信息抽取

↓

可视化

图 6-16　语义框架架构

（一）词法处理

这一层可以应用于大数据的输入数据处理，以及来自可视化层的数据探索应用的处理。词法处理包括处理标记和文本流。词法处理的三个主要子组件如下：

（1）实体抽取。识别关键数据标记（可以包含键和主数据元素）的过程。

（2）分类体系/本体。一个进行跨越导航的过程，要在可能的文本流中识别上下文，为跨层次导航发现关系属性。

（3）关系模型。一个过程，在不同的数据元素和层中获得关系，形成探索路线图。这一过程将使用在它之前的组件输出的结果。

（二）聚类

在这个过程中从词法处理来的所有数据将被聚类，以创建逻辑的数据分组，在大数据和从任何数据探索查询中进行处理。这一层的子组件包括以下部分：

（1）紧密性/邻近性。这个过程有两个组成部分：一是紧密性。此功能将分析得出不同格式数据的紧密性。二是邻近性。给定的非结构化文本中特定数据元素出现的概率。

（2）分类。在这个面向后台的过程中，数据可以分为多个话题组或者对准到主题域，这类似于数据仓库的结构化数据。

（3）链接/层次结构。在这个过程中分类阶段的输出链接到一个词汇地图，其中包括关联的层次结构信息。

（三）语义知识处理

这一过程包括整合从词法和聚类层的数据输出，从而为数据可视化提供一个功能强大的架构。此过程包括以下组件：

（1）领域学习。在这个过程中不同的数据进行配对，并使用语义技术进行集成。在这一阶段的数据包括结构化和大数据。

（2）编程。在这个过程中要开发和部署软件程序以完成语义集成进程。

（3）元数据链接。语义处理的最后一步是数据与元数据集成，且将用于可视化的探索和挖掘中。

（四）信息抽取

在这个过程中可视化工具从先前的处理层中抽取数据，为可视化的探索和分析加载数据。在这一阶段的数据可以加载至内存中以供进一步分析。

（五）可视化

这个过程中数据可使用新技术达到可视效果，例如，Tableau 和 Spotfire，或 R、SAS 等，这些工具可以直接利用从其集成层得到的语义结构，并创建可扩展的接口。

八、生态环境数据集成

为建设生态环境资源库，生态环境大数据资源中心的数据集成需要按照下述方法进行，数据集成内容包括所有涉及环境管理的政务、业务数据，外部单位涉环境数据和互联网涉环境数据等。

（一）集成方式

依托已有数据交换与传输平台集成原有的污染源数据、环境主题数据（大气环境数据、水环境数据、土壤环境数据、自然生态数据、核与辐射数据、环境监管与执法数据、公众服务数据）、外部数据等。

集成数据交换与传输平台，实现大数据资源中心与业务应用系统的数据交换。数据交换与传输集成框架如图 6-17 所示。

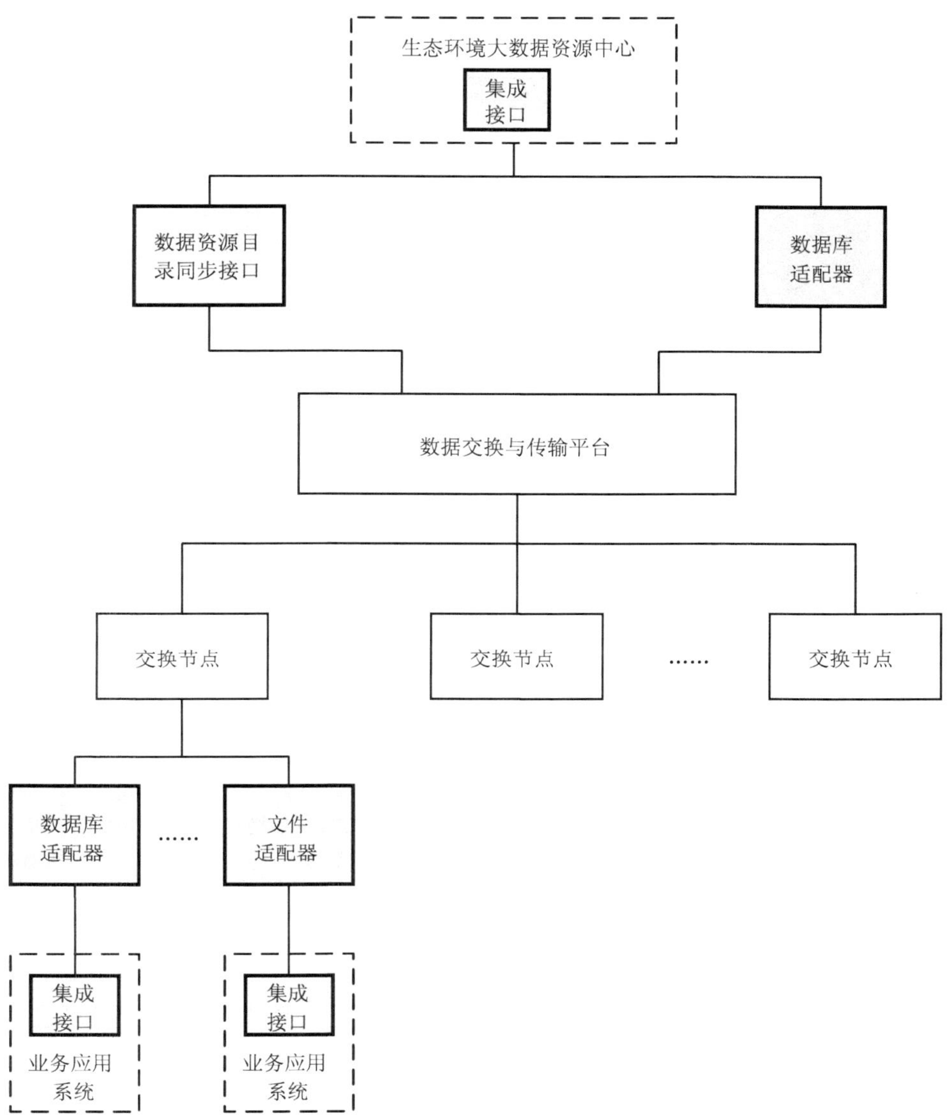

图 6-17　数据交换与传输集成框架

（二）集成内容

1．污染源数据

污染源数据见表 6-3。

表 6-3 需集成的污染源数据

序号	数据类别	数据内容
1	基础信息	企业基本信息、企业废气处理设施信息、企业废气排放口信息、企业废气排放设备信息、企业废水处理设施信息、企业废水排放口信息、企业废水排放设备信息、在线监测设备信息、废气监测数据、废水监测数据、企业上半年主要产品信息、企业上半年主要产品原辅材料信息、企业下半年主要产品信息、企业下半年主要产品原辅材料信息等
2	业务数据	环境统计数据、污染源普查数据、污染源监督性监测数据、污染源自行监测数据、污染源自动监测数据、建设项目审批数据、排污许可证数据、辐射管理数据、固废和危化品管理数据、监察和执法管理数据、行政处罚数据、信访举报数据、企业信用评价数据、VOCs 管理数据、环境应急数据等

2．生态环境主题数据

生态环境主题数据见表 6-4。

表 6-4 需集成的生态环境数据

序号	数据类别	数据内容
1	大气环境数据	空气质量自动监控数据、空气质量预测预警数据、区域大气排放源清单管理数据、区域大气污染物总量控制数据、区域工业大气污染综合治理数据、挥发性有机物污染防治数据、机动车尾气排放数据等
2	水环境数据	河流水质数据、地下水水质数据、近岸海域水质数据、工业水污染综合治理数据、水环境综合评估数据、水污染防治综合管理数据、饮用水水源地监管防控数据、近岸海域环境功能规划数据等
3	土壤与固废环境数据	土壤例行监测数据、土壤详查信息、土壤污染源监控信息、固体废物与化学品管理数据、废铅酸蓄电池基本信息等
4	自然生态数据	生态功能保护与管理数据、生物多样性保护与管理数据、自然保护区管理数据、农业与农村环境管理数据、生态文明建设示范区管理数据、全国生态环境调查与评估成果数据等
5	核与辐射数据	辐射环境监测数据、放射性废物库数据、伴有辐射和电磁辐射单位数据、辐射项目数据、辐射事故应急响应数据、辐射安全政策规划数据、核电站周边环境数据、移动放射源监管数据等
6	环境监管与执法数据	企业自行监测数据、监督性监测数据、排污权交易数据、行政处罚数据、环境风险防控预警数据、化学品环境风险防控数据、环境风险与应急响应数据、环境执法监管数据等
7	公众服务数据	建设项目审批数据、公众监督数据、环境企业信用评价数据、信访举报信息、信息公开数据等

3. 互联网数据资源

集成方式主要是依托网络爬虫采集互联网数据。

数据采集策略如下：

（1）防封策略。实现网络爬虫防封，提高数据采集的稳定性和实时性。

（2）延时策略。延时策略针对实时性要求不高的互联网数据，保证爬虫的稳定性，不会被封 IP。

（3）流式任务轮换策略。对于抓取一个目标网站时，使用分层级的 URL 用于多台流式处理机来完成，确保每台机器处理的 URL 是不同的，抓取效率会有一定提高，是对于有一定实时性要求的数据采用的策略。

（4）虚拟 IP 策略。对于数据实时性要求极高，甚至每秒对某一个页面进行多次采集任务的爬虫采用的策略，每次访问模拟真实 IP，防止目标网站封掉爬虫。

（5）用户行为模拟策略。爬虫模拟用户的登录行为进行登录，每次模拟用户时的请求会伪装成谷歌、360、IE6、IE7、IE8、火狐等多种浏览器的模式进行，并获取目标源的数据，从而提高爬虫的稳定性，并对于目标数据的获取更为准确和及时。

集成内容见表 6-5。

表 6-5　互联网数据集成内容

序号	数据来源	数据内容
1	政府网站	国家部委、全国各省市环境相关政府信息公开网站内容
2	环境科技期刊网站	重点环境相关期刊网站内容
3	微信、微博等新媒体	生态环境部、全国各省市环境部门的微博与微信公众号相关内容
4	环保舆情信息	环保舆情信息

第六节　主数据和元数据管理

主数据管理（Master Data Management，MDM）是用于管理组织中重要的数据的一个架构，如用户、某个环境管理业务以及组织架构等，这些信息被称为主数据。这些数据项通常在组织的交易性数据中占据着关键位置，例如，某个污染源企业排放了废水，其排放废水中的化学需氧量和氨氮浓度就会通过自动监控系统归结到这个污染源企业的管理数据中。确保主数据的正确性至关重要，因为任何关于主数据的错误而导致的错误都会在使用中被极大地放大。同样非常重要的是，要确保组织中的所有部门都基于同一个版本的主数据展开工作。用户们通常不愿意再接受这样的情况，即面对同一个组织的不同部门需要多次修改他们的地址或者其他信息，造成这一现象的原因仅仅是不同的计算机系统在多个不同位置保存了多份排污单位的信息。

一、实行主数据管理的必要性

对于大多数组织来说，评估是否需要创建一个主数据中心时只需要简单分析一下由于此前的不一致和错误所带来的成本就可以了。因为主数据的问题可以被放大成业务处理系统中非常大的问题。我们希望给予组织的主数据质量以特别的关注，通过一个一致认同的单一或者整合的主数据源，以便为整个组织所使用。关于需要一个主数据方案的另外一个直接的判断就是在多个系统中更新主数据所带来的成本。

数据集成对于主数据管理来说尤为重要，它可以用于对来自多个操作型系统和数据源的数据进行整合时的管理，以及将主数据发放到那些需要使用它的系统或者小组。管理从主数据中心流入或者流出的数据对于主数据管理成功与否来说具有决定性的意义，因此，主数据管理会将整个数据集成描述为主数据管理的一部分。

组织通常基于以下两个原因中的一个或者全部来实施主数据管理方案：为了报表而提供一个组织的主数据的整合视图，或者为了共享而提供一个主数据的中央数据源。如果一个组织所做的一切就是试图整合来自各个业务系统的主数据，从而为报表或者数据仓库提供服务，那么将主数据一起移动到主数据中心的过程最好可以采用批处理数据移动方案，即每天晚上从业务系统向主数据中心进行更新。在每晚上主数据进行批处理更新的情形下，信息的整合可能只会发生于数据仓库中，因此，可能没有必要建立一个独立的主数据中心。

对于那些试图整合主数据从而为实时业务系统提供服务的组织来说，通常通过购买和实施一个商业主数据软件包来创建一个独立的主数据中心。商业解决方案具备大量所需要的功能，有时候包括一个初始数据模型以及连接到很多标准化实时数据移动方案的能力。

二、主数据管理功能

主数据管理方案的一个关键功能就是要在多个数据源获得同一份主数据，或者识别出从同一个数据源多次获取。在所有可能的重复中，不管通过自动方式还是手工方式，都必须决定哪些是正确的，哪些是最新的版本。当使用“模糊逻辑”来识别名称或者地址中的错误拼写或者不同的拼写时，匹配代码可能会非常复杂。为了报表以及未来的更新，会保存来自不同数据源和业务系统指向同一份主数据的交叉引用。有时候，主数据中心被配置为将主数据的最新版本或者任何更新发送回任何需要它们的数据源和业务系统，以及报表系统和数据仓库。如果需要提供最新的操作型主数据，就有必要在主数据中心方案和提供主数据的数据源及业务系统之间实时传输主数据。

向组织的应用组合中增加一个新的应用通常会很昂贵，因此，一般的解决方案通常会快速实施一个主数据管理方案，开发人员提供了匹配的并且去掉重复的代码，比较容易地与大多数实时数据集成方案集成或者提供一个解决方案。提供一个标识符的交叉引用以便在整个组织中应用主数据，甚至有时候为重要的主数据提供一个备用的规范化模型。

显而易见，主数据也是一个数据集。因此，如果一个组织由于其他数据集成的原因而没有实现一个基于中心——节点式的方案，可能就没有必要仅仅为了实现一个主数据中心而这么去做，而可以选择实施一个实时的、点对点的主数据集成方案。主数据方案是组织中作为主数据的数据子集的中心（在中心节点架构中），因此，主数据简化了应用接口可能的复杂性。

三、元数据

元数据（Metadata），又称中介数据、中继数据，为描述数据的数据（data about data），主要是描述数据属性（property）的信息，用来支持如指示存储位置、历史数据、资源查找、文件记录等功能。元数据算是一种电子式目录，为了达到编制目录的目的，必须在描述并收藏数据的内容或特色，进而达成协助数据检索的目的。都柏林核心集（Dublin Core Metadata Initiative，DCMI）是元数据的一种应用，是1995年2月由国际图书馆电脑中心（OCLC）和美国国家超级计算应用中心（National Center for Supercomputing Applications，NCSA）所联合赞助的研讨会，邀请52位图书馆员、电脑专家共同制定规格，创建一套描述网络上电子文件之特征。

元数据是关于数据的组织、数据域及其关系的信息，简而言之，元数据就是关于数据的数据。

元数据是描述信息资源或数据等对象的数据，其使用目的在于：识别资源；评价资源；追踪资源在使用过程中的变化；实现简单高效地管理大量网络化数据；实现信息资源的有效发现、查找、一体化组织和对使用资源的有效管理。

元数据的基本特点主要有：

（1）元数据一经建立，便可共享。元数据的结构和完整性依赖于信息资源的价值和使用环境；元数据的开发与利用环境往往是一个变化的分布式环境；任何一种格式都不可能完全满足不同团体的不同需要。

（2）元数据首先是一种编码体系。元数据是用来描述数字化信息资源的，特别是网络信息资源的编码体系，这导致了元数据和传统数据编码体系的根本区别；元数据的最为重要的特征和功能是为数字化信息资源建立一种机器可理解框架。

元数据体系构建了电子政务的逻辑框架和基本模型，从而决定了电子政务的功能特征、运行模式和系统运行的总体性能。电子政务的运作都基于元数据来实现，其主要作用有：描述功能、整合功能、控制功能和代理功能。

由于元数据也是数据，因此可以用类似数据的方法在数据库中进行存储和获取。如果提供数据元的组织同时提供描述数据元的元数据，将会使数据元的使用变得准确而高效。用户在使用数据时可以首先查看其元数据以便能够获取自己所需的信息。

（一）元数据基本管理

元数据的基本管理分为三种：

（1）元模型管理。利用可视化的用户体验，实现包括元模型添加、删除、修改、发布等维护功能；并且能让用户直观地了解已有元模型的分类、统计、使用情况、变更追溯，以及每个元模型的生命周期管理等。

（2）元数据管理。元数据管理实现针对元数据的基本管理功能。例如：元数据的添加、删除、修改属性等维护功能；元数据之间关系的建立、删除和跟踪等关系维护功能；提供元数据发布流程管理，可以更好地管理和跟踪元数据的整个生命周期；元数据自身质量核查、元数据查询、元数据统计、元数据使用情况分析、元数据变更、元数据版本和生命周期管理等功能。

（3）元数据分析。元数据分析功能主要实现针对元数据的基本分析功能，包括血缘分析（血统分析）、影响分析、实体关联分析、实体影响分析、主机拓扑分析、指标一致性分析等。

（二）元数据的作用

元数据（MetaData）是 MDA 中非常重要的概念。它通过统一的、与平台无关的、规范的方式对数据的模式特征进行描述，通过一个模型结构来表达通用的信息，它集设计模型、开发模型与运行模型为一体。元数据具有以下几个作用：

（1）元数据是独立于平台的，无论使用什么技术平台，元数据本身是不受影响的，这保证了先期工作成果的效用最大化。

（2）元数据是生成平台相关模型的基础，可以使用代码生成器等工具将元数据转换成平台相关代码。

（3）元数据为系统运行时提供了统一的可读的系统模型，系统运行时可以使得实体对象通过运行时元数据模型来得知自身的结构、自身的特征、在系统模型中的位置以及与其他对象之间的关系等。这样就可以从一个新的角度来观察、设计、开发系统。

（4）元数据模型是系统运行不可或缺的部分，如果直接修改平台相关代码而不修改元数据，就会造成系统运行异常，这就强迫保证元数据模型与代码同步，保证了设计模型和实现代码的一致性。

（5）元数据本身就是一个设计模型。系统设计人员可以使用元数据进行系统建模，在某种程度上元数据可以取代 UML 图等传统的设计模型。设计人员将设计完成的元数据模型交给开发人员，开发人员使用代码生成器将元数据转换成平台相关代码，然后就可以基于这些平台相关代码进行开发了。元数据起到了设计人员和开发人员沟通桥梁的作用，设计人员的工作立即就可以转换为可以运行的平台相关代码。

（三）元数据设计的基本原则

除上面提到的运行时的元数据中一定不能包含平台相关特性之外，在元数据的设计中，“适可而止”也是需要铭记在心的核心原则。对元数据描述的范围要适可而止，不要试图包罗万象。运行时元数据是能够给运行的系统提供元数据的信息的，这在一定程度上简化了系统的开发，但是切不可把应该写在代码中或者写到配置文件中的信息写到元数据中。例如，在实体对象元数据中，给字段增加了“allowNull”特性来表示此字段是否允许为空。

系统保存实体对象的时候，可以读取此实体对象对应的元数据，进而取得所有字段的是否为空的特性，从而对数据进行校验。这是对运行时元数据非常合理地运用。但是如果试图把字段为空时提示什么样的信息、字段最大长度是多少、字段是否进行加密操作等特性加入元数据的话，就会使得元数据模型过于庞大，这也违反了“适可而止”这一基本原则。如果元数据直接驱动系统的运行过程，并且有取代程序代码的趋势的话，就说明设计人员对元数据概念理解错误了，用元数据驱动系统运行虽然减少了代码的编写，但是这些本不应该放在元数据中的特性是不完备的，一旦需要扩展就会遇到难以逾越的鸿沟。

由于用户需求的复杂性，模型结构不能表达出所有业务的处理过程，仍然存在需要利用编程语言才能完成的业务功能。元数据模型解决大多数通用的问题，而对于具有差异性的问题还是要通过编码来完成的，不应该让运行时元数据承担过多的运行时语义。

（四）元数据管理

元数据管理为数据质量管理、日常运行维护、数据安全管理和业务应用提供基础能力支持。元数据管理的建设目标是：开放元数据的基础能力，为灵活多变的元数据应用提供元数据基础服务支持；扩展元数据管理范围，为大数据平台运维和数据质量管理提供数据链路分析支持。元数据管理模块功能结构包括元数据获取层、元数据存储层、元数据功能层，如图 6-18 所示。

图 6-18 元数据管理功能图

（1）元数据获取层。元数据获取层位于整个体系架构的底层，元数据获取层抽象概括了元数据获取的各种途径，支持手工获取功能和自动获取功能。

手工获取功能支持采用以手工方式和批量半自动等方式（可使用 Excel 等工具）手动获取业务和管理元数据，以及数据源接口等其他技术元数据。

自动获取功能支持技术元数据（包括 SQL 脚本、数据库元数据、大数据平台元数据等），可采用自动方式获取。

（2）元数据存储层。元数据存储层是整个元数据管理平台的核心功能层，定义和规范从元数据获取层得到的各类元数据的属性要求和存储格式要求，包括业务元数据、技术元数据和管理元数据。

业务元数据是描述业务领域相关概念、关系和规则的数据，主要包括业务术语、业务指标、业务规则等信息。

技术元数据是描述技术领域相关概念、关系和规则的数据，主要包括对数据结构、数据处理过程的特征描述，覆盖数据源接口、数据仓库与数据集市、ETL、OLAP、数据封装和前端展现等数据处理环节。

管理元数据是描述管理领域相关概念、关系和规则的数据，主要包括人员角色、岗位职责、管理流程等信息。

（3）元数据功能层。元数据功能层为前端元数据应用提供了基本的功能支撑，主要包括元数据查询和维护、元数据变更管理、元数据统计、全文检索、血缘分析、影响分析、一致性检查、健全性检查、权限管理等功能。元数据功能层包含的功能模块有：基础功能、分析功能、质量检查和其他功能。

1）元数据基础功能。元数据基础功能包括但不限于元数据查询、维护、变更管理、统计及全文检索等。

①元数据查询，指对元数据库中的元数据基本信息进行查询的功能，通过该功能可以查询数据库表、维表、指标、过程及参与的输入输出实体信息，以及其他纳入管理的实体基本信息，查询的信息按处理的层次及业务主题进行组织，查询功能返回实体及其所属的相关信息。

②元数据维护，提供对元数据的增加、删除和修改等基本操作。对于元数据的增量维护，要求能保留历史版本信息。维护操作是原子操作，这些原子操作可通过服务封装的形式向系统的其他模块提供元数据维护接口。

③元数据变更管理，包括变更通知和版本管理两个部分。变更通知是当元数据发生改变时，系统自动发送信息（邮件、短信）给订阅用户。用户可以主动订阅自己关心的元数据，帮助了解与自身工作相关的业务系统变更情况，提高工作的主动性，版本管理就是对元数据的变更过程进行版本快照。

④元数据统计，用户可以按不同类别进行元数据个数的统计，方便用户全面了解元数据管理模块中的元数据分布，了解用户对元数据的使用情况，从而为元数据的使用状况做出一个全面的评价，也为元数据管理模块的元数据维护和管理提供参考。所有用户对元数据的访问和操作在元数据管理模块中都应有详细的记录。

⑤全文检索，将元数据当中的重点关注数据（如表名及其含义、字段名及其含义、标签等）按照全文检索理论建立起来，提供一个全文检索服务。为用户提供丰富的检索结果展示，能够根据不同类型的元数据，展示不同风格的显示模板，方便用户对检索结果的浏览查看，提高用户对检索效果的满意度。

2）元数据分析功能。元数据分析功能模块是以图形化方式展示元数据的不同数据之间的依赖、关联等关系，以供用户进行直观查看及定位。包含有元数据血缘分析、影响分析、作业依赖分析、数据地图分析、作业运行状态图等。

①血缘分析是指从某一实体作为起点，往回追溯其数据处理过程，直到系统的数据源

接口。对于任何指定的实体，首先获得该实体的所有前驱实体，然后对这些前驱实体递归地获得各自的前驱实体，结束条件是所有实体到达数据源接口或者是实体没有相应的前驱实体。

②影响分析是指从某实体出发，寻找依赖该实体的处理过程实体或其他实体。如果需要可以采用递归方式寻找所有的依赖过程实体或其他实体。当某些实体发生变化或者需要修改时，该功能支持评估实体影响范围。影响分析功能的分析范围、输出结果和分析精度要求与血缘分析功能的相关要求一致。

③作业依赖分析，描述不同作业之间的前后依赖关系。作业一般是对元数据中心的实体（如源接口、库表、应用报表等）的处理过程，此功能与调度系统当中的作业配置信息及作业依赖信息密切相关。

④作业运行状态图，提供类似地铁运行路线图和地铁进站时间预告牌的功能，将出数过程各个环节的静态执行顺序和动态运行信息，以直观的图形形式展现出来，方便开发和业务人员了解出数过程的进展情况。作业运行状态图需要使用到调度系统的作业配置信息及作业的执行情况。

⑤数据地图分析，是以拓扑图的形式对系统的各类数据实体、数据处理过程元数据进行分层次的图形化展现，并通过不同层次的图形展现粒度控制，满足开发、运维或业务上不同应用场景的图形查询和辅助分析需要。

3）元数据质量检查。元数据质量检查的主要目标是提高元数据自身的数据质量，建立有效的元数据质量检查机制。及时发现、报告和处理元数据的数据质量问题对元数据应用至关重要，元数据质量检查包含但不限于以下功能：

①一致性检查，主要是指检查元数据中心的元数据是否有与其他系统的元数据保持元数据信息的一致性，避免其他系统的元数据发生变更（删除、修改等）时，元数据中心中的信息发生滞后等不一致现象。

②健全性检查，元数据库中除个别类型元数据外，各类元数据之间都有着千丝万缕的联系，并且相互间的关联关系需要保持一致，不应出现空链或错链情况。元数据关系是否健全直接影响到维护人员的问题判断和处理结果，直接影响着开发者对数据流向的分析和判断，因此，元数据管理模块必须在元数据的关联关系健全性方面做好保障检查工作。

③数据链路完整性检查，是指元数据是否描述了数据链路的所有环节。完整的数据链路从数据源接口开始，经过一系列数据转换处理，以应用层业务指标等结束。链路完整性相对来说是数据健全性检查的更高级版本。

④属性检查，是对元数据库中实体属性详细信息方面的检查，包括元数据属性填充率检查、元数据名称重复性检查和元数据关键属性值的唯一性检查等。

⑤描述结构合法性检查，一般包括以下功能：元数据对象的属性取值合法性，元数据

对象之间的关系合法性等。

4）元数据其他功能。元数据其他功能是除基础功能、分析功能、质量检查功能外的常用功能，其包括但不限于以下功能：

①元数据权限管理，负责元数据管理功能的权限分派、审批以及访问日志记录，实现对元数据管理模块的数据访问和功能的使用进行有效监控。

②指标元数据管理，是指元数据库中与指标相关的元数据的集合，类别包括指标实体元数据和维度元数据。

（4）功能要求。元数据是大数据平台的核心数据之一，数据总量并不大，在物理存储层面，可采用主流的关系数据库做存储。所有内容需要定期或不定期地进行全量备份。下面从元数据抽取、元数据展示分析和元数据维护三个方面给出元数据管理工具的功能要求。

1）元数据抽取。支持对主流 BI 产品中的元数据进行自动抽取（包括主流 ETL 工具、数据仓库、数据集市、OLAP 服务器和前端展现工具等）。

支持将抽取出的元数据转化为 Excel 文件（或 XML、JSON 等），便于将元数据导入元数据库，也便于使用接口存储元数据。

如果无法自动抽取元数据，该工具应当能够提供灵活定制的模板，人工录入相应的元数据，并能自动转换为 Excel 文件（或 XML、JSON 等）。

2）元数据展示分析。支持按一定的层次结构显示元数据库中的元数据，且支持各大主题元数据的浏览功能；支持元数据检索功能；支持元数据关联分析功能，通过分析实体的用途和关联，图形化地跟踪和分析任何实体的变化带来的各种影响。

3）元数据维护。支持元数据的实时/定期自动更新功能，当元数据在源数据系统中发生变化（增加、删除、修改）时，元数据维护工具能够实现元数据的实时/定期自动更新。

对于需要人工修改（增加、删除、修改）的元数据，元数据维护工具应提供易用的用户界面来方便管理员操作。操作人员可以预览与该元数据相关的元数据，由此确定元数据修改后产生的影响。

支持元数据修改的回滚功能。

保留元数据修改历史记录。

第七节　大数据资源中心的应用系统

大数据资源中心应用系统，是数据资源层各类数据的最终应用及价值的体现，通过数据的统计分析及综合展示，将海量的数据以可视化的手段直观展示给决策者，辅助用户科学决策。在统一的数据支撑下，各类应用系统实现了数据的共享，未来新建业务系统基于统一的数据进行建设，从而有效解决了数据不统一等问题。

一、功能架构与建设内容

大数据资源中心应用系统建设内容包括数据交换平台、决策分析应用及门户等应用系统，如图 6-19 所示。

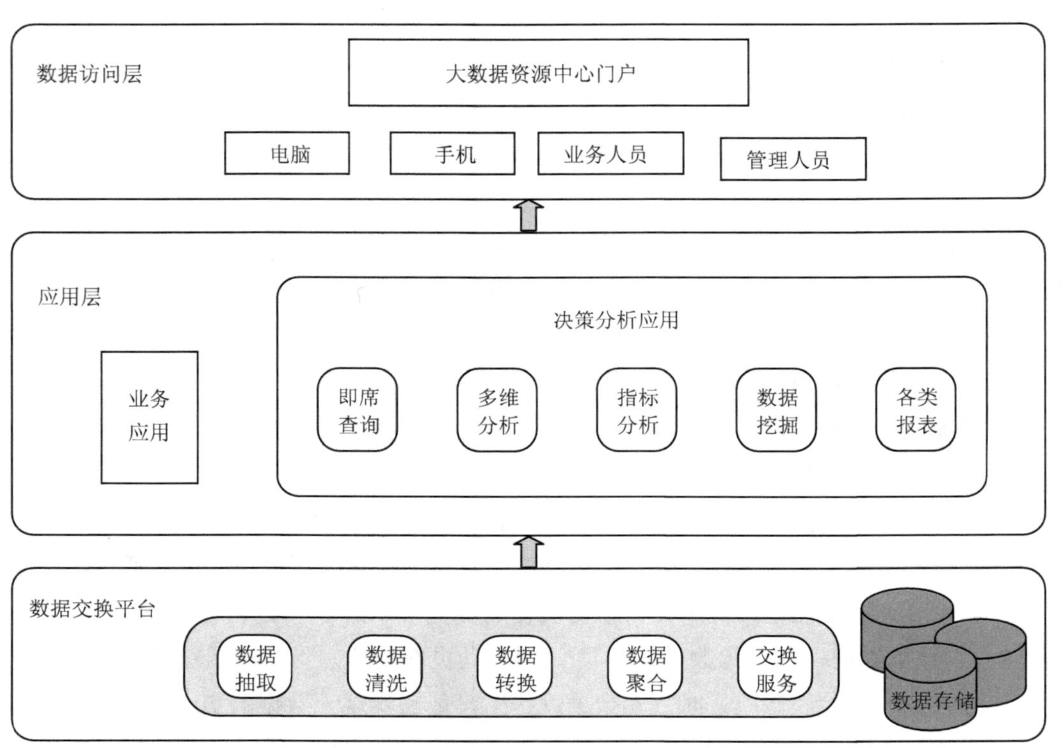

图 6-19 应用系统功能架构

搭建数据交换平台，建设 ETL 应用，实现 ODS 到数据仓库、数据仓库到数据集市的数据抽取、清洗、转换及加载。

开发决策分析应用，通过报表、即席查询、多维分析、数据挖掘等多种分析技术与工具，为各级管理人员提供多角度、深层次的数据分析及前端展现，辅助运维策略和管理方针的决策。

建立综合信息门户系统，实现数据和应用程序简单、统一的访问，提供用户与用户、用户与应用程序、应用程序与应用程序之间的交换平台。集成不同的应用程序和数据，以一种透明的方式提供给用户多个异构数据的一个简单访问点，并提供统一的协同工作环境，使用户能够随时在线交流。

二、数据交换平台

数据交换平台是大数据资源中心数据与其他应用系统沟通的桥梁，是进行数据交换的基站。数据交换平台负责从各个业务系统采集数据，对数据进行清洗与整合，按照大数据资源中心建设标准规范数据，形成核心数据库，并提供给其他应用系统使用。

数据交换平台功能架构如图 6-20 所示。

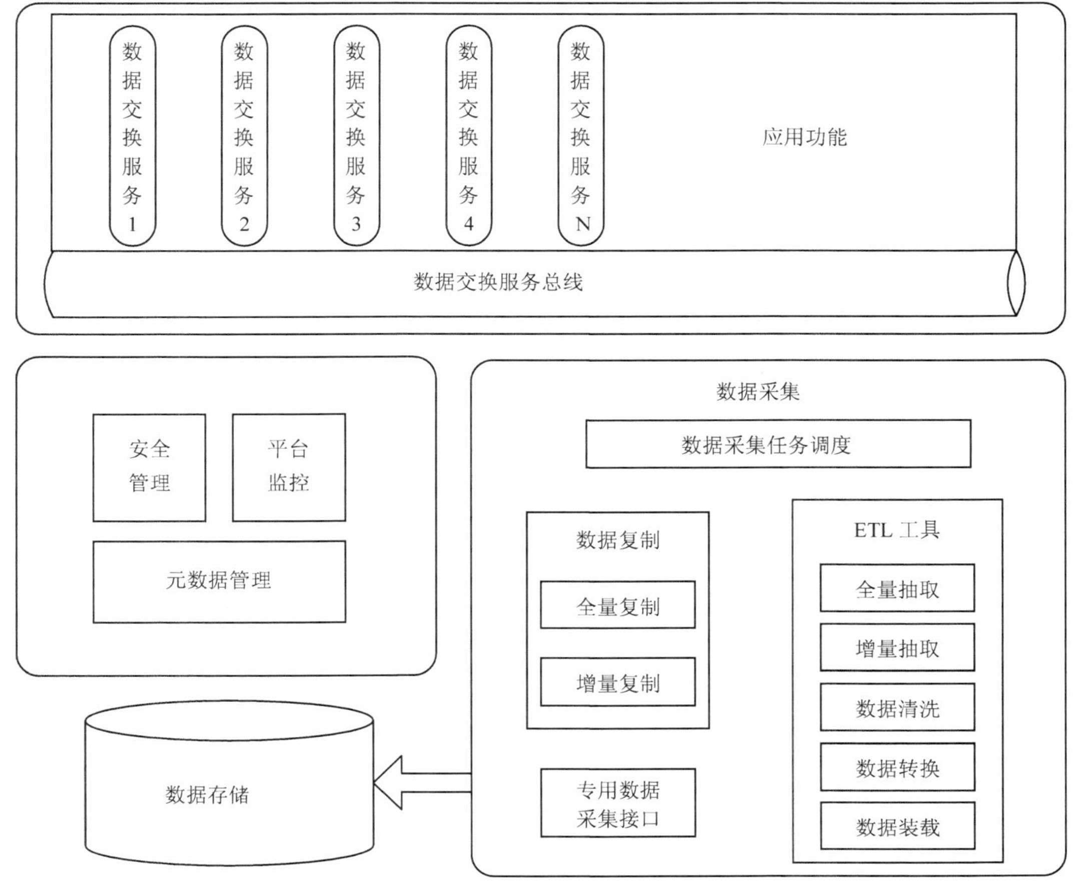

图 6-20 数据交换平台功能框架图

数据交换平台功能由支撑功能与应用功能两部分组成。支撑功能是数据交换平台的基础，包括数据采集、元数据管理、数据交换服务总线、平台监控及安全管理功能。应用功能是指与具体业务系统相关，应用功能利用数据交换平台的数据交换服务总线，以数据交换服务的形式为各业务系统提供数据共享数据。

本节主要讲述数据交换平台应用层面中应实现的节点管理、队列管理、业务数据交换管理、平台管理等功能。

（一）节点管理

节点是数据传输与交换的基本单元，实现不同数据源进行数据交换的节点信息配置，主要是配置节点基本信息及 QCU 信息配置。节点注册包括新建节点、节点编辑、删除节点，节点注册需要填写节点信息，信息分为基本信息和网络信息。

提供节点注册和配置管理器，对交换节点进行注册和节点性能配置。对节点的运行进行控制，主要包括启动、关闭服务。对交换节点的运行状态进行查询。提供当前交换节点下所有注册队列状态、消息输入输出的查询。

针对不同业务的接入数据内容，对平台上输入和输出的队列进行实时监控，展现队列传输的实时状况，对数据传输与交换平台和业务应用系统之间的接口进行监控。

（二）队列管理

队列管理实现发送队列和接收队列间的管理配置，包括队列的增删改等操作，负责队列管理以及数据消息的存储和转发。一旦队列管理被启动后，交换中心节点就可以作为客户来操纵队列管理器中的消息和队列。

（三）业务数据交换管理

将一类业务数据如水环境业务数据在数据交换中的变化侦测、获取数据、输出数据、配置定义等过程统一定义为一个业务。业务数据交换管理包括数据交换业务的增删改操作，业务的停止和启动操作。

（四）平台管理

为数据交换过程提供统一的管理平台，包括交换统计报表、日志和安全管理。

交换统计报表通过列表的形式，展示各类交换统计报表，包括总的数据交换统计与按照发送方和接收方进行分类的数据交换统计。交换累计统计以直观的柱状图形式，展示历年交换累计量的趋势、历年各月交换累计量的趋势和当年各月交换累计量的趋势。统计排名提供多种查询条件，可以根据不同统计指标进行排名。

日志管理实现对平台运行日志的查询、浏览、导出、清空。可以查询中心总控服务器和各交换节点在运行过程中产生的输出和错误日志。

安全管理包括权限控制、访问规则的配置和定义。权限控制包括交换中心、交换节点的权限管理，主要对注册的交换中心、交换节点的权限进行管理。

三、决策分析应用

决策分析应用提供各类环境业务数据的统计、分析、查询及综合展示，并通过 GIS 技术、大数据分析技术等先进的技术，为环境管理决策人员提供支持。

（一）专题分析

将环境管理业务划分为不同的专题，通过专题分析，全面掌握各环境管理对象的现状及发展状况，具体的专题划分包括水专题分析、大气专题分析、污染源专题分析、机动车专题分析等，通过统计图表、专题地图等多种方式对分析结果进行展示，满足环境管理决策需求。

（二）模型分析

利用各类分析模型，如空气质量大数据预测预报模型、空气质量预测预报机理模型、污染源溯源分析模型、污染扩散模型等一系列业务分析模型，实现环境管理对象更深层次的挖掘和分析，辅助科学决策。

（三）指挥决策系统

指挥决策系统包括重污染天气指挥调度系统、突发环境事件应急管理系统、综合会商系统、综合展示系统等，为环境管理决策提供更加智能化、科学化的应用支撑。

四、门户系统

门户包括内网门户和外网门户，门户作为各类信息的统一发布窗口，及各业务系统的统一登录入口，是大数据资源中心应用系统的重要组成部分。

（一）内网门户

内网门户主要实现信息发布和展示、系统集成和展示模块的新建，实现一个集成的办公环境和工作流程的自动化。全体环保工作人员及有关领导，都能通过使用本平台，直接参与环保业务的管理，可根据相应的使用权限各负其责，各处室根据各自任务的不同，按照项目的处理流程，形成业务的管理流程，保证各处室之间的业务流畅交接，从而实现真正意义上的计算机网络系统。按照生态环境局的政策法规建立统一的运行环境，统一的操作界面，统一的管理模式，有利于数据的共享、查询处理和分析，从而保证系统的实用性。

（二）外网门户

外网门户以服务公众为中心，向公众提供环保工作动态，帮助查阅环保信息，指引公众办事，反映环境现状和治理成果，实现网上办理事项等重要服务。平台对外功能主要表现为环保信息发布功能、网上办事功能、网上互动功能、在线视频点播功能、电子地图功能、全文信息检索（站内搜索，站外搜索）功能、网站导航（网站地图）等功能。

第七章　生态环境大数据资源

大数据、“互联网+”、人工智能等信息技术正成为推进生态环境治理体系和治理能力现代化的重要手段。近年来，通过实施“国家环境信息与统计能力建设项目”“生态环境大数据建设项目”等重大信息化工程，生态环境业务专网建成应用，生态环境监测网络建设取得重要进展，生态环境信息资源中心上线运行，生态环境业务信息化深入推进，生态环境信息化标准体系初步建立，信息化支撑生态环境管理发挥了积极作用。

信息化建设过程中积累的大量数据资源，将对未来生态环境发展起到促进作用。本章主要是以省级生态环境部门为例，对生态环境大数据资源进行介绍，包括信息资源目录、系统内部数据资源、行业相关数据资源、学科相关数据资源、互联网数据资源。

第一节　生态环境信息资源目录

信息资源目录是按照信息资源分类体系或其他方式对信息资源核心元数据的有序排列，在使用者和各部门之间搭建起一个桥梁和纽带，方便用户在海量的环境信息资源中根据元数据中的定位信息快速获取数据。

信息资源目录编制是政务信息系统共享的基础，国家高度重视此项工作，先后发布了《政务信息资源共享管理暂行办法》（国发〔2016〕51 号）、《推进“互联网+政务服务”开展信息惠民试点实施方案》（国办发〔2016〕23 号）、《政务信息系统整合共享实施方案》（国办发〔2017〕39 号）、《政务信息资源目录编制指南（试行）》（发改高技〔2017〕1272 号）等文件，要求加快建立政府数据资源目录体系，推进政府数据资源的国家统筹管理。

《生态环境大数据建设总体方案》中明确指出：“建立生态环境信息资源目录体系，利用信息资源目录体系管理系统，实现系统内数据资源整合集中和动态更新，建设生态环境质量、环境污染、自然生态、核与辐射等国家生态环境基础数据库。通过政府数据统一共享交换平台接入国家人口基础信息库、法人单位资源库、自然资源和空间地理基础库等其他国家基础数据资源。拓展吸纳相关部委、行业协会、大型国企和互联网关联数据，形成环境信息资源中心，实现数据互联互通。”

信息资源目录是通过对信息资源依据规范的元数据描述，按照一定的分类方法进行排序和编码的一组信息，用以描述各个信息资源的特征，以便于对信息资源的检索、定位与获取。信息资源目录是大数据中心实现数据共享的主要方法，信息资源目录描述的主体是数据集，通过信息资源目录功能，构建面向用户的数据共享服务体系。数据资源目录采用元数据对共享信息资源特征进行描述，形成统一规范的目录内容，通过对目录内容的有效组织和管理，形成统一规范的信息共享模式。

一、国家有关要求

上述 5 份文件中，对政务信息资源目录的重要性和必要性都做了阐述，《政务信息资源目录编制指南（试行）》给出了具体的编制方法和要求。理解政务信息资源目录，还需要从政务信息系统共享说起。

（一）政务信息系统共享

2016 年 9 月 5 日，国务院发布了《政务信息资源共享管理暂行办法》（以下简称《办法》），目的是加快推动政务信息系统互联和公共数据共享，增强政府公信力，提高行政效率，提升服务水平，充分发挥政务信息资源共享在深化改革、转变职能、创新管理中的重要作用。

《办法》定义了什么是政务信息资源。政务信息资源是指政务部门在履行职责过程中制作或获取的，以一定形式记录、保存的文件、资料、图表和数据等各类信息资源，包括政务部门直接或通过第三方依法采集的、依法授权管理的和因履行职责需要依托政务信息系统形成的信息资源等。政务部门，是指政府部门及法律法规授权具有行政职能的事业单位和社会组织。

（二）政务信息资源共享应遵循的原则

（1）以共享为原则，不共享为例外。各政务部门形成的政务信息资源原则上应予共享，涉及国家秘密和安全的，按相关法律法规执行。

（2）需求导向，无偿使用。因履行职责需要使用共享信息的部门（以下简称使用部门）提出明确的共享需求和信息使用用途，共享信息的产生和提供部门（以下统称提供部门）应及时响应并无偿提供共享服务。

（3）统一标准，统筹建设。按照国家政务信息资源相关标准进行政务信息资源的采集、存储、交换和共享工作，坚持“一源一数”、多元校核，统筹建设政务信息资源目录体系和共享交换体系。

（4）建立机制，保障安全。联席会议统筹建立政务信息资源共享管理机制和信息共享工作评价机制，各政务部门和共享平台管理单位应加强对共享信息采集、共享、使用全过程的身份鉴别、授权管理和安全保障，确保共享信息安全。

（三）政务信息资源的类型

政务信息资源按共享类型分为无条件共享、有条件共享、不予共享三种类型。

可提供给所有政务部门共享使用的政务信息资源属于无条件共享类。

可提供给相关政务部门共享使用或仅能够部分提供给所有政务部门共享使用的政务信息资源属于有条件共享类。

不宜提供给其他政务部门共享使用的政务信息资源属于不予共享类。

（四）政务信息资源共享及目录编制应遵循的要求

（1）凡列入不予共享类的政务信息资源，必须有法律、行政法规或党中央、国务院的政策依据。

（2）人口信息、法人单位信息、自然资源和空间地理信息、电子证照信息等基础信息资源的基础信息项是政务部门履行职责的共同需要，必须依据整合共建原则，通过在各级共享平台上集中建设或通过接入共享平台实现基础数据统筹管理、及时更新，在部门间实现无条件共享。基础信息资源的业务信息项可按照分散和集中相结合的方式建设，通过各级共享平台予以共享。基础信息资源目录由基础信息资源库的牵头建设部门负责编制并维护。

（3）围绕经济社会发展的同一主题领域，由多部门共建项目形成的主题信息资源，如健康保障、社会保障、食品药品安全、安全生产、价格监管、能源安全、信用体系、城乡建设、社区治理、生态环保、应急维稳等，应通过各级共享平台予以共享。主题信息资源目录由主题信息资源牵头部门负责编制并维护。

（五）共享信息的提供与使用要求

（1）按照“谁主管，谁提供，谁负责”的原则，提供部门应及时维护和更新信息，保障数据的完整性、准确性、时效性和可用性，确保所提供的共享信息与本部门所掌握信息的一致性。

（2）按照“谁经手，谁使用，谁管理，谁负责”的原则，使用部门应根据履行职责需要依法依规使用共享信息，并加强共享信息使用全过程管理。

使用部门对从共享平台获取的信息，只能按照明确的使用用途用于本部门履行职责需要，不得直接或以改变数据形式等方式提供给第三方，也不得用于或变相用于其他目的。

二、生态环境信息资源目录分类

信息资源目录分类包括资源属性分类、涉密属性分类、共享属性分类、层次属性分类。

（一）资源属性分类

信息资源目录按资源属性分为基础信息资源目录、主题信息资源目录、部门信息资源目录三种类型。

（1）基础信息资源目录是对环境基础信息资源的编目。一级类目包括环境质量、污染源、环境管理和其他。

1）环境质量的二级类目包括水环境质量、大气环境质量、土壤环境质量、自然生态环境质量、噪声环境质量、海洋生态环境质量等。

2）污染源的二级类目包括废水污染源、废气污染源、固体废物企业、重金属污染源、挥发性有机物污染源、环境应急风险源、交通运输污染源、集中式污染治理设施、施工工地污染源、生活污染源、农业污染源等。

3）环境管理的二级类目包括污染物排放总量控制、生态保护、应对气候变化、固体废物与化学品、核与辐射安全管理、环境安全应急管理、环境舆情管理、环境行政许可管理、生态环境监测、生态环境保护督察、环境执法等。

4）其他的二级类目包括环境行政办公、环境综合管理、环境科技、政策法规、标准规范、人事管理、财务与审计、环境地理信息等。

（2）主题域数据资源目录：对生态环境主题域数据资源进行编目，包括水环境、大气环境、土壤环境、海洋生态环境、自然生态、固废与危化品、核与辐射、噪声、应对气候变化、行政许可、生态环境监测、环境督察、环境执法、环境统计、环境应急、环境舆情管理等。

（3）部门信息资源目录是对各业务部门信息资源的编目。

（二）涉密属性分类

政务信息资源目录按照信息资源涉密属性，分为涉密政务信息资源目录和非涉密政务信息资源目录。

涉密政务信息资源目录和非涉密政务信息资源目录的梳理、编制、管理、应用等，分别依托国家数据共享交换平台（政务内网）、国家数据共享交换平台（政务外网）开展。

涉密政务信息资源目录和非涉密政务信息资源目录，按照信息资源属性分类、元数据、目录代码等要求分别编制。

（三）共享属性分类

信息资源目录按共享类型分为无条件共享、有条件共享、不予共享三种类型。

可提供给所有业务部门共享使用的环境信息资源对应目录属于无条件共享类。可提供给相关业务部门共享使用或仅能够部分提供给所有业务员部门共享使用的环境信息资源对应目录属于有条件共享类。不宜提供给其他业务员部门共享使用的环境信息资源对应目录属于不予共享类。

（四）层级属性分类

考虑到省以下生态环境系统的实际情况，应当将各市级生态环境局纳入层级属性分类目录编制范围。根据山东省 16 个地级市进行编目，包括济南市、青岛市、淄博市、枣庄市、东营市、烟台市、潍坊市、济宁市、泰安市、威海市、日照市、临沂市、德州市、聊城市、滨州市、菏泽市。

三、信息资源元数据

信息资源元数据包括核心元数据和扩展元数据。其中，核心元数据包括：

（一）信息资源分类

参照相关国家标准规定的基本原则和方法，对政务信息资源进行类、项、目、细目的四级分类。

（二）信息资源名称

描述环境信息资源内容的标题。

（三）信息资源代码

环境信息资源唯一不变的标识代码。

（四）信息资源提供方

提供环境信息资源的业务部门。

（五）信息资源提供方代码

提供环境信息资源的业务部门代码。信息资源提供方细化到内设司局或机构的，其代码仍使用业务部门代码。代码采用《国务院关于批转发展改革委等部门法人和其他组织统一社会信用代码制度建设总体方案的通知》中规定的法人和其他组织统一社会信用代码。

（六）信息资源摘要

对环境信息资源内容（或关键字段）的概要描述。

（七）信息资源格式

对环境信息资源存在方式的描述。

（八）信息项信息

对结构化信息资源的细化描述，包括信息项名称、数据类型。

（九）共享属性

对环境信息资源共享类型和条件的描述，包括共享类型、共享条件、共享方式。

（1）共享类型，包括无条件共享、有条件共享、不予共享三类。

（2）共享条件，无条件共享类和有条件共享类的环境信息资源，应标明使用要求，包括作为环保监管依据、工作参考，用于数据校核、业务协同等；有条件共享类的环境信息资源，还应注明共享条件和共享范围；对于不予共享类的环境信息资源，应注明相关的法律、行政法规或党中央、国务院政策依据。

（3）共享方式，获取信息资源的方式。原则上应通过共享平台方式获取；确因条件所限可采用其他方式，如邮件、拷盘、介质交换（纸质报表、电子文档等）等方式。

（十）开放属性

对环境信息资源向社会开放，以及开放条件的描述，包括是否向社会开放、开放条件。

（十一）更新周期

信息资源更新的频度，分为实时、每日、每周、每月、每季度、每年等。

（十二）发布日期

环境信息资源提供方发布共享、开放环境信息资源的日期。

（十三）关联资源代码

提供的任一环境信息资源确需在目录中重复出现时的关联性标注，在本元数据中标注重复出现的关联信息资源代码。

四、信息资源代码

（一）国家信息资源分类码

（1）信息资源“类”，即信息资源的一级分类，用 1 位阿拉伯数字表示。“1”代表基础信息资源类，“2”代表主题信息资源类，“3”代表部门信息资源类。

（2）信息资源“项”，即信息资源的二级分类，共 2 位，原则上用阿拉伯数字表示。如基础信息资源类中的环境信息、地理空间信息资源等分类；主题信息资源类中的大气环境、水环境、自然生态等分类；部门信息资源类中的大气处、水处、土壤处等分类。

（3）信息资源“目”，即信息资源的三级分类，共 3 位，原则上用阿拉伯数字表示。

（4）信息资源“细目”，不定长度，原则上用阿拉伯数字表示，供信息资源提供方进行具体的信息资源分类。“细目”可根据需要设置多级分类。

（二）政务信息资源顺序码

政务信息资源顺序码，采用不定长度，原则上以 1 为起始、连续的阿拉伯数字表示。

政务信息资源分类码与政务信息资源顺序码的组合，形成完整的政务信息资源代码，如图 7-1 所示。

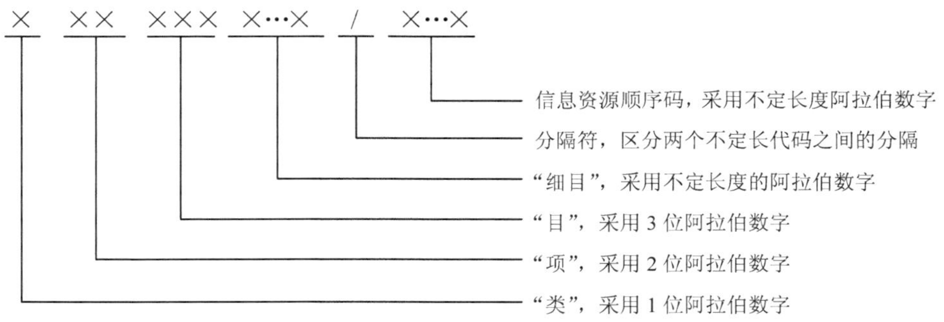

图 7-1　信息资源编码示意图

（三）山东省生态环境信息资源顺序码

为了充分考虑生态环境信息资源编码落地，结合国家、生态环境部和山东省有关标准要求，吸引借鉴了三个标准共性内容，完成了可利于生态环境部门执行的顺序码。

资源编码结构由四部分组成：

第一部分（第 1～6 位）：代表行政区划代码，由 6 位阿拉伯数字组成，应按照 GB/T 2260

规定的行政区划代码进行编码，例如：山东省生态环境厅行政区划代码为 370000；青岛市生态环境局行政区划代码为 370200；青岛市生态环境局李沧分局行政区划代码为 370213。

第二部分（第 7～8 位）：代表机构代码，由 2 位阿拉伯数字组成，机构代码根据目前的机构设置进行设立，主要以与生态环境有关的机构为原则进行分配，见表 7-1。

表 7-1 机构代码分配表

部门名称	代码
党委	01
人大	02
政府	03
政协	04
民主党派、群众团体	05
法院、检察院	06
中央驻鲁	07
纪律检查委员会监察委员会	08
党委办公厅（室）	09
组织部	10
宣传部	11
统一战线工作部	12
政法委员会	13
政策研究室	14
全面深化改革委员会办公室	15
全面依法治省委员会办公室	16
国家安全委员会办公室	17
网络安全和信息化委员会办公室	18
财经委员会办公室	19
外事工作委员会办公室	20
机构编制委员会办公室	21
军民融合发展委员会办公室	22
审计委员会办公室	23
教育工作领导小组办公室	24
农业农村委员会办公室	25
海洋发展委员会办公室	26
台港澳工作办公室	27
直属机关工作委员会	28
巡视（察）工作领导小组办公室	29
老干部局	30
人民政府办公厅（室）	31
参事室	32
口岸办	33
发展和改革委（局）	34
教育厅（局）	35
科技厅（局）	36

部门名称	代码
工业和信息化厅（局）	37
民族宗教委（局）	38
公安厅（局）	39
民政厅（局）	40
司法厅（局）	41
财政厅（局）	42
人力资源社会保障厅（局）	43
自然资源厅（局）	44
生态环境厅（局）	45
住房城乡建设厅（局）	46
交通运输厅（局）	47
水利厅（局）	48
农业农村厅（局）	49
商务厅（局）	50
文化和旅游厅（局）	51
卫生健康委	52
退役军人厅（局）	53
应急厅（局）	54
审计厅（局）	55
外办	56
国资委	57
市场监管局	58
广电局	59
体育局	60
统计局	61
医保局	62
机关事务局	63
人防办	64
政府研究室	65
地方金融监管局	66
大数据局	67
信访局	68
能源局	69
粮食和储备局	70
监狱局	71
海洋局	72
畜牧局	73
药监局	74
行政审批服务局	75
中国人民银行	76
公共资源交易中心	77
国网山东省电力公司	78
……	…

第三部分（第 9～17 位）：代表类目代码，由 9 位阿拉伯数字组成，类目层次包括“类”“项”“目”“细目”“五级类目”，编码示例见表 7-2，缺位用 0 补齐。

第四部分（第 18～20 位）：为顺序码，由 3 位阿拉伯数字（和）或大写拉丁字母组成。

信息资源编码结构如图 7-2 所示。

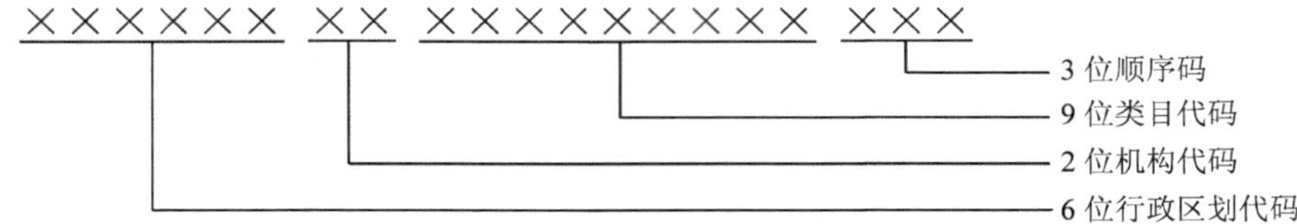

图 7-2 信息资源代码结构

信息资源编码类目代码编码示例见表 7-2。

表 7-2 信息资源编码类目代码编码示例

类	项	目	细目	五级类目	编码
基础数据资源	环境质量	水环境质量	地表水自动监测	……	1010101××
		……	……	……	101××××××
	污染源	……	……	……	102××××××
	……	……	……	……	×××××××××
主题域数据资源	水环境	流域环境管理	流域环境管理目标考核	……	2010101××
		……	……	……	201××××××
	大气环境	……	……	……	202××××××
	……	……	……	……	×××××××××
部门数据资源	生态环境监测处	污染源监督性监测	国控重点污染源监督性监测	……	3010101××
		……	……	……	301××××××
	生态保护处	……	……	……	302××××××
	……	……	……	……	×××××××××
市级环境数据资源	济南市	历下区	泉城路街道	……	4010101××
		……	……	……	401××××××
	青岛市	……	……	……	402××××××
	……	……	……	……	×××××××××

五、信息资源目录编制流程

（一）前期准备

1. 目录规划

各业务部门按照相关要求，结合本部门对环境业务数据的需求情况，在梳理本部门业务应用的基础上，梳理部门环境信息资源，重点从环境信息资源“类”“项”“目”“细目”分类的角度，制定本部门环境信息资源目录规划。

2. 资源调查

依据环境信息资源目录规划，各责任部门组织开展资源调查工作，梳理部门、所属机构（单位）或共同参与单位的环境信息资源，结合已建信息系统中的信息资源，细化完善目录规划，全面掌握环境信息资源情况。

（二）目录编制与报送

1. 信息资源目录编制

各责任部门根据在目录规划、资源调查阶段形成的环境信息资源目录规划和资源情况，按照环境信息资源目录元数据要求，编制生成基础类、主题类和部门类的环境信息资源目录。

2. 信息资源目录报送

各责任部门应按要求，在对基础类、主题类和部门类的环境信息资源目录进行复核、审查后，及时报送本级环境信息资源共享主管部门。报送的信息资源目录为目录编制工具导出的统一格式文件，或者 et、xls、xlsx 等电子表格文件。各责任部门应同时完成环境信息资源目录在目录管理系统中的在线填报，做好相关数据对接，保障数据共享交换平台按照信息资源目录顺利调取相关的信息资源。

（三）目录汇总与管理

1. 信息资源目录审核汇总

相关审核机构在审核各责任部门提交的环境信息资源目录后，汇集整合形成基础类、主题类和部门类的环境信息资源目录。各级环境信息资源共享主管部门负责本级环境信息资源目录的审核和汇总工作。

在审核汇总过程中，如发现环境信息资源目录不符合要求，则退回责任部门整改；如发现有重复采集的数据内容，由本级环境信息资源共享主管部门负责协商明确该数据内容的第一采集部门，并将相关信息更新至本级环境信息资源目录。

2．信息资源目录管理维护

建设完善数据共享交换平台目录管理系统，为各责任部门接入共享平台提供技术支持，承担环境信息资源目录的注册登记、发布查询、维护更新等日常管理工作。

目前，山东省生态环境厅已经编制并在山东省政务信息资源共享网上发布了766条信息资源目录，涵盖大气环境、水环境、土壤环境、自然生态、核与辐射、监管执法、公众服务等业务要素，以信息资源目录的形式为上下级生态环境部门、外厅局等提供信息资源共享服务。同时，生态环境大数据建设项目新建成的生态环境大数据资源中心目前已汇聚各类生态环境数据365亿余条，向社会公开各类环境数据3.5亿条，占全省数据公开总量的44.7%，列山东省各部门第一位。

第二节　系统内部数据资源

生态环境系统内部数据资源主要是环境政务和业务数据，涉及大气、水、土壤、自然生态、污染源、固体废物、核与辐射等环境要素，与环境影响评价、环境执法等业务相关。环境政务和业务数据既包含空间地理信息、企业法人信息、环境政策法规、环境遥感数据、标准规范等公共数据，又有物联网监测设备对大气环境、水环境、土壤环境、生态环境等采集的原始数据，还有各个业务处室及直属单位根据自身的工作职责产生的环境业务管理数据。

一、基础数据

生态环境系统内部基础数据资源主要包括排污许可证、污染源基础数据库、基础地图、业务地图、企业法人信息、环境政策法规、环境标准、信息公开等，具体数据项见表7-3。

表7-3　生态环境系统内部基础数据资源表

序号	类别	数据内容
1	排污许可证	全省排污许可证信息
2	污染源基础数据库	污染源基础信息
3	基础地图	行政区划基础数据
4		道路基础数据
5		旅游景点基础数据
6		水系基础数据
7		企业法人位置数据
8		区域人口数据
9		山东省地形图
10		医疗基础数据

序号	类别	数据内容
11	业务地图	大气环境（空气质量、VOC、重污染天气应急减排企业等）
12		污染源（废水、废气、污水处理厂、垃圾焚烧发电厂等）
13		水环境（河流、地下水、湖库、饮用水水源地保护区等）
14		土壤
15		海洋生态
16		自然保护区
17		海洋保护区
18		生态红线
19		核与辐射（移动源、核电站等）
20		固体废物（医疗废物、危险化学品等）
21		农村环境整治
22		机动车（机动车检测、机动车遥测、非道路移动机械、机动车制造企业等）
23		环境应急（专家、应急物资库等）
24		环境督察发现问题数据
25		各类环境规划数据
26	企业法人	企业法人信息
27	环境政策法规	环境政策法规结构化数据
28	环境标准	环境标准结构化数据
29	环境信息公开	环境信息公开数据
…	……	……

二、业务数据

生态环境系统内部业务数据资源主要包括大气污染防治管理、水污染防治管理、土壤和固体废物污染防治管理、自然生态保护与管理、行政审批管理、污染源管理、核与辐射污染源管理等，具体数据项见表 7-4～表 7-10。

表 7-4　大气污染防治管理业务数据资源表

序号	类别	数据内容
1	大气污染防治管理	空气环境监测统计数据
2		空气监测站点信息
3		空气监测数据
4		空气质量自动监测数据（小时、日、月、年）
5		空气质量预测预报数据
6		空气质量预警数据

序号	类别	数据内容
7	大气污染防治管理	空气质量自动监测环比、同比数据
8		空气质量监测历史数据
9		空气质量监测设备数据
10		空气质量主要污染物数据
11		空气质量人工监测数据
12		空气超级站监测数据
13		城市空气质量达标数据
14		空气质量自动监测控制与数据采集仪数据
15		重型柴油车运行数据
16		机动车排放监测数据
17		机动车保有量数据
18		重点物流园区数据
19		非道路移动机械基础和作业数据
20		机动车检测数据
21		机动车遥测数据
22		气象站点监测数据
23		区域气象预报数据
24		雾霾沙尘卫星遥感监测数据
25		生活燃煤数据
26		工业燃煤数据
27		电厂用煤数据
28		大气污染防治综合统计与评估数据
29		污染源废气自动监控数据
30		污染源废气监督性监测数据
31		区域大气排放源清单管理数据
32		区域大气污染物总量控制数据
33		区域工业大气污染综合治理数据
34		区域大气污染防治业务协同数据
35		建筑工地监管数据
36		加油站监管数据
37		清洁能源改造应用数据
38		重污染天气应急减排清单数据
39		重污染天气错峰生产数据
40		重污染天气一企一策数据
41		“大气十条”任务落实数据
…		……

表 7-5　水污染防治管理业务数据资源表

序号	类别	数据内容
1	水污染防治管理	河流水质统计数据
2		河流断面自动监测站点信息
3		河流断面自动监测数据（小时、日、月、年）
4		河流断面自动监测设备控制、数据采集仪数据
5		河流断面水质人工监测数据
6		国家、省级考核河流断面水质监测数据
7		饮用水水源自动监测站点信息
8		饮用水水源水质自动监测数据（小时、日、月、年）
9		饮用水水源地人工监测数据
10		饮用水水源地自动监测设备控制、数据采集仪数据
11		饮用水水源地保护区监管数据
12		企业废水自动监测站基本信息
13		企业废水自动监测数据（小时、日、月、年）
14		企业废水自动监测站设备管理信息
15		污水处理厂自动监测站基本信息
16		污水处理厂自动监测数据（小时、日、月、年）
17		污水处理厂自动监测站设备管理信息
18		地下水水质数据
19		近岸海域水质监测数据
20		近岸海域水质数据
21		近岸海域环境功能规划数据
22		海洋功能区划数据
23		海洋生态保护区数据
24		全省水情数据
25		全省河流水文数据
26		全省雨情况数据
27		工业水污染综合治理数据
28		黑臭水体治理数据
29		水环境综合评估数据
30		水污染防治综合管理数据
31		“水十条”任务落实数据

表 7-6　土壤和固体废物管理业务数据资源表

序号	类别	数据内容
1	土壤和固体废物污染防治管理	土壤监测统计数据
2		历年土壤监测数据
3		土壤监测点位数据
4		土壤背景值监测数据
5		土壤环境人工监测调查问卷数据
6		土壤污染类型统计数据
7		土地利用类型统计数据
8		土壤污染地块监测数据
9		土壤环境例行监测数据
10		土壤环境历史监测数据
11		土壤环境综合治理数据
12		土壤污染监测清单数据
13		土壤污染重点企业监测数据
14		固体废物与化学品管理数据
15		固体废物产生单位基本数据
16		危险化学品名录
17		危废处置企业基础信息
18		重点产废单位信息
19		一般产废单位信息
20		固废运输车辆基本信息和运行轨迹
21		危险化学品运输车辆基本信息和运行轨迹
22		危化品企业应急预案
23		“土十条”任务落实数据
…		……

表 7-7　自然生态保护与管理业务数据资源表

序号	类别	数据内容
1	自然生态保护与管理	生物多样性保护与管理数据
2		国家级、地方级自然保护区管理数据
3		国家级、地方级自然保护区矢量数据
4		海洋生态保护区数据
5		生态文明建设示范区管理数据
6		全省生态红线保护规划数据
7		生态红线监管数据（省、市、县）
8		国家有机食品生产基地统计数据
9		农村综合环境整治数据
10		规模化畜禽养殖数据
11		农业污染防治工程基本信息数据
12		农业污染防治工程建设过程数据
13		农业污染防治工程任务管理数据
14		农业与农村环境管理数据
15		生态环境调查与评估成果数据
…		……

表 7-8　公众服务数据资源表

序号	类别	数据内容
1	公众服务	环境影响评价审批数据（省、市、县）
2		环境影响评价登记和备案数据
3		生态环境保护规划支持数据
4		环境执法监管公开数据
5		“双随机一公开”数据
6		行政许可和行政处罚数据
7		危废转移联单数据
8		“12369”电话举报数据
9		“12369”电话举报办理数据
10		“12369”电话举报办结数据
11		“12369”举报电话行业信息数据
12		“12369”电话举报污染类型信息数据
13		网上举报数据
14		网上举报办理信息数据
15		网上举报办结信息数据
16		网上举报行业信息数据
17		网上举报污染类型信息数据

序号	类别	数据内容
18	公众服务	来信举报数据
19		来信办理信息数据
20		来信办结信息数据
21		来信行业信息数据
22		来信污染类型信息数据
23		来访举报数据
24		来访办理信息数据
25		来访办结信息数据
26		来访行政区划数据
27		来访办理单位数据
28		来访行业信息数据
29		来访污染类型信息数据
30		省级流域污染防治专项资金项目数据
31		省级大气污染防治资金项目数据
32		省级空气生态补偿资金项目数据
33		公务与执法车辆使用信息
34		应公开的文件信息
35		环境信息公开数据
36		危险废物国家重点监控企业名单
37		规模化畜禽养殖场（小区）国家重点监控企业名单
38		重金属国家重点监控名单
39		污水处理厂国家重点监控名单
40		废气国家重点监控企业名单
41		废水国家重点监控企业名单
42		水环境重点排污单位名录
43		大气环境重点排污单位名录
44		土壤环境重点排污单位名录
45		其他重点排污单位名录
46		国控企业废水监督性监测数据
47		国控企业废气监督性监测数据
48		污水处理厂监督性监测数据
49		国控重金属企业废气监督性监测数据
50		国控重金属企业废水监督性监测数据
51		危险废物国家重点监控企业监督性监测数据
52		国控重点污染源监督性监测结果
53		国家重点监控企业未开展污染源监督性监测的原因
54		省级重点监控企业名单
55		环境质量状况公报
56		清洁生产审核企业名单

序号	类别	数据内容
57	公众服务	清洁生产审核情况
58		固体废物污染防治公报
59		固体废物行政审批结果
60		废弃电器电子产品处理企业
61		挂牌督办情况
62		污染源自动监控数据传输有效率
63		企业环境信用评价结果
64		主要污染物排放超标的国家重点监控企业名单及处理情况
65		行政处罚决定
66		拒不执行处罚决定企业名单
67		突发环境事件应急预案
68		重特大突发环境事件企业名单
69		年度突发环境事件应对情况
70		企业突发环境事件风险等级划分情况
71		企业突发环境应急预案备案情况
…		……

表 7-9　污染源管理业务数据资源表

序号	类别	数据内容
1	污染源管理	全省污染源统计信息
2		排污单位基本信息
3		排污单位产品信息
4		排污单位污染治理设施
5		排污单位原辅材料
6		排污单位双随机抽查状态
7		排污单位双随机抽查结果公开数据
8		固体废物产生源信息
9		危险化学品信息
10		污染源排放监测数据
11		污染源企业基本信息
12		污染源企业地理数据
13		污染源自动监控实时监测数据
14		污染源监督性监测数据
15		VOCs 排放总污染当量
16		“12369”涉企举报信息
17		“12369”涉企举报办结信息
18		“12369”涉企举报污染类型信息
19		网上举报信息
20		网上举报办结信息
21		网上举报污染类型信息

序号	类别	数据内容
22		来信举报信息
23		来信举报办结信息
24		来信举报污染类型信息
25		来访举报信息
26		来访举报办结信息
27		来访举报污染类型信息
28		建设项目环境影响评价信息
29		环评建设项目自行竣工验收基本信息
30		污染物处理方法数据
31		污染物处理设备数据
32		排污管理信息
33		污染源监控设备和数据采集仪信息
34		环境风险防控预警数据
35		污染物自动监控统计数据（日、月、年）
36		建设项目登记和备案数据
37		危险废物国家重点监控企业名单
38		规模化畜禽养殖场（小区）国家重点监控企业名单
39		重金属国家重点监控名单
40		污水处理厂国家重点监控名单
41		废气国家重点监控企业名单
42	污染源管理	废水国家重点监控企业名单
43		水环境重点排污单位名录
44		大气环境重点排污单位名录
45		土壤环境重点排污单位名录
46		其他重点排污单位名录
47		企业废水监督性监测数据
48		企业废气监督性监测数据
49		污水处理厂监督性监测数据
50		重金属企业废气监督性监测数据
51		重金属企业废水监督性监测数据
52		危险废物国家重点监控企业监督性监测数据
53		国控重点污染源监督性监测结果
54		国家重点监控企业未开展污染源监督性监测的原因
55		省级重点监控企业名单
56		挂牌督办情况
57		污染源自动监控数据传输有效率
58		企业环境信用评价结果
59		主要污染物排放超标的国家重点监控企业名单及处理情况
60		行政处罚决定
61		拒不执行处罚决定企业名单
…		……

表 7-10　核与辐射污染源管理业务数据资源表

序号	类别	数据内容
1	核与辐射污染源管理	电离辐射污染源数据
2		电磁辐射污染源数据
3		放射源辐射剂量监测数据
4		地区逐日辐射环境质量监测数据
5		辐射自动监测站数据
6		辐射污染源监测数据
7		辐射报警管理数据
8		辐射报警监测数据
9		辐射超标报警信息

第三节　行业相关数据资源

行业相关数据资源为外厅局与环境相关的数据，是需要从其他政府部门接入的数据，包括：住房和城乡建设厅的工地数据和污水处理厂数据；公安厅的机动车数据；发展和改革委的燃煤数据和项目批复建设数据；水利厅的水文数据；自然资源厅的地下水、地质、矿权数据；农业农村厅的土壤相关数据；气象局的大气相关数据；海洋局的功能区划和入海水源数据等，见表 7-11。

表 7-11　其他省直部门的生态环境相关数据表

部门	数据信息	数据指标
发展和改革委员会	全省煤炭消费压减任务分解表	任务分解单位基本信息、任务内容、任务进度等
	燃煤机组淘汰专项方案及执行数据	燃煤机组淘汰专项方案、各企业执行进度、执行结果等
	全省新上耗煤项目备案信息	2013 年以来全省新上耗煤项目基本信息、涉及企业基本信息等
	全省改建耗煤项目备案信息	2013 年以来全省改建耗煤项目基本信息、涉及企业基本信息等
	全省扩建耗煤项目备案信息	2013 年以来全省改建耗煤项目基本信息、涉及企业基本信息等
	全省天然气调峰电站信息	天然气调峰电站基本信息、空间位置、是否中断等
	全省风电、太阳能发电、生物质发电、抽水蓄能发电、核电等新能源和可再生能源发电装机信息	全省风电、太阳能发电、生物质发电、抽水蓄能发电、核电等新能源和可再生能源发电装机的空间位置、装机容量等信息
	全省火力发电厂建设数据	全省各火力发电厂基本信息、燃料类型、燃料消费量、空间位置、建设情况等

部门	数据信息	数据指标
发展和改革委员会	外电入鲁能力数据	外电来源、外电入鲁渠道、外电入鲁能力等
	7 个传输通道城市铁路运输比例	7 个传输通道城市铁路运输里程、7 个传输通道城市铁路运输比例、重点企业铁路专用线建设情况等
	全省新上涉及大型物料运输建设项目备案信息	2013 年以来全省新上涉及大型物料运输建设项目基本信息、涉及企业基本信息等
	全省改建涉及大型物料运输建设项目备案信息	2013 年以来全省改建涉及大型物料运输建设项目基本信息、涉及企业基本信息等
	全省扩建涉及大型物料运输建设项目备案信息	2013 年以来全省扩建涉及大型物料运输建设项目基本信息、涉及企业基本信息等
	全省禁止和限制发展的行业、生产工艺和产业目录	全省禁止和限制发展的行业目录、生产工艺目录、产业目录等
	行政许可与行政处罚信息	全省企业行政许可信息、行政处罚信息等
	各企业信用信息	全省各企业信用的基础信息和各部门汇总信息等
	信用目录	各部门各类信用目录信息等
	守信红名单	出入境检验检疫信用管理 AA 级企业名单、公共资源交易奖励信息、A 级纳税人名单、政府质量奖励信息、海关高级认证企业名单、名牌产品信息等
	失信黑名单	质监局黑名单、高级人民法院失信被执行人名单（被执行人名称及基础信息、案号、执法法院、失信事由、发布时间等）、公共资源交易黑名单、重大税收违法案件信息公告（省国税局）、涉金融失信失联企业公示、涉金融失信失联黑名单、电子商务领域严重失信企业黑名单、严重失信债务人名单、2016 年度出入境检验检疫严重失信企业名单、重大税收违法案件信息公告（省地税局）、欠税公告、工商部门严重违法失信企业名单、失信重点关注名单（工商异常名录）、证监会市场禁入名单、安全生产黑名单等信息
工业和信息化厅	退出炼铁产能量、炼钢产能量	各企业退出炼铁产能量、炼钢产能量情况统计等
	7 个传输通道城市独立焦化淘汰企业信息	独立焦化淘汰企业基本信息、空间位置、淘汰执行情况、淘汰执行结果等
	65 蒸吨/小时及以上燃煤锅炉节能改造信息	65 蒸吨/小时及以上燃煤锅炉分布情况、节能改造进度、节能改造结果等
	错峰生产名录	企业基本信息、企业生产线、工序和设备、错峰生产时间等
	全省加油站分布	属地、加油站总数、加油站编号、加油站名称、加油站地址等
	市县两级加油站、油品仓储和批发企业监督检测信息	市县两级加油站、油品仓储和批发企业基本信息、空间位置、监督检测结果等
	双随机一公开信息	全省监控化学品的监督检查、节能工作的监督检查、电力运行监督管理、油区管理和石油天然气管道保护的监督检查、成品油市场的监督检查、无线电管理的监督检查信息等

部门	数据信息	数据指标
公安厅	报废车辆信息	车辆注册信息、车辆报废信息等
	重型柴油车远程监控	重型柴油车注册信息、排污情况、运行轨迹等
	全省机动车登记数据	机动车基本信息、所属人/所属单位基本信息、登记信息等
	全省机动车驾驶证信息	驾驶证信息、持证人基本信息等
	全省道路车辆流量信息	道路信息、道路车辆小时流量、日流量、月流量、年流量等
	入鲁车流量信息	车辆入鲁点信息，各入鲁点入鲁车小时流量、日流量、月流量、年流量等
	超标排放重型柴油车处罚信息	超标排放重型车辆信息、处罚信息等
	标准地址数据	全省标准地址数据
自然资源厅	全省露天矿山清单	露天矿山基本信息、开采矿物类型、空间位置、是否灭失等
	全省大中型绿色矿山清单	绿色矿山基本信息、开采矿物类型、空间位置等
	矿业权到期提醒	全省矿业权到期企业或单位信息，包括编号、地市、项目名称、探矿权人名称、许可证号、有效期始、有效期止、到期剩余时间等
	探矿权过期公告	全省探矿权过期企业或单位信息，包括编号、地市、项目名称、探矿权人名称、许可证号、有效期始、有效期止、到期剩余时间等
	土地利用现状数据	土地利用类型、土地利用面积等
	全省县、乡镇行政区划矢量数据	地图数据
	土地利用用地规划分布图	地图数据
	道路交通图	地图数据
	水源地分布图	地图数据
	全省河流矢量数据	地图数据
	行政许可网上申报信息	土地、矿产、地质环境与灾害、测绘等行政许可网上申报信息
	国土资源统计数据	国土资源主要统计指标、国土资源管理主要统计指标、行政许可事项审批情况等
住房和城乡建设厅	冷空气生成区、近郊林地和内城绿地建设	建设位置、建设进度、建设范围等
	城市建成区绿化覆盖率	各市城市建成区面积、绿化面积、绿化覆盖率等
	管辖工地所使用非道路移动机械的排气达标情况	省住建厅管辖工地所使用非道路移动机械登记备案信息、排放达标情况等
	露天烧烤污染、城市焚烧沥青塑料垃圾、露天焚烧秸秆落叶、餐饮油烟等污染的行政处罚记录	涉及企业基本信息、行政处罚信息等
	施工工地扬尘管控清单	施工工地信息、扬尘类型、污染程度、管控措施等
	全省房屋建筑工程信息	工程基本信息、承建单位基本信息、施工单位基本信息、扬尘防治情况等
	全省房屋拆除工程信息	工程基本信息、承建单位基本信息、施工单位基本信息、扬尘防治情况等

部门	数据信息	数据指标
住房和城乡建设厅	全省市政工程信息	工程基本信息、承建单位基本信息、施工单位基本信息、扬尘防治情况等
	线性工程扬尘控制执行情况	市政、公路、水利等线性工程基本信息、扬尘情况、控制执行情况等
	拆迁（拆除）工地湿法作业执行情况	拆迁（拆除）工地基本情况、湿法作业执行情况等
	城市道路机械化清扫和洒水信息	城市道路机械化清扫和洒水位置、范围、机械化比例等信息
	全省城市和县城主次干路保洁信息	全省城市和县城主次干路达到深度保洁标准的范围、比例等
	工地扬尘监测数据	工地基本信息、扬尘监测数据等
	全省渣土车运输数据	核准渣土运输企业信息、渣土运输车辆信息、运输车辆通行时间、运输车辆运行轨迹等
	全省“煤改电”“煤改气”基本情况	涉及企业基本信息、改造情况等
	全省集中供热信息	供热面积等
	全省污水处理厂建设数据	污水处理厂基本信息、基础设施建设数据、污水处理能力数据等
	黑臭水体治理任务执行情况	涉及企业基本信息、治理措施、任务执行情况、执行结果等
	全省垃圾处理厂建设数据	垃圾处理厂企业基本信息、垃圾处理厂基础设施建设基本情况、生活垃圾处置装置及运行情况、生活垃圾处理量、生活垃圾焚烧项目专项执法信息等
	污泥安全处置数据	涉及企业基本信息、污泥安全处置措施、处置时间、处置结果等
	全省城市供排水管网数据	城市供水管网信息、雨水管网信息、排水管网信息、雨污分流管网信息等
	全省城市污水管网数据	县级及以上城市污水管网基本情况、每城市污水管网总长度、排污量等
	新建城区硬化地面信息	新建城区硬化地面面积、可渗透范围、可渗透面积等
	全省新增再生水利用工程信息	新增再生水基础设施（建筑中水设施、雨水收集利用）工程信息、建设情况等
	缺水城市再生水利用率	缺水城市行政信息、缺水基本情况、再生水利用形式、再生水利用率等
	行政处罚公告信息	企业基本信息、行政处罚内容、行政处罚结果、发布机构、公开日期等
交通运输厅	全省高速公路服务区和普通国省道沿线充电站建设情况	高速公路路段信息、服务区基本信息、普通国省道路段信息、已建充电站基本信息、正在建设充电站建设进度等
	全省营运车辆信息登记信息	车辆登记信息、车辆参数信息等
	道路信息	道路行政信息、空间位置信息等
	全省在建道路信息	全省在建道路基本信息、建设项目基本信息、涉及企业基本信息、建设进度等
	全省节能减排督察信息	节能减排督察时间、督察明细、问题记录等

部门	数据信息	数据指标
交通运输厅	全省航道网络信息	全省航道沿线港口基本信息（港口名称、港口运输货物类型及运量等）、空间位置、港口建设情况等
	船舶港口污染防治信息	船舶港口基本信息、污染防治执行情况等
	全省港口码头和机场岸电设施建设信息	全省港口码头基本信息、港口码头设施建设及使用率情况、排放不达标港作机械清洁化改造和淘汰情况、机场基本信息、机场岸电设施建设情况等
	全省危化品车辆信息	危化品车辆登记注册信息、危化品信息、危害等级、运输企业基本信息、运输信息等
	全省危化品车辆监测信息	危化品车辆登记注册信息、监测时间、运行轨迹等
	交通建设市场监督信息	全省交通建设市场监管动态、企业信息、人员信息、项目信息、信用信息、招投标信息等
水利厅	全省年用水总量	以市为单位的年用水总量数据等
	全省万元国内生产总值用水量	以市为单位的全省万元国内生产总值用水量数据等
	全省万元工业增加值用水量	以市为单位的全省万元工业增加值用水量数据等
	地下水禁采区、限采区和地面沉降控制区信息	地下水禁采区基本信息、范围、面积，地下水限采区基本信息、范围、面积，地面沉降区基本信息、范围、面积等
	已建机井登记信息	已建机井登记基本信息等
	全省地表水水文、水质、水体功能利用等数据	地表水水文信息［库容曲线数据、库站讯限水位数据、库（湖）蓄水量多年日均值统计数据、雨水情降水量统计数据、雨水水位流量关系曲线数据、水位流量多年日平均统计数据、水位流量旬月均值系列数据、河道水情多日均值数据、水情监测数据、时段降水量数据、闸口信息、水文站信息、水文站监测数据等］、地表水水质信息（水质站点信息、水质站点监测数据等）、地表水水体功能利用数据（水体功能区划、水体面积等）等
	全省重要饮用水水源地信息	饮用水水源地基本信息、涉及企业或小区基本信息等
	全省河流基础数据	河流信息等
	全省雨情数据	全省各地雨情基础数据
	全省取水口和农业灌溉口数据	取水口和农业灌溉口信息、取水口和农业灌溉口水文、水质监测数据等
	全省泵站数据	泵站信息、泵站水文、水质监测数据等
	全省入河湖排污口数据	河流、湖泊信息、入河湖排污口信息、排放信息、代表性监测断面信息及监测数据等
	全省重点监控用水单位名录	全省重点监控用水单位基本信息等
	农田灌溉水有效利用系数	农田位置、农田面积、灌溉水源信息、灌溉水量、灌溉水有效利用系数等
农业农村厅	全省农作物病虫害绿色防控覆盖率	全省农作物病虫害绿色防控覆盖区域及面积、全省农作物病虫害绿色防控覆盖率等

部门	数据信息	数据指标
农业农村厅	全省水产养殖数据	养殖场名称、经度、纬度、水域面积、养殖种类、养殖水体类型（海水、淡水）、养殖模式（池塘养殖、工厂化养殖、网箱养殖、围栏养殖和滩涂养殖等）、养殖投放量、养殖产量等
海洋局	海岸线基础信息	海岸线基础信息矢量文件
	海洋功能区划信息	海洋功能区划信息矢量文件
林业局	全省林业资源信息	林地类型、用地面积、湿地资源、森林资源等
	全省自然保护区信息	自然保护区分布情况、保护区级别、保护区面积、保护区矢量地图等
统计局	全省一次能源生产量及构成	年份、类别、单位、数值等
	全省主要年份一次能源生产总量	年份、单位、能源生产总量、原煤、原油、天然气，水电、风电和太阳能光伏发电等
	全省能源消费量及构成	年份、能源消费量（万吨标准煤）、煤品构成（%）、油品构成（%）、电力构成（%）、其他构成（%）等
	全省人口、经济统计年鉴数据	全省人口、经济统计年鉴数据
	全省各市电力消费量	年份、地区、单位、全社会用电量、工业用电、城乡居民生活用电等
	全省平均每天各种能源消费量	年份、分类、单位、数值等
	全省主要污染物排放及处理情况	年份、单位、废水排放量、废气排放量、二氧化硫排放量、氮氧化物排放量、烟（粉尘）排放量、工业固体废物产生量、工业固体废物综合利用量等
	全省水资源情况	年份、地区、单位、水资源总量、地表水资源量、地表水与地表水资源不重复量等
	全省供水用水情况	年份、地区、单位、供水总量、地表水供水、地下水供水、其他供水、用水总量、农业用水、工业用水、生活用水、生态用水等
市场监督管理局	企业登记基本信息	企业规模、所属类别、企业性质、企业名称、企业统一社会信用代码、成立日期、主营业务等
	企业注销信息	批准日期、注销文号、批准机关、备注、注销原因、批准文号、时间戳、主体身份代码、注销日期等
	企业吊销信息	主体身份代码、吊销依据（处罚依据）、吊销机关、处罚决定书文号、吊销日期、备注、吊销原因（违法行为种类）、吊销人、时间戳等
	企业分支机构信息	分支机构名称、登记机关、分支机构统一社会信用代码、记录编号、分支机构注册号、时间戳、主体身份代码、登记日期等
	小微企业名录基本信息	主体身份代码、统一社会信用代码、名称、注册号、市场主体类型、成立日期、注册资本、登记机关、所属门类、行业代码等
	个体工商户登记基本信息	主体身份代码、统一社会信用代码、字号名称、注册号、从业人数、资金数额（万元）、组成形式、组成形式（中文名称）、行业门类、行业代码、注册日期、登记机关、登记机关（中文名称）、经营范围、经营场所、经营（驻在）期限自、经营（驻在）期限至、登记状态、经营者、核准日期等

部门	数据信息	数据指标
市场监督管理局	个体工商户吊销信息	工商个体基本信息、吊销原因、吊销日期等
	个体工商户注销信息	工商个体基本信息、注销原因、注销日期等
	严重违法失信企业名单	主体身份代码、注册号、法定代表人/负责人证件号码、列入做出决定机关、数据汇总单位、企业（机构）名称、法定代表人/负责人人员姓名、列入事由/情形、列入做出决定机关、数据汇总时间、严重违法失信 ID（身份标识号码）、统一社会信用代码、法定代表人/负责人证件类型、列入日期、列入文号等
	行政处罚当事人信息	法定代表人、行政处罚当事人 ID、姓名、统一社会信用代码、数据汇总单位、案件基本信息 ID、个体注册号、企业注册号、数据汇总时间、主体身份代码、单位名称
	行政处罚基本信息	案件基本信息 ID、处罚种类、没收金额、做出行政处罚决定机关、数据汇总单位、处罚决定书文号、处罚种类、处罚内容、做出处罚决定书日期、数据汇总时间、违法行为类型、罚款金额、做出行政处罚决定机关、公示日期
	经营异常名录	列入事由/情形、列入做出决定机关、数据汇总时间、严重违法失信 ID、统一社会信用代码、法定代表人/负责人证件类型、列入日期、列入文号、主体身份代码、注册号、法定代表人/负责人证件号码、列入做出决定机关、数据汇总单位、企业（机构）名称、法定代表人/负责人人员姓名
	全省锅炉能效监测信息	锅炉基本信息、锅炉能效监测数据等
	工业产品生产许可证获证企业查询	许可事项名称、组织机构代码、营业执照注册号、行政相对人名称（单位名称）、所在地区、许可证编号、产品类别、发证日期、证书有效期、审批部门等
	全省工业产品品种、规格型号信息	企业名称、企业规模、企业统一社会信用代码、注册时间、主营业务等
	工业产品质量监督管理	企业统一社会信用代码、通报时间、事件等级、企业名称等
	食品相关产品生产许可证获证企业查询	许可事项名称、组织机构代码、营业执照注册号、行政相对人名称（单位名称）、所在地区、许可证编号、产品类别、发证日期、证书有效期、审批部门等
	行政处罚信息	企业基本信息、行政处罚内容、行政处罚结果、发布机构、公开日期等
国家税务总局山东税务局	信用等级信息	纳税人基本信息、纳税人信用信息等
	税务登记信息	纳税人识别号、纳税人名称、登记注册类型、纳税人状态、税务登记表类型、开业日期、所属税务机关等
	全省企业所得税申报信息	企业组织机构代码或统一社会信用代码、企业名称、企业营业额、纳税类别、纳税时间、税务类别、纳税金额等
	全省环保税纳税申报信息	企业名称、企业组织机构代码或统一社会信用代码、企业每月营业额、纳税时间、排污量、主要污染物、每月纳税金额等

部门	数据信息	数据指标
应急管理厅	危险化学品登记管理系统	危险化学品所属企业基本信息、危险化学品名称、危险化学品类型等
	全省对危险化学品有关违法行为的处罚信息	对危险化学品储存方面违法行为的处罚信息、对危险化学品单位转产、停产、停业或者解散时未按规定处置生产装置、库存危险化学品的处罚信息、全省对危险化学品管道安全方面有关违法行为的处罚信息等
药品监督管理局	食品生产许可证获证企业查询	单位名称、所在地区、许可证编号、食品、食品添加剂类别、类别名称、发证日期、证书有效期、发证机关等
	食品经营获证企业查询	单位名称、所在地区、许可证编号、食品、食品添加剂类别、类别名称、发证日期、证书有效期、发证机关等
	药品生产许可证获证企业查询	单位名称、所在地区、许可证编号、药品类别、类别名称、发证日期、证书有效期、发证机关等
	药品批发许可证获证企业查询	单位名称、所在地区、许可证编号、药品类别、类别名称、发证日期、证书有效期、发证机关等
	保健食品生产许可证获证企业查询	单位名称、所在地区、许可证编号、保健食品类别、类别名称、发证日期、证书有效期、发证机关等
	小餐饮作坊监督信息	小餐饮作坊登记证信息等
畜牧兽医局	畜禽养殖禁养区、限养区和适养区划定方案	畜禽养殖禁养区、限养区、试养区划定信息、划定地图等
	全省规模养殖场基本信息	养殖户编号、养殖户基本信息、空间位置、所属村庄、联系电话、养殖类型、养殖规模、占地面积等
	全省畜禽养殖场污水处理量及去向数据	规模化养殖场名称、经度、纬度、面积、养殖种类、养殖数量、用水量、粪污清理方式、污水处理设施情况、污水处理利用率、排污去向、涉及河流信息等
气象局	十年 109 个站 6 要素历史气象统计产品	历年各气象站点数据、历年各气象站点监测数据等
	16 地市天气实况	气温、气压、相对湿度、水汽压风向、风力、风速等
	每日天气预报	全省天气预报数据等
	灾害性天气预警信号	全省空气预警发布数据等
	雷达观测降水产品图	全省雷达图数据
	109 个站降水量数据	各市降水量小时值等
	雾、沙尘卫星遥感监测产品	2010 年以来全省雾、霾、沙尘卫星遥感监测时间，全省雾、霾、沙尘卫星遥感监测内容，全省雾、霾、沙尘卫星遥感监测结果等
省高级人民法院	涉环案件审判信息	涉环案件审判文书等信息
国网山东电力公司	全省企业用电量	企业基本信息、企业小时用电量、企业日用电量、企业月用电量、企业年用电量等

第四节 学科相关数据资源

环境大数据同样具有大数据的 4“V”特征。从数据规模来看，据不完全统计，目前各类生态环境相关数据达几百亿条，且将呈爆发式增长。从数据种类来看，环境学科相关数据资源包括环境质量监测、环境生态、环境管理等数据类型。

一、环境质量监测数据

监测数据是重要的环境数据，种类多、数量大，可对环境决策、分析起到重要支撑作用，见表 7-12。

表 7-12 环境质量监测数据表

序号	环境要素	数据内容
1	大气	硫氧化物监测数据
2		氮氧化物监测数据
3		一氧化碳监测数据
4		臭氧监测数据
5		卤代烃监测数据
6		碳氢化合物监测数据
7		降尘监测数据
8		总悬浮微粒监测数据
9		飘尘监测数据
10		酸沉降监测数据
11	噪声	噪声强度数据
12		噪声特征数据
13	固体废物	汞及其化合物监测数据
14		铬及其化合物监测数据
15		砷及其化合物监测数据
16		六价铬化合物监测数据
17		铅及其化合物监测数据
18		铜及其化合物监测数据
19		锌及其化合物监测数据
20		镍及其化合物监测数据
21		铍及其化合物监测数据
22		氰化物监测数据

序号	环境要素	数据内容
23	水环境	取用水户监测水量覆盖率
24		实际用水监测覆盖率
25		工业和生活监测水量覆盖率
26		取用水大户建设完成率
27		数据到报率
28		水功能区监测覆盖率
29		国控水功能区监测覆盖率
30		水源地监测覆盖率
31		国控水源地监测覆盖率
32	土壤	水土流失治理度
33		土壤流失控制比
34		拦渣率
35		扰动土壤整治率
36		土壤侵蚀模数
37		土石方利用率
38		林草覆盖率
39		林草植被恢复率
40		单位扰动面积水土保持投资强度
41		单位水土流失面积水土保持投资强度
42		水土保持投资占项目总投资百分比
43		径流模数
44		单位水土流失
45		单位排水量

二、环境生态数据

环境生态数据分为自然生态数据和环境状况数据两大类，每类又包含若干数据小类，主要数据项见表 7-13。

表 7-13 环境生态数据表

序号	数据类型	数据分类	数据内容
1	共有数据	自然生态数据	林地覆盖率
2			草地覆盖率
3			水域湿地覆盖率
4			耕地和建设用地比例
5		环境状况数据	SO_2 排放强度
6			COD 排放强度

序号	数据类型	数据分类		数据内容
7	共有数据	环境状况数据		固废排放强度
8				污染源排放达标率
9				III类及优于III类水质达标率
10				优良以上空气质量达标率
11	特征数据	自然生态数据	水源涵养类型	水源涵养数据
12			生物多样性维护类型	生物丰度数据
13			防风固沙类型	植被覆盖指数
14			水土保持类型	植被覆盖指数

三、环境管理数据

由于环境管理的内容涉及土壤、水、大气、生物等各种环境因素，环境管理的领域涉及经济、社会、政治、自然、科学技术等方面，环境管理的范围涉及国家的各个部门，环境管理具有高度的综合性，环境管理的数据也具有多样性和综合性。现将环境管理数据分为环境计划管理数据、环境质量管理数据、环境技术管理数据三类，主要数据项见表 7-14。

表 7-14　环境管理数据表

序号	数据类型	数据内容
1	环境计划的管理	工业交通污染防治数据
2		城市污染控制计划数据
3		流域污染控制计划数据
4		自然环境保护计划数据
5		环境科学技术发展计划数据
6		宣传教育计划数据
7	环境质量的管理	质量标准数据
8		监督检查数据
9		环境质量状况调查数据
10		环境质量状况监测数据
11		环境质量状况评价数据
12		环境质量变化趋势预测数据
13		各类污染物排放标准数据
14	环境技术的管理	环境污染和破坏的防治技术路线数据
15		环境污染和破坏的防治技术政策数据
16		环境科学技术发展方向数据
17		环境保护技术咨询数据
18		环境保护情报服务数据
19		环境科学技术合作交流数据

第五节 互联网数据资源

互联网数据资源是指在互联网上与生态环境相关的网络数据，包括生态环境政府网站、生态环境系统网站、生态环境媒体网站、生态环境科技期刊网站、微信微博等，数据类型分为图片、文本、文件、视频等，见表 7-15。

表 7-15 互联网相关环境数据资源

序号	分类	网站名称	网址
1	互联网新闻网站	中国网	www.china.com.cn
2		人民网	www.people.com.cn
3		新华网	news.xinhuanet.com
4		央视网	www.cctv.com
5		中国日报网	www.chinadaily.com.cn
6		国际在线	www.cri.cn
7		中国青年网	www.youth.cn
8		中国经济网	www.ce.cn
9		中国新闻网	www.chinanews.com
10		腾讯网	www.qq.com
11		网易网	news.163.com
12		新浪网	https://www.sina.com.cn/
13		搜狐新闻	news.sohu.com
14		凤凰新闻	http://news.ifeng.com/
15		新浪新闻	news.sina.com.cn
16		搜狐焦点	news.focus.cn
17		东方网	http://www.eastday.com/
18		光明网	http://news.gmw.cn/
19		环球·国内	china.huanqiu.com
20		大众网	http://www.dzwww.com/
21		齐鲁网	http://www.iqilu.com/
22		北极星节能环保网	huanbao.bjx.com.cn
23		百灵环保网	news.blhbnews.com
24		和讯新闻	news.hexun.com
25		中国环保在线	www.hbzhan.com
26		未来网新闻	http://news.k618.cn/
27		东方财富网	finance.eastmoney.com
28		中证网	www.cs.com.cn
29		中国西藏网	roll.tibet.cn
30		东方头条	http://mini.eastday.com/
31		新民网	http://www.xinmin.cn/
32		同花顺财经	http://www.10jqka.com.cn/

序号	分类	网站名称	网址
33	国家部委相关网站	中华人民共和国中央人民政府	http://www.gov.cn/
34		中华人民共和国国务院新闻办公室	http://www.scio.gov.cn/
35		中华人民共和国生态环境部	http://www.mee.gov.cn/
36		外交部	http://www.fmprc.gov.cn/web/
37		中华人民共和国国家发展和改革委员会	http://www.ndrc.gov.cn/
38		中华人民共和国工业和信息化部	http://www.miit.gov.cn/
39		中华人民共和国公安部	http://www.mps.gov.cn/
40		中华人民共和国自然资源部	http://www.mnr.gov.cn/
41		中华人民共和国住房和城乡建设部	http://www.mohurd.gov.cn/
42		中华人民共和国交通运输部	http://www.mot.gov.cn/
43		中华人民共和国水利部	http://www.mwr.gov.cn/
44		中华人民共和国农业农村部	http://www.moa.gov.cn/
45		中华人民共和国应急管理部	https://www.mem.gov.cn/
46		国家税务总局	http://www.chinatax.gov.cn/
47		国家市场监督管理总局	http://www.samr.gov.cn/
48		国家统计局	http://www.stats.gov.cn/
49	生态环境部机关司局	办公厅	http://bgt.mee.gov.cn/
50		中央生态环境保护督察办公室	http://dcb.mee.gov.cn/
51		综合司	http://zhs.mee.gov.cn/
52		法规与标准司	http://fgs.mee.gov.cn/
53		科技与财务司	http://kcs.mee.gov.cn/
54		自然生态保护司	http://sts.mee.gov.cn/
55		水生态环境司	http://shj.mee.gov.cn/
56		海洋生态环境司	http://hys.mee.gov.cn/
57		大气环境司	http://dqhj.mee.gov.cn/
58		应对气候变化司	http://qhs.mee.gov.cn/
59		土壤生态环境司	http://trhj.mee.gov.cn/
60		固体废物与化学品司	http://gts.mee.gov.cn/
61		核设施安全监管司	http://hssaq.mee.gov.cn/
62		核电安全监管司	http://hdaq.mee.gov.cn/
63		辐射源安全监管司	http://fsaq.mee.gov.cn/
64		环境影响评价与排放司	http://hps.mee.gov.cn/
65		生态环境监测司	http://jcs.mee.gov.cn/
66		生态环境执法局	http://zfj.mee.gov.cn/

序号	分类	网站名称	网址
67	生态环境部派出机构	生态环境部华北督查局	http://hbdc.mee.gov.cn/
68		生态环境部华东督查局	http://hddc.mee.gov.cn/
69		生态环境部华南督查局	http://hndc.mee.gov.cn/
70		生态环境部西北督查局	http://xbdc.mee.gov.cn/
71		生态环境部西南督查局	http://xndc.mee.gov.cn/
72		生态环境部东北督查局	http://dbdc.mee.gov.cn/
73		华北核与辐射安全监督站	http://nro.mee.gov.cn
74		华东核与辐射安全监督站	http://ecro.mee.gov.cn/
75		华南核与辐射安全监督站	http://scro.mee.gov.cn/
76		西北核与辐射安全监督站	http://nwro.mee.gov.cn/
77		西南核与辐射安全监督站	http://swnro.mee.gov.cn/
78	生态环境部重点直属单位	环境应急与事故调查中心	http://www.mee.gov.cn/gkml/zzjg/qt/200910/t20091023_180869.htm
79		中国环境科学研究院	http://www.craes.cn/
80		中国环境监测总站	http://www.cnemc.cn/
81		中日友好环境保护中心（环境发展中心）	http://www.edcmep.org.cn/
82		环境与经济政策研究中心	http://www.prcee.org/
83		中国环境报社	http://www.cenews.com.cn/
84		中国环境出版集团	http://www.cesp.com.cn/
85		核与辐射安全中心	http://www.chinansc.cn/web/
86		环境保护对外合作中心（环境公约履约技术中心）	http://www.mepfeco.org.cn/
87		南京环境科学研究所	http://www.nies.org/
88		华南环境科学研究所	http://www.scies.org/
89		环境规划院	http://www.caep.org.cn/
90		环境工程评估中心	http://www.china-eia.com/
91		卫星环境应用中心	http://www.secmep.cn/secPortal/portal/index.faces
92		中国-东盟环境保护合作中心	http://www.chinaaseanenv.org/
93		固体废物与化学品管理技术中心	http://www.mepscc.cn/
94		北京会议与培训基地	http://www.sepact.com/
95		兴城环境管理研究中心	http://www.mee.gov.cn/gkml/zzjg/qt/200910/t20091023_180883.htm
96		北戴河环境技术交流中心	http://www.bdhetec.com.cn/
97		标准样品研究所	http://www.ierm.com.cn/
98		环境认证中心	http://www.mepcec.com/
99		中国保护臭氧层行动	http://www.ozone.org.cn/
100		中国气候变化信息网	http://www.ccchina.org.cn/

序号	分类	网站名称	网址
101	省级生态环境厅	北京市生态环境局	http://sthjj.beijing.gov.cn/
102		天津市生态环境局	http://sthj.tj.gov.cn/
103		河北省生态环境厅	http://hbepb.hebei.gov.cn/
104		山西省生态环境厅	http://sthjt.shanxi.gov.cn/
105		内蒙古自治区生态环境厅	http://sthjt.nmg.gov.cn/
106		辽宁省生态环境厅	http://sthj.ln.gov.cn/
107		吉林省生态环境厅	http://sthjt.jl.gov.cn/
108		黑龙江省生态环境厅	http://www.hljdep.gov.cn/
109		上海市生态环境局	http://sthj.sh.gov.cn/
110		江苏省生态环境厅	http://hbt.jiangsu.gov.cn/
111		浙江省生态环境厅	http://sthjt.zj.gov.cn/
112		安徽省生态环境厅	http://sthjt.ah.gov.cn/
113		福建省生态环境厅	http://hbt.fujian.gov.cn/
114		江西省生态环境厅	http://sthjt.jiangxi.gov.cn/
115		山东省生态环境厅	http://sthj.shandong.gov.cn/
116		河南省生态环境厅	http://www.hnep.gov.cn/
117		湖北省生态环境厅	http://sthjt.hubei.gov.cn/
118		湖南省生态环境厅	http://sthjt.hunan.gov.cn/
119		广东省生态环境厅	http://www.gdep.gov.cn/
120		广西壮族自治区生态环境厅	http://sthjt.gxzf.gov.cn/
121		海南省生态生态环境厅	http://hnsthb.hainan.gov.cn/
122		重庆市生态环境局	http://sthjj.cq.gov.cn/
123		四川省生态环境厅	http://sthjt.sc.gov.cn/
124		贵州省生态环境厅	http://sthj.guizhou.gov.cn/
125		云南省生态环境厅	http://sthjt.yn.gov.cn/index.html
126		西藏自治区生态环境厅	http://www.xzep.gov.cn/
127		陕西省生态环境厅	http://sthjt.shaanxi.gov.cn/
128		甘肃省生态环境厅	http://sthj.gansu.gov.cn/
129		青海省生态环境厅	http://sthjt.qinghai.gov.cn/
130		宁夏自治区生态环境厅	http://sthjt.nx.gov.cn/
131		新疆维吾尔族自治区生态环境厅	http://www.xjepb.gov.cn/
132	山东省相关省直部门	山东省发展和改革委员会	http://fgw.shandong.gov.cn/
133		山东省工业和信息化厅	http://gxt.shandong.gov.cn/
134		山东省公安厅	http://gat.shandong.gov.cn/
135		山东省自然资源厅	http://dnr.shandong.gov.cn/
136		山东省住房和城乡建设厅	http://www.sdjs.gov.cn/
137		山东省交通运输厅	http://jtt.shandong.gov.cn/
138		山东省水利厅	http://www.sdwr.gov.cn/
139		山东省农业农村厅	http://nync.shandong.gov.cn/

序号	分类	网站名称	网址
140	山东省相关省直部门	山东省应急管理厅	http://yjt.shandong.gov.cn/
141		山东省市场监督管理局	http://amr.shandong.gov.cn/
142		山东省统计局	http://tjj.shandong.gov.cn/
143		山东省信访局	http://xfj.shandong.gov.cn/
144		山东省海洋局	http://hyj.shandong.gov.cn/
145		山东省畜牧兽医局	http://xm.shandong.gov.cn/
146		山东省药品监督管理局	http://mpa.shandong.gov.cn/
147	山东省各市生态环境局	济南市生态环境局	http://jnepb.jinan.gov.cn/
148		青岛市生态环境局	http://mbee.qingdao.gov.cn/
149		淄博市生态环境局	http://epb.zibo.gov.cn/
150		枣庄市生态环境局	http://sthjj.zaozhuang.gov.cn/
151		东营市生态环境局	http://sthj.dongying.gov.cn/
152		烟台市生态环境局	http://hbj.yantai.gov.cn/index.html
153		潍坊市生态环境局	http://sthjj.weifang.gov.cn/
154		济宁市生态环境局	http://jnhj.jining.gov.cn/
155		泰安市生态环境局	http://sthjj.taian.gov.cn/index.html
156		威海市生态环境局	http://hbj.weihai.gov.cn/
157		日照市生态环境局	http://sthjj.rizhao.gov.cn/
158		临沂市生态环境局	http://hbj.linyi.gov.cn/
159		德州市生态环境局	http://dzbee.dezhou.gov.cn/
160		聊城市生态环境局	http://sthjj.liaocheng.gov.cn/
161		滨州市生态环境局	http://hb.binzhou.gov.cn/
162		菏泽市生态环境局	http://hzsthj.heze.gov.cn/

第八章　生态环境大数据技术应用

第一节　生态环境大数据采集

一、数据来源

生态环境大数据数据资源中心的数据包括分析、决策所需的各种数据，数据来源主要有三类，分别是由环境管理部门产生的环境管理业务数据，包括来自现有应用系统数据及遗留系统的数据，具体包括下级生态环境部门上报、部门内部目前正在运行的业务系统，还来源于各业务系统在长期的信息处理过程中积累下来的历史数据、组织内部办公系统的数据；由相关职能部门（如发展和改革委、工信厅、水利厅、市场监督管理局、气象局、农业农村厅、自然资源厅等）产生的环境相关业务数据；基于互联网和社会化获取的信息资源，如互联网媒体、社交网络、管理服务对象信息系统等。

按数据种类分类，生态环境数据包括结构化数据、非结构化数据或者半结构化数据；按业务属性分类，生态环境数据包括大气监管、水环境监管、土壤环境监管、固废与危化品监管、核与辐射监管、环评审批（登记和备案）、监测监控数据、环境执法、排污许可证数据、行政处罚、环境投诉、政策法规、各类基础地图数据和环境专题图数据、环境业务标准化代码、应急管理等各方面。详细的数据来源与数据组成已经在第七章进行了全面的梳理，此节不再赘述。

二、数据采集

依托物联网技术及数据采集引擎，包括 ETL 组件、日志采集组件、网络爬虫组件、端口通信组件等，通过简单的配置或接口调用，实现对物联网数据、应用日志数据、互联网数据、数据库数据、省直部门交换共享来的数据等进行广泛采集与集成。

数据采集引擎架构如图 8-1 所示。

图 8-1 数据采集引擎架构图

（一）基于物联网技术的业务数据采集

物联网的感知作用是指通过无线网络技术、视频识别技术、传感技术和嵌入设备技术等技术的运用，同时借助互联网、电信网和广电网等，将人与物置于一个相互感知的网络之中，这样处在这一网络之中的人与人、人与物、物与物就会相互感知。物联网的感知作用是显而易见的，然而在环境监测方面这种作用更显突出和常见。在环境监测中，它主要是通过综合应用传感器、全球定位系统、视频监控、红外探测、视频识别、卫星遥感、航空遥感等高科技技术，实时对水环境、大气环境、污染源、自然生态环境、土壤环境、固体废物污染、辐射环境、光污染、声环境等信息进行捕捉和采集，从而构建全方位、多层次、全覆盖的生态环境监测网络。这一环境监测网络的建立，从短期来看，将会推动环境信息资源的高效精准传递；从长期来说，将会在很大程度上实现促进污染治理和环境风险防范，培育和发展环保战略性新型产业，促进生态文明建设和生态环境事业科学健康发展的目标。

基于物联网技术的生态环境业务数据采集，包括卫星遥感环境监测数据采集、航空遥感环境监测数据采集、地面环境监测数据采集，其中地面环境监测数据包括水环境监测、大气环境监测、土壤环境监测、噪声环境监测、核辐射监测及其他辅助监测。

（二）外部共享数据采集

依托省级和厅内信息资源交换共享平台，采集并整合相关职能部门（如发展和改革委、水利、市场监督、气象、农业、自然资源等）产生的环境相关业务数据。

（三）互联网环境信息资源采集

互联网生态环境大数据采集是指通过网络爬虫或网站公开 API 等方式从网站上获取生态环境数据信息。该方法可以将非结构化数据从网页中抽取出来，将其存储为统一的本地数据文件，并以结构化的方式存储，用于互联网环境信息资源采集与集成。

通过网页数据爬虫采集工具，实现互联网数据的自动采集过程。提供采集任务配置功能，用户可按各业务角度配置采集内容，然后抓取并采集互联网数据，采集配置过程包括设置内容、采集类型、采集时间、采集频率、URL 地址等信息，添加目标描述、定义、数据过滤、搜索策略等抓取数据条件规则。

网络爬虫组件支持定向搜索和元搜索：定向搜索保障用户在海量的基础上，在最短时间内能够一搜即得；元搜索实现在统一界面帮助用户在多个搜索引擎中选择和利用合适的搜索引擎来进行检索操作。

网络爬虫组件提供爬虫词典，用于增加爬虫获取数据的准确性，更好地对目标源进行多重的筛选从而获得高质量的数据，包括巡查词管理、停用词管理、排除词管理、负面词管理、漏斗词典管理。

1．网络爬虫组件支持多种数据采集策略，保障互联网数据的实时性、准确性、稳定性

（1）防封策略。防封策略实现网络爬虫防封，提高数据采集的稳定性和实时性。

（2）延时策略。延时策略针对实时性要求不高的互联网数据，保证爬虫的稳定性，不会被封 IP。

（3）流式任务轮换策略。流式处理的轮换策略，对于抓取一个目标网站时，对于分层级的 URL 用于多台流式处理机来完成，确保每台机器处理的 URL 是不同的，抓取效率会有一定提高，是对于有一定实时性要求的数据所采用的策略。

（4）虚拟 IP 策略。对于数据实时性要求极高，甚至每秒对某一个页面进行多次采集任务的爬虫采用的策略，每次访问模拟真实 IP，防止目标网站封掉爬虫。

（5）用户行为模拟策略。爬虫模拟用户的登录行为进行登录，每次模拟用户时的请求会伪装成谷歌、360、IE6、IE7、IE8、火狐等多种浏览器的模式进行，并获取目标源的数据，从而提高爬虫的稳定性，并对于目标数据的获取更为准确和及时。

2．网络爬虫组件提供多种手段从不同类型的网页目标源采集数据

（1）HTML 或 H5 页面。使用爬虫内嵌浏览器，模拟多种浏览器版本和客户的操作，到服务器端下载页面代码。

（2）JS 页面。使用爬虫内嵌浏览器加载 HTML 页面和 JS 代码。调用 JS 处理引擎执行 JS 代码修改 HTML 文档结构，等待 JS 修改完成 HTML 文档结构以后再获取 HTML 代码。

（3）框架集页面。使用爬虫内嵌浏览器加载主 HTML 页面，根据框架 URL 到服务器端下载 HTML 代码，组合成一个页面。

（4）内嵌页面。使用爬虫内嵌浏览器加载主 HTML 页面，根据内嵌 URL 到服务器端下载 HTML 代码，组合成一个页面。

3．为从互联网获取需要的数据，网络爬虫组件采用抽取数据的方式

（1）基于视觉特性的信息抽取。网页作为直接与用户进行交互的前台界面，其具有很好的视觉特性。视觉特性即网页中的标签结构、颜色处理、区域划分等都对页面信息进行了有效的归类，信息抽取技术即可以利用这样的视觉表示抽取其中的信息。由于网页源码具有这样的视觉特性，源码中的颜色、字体大小、区域划分标签<div><table><p>等成为信息抽取技术定位数据的有效标识。

（2）基于 wrapper 的信息抽取。将特定数据源的抽取规则及其抽取需要的程序代码，封装为一个个包装器，将页面信息传递给包装器，返回符合业务要求的数据，即完成信息的抽取。由于一种类别的数据需要一个包装器的支持，所以，该技术只符合部分业务需求，否则将要应对大量的包装器开发工作。

（3）基于 HTML 结构的信息抽取。网页的信息文档结构都为 HTML 结构，HTML 具有良好的树形结构，因此，可以通过将 HTML 转化为严格的树形文档结构，再基于树形结构实时信息的定位提取。具体操作过程通过 HTML 解析器将网页源码结构化处理生成树形结构文档对象，再根据实际的业务需求自动化或者半自动化生成信息提取规则，最后利用规则完成目标信息的提取。

三、数据整合

数据整合是把在不同数据源的数据收集、整理、清洗、转换后（如 ETL）加载到一个新的数据源，为数据应用者提供统一数据视图的数据集成方式。

目前比较成熟稳定的产品有 Kettle、Informatica、Datastage、ODI、OWB、微软 DTS、HaoheDI、Teradata。

（一）数据整合的必要性

1. 数据和信息系统分散

我国环境信息化经过多年的发展，已开发了众多业务应用信息系统和数据库系统，并积累了大量的基础数据。然而，丰富的数据资源由于建设时期不同、开发部门不同、使用设备不同、技术发展阶段不同和能力水平不同等，数据存储管理极为分散，造成了过量的数据冗余和数据不一致性，使得数据资源难于查询访问，管理层无法获得有效的决策数据支持。往往管理者要了解所管辖不同部门的信息，需要进入众多不同的系统，而且数据不能直接比较分析。

2. 信息资源利用程度较低

一些业务信息系统集成度低、互联性差、信息管理分散，数据的完整性、准确性、及时性等方面存在较大差距。有些单位已经建立了内部网和互联网，但多年来分散开发或引进的信息系统，对于大量的数据不能提供一个统一的数据接口，不能采用一种通用的标准和规范，无法获得共享通用的数据源。于是不同的应用系统之间必然会形成彼此隔离的信息孤岛，缺乏共享的、网络化的、可用度高的信息资源体系。

3. 支持管理决策能力较低

随着环境业务系统数量的增加，管理人员的操作也越来越多，越来越复杂，许多日趋复杂的中间业务处理环节依然或多或少地依靠手工处理进行流转；信息加工分析手段差，无法直接从各级各类业务信息系统采集数据并加以综合利用，无法对外部信息进行及时、准确的收集反馈，业务系统产生的大量数据无法提炼升华为有用的信息，并及时提供给管理决策部门；已有的业务信息系统平台及开发工具互不兼容，无法在大范围内应用等。

数据的共享度达不到单位对信息资源的整体开发利用的要求。简单的应用多，交叉重复也多，能支持管理和决策的应用少，能利用网络开展经营活动的应用更少。数据中蕴藏着巨大信息资源，但是没有通过有效工具充分挖掘利用，信息资源的增值作用还没有在管理决策过程中充分发挥。

（二）数据整合的优点

（1）底层数据结构透明。为数据访问（应用）提供了统一的接口，用户无须知道数据在哪里保存、源数据库支持哪种方式的访问（XQuery、SQL）、数据的物理结构、网络协议等。

（2）性能和扩展性。数据整合把数据集成和数据访问分成了两个过程，因此访问时数据已经处于准备好的状态。

（3）提供真正的单一数据视图。数据视图（Data View）这个概念大家很容易理解，数据整合的优势是经过了数据校验和数据清理，你看到的数据更加真实、准确、可靠。

（4）可重用性好。由于有了实际的物理存储，数据可以为各种应用提供可重用的数据视图，而不用担心底层实际的数据源的可用性。

（5）数据管控能力加强。管控是 SOA 里面重要的概念，数据整合的优势是数据规则可以在数据加载、转换中实施，保证了数据的管控能力。

（三）数据整合方案

1. 多数据库整合方案

多数据库整合方案通过对各个数据源的数据交换格式进行一一映射，从而实现数据的流通与共享。

对于有全局统一模式的多数据库系统，用户可以通过局部外模式访问本地库，通过建立局部概念模式、全局概念模式、全局外模式，用户可以访问集成系统中的其他数据库；对于联邦式数据库系统，各局部数据库通过定义输入、输出模式，进行各联邦式数据库系统之间的数据访问。

目前，基于异构数据源系统的数据整合有多种方式，所采用的体系结构也各不相同，但其最终目的是相同的，即实现数据的流通共享。

2. 数据仓库整合方案

数据仓库（Data Warehouse）是一个面向主题的（Subject Oriented）、集成的（Integrate）、相对稳定的（Non-Volatile）、反映历史变化的（Time Variant）数据集合，用于支持管理决策。从数据仓库的建立过程来看，数据仓库是一种面向主题的整合方案，因此，首先应该根据具体的主题进行建模，然后根据数据模型和需求从多个数据源加载数据。由于不同数据源的数据结构可能不同，因而在加载数据之前要进行数据转换和数据整合，使加载的数据统一到需要的数据模型下，即根据匹配、留存等规则，实现多种数据类型的关联。这种方式的主要问题是当数据更新频繁时会导致数据的不同步，即使定时运行转换程序也只能达到短期同步，这种整合方案不适用于数据更新频繁并且实时性要求很高的场合。

3. 中间件整合方案

中间件是位于 Client 与 Server 之间的中介接口软件，是异构系统集成所需的黏结剂。现有的数据库中间件允许 Client 在异构数据库上调用 SQL 服务，解决异构数据库的互操作性问题。功能完善的数据库中间件，可以对用户屏蔽数据的分布地点、DBMS 平台、特殊的本地 API 等差异。

4. Web Services整合方案

Web Services 可理解为自包含的、模块化的应用程序，它可以在网络中被描述、发布、查找以及调用，也可以把 Web Services 理解为是基于网络的、分布式的模块化组件，它执行特定的任务，遵守具体的技术规范，这些规范使 Web Services 能与其他兼容的组件进行互操作。当把应用扩展到广域网时，传统的 DCOM 模型就不能完全满足分布式应用的要求：一是 DCOM 在进行网络间数据传递时一般采用 Socket 套接字，要求开放特定的端口，这会给带防火墙的网络带来安全隐患；二是 DCOM 进行远程对象调用使用的协议是远程过程调用（RPC），这使基于 DCOM 的构件无法与其他组件模型的构件进行相互的调用。Web Services 对 DCOM 和 CORBA 的缺陷进行了改进，使用基于 TCP/IP 的应用层协议（如 HTTP、SMTP 等），可以很好地解决穿越防火墙的问题，更重要的是各种组件模型都可以将数据包装成 SOAP，通过 SOAP 进行相互调用。

5. 主数据管理整合方案

主数据管理通过一组规则、流程、技术和解决方案，实现对企业数据一致性、完整性、相关性和精确性的有效管理，从而为所有企业相关用户提供准确一致的数据。

主数据管理不是新技术，它的核心其实就是对于数据的管理，只不过应用了先进的理论方法作为指导。主数据管理提供了一种方法，通过此方法可以从现有系统中获取最新信息，并结合各类先进的技术和流程，使用户可以准确、及时地分发和分析整个企业中的数据，并对数据进行有效性验证。

（四）业务数据整合

1. 关系型数据库数据整合

对以关系型数据库形式存在的数据，需要根据系统的实际数据库类型制定数据整理方法。关系型数据库数据属于结构化数据，将待整理数据全部导入，经数据核对、匹配、入库后完成数据集成工作。

2. 电子文档数据整合

对以 Excel 形式存储的电子文档，在生态环境大数据资源中心建设过程中对 Excel 的格式进行统一，对表格中的具体数据名称和类型进行规范，将待整理数据全部导入，经数据核对、匹配、入库后完成数据集成工作；对以 Word 为载体的电子文档数据的整理，需要针对电子文档中的关键信息，尤其是一些重要的环境指标数据进行摘取并且结构化，将待整理数据全部导入，经数据核对、匹配、入库后完成数据集成工作。

3. 纸质数据源初始化

针对纸质数据首先采用扫描的方式获取影像信息上传到生态环境大数据资源中心，提取文档中的关键字，尤其是一些重要的环境指标数据进行摘取并且结构化，将待整理数据全部导入，经数据核对、匹配、入库后完成数据集成工作。

4. ETL集成

利用 ETL 工具实现各业务的异构数据库系统和文本、电子表格等文件系统格式的数据整合与集成，并针对具体的每个分系统编写具体的数据转换代码，来一起完成从原始数据采集、错误数据处理、异构数据整合、数据结构转换、数据转储和数据定期更新的全过程。

第二节 生态环境大数据存储与管理

大数据的存储及管理与传统数据相比，难点在于存储规模大、种类和来源多样化、存储管理复杂、对数据服务的种类和水平要求高。要克服这些问题，实现对生态环境结构化、半结构化、非结构化海量数据的存储与管理，可以综合利用分布式文件系统、数据仓库、关系型数据库、非关系型数据库等技术。

基础数据、主题数据、指标数据、规则数据、外部资源数据等内容汇集于生态环境大数据资源中心，统一建设各类环境管理业务所需的数据库，并利用大数据分布式存储技术，满足对数据存储的高可靠、高可用、高存取效率、易于扩展的需求。

生态环境大数据资源中心存储的是结果性数据和重要业务过程数据，是将大数据业务应用平台的业务应用系统数据库中筛选的重要环境数据汇集整合。

生态环境大数据资源中心数据资源库的结构如图 8-2 所示。

基于大数据存储技术，在生态环境大数据资源中心采用分布式、集群方式对环境业务数据进行存储和管理，提供多种数据库的管理和数据操作功能，如 Hbase、Solr、Hive 等，方便查看数据中的表、字段等信息，并利用 MapReduce 对存储的环境业务数据集进行并行运算的批处理。

HDFS：采用 HDFS 分布式文件存储设计，提供对非结构化文件数据的快速存储。

Hbase：基于分布式的、面向列的开源数据库，提供高可靠性、高性能、可伸缩的分布式存储，通过 Hbase 技术可在 PC Server 上搭建起大规模结构化存储集群。

Solr：基于大数据全文检索技术，提供高效、灵活的缓存功能和垂直搜索功能，通过索引复制来提高可用性，提供一套强大 Data Schema 来定义字段、类型和设置文本分析，提供基于 Web 的管理界面等。

MySQL：基于开源的 MySQL 数据库，提供多种应用架构（单点、复制、集群）对关系型数据进行分类、存储和管理。

生态环境大数据资源中心分布式存储技术结构如图 8-3 所示。

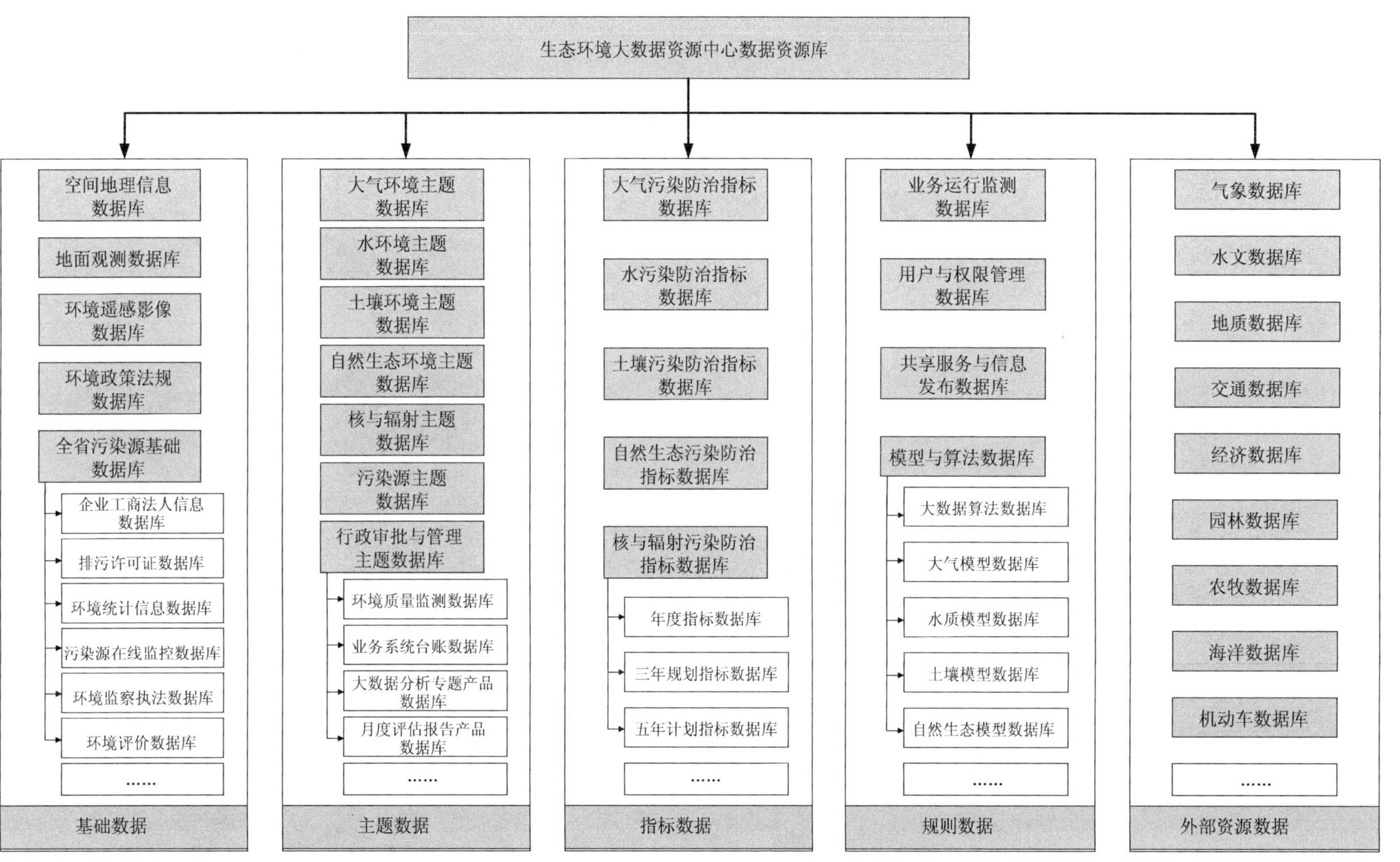

图 8-2　生态环境大数据资源中心数据资源库的结构

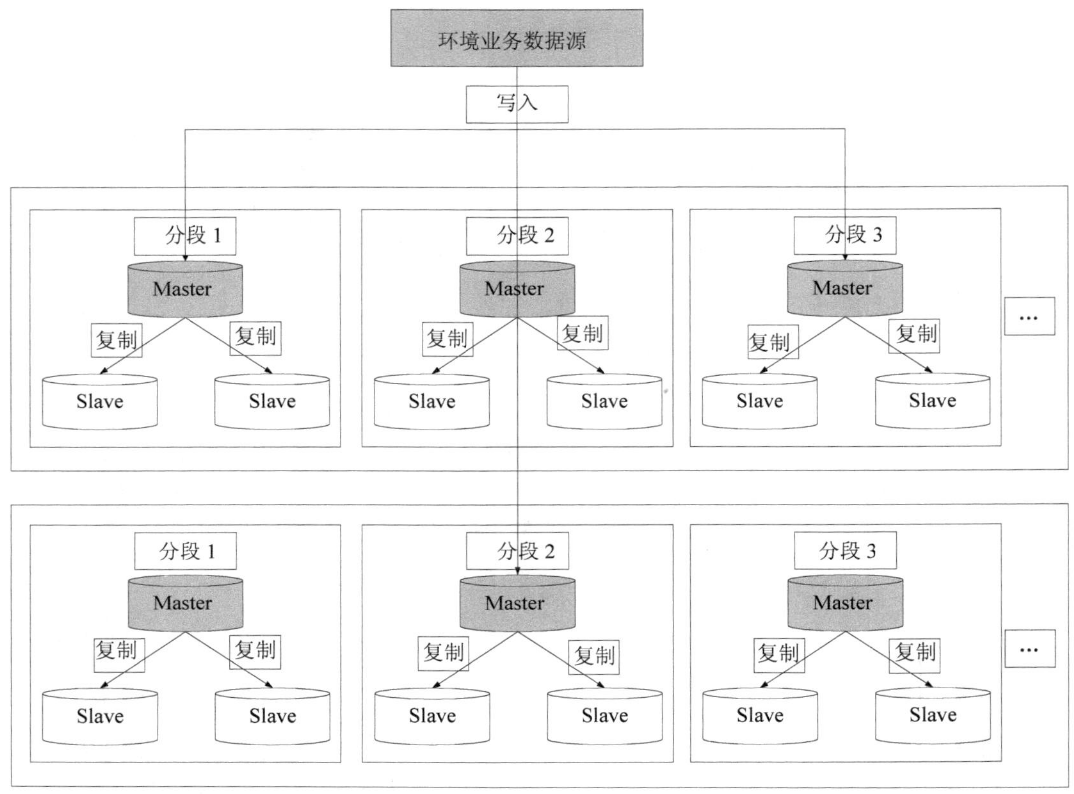

图 8-3 生态环境大数据资源中心分布式存储技术结构

生态环境大数据资源中心分布式批处理技术结构如图 8-4 所示。

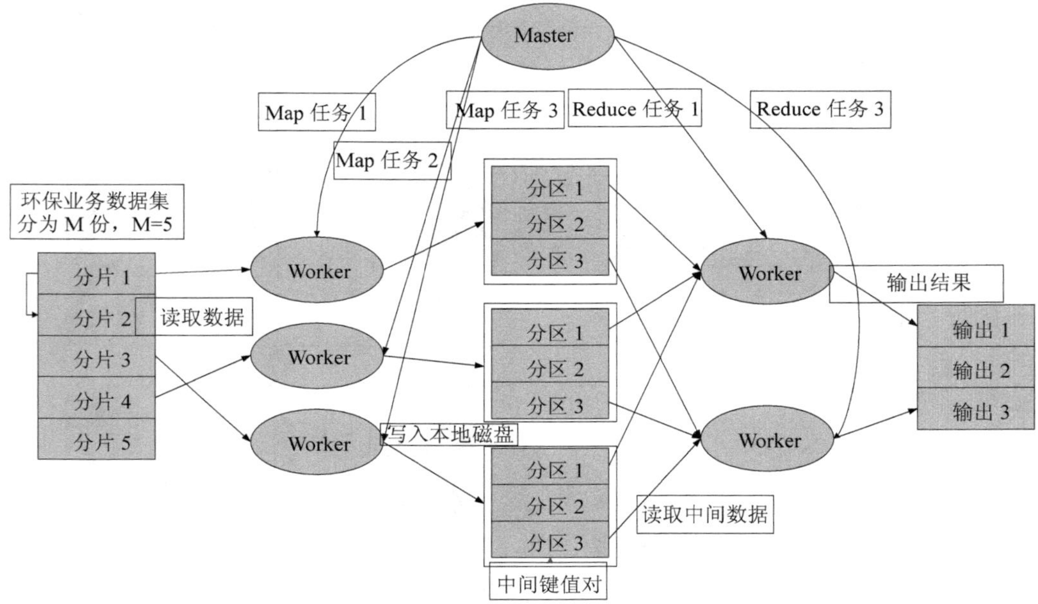

图 8-4 生态环境大数据资源中心分布式批处理技术结构

当大批量环境业务数据存入生态环境大数据资源中心后，进行模型训练、数据处理时，就会调用底层的Hadoop中的MapReduce进行并行处理运算，以提高大规模数据存储处理的效率。Master节点负责任务分发、任务调度，Worker节点负责运算环境业务数据。如果有多层的Worker处理节点，首先Master节点将数据分片包装成Map任务分发给每一个Worker节点，在Worker节点中进行数据的处理、运算。当Worker节点运算成功以后，Master节点就会将该Worker节点的结果传至下一层Worker节点处理，直至最后一层Worker节点，最后将所需的环境业务数据进行结果输出。

第三节　生态环境大数据处理

数据处理的目的是提供干净、准确、简洁的数据。数据处理以发现任务作为目标，以领域知识作为指导，通过实时计算和离线计算的方式，摒弃一些与数据分析目标不相关的属性，为数据分析提供干净、准确、更有针对性的数据，从而减少数据处理量，提高数据分析效率和准确度。

一、数据清洗

数据清洗，是在数据仓库中去除冗余、清除错误和不一致数据的过程，并需要解决元组重复问题。数据清洗并不是简单地用优质数据更新记录，它还涉及数据的分解与重组。

（一）数据清洗原理

存在不完整的、含噪声的和不一致的数据是现实世界数据库或数据仓库的共同特点。数据清理原理就是利用有关技术如数理统计、数据挖掘或预定义的清理规则将脏数据转化为满足数据质量要求的数据。生态环境数据清理的原理如图8-5所示。

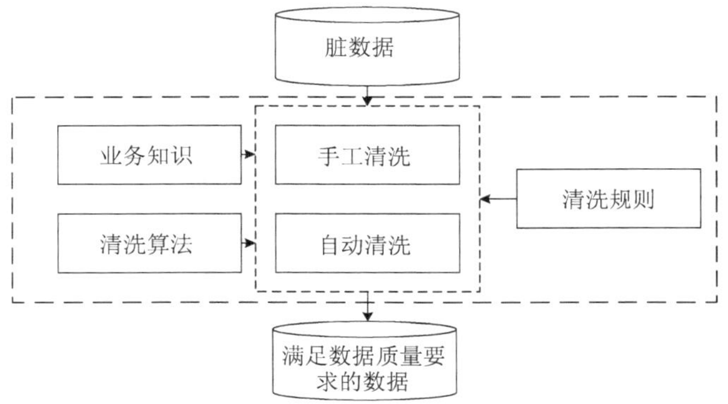

图8-5　生态环境数据清理的原理

常见清洗方法如下：

1．空缺值的清洗

对于空缺值的清洗可以采取忽略元组，人工填写空缺值，使用一个全局变量填充空缺值，使用属性的平均值、中间值、最大值、最小值或更为复杂的概率统计函数值来填充空缺值。

2．噪声数据的清洗

分箱（Binning），通过考察属性值的周围值来平滑属性的值。属性值被分布到一些等深或等宽的“箱”中，用箱中属性值的平均值或中值来替换“箱”中的属性值；计算机和人工检查相结合，计算机检测可疑数据，然后对它们进行人工判断；使用简单规则库检测和修正错误；使用不同属性间的约束检测和修正错误；使用外部数据源检测和修正错误。

3．不一致数据的清洗

对于有些事务，所记录的数据可能存在不一致。如果出现数据不一致的问题，可以使用其他材料、工具等加以更正。例如，数据输入时的错误可以使用纸上的记录加以更正。知识工程工具也可以用来检测违反限制的数据。例如，知道属性间的函数依赖，可以查找违反函数依赖的值。此外，数据集成也可能产生数据不一致。

4．重复数据的清洗

目前消除重复记录的基本思想是“排序和合并”，先将数据库中的记录排序，然后通过比较邻近记录是否相似来检测记录是否重复。消除重复记录的算法主要有优先队列算法（Priority Queue）、近邻排序算法（Sorted-Neighborhood Method）、多趟近邻排序（Multi-Pass Sorted-Neighborhood）。

（二）数据质量控制方法及实现

从对数据仓库自身数据的监控到对数据形成过程的管理，数据仓库中用于数据质量控制的方法有很多，但无论何种方法，面向数据仓库的长期建设，必须建立有效的数据质量评估体系。数据质量将逐渐与企业业绩和价值挂钩，针对专门的数据质量模型进行计算的质量评估软件不能适应这种动态性的需求，将质量模型的描述作为元数据进行定义，在一个质量元模型下，可以定义多个质量模型。在此基础上提出了一个可扩展的数据质量控制元模型，该元模型是对企业数据质量模型的抽象，由三层组成——核心层、初始层以及扩展层，目的是为企业的数据质量体系定义提供一个完整的框架。

首先，明确清理主题，以及主题域定义的数据源及数据模型；其次，对数据源进行抽样分析，对数据问题进行分类；再次，提出清理尺度来确保数据质量；最后，通过对业务规则的巩固和进一步核实，确认数据质量需求。

（三）数据清理框架

数据清理过程必须满足以下几个条件：无论是单数据源还是多数据源，都要检测并且除去数据中所有明显错误和不一致；尽可能地减小人工干预和用户的编程工作量，而且要容易扩展到其他数据源；应该和数据转化结合；要有相应的描述语言来指定数据转化和数据清理操作，所有这些操作应该在一个统一的框架下完成。

设计了数据工具的整体框架，使用通用数据访问接口来屏蔽各种数据源之间的差异，并以数据清理为主要目的，为消除多数据源的模式冲突和数据冲突提供了通用而有效的解决方案。提出了一个数据清理框架，试图清晰地分离逻辑规范层和物理实现层。用户在逻辑层设计数据处理流程，确定清理过程需要执行的数据转化步骤；物理层实现这些数据转化操作，并对它们进行优化；同时提出了一种描述性语言。该描述性语言可以在逻辑层上指定数据清理过程所需采取的数据转化操作，并指定何时可以抛出异常，要求用户的交互。该描述性语言还可以指定一些数据转化操作的参数，如记录匹配操作所使用的距离函数等。提出了一种交互式的数据清理框架，它由主要的四个部分构成：数据源、数据转换引擎、在线记录器以及自动差异监测器。用户利用系统提供的基本的数据转化操作，无须书写复杂的程序就能够完成数据清洗任务，而且用户能够随时看到每一步转化操作后的结果，没有很长的延迟。

无论采用何种清理方法，数据清理过程一般由四个阶段构成：

（1）清理主题定义；

（2）数据（质量）分析、定义错误类型；

（3）针对分析结果，定义清理技术；

（4）实现程序，搜索识别，修正错误。

设计了一个三层的数据清理框架，分别为概念定义层、逻辑规范层和物理实现层。

（1）概念定义层。概念定义层主要定义了数据清理的主题和数据质量需求。根据数据仓库项目的需求，定义了用户资料清理、定单数据清理、产品和服务清理、账单数据清理、服务数据清理和结算数据清理等及其相应数据质量需求。

（2）逻辑规范层。逻辑规范层主要是将概念转换为业务逻辑，描述数据流，并且实现业务逻辑向处理逻辑的转换。例如，资料清理可以划分为核对有效数、数据源间资料比对及核实、补充缺失的关键字段、进行属性编码的统一和归并与切割五个步骤，根据每个步骤对质量的需求，将业务需求转换为相应的处理逻辑。例如，归并与切割可映射到重复记录查找，数据备份/恢复/删除、聚类/孤立点检测等处理逻辑。

（3）物理实现层。物理实现层实现具体的清理程序以及算法，进行数据错误的修正和迁移，以及异常后人为干预。

层的映射关系。一般采用 XML 描述网络映射的模式。这种映射模式相关结点有以下功能：

（1）节点 Subject 描述清理主题；

（2）节点 Processes 描述清理步骤；

（3）节点 LMethods 描述逻辑方法；

（4）节点 CProcessList 描述清理算法构件列表；

（5）节点 CProcess 描述具体清理算法构件。

数据清理采用了基于构件的模式。构件是可以被复用的软件实体，是系统中可以明确辨析的构成成分。在可复用构件的设计时，必须明确：构件的描述对构件的成功复用至关重要。一个好的描述是有效检索与理解的基础。在当今面向网络的应用中，普遍采用了基于 XML 的构件刻面分类描述模式。构件刻面树结构中，构件头信息（CHeader），描述构件创建的一些历史信息开发、维护信息；构件标识（CID），用于唯一标识某一构件，描述算法、程序等文件；构件类别（CClass），用于标识该构件所属的领域功能、操作对象等；构件实现（CImplement），描述构件的功能及与实现有关的一些信息，如方法名和输入、输出参数。

在数据仓库应用中，数据清理并不是一个单独的部分，需要和 ETL 过程统一使用，在数据质量控制下进行循环处理。数据清理系统采用了基于构件的设计思路，实现了以数据清理为主要功能的 ETL 工具。主要功能及流程包括：

（1）通用数据访问接口，该接口能够跨平台（网络）访问数据，支持在异构数据源间建立连接，可选多种数据访问接口方式，如 JDBC、ODBC、OLEDB 等；

（2）数据抽取，包括模式数据和实例数据抽取，此过程需要处理噪声数据，补充部分特殊空缺值，并建议使用增量的抽取方法；

（3）数据集成和变换，经过数据抽取后可以得到多个模式和多个实例数据集，在此过程中，需要进行数据规范化和一致性校验；

（4）数据归约，经过数据集成后的数据集中还包含许多相似重复记录，此过程要完成重复数据查找，进行数据的归并或切割；

（5）数据装载，此过程需要自动或异常后在人工干预下将清理后的数据装载至目标数据模型，支持数据备份和恢复功能；

（6）元数据管理，元数据是描述数据的数据，系统使用元数据来描述数据质量对象及其属性，描述数据清理构件对象及属性和构件的检索方法等属性，此过程伴随系统运行的始终。

（四）数据清洗流程

数据清洗先是定义和确定错误的类型而后搜寻并识别错误，最后纠正所发现的错误。数据清洗流程如图 8-6 所示。

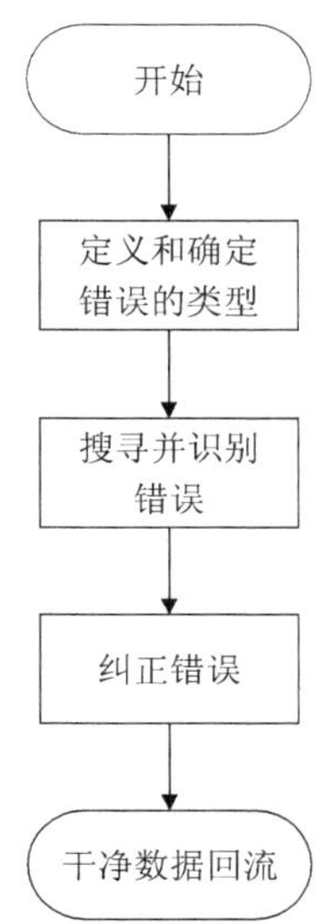

图 8-6　数据清洗流程

1. 定义和确定错误的类型

（1）数据分析。数据分析是数据清洗的前提与基础，通过详尽的数据分析来检测数据中的错误或不一致情况，除了手动检查数据或者数据样本，还可以使用分析程序来获得关于数据属性的元数据，从而发现数据集中存在的质量问题。

（2）定义清洗转换规则。根据上一步进行数据分析得到的结果来定义清洗转换规则与工作流。根据数据源的个数、数据源中不一致数据和“脏数据”多少的程度，需要执行大量的数据转换和清洗步骤。要尽可能地为模式相关的数据清洗和转换指定一种查询和匹配语言，从而使转换代码的自动生成变成可能。

2. 搜寻并识别错误

（1）自动检测属性错误。检测数据集中的属性错误，需要花费大量的人力、物力和时间，而且这个过程本身很容易出错，所以需要利用高效的方法自动检测数据集中的属性错误，方法主要有基于统计的方法、聚类方法、关联规则的方法。

（2）检测重复记录算法。消除重复记录可以针对两个数据集或者一个合并后的数据集，首先需要检测出标识同一个现实实体的重复记录，即匹配过程。检测重复记录的算法主要有基本的字段匹配算法、递归的字段匹配算法、Smith-Waterman 算法、Cosine 相似度函数。

3. 纠正错误

在数据源上执行预先定义好的并且已经得到验证的清洗转换规则和工作流。当直接在源数据上进行清洗时，需要备份源数据，以防需要撤销上一次或几次的清洗操作。清洗时根据“脏数据”存在形式的不同，执行一系列的转换步骤来解决模式层和实例层的数据质量问题。为处理单数据源问题并且为其与其他数据源的合并做好准备，一般在各个数据源上应该分别进行几种类型的转换，主要包括：

（1）属性分离。自由格式的属性一般包含着很多的信息，而这些信息有时候需要细化成多个属性，从而进一步支持后面重复记录的清洗。

（2）确认。这一步骤处理输入和拼写错误，并尽可能地使其自动化。基于字典查询的拼写检查对于发现拼写错误是很有效的。

（3）标准化。为了使记录实例匹配和合并变得更方便，把属性值转换成一个一致和统一的格式。

4．干净数据回流

当数据被清洗后，干净的数据应该替换数据源中原来的“脏数据”。这样可以提高原系统的数据质量，还可避免将来再次抽取数据后进行重复的清洗工作。

二、流式计算

利用分布式的思想和方法，对海量流式数据进行实时处理，源自业务对海量数据在“时效”的价值上的挖掘诉求。

流式计算与传统批量计算的区别是：流式计算将大量数据平摊到每个时间点上，连续地进行小批量的传输，数据持续流动，计算完之后就丢弃，与批量计算那样慢慢积累数据不同；批量计算是维护一张表，对表实施各种计算逻辑。流式计算相反，是必须先定义好计算逻辑，提交到流式计算系统，这个计算作业逻辑在整个运行期间是不可更改的；计算结果上，批量计算对全部数据进行计算后传输结果，流式计算是每次小批量计算后，结果可以立刻投递到在线系统，做到实时化展现。

流处理支持的数据源包括 Kafka、Flume、Twitter、ZeroMQ、Kinesis、TCP sockets 等，数据处理完成后，可以被存放到内存。

三、离线计算与实时计算

（一）离线计算

离线计算采用的是时间序列和空间序列，采用 Co-training 算法进行协同训练，为模型实时计算提供可靠的参数。

Co-training 是目前很流行的一种半监督机器学习的方法，它的基本思想是：构造两个不同的分类器，利用小规模的已知数据，对大规模的未知数据进行推断的方法。Co-training 方法最大的优点是不用人工干涉。

通过以下算法将协同训练学习框架融合到一起：

输入：一组要素集（Fm、Ft、Fh、Fr、Fp），将其中一部分要素标记为格网 G_1，在剩余要素中选取一部分标记为格网 G_2，设置一个控制迭代次数的阈值θ。

输出：空间分类器 SC 和时间分类器 TC。

用空间分类器 SC 对格网 G_2 中的要素进行标记，对于每一个分类 C_i，选取 SC 分类可信度最高的 n_i 个要素，并将 n_i 个要素添加到 G_1。

用时间分类器 TC 对格网 G_2 中的要素进行标记，对于每一个分类 C_i，选取 TC 分类可信度最高的 n_i 个要素，并将 n_i 个要素添加到 G_1。

上述算法具体描述为：先用两个分开的特征集来训练两个分类器，随后训练过的空间分类器与时间分类器被用来反复推断没有被标记过的网格 G_2，在此期间将最符合分类的例子在下一轮训练中加入标记的 G_1 里面，直到 G_2 为空或者应该完成的所有迭代值θ 已经被执行。运算结束，返回空间分类器和时间分类器。

在推断的过程中，我们把时间分类器与空间分类器分别应用到相应的特征中，如公式所示：

$$c = \arg_{c_i\mathrm{SC}} \max(P_{\mathrm{SC}}^{C_i} \times P_{\mathrm{TC}}^{C_i})$$

（二）实时计算

实时计算对接入平台上的实时数据进行加工分析，获得污染源排放异常计算结果，并进行模型校核，为污染源排放异常精准执法提供依据。

对实时计算模块进行结构化设计部署，保证该模块的可配置性，用户可以根据需要对模型计算参数进行定制。

通过配置文件，可实现对协同训练的神经网络模型（ANN）和随机条件场模型（CRF）参数进行灵活的配置，调整权重及计算尺度，通过可定制化设计，实现最优参数结果的模型定制。

在模型进行训练和推测过程中，不可避免地会有一些异常值出现，如某个字段出现非法值或者关键字段为空等。这时候就必须先利用专门的异常值处理方法对数据进行预先处理，然后再输入模型进行计算，否则容易影响模型的输出结果。几种基本的异常值处理方法如下。

1．个案剔除法

最常见、最简单的处理缺失数据的方法是用个案剔除法。在这种方法中，如果任何一个变量含有缺失数据的话，就把相对应的数据行从数据集中剔除。如果缺失值所占比例比较小的话，这一方法十分有效。它是以减少样本量来换取信息的完备，会造成资源的大量浪费，丢弃了大量隐藏在这些对象中的信息。在样本量较小的情况下，删除少量对象就足以严重影响到数据的客观性和结果的正确性。因此，当缺失数据所占比例较大，特别是当缺失数据非随机分布时，这种方法可能导致数据发生偏离，从而得出错误的结论。

2．均值替换法

在变量十分重要而所缺失的数据量又较为庞大的时候，个案剔除法就遇到了困难，因为许多有用的数据也同时被剔除了。围绕着这一问题，可以尝试一些别的办法，其中的一个方法是均值替换法。该方法将变量的属性分为数值型和非数值型来分别进行处理。如果缺失值是数值型的，就根据该变量在其他所有对象的取值的平均值来填充该缺失的变量值；如果缺失值是非数值型的，就根据统计学中的众数原理，用该变量在其他所有对象的取值次数最多的值来补齐该缺失的变量值。使用均值替换法插补缺失数据，对该变量的均值估计不会产生影响。

3．热卡填充法

对于一个包含缺失值的变量，热卡填充法在数据库中找到一个与它最相似的对象，然后用这个相似对象的值来进行填充。不同的问题可能会选用不同的标准来对相似进行判定。最常见的是使用相关系数矩阵来确定哪个变量（如变量 *Y*）与缺失值所在变量（如变量 *X*）最相关。然后把所有个案按 *Y* 的取值大小进行排序。那么变量 *X* 的缺失值就可以用排在缺失值前的那个个案的数据来代替了。与均值替换法相比，利用热卡填充法插补数据后，其变量的标准差与插补前比较接近。但在回归方程中，使用热卡填充法容易使回归方程的误差增大，参数估计变得不稳定，而且这种方法使用不便，比较耗时。

4．回归替换法

回归替换法首先需要选择若干个预测缺失值的自变量，其次建立回归方程估计缺失值，即用缺失数据的条件期望值对缺失值进行替换。与前述几种插补方法比较，该方法利用了数据库中尽量多的信息。

四、多维分析

利用 Spark SQL、Hive、Cube 等组件进行生态环境数据多维分析。

（一）Spark SQL

主要用来处理结构化数据，用户可以通过 SQL 和 Spark SQL 交互。用户还可以用 Spark SQL 对不同格式的数据执行 ETL，将其转化，然后暴露给特定的查询。

（二）Hive

作为数据仓库工具，为用户提供关系型查询统计、数据转化加载等服务。

（三）Cube

提供建立多维数据分析的组件，用户可以自定义度量和维度，并自动形成统计分析结果。

五、机器学习

机器学习组件由通用的学习算法和工具组成，包括分类算法、线性回归算法、聚类算法、协同过滤算法、梯度下降算法等。

（一）分类算法

分类算法包括朴素贝叶斯分类法、决策树、支持向量机、*K* 近邻、逻辑回归、神经网络、深度学习等。

（二）线性回归算法

线性回归，就是能够用一个直线较为精确地描述数据之间的关系。这样当出现新的数据时，就能够预测出一个简单的值。线性回归算法具有三大特点：建模速度快，不需要很复杂的计算，在数据量大的情况下依然运行速度很快；可以根据系数给出每个变量的理解和解释；对异常值很敏感。

（三）聚类算法

聚类就是按照某个特定标准（如距离准则）把一个数据集分割成不同的类或簇，使同一个簇内的数据对象的相似性尽可能大，同时不在同一个簇中的数据对象的差异性也尽可能地大。即聚类后同一类的数据尽可能聚集到一起，不同数据尽量分离。聚类算法包括k-means、k-medoids、k-modes、k-medians、kernel k-means 等算法。

（四）协同过滤算法

协同过滤包括在线的协同和离线的过滤两部分。所谓在线协同，就是通过在线数据找到用户关注度高的关键字；而离线过滤，则是过滤掉一些不值得推荐的数据。协同过滤算法具有模型通用性强、工程实现简单等特点。

一般来说，协同过滤推荐分为三种类型。第一种是基于用户（user-based）的协同过滤；第二种是基于项目（item-based）的协同过滤；第三种是基于模型（model-based）的协同过滤。

（五）梯度下降算法

梯度下降是迭代法的一种，可以用于求解最小二乘问题（线性和非线性都可以）。在求解机器学习算法的模型参数，即无约束优化问题时，梯度下降（Gradient Descent）是最常采用的方法之一。在求解损失函数的最小值时，可以通过梯度下降法来一步步地迭代求解，得到最小化的损失函数和模型参数值。反过来，如果我们需要求解损失函数的最大值，这时就需要用梯度上升法来迭代了。在机器学习中，基于基本的梯度下降法发展了两种梯度下降方法，分别为随机梯度下降法和批量梯度下降法。

第四节 生态环境大数据分析与挖掘

最初的数据分析来源于统计学家和经济学家的一些理论，进而结合一定的实际应用场景解决问题。数据分析更多的是偏重于业务层次的，对于大多数非计算机相关专业人士来说，掌握一般的数据分析方法是十分有用的，入门上手也相对简单。数据分析与挖掘是大数据支撑的关键应用，是数据得以综合利用的重要手段，通过模型算法，分析各类大气、水、污染源等环境要素的治理情况、污染情况、分布情况等各类信息，将海量的数据转化成产品及有用的信息，为用户决策提供支持。

数据挖掘（Data Mining，DM），可以说是数据库中的知识发现，它是指从大量的、不完全的、有噪声的、模糊的、随机的数据中，提取隐含在其中的，人们事先不知道但又是潜在有用的信息和知识的过程。它综合利用了统计学方法、模糊识别技术、人工智能方法、人工神经网络技术等相关技术，并对各行各业的生产数据、管理数据和经营数据进行处理、组织、分析、综合和解释，以期从这些数据中挖掘并揭示出客观规律，反映内在联系和预测发展趋势的知识。例如，环境执法人员希望从已有的成千上万家污染源企业排放口自动监控数据中找出共同的特征，从而为精准执法提供有力帮助。

从数据库中发现知识（KDD）一词首先出现在 1989 年举行的第一届国际联合人工智能学术会议上，到目前为止，美国人工智能协会主办的 KDD 国际研讨会已经召开了多次，规模由原来的专题讨论发展到国际学术大会，研究重点也逐渐从发现方法转向应用系统，注意多种发现策略和技术的集成，以及多种学科之间的相互渗透。数据挖掘与知识发现已成为当前国际上的一个研究热点。

数据挖掘与传统的数据分析（如查询报表、联机应用分析）的本质区别是在没有明确假设的前提下去挖掘信息、发现知识，数据挖掘所得到的信息应具有先前未知、有效和应用三个特征。先前未知的信息是指该信息是预先未曾预料到的，即数据挖掘是要发现那些不能靠直觉发现的信息或知识，甚至是违背直觉的信息或知识，数据挖掘通过预测未来趋势及行为，做出基于知识的决策。

数据挖掘体系框架一般由三部分组成：数据准备体系、建模与挖掘体系、结果解释与评价体系。其中最为核心的部分是建模与挖掘体系，它主要是根据挖掘主题和目标，通过挖掘算法和相关技术（如统计学、人工智能、数据库、相关软件技术等）对数据进行分析，挖掘出数据之间内在的联系和潜在的规律。大体上，数据挖掘应用集成可分为几类：数据挖掘算法的集成、数据挖掘与数据库的集成、数据挖掘与数据仓库的集成、数据挖掘与相关软件技术的集成、数据挖掘与人工智能技术的集成等。

一、数据分析

（一）应具备数学和专业的预备知识

概率论：数据分析的重要数学基础，要熟悉常见的一些概率分布。

统计学：数据分析最早的依赖基础，通常和概率论一起应用。数据分析要掌握常见的均值、方差、协方差等。

心理学：数据分析往往要结合不同的学科知识进行分析，在数据分析的过程中，分析人员往往要结合用户的心理进行结果的调整和分析。

专业知识：一般来说，数据分析人员是对某一特定领域进行分析，这就要求分析人员具备一定行业的专业知识。

（二）使用数据分析软件

SPSS：功能非常强大和专业的数据统计软件，界面友好，输出结果美观漂亮。SPSS软件具有对信息的采集、处理、分析进行全面评估和预测等功能。包含广义线性混合模型、自动线性模型、一个统计网页入口 portal 和直复营销 direct marketing 功能。

SAS：是一个模块化、集成化的大型应用软件系统，由数十个专用模块构成，功能包括数据访问、数据储存及管理、应用开发、图形处理、数据分析、报告编制、运筹学方法、计量经济学与预测等。

Excel：办公套件中最能胜任数据分析的软件，简单实用。

Sql：非计算机专业的数据分析人员要操作数据必备的数据库语言。

R：近年兴起的数据分析编程语言，数据可视化做得比较好，语法简单，学习成本很低，很多非程序设计人员都可以掌握。

（三）数据分析模型选取

数据分析人员可以借助一些现场的分析软件进行分析，这些软件集成了一些良好的分析模型，分析人员可以根据自己的实际应用场景进行合适的模型选择。

基本的分析方法有：对比分析法、分组分析法、交叉分析法、结构分析法、漏斗图分析法、综合评价分析法、因素分析法、矩阵关联分析法等。

高级的分析方法有：相关分析法、回归分析法、聚类分析法、判别分析法、主成分分析法、因子分析法、对应分析法、时间序列等。

（四）分析结果展示

数据分析的结果通过一些可视化图形或者报表形式进行展示能够增强对分析结果的理解。常用的分析结果展示方法有：

图表展示：用一些柱状图、饼图、盒图等进行展示。

曲线展示：运用走势曲线或者 ROC 曲线进行展示。

文字展示：通过语言文字描述进行结果的分析展示，但是不够直观。

（五）数据分析的流程

（1）数据获取；

（2）数据清洗；

（3）分析工具选取；

（4）数据分析模型选择；

（5）数据处理；

（6）处理结果展示；

（7）结果数据分析。

二、数据挖掘

从数据本身来考虑，通常数据挖掘需要有信息收集、数据集成、数据归约、数据清理、数据变换、数据挖掘实施过程、模式评估和知识表示 8 个步骤。

（1）信息收集：根据确定的数据分析对象抽象出在数据分析中所需要的特征信息，然后选择合适的信息收集方法，将收集到的信息存入数据库。对于海量数据，选择一个合适的数据存储和管理的数据仓库是至关重要的。

（2）数据集成：把不同来源、格式、特点性质的数据在逻辑上或物理上有机地集中，从而为企业提供全面的数据共享。

（3）数据归约：执行多数的数据挖掘算法即使在少量数据上也需要很长的时间，而做商业运营数据挖掘时往往数据量非常大。数据归约技术可以用来得到数据集的归约表示，它小得多，但仍然接近于保持原数据的完整性，并且归约后执行数据挖掘结果与归约前执行结果相同或几乎相同。

（4）数据清理：在数据库中的数据有一些是不完整的（有些感兴趣的属性缺少属性值）、含噪声的（包含错误的属性值），并且是不一致的（同样的信息不同的表示方式），因此需要进行数据清理，将完整、正确、一致的数据信息存入数据仓库中。不然，挖掘的结果会差强人意。

（5）数据变换：通过平滑聚集、数据概化、规范化等方式将数据转换成适用于数据挖掘的形式。对于有些实数型数据，通过概念分层和数据的离散化来转换数据也是重要的。

（6）数据挖掘实施过程：根据数据仓库中的数据信息，选择合适的分析工具，应用统计方法、事例推理、决策树、规则推理、模糊集，甚至神经网络、遗传算法的方法处理信息，得出有用的分析信息。

典型应用的算法见表 8-1。

表 8-1　典型应用算法表

算法名称	具体算法	适用条件	算法描述	算法目的
回归分析	Logistic 回归	因变量一般有 1 和 0 两种取值（Logistic）	研究的是当 y 取“是”发生的概率 p 与自变量 x 的关系。用 ln（p/1−p）和自变量列出线性回归方程，估计出模型中的回归系数	rlr.get_support（） 1.可以获取特征筛选结果，用筛选后的特征数据来训练模型。 2.确定预测属性与其他变量间的定量关系
决策树	ID3 算法	只能处理离散属性，对于连续型的属性，在分类前需要对其进行离散化（ID3）	在决策树的各级节点上，使用信息增益作为判断标准进行属性的选择，使在每个非叶节点上进行测试时，都能获得最大的类别分类增益，使分类后数据集的熵最小，树的平均深度较小。 信息增益越大，不确定性越小	分类 预测、规则提取
人工神经网络 ANN	BP 神经网络	根据给定的训练样本，调整人工神经网络的参数以使网络输出接近于一直的样本类标记或其他形式的因变量	按误差逆传播算法训练的多层前馈网络。 BP 算法的学习过程由信号的正向传播和误差的逆向传播组成。信号正向传播与误差逆向传播的各层权矩阵的修改过程，是周而复始进行的。权值不断修改的过程，也就是网络学习（训练）的过程	用于拟合、分类。 神经网络的拟合能力很强，易出现过拟合。 防止过拟合的方法：随机地让部分神经网络节点休眠
支持向量机 SVM			通过某种非线性映射，把低维的非线性可分转化为高维的线性可分，在高维空间进行线性分析的算法	分类、模式识别。 预测、回归
K-Means		处理大量数据	在最小化误差函数的基础上，将数据划分为预定的类数 K，采用距离作为相似性的评价指标，即认为两个对象的距离越近，其相似度越大	聚类（实现组内对象相互之间是相关的，不同组中的对象是不相关的）
关联规则	Apriori 算法		找出存在于事务数据集中的最大的频繁项集（满足所有项集大于“最小支持度阈值”），再利用得到的最大频繁项集与预先设定的最小置信度阈值生成强关联规则	在数据集中找出各项之间的关联关系，而这种关联关系没有在数据中直接表示出来

算法名称	具体算法	适用条件	算法描述	算法目的
时序模式	ARIMA 模型	适用于差分平稳序列进行拟合（许多非平稳序列差分后显示出平稳序列的性质，称这个非平稳序列为差分平稳序列）	非平稳时间序列存在单位根 实质是差分运算（差分运算具有强大的确定性信息提取能力）和 ARMA 模型的组合	给定一个已被观测了的时间序列，预测该序列的未来值
	ARMA 模型（多元线性回归）	适用于平稳序列拟合模型	平稳非白噪声序列的均值和方差是常数，且时间序列在某一常数附近波动但波动范围有限	

（7）模式评估：从商业角度，由行业专家来验证数据挖掘结果的正确性。

（8）知识表示：将数据挖掘所得到的分析信息以可视化的方式呈现给用户，或作为新的知识存放在知识库中，供其他应用程序使用。

数据挖掘过程是一个反复循环的过程，每一个步骤如果没有达到预期目标，都需要回到前面的步骤，重新调整并执行。不是每件数据挖掘的工作都需要这里列出的每一步，例如，在某个工作中不存在多个数据源的时候，数据集成的步骤便可以省略。数据归约、数据清理、数据变换又合称数据预处理。在数据挖掘中，至少 60%的费用可能要花在信息收集阶段，而至少 60%以上的精力和时间是花在数据预处理过程上。

三、业务基本需求

本节以山东省大气环境数据分析与挖掘为主进行阐述。为做好山东省空气质量调控综合决策支撑服务，以全面、详尽掌握全省及周边区域（包括京津冀及周边地区）大气污染源信息为出发点，摸清建立全省大气污染源排放清单并实现动态更新，研究搭建业务化运行的大气污染溯源分析模型，厘清山东省大气污染来源、成因等，为山东省重污染天气应急响应、重点区域和重点时段空气质量管理、国家和省各类规划计划的落实措施调度与评估、空气质量目标管理等提供科学决策支撑研究和综合服务。

基于污染源排放清单和清单可支持空气质量模拟业务化基础成果，围绕污染源信息的动态更新和污染源管控，结合环境监测数据、颗粒物来源解析、卫星遥感图像反演、激光雷达、走航监测及热点网格等立体观测信息开展大气污染重点区域和污染高值网格识别，综合运用先进的大数据分析与挖掘方法，对山东省大气污染来源与成因进行全面分析和科学论证，对重点污染源进行识别，为大气污染防治科学管控、精准管控提供决策支撑、措施研究和综合服务。

四、分析与挖掘内容

（一）污染来源与成因分析

了解和掌握山东省、重点区域、典型城市大气污染来源以及成因，包括大气污染特征、污染指标变化的物理化学机制、气象条件、人为排放以及区域传输对大气污染的影响、大气主要污染物的来源解析等。

1．山东省空气污染来源分析

（1）山东省及各市大气颗粒物区域来源解析：对山东省及16个设区市$PM_{2.5}$的区域来源进行解析，分析秋冬季和重污染过程山东省$PM_{2.5}$污染本地和外地占比。

（2）山东省各市大气颗粒物本地行业来源解析：对山东省16个设区市$PM_{2.5}$本地行业来源进行解析，并与各地市已有受体源解析结果融合，有效解析本地二次气溶胶来源，重点分析秋冬季和重污染过程山东省本地各行业对$PM_{2.5}$贡献占比。

（3）山东省重点污染源溯源识别：以建立的山东省大气污染源排放清单为基础，利用模型模拟重点行业、重点企业污染物排放对全省、各城市及各空气质量监测点位$PM_{2.5}$、PM_{10}、SO_2、NO_2、O_3、CO等污染物浓度的影响，对山东省大气污染过程进行溯源分析，识别对山东省空气质量影响大的排放源，并提供月度、季度、年度报告，为制定精细化、有针对性的“靶向控制”策略提供依据。

（4）基于后向轨迹（扩散）模式的山东省一次污染物来源追踪：运用气象模式和大气扩散模式模拟受体点污染物来源，结合排放清单分析受体点一次污染物来源的时空变化特征，并利用模型溯源实现山东省一次污染物来源追踪。

（5）污染物前体物来源分析：运用空气质量模式模拟污染物（$PM_{2.5}$、O_3等）前体物在大气中的扩散、生成、转化及清除等过程，对区域污染物进行来源解析和追溯，定量分析污染物前体物排放源浓度贡献率，确定重点排放源。

（6）夏季臭氧污染成因及来源分析：对山东省及16个设区市夏季臭氧污染的成因及来源进行分析，提出有针对性的应对和管控措施（包括重点区域、重点行业、重点措施等）。

通过上述大气环境数据的分析与挖掘，结合专家研判，生成以下数据产品：

- 山东省污染来源解析的月度、季度、年度和重污染天气形成过程报告，报告内容包括山东省大气颗粒物区域来源解析、本地行业来源解析、重点污染源识别分析、基于后向轨迹的一次污染源追踪分析、污染物前体物来源分析。
- 按需生成山东省夏季臭氧污染的成因及来源分析报告，并提出有针对性的对策建议。
- 根据大数据分析的结果，生成有针对性的山东省污染源的月度、季度和年度污染防控对策建议。

2．山东省重点污染区域和污染高值网格识别

结合空气监测站点数据、大气污染源排放清单、颗粒物来源解析、卫星遥感图像反演、激光雷达、走航监测及热点网格数据等立体观测信息开展大气污染重点区域和污染高值网格识别，并根据工作需求提供分析报告。

生成以下数据产品：

- 山东省重点污染区域和污染高值网格月度、季度、年度专题图。
- 山东省重点污染区域和污染高值网格月度、季度、年度识别和分析报告。

（二）空气质量目标管理服务

通过对空气质量观测数据、卫星数据等各类监测资源数据的整合，运用科学统计方法分析空气质量状况，开展空气质量达标测算和目标管理，分析和评价环境空气质量状况，并对空气质量进行目标管理。

1．环境空气质量现状分析

提供空气质量日报以了解空气质量现状，以空间地图形式展示山东省各城市、各区县、各监测站点的逐时、逐日的空气质量现状（包括 AQI、$PM_{2.5}$、PM_{10}、O_3、NO_2、SO_2、CO 和其他关注指标），叠加气象要素（温度、风速、风向、相对湿度、降水等），直观展示掌握山东省空气质量现状。

生成以下数据产品：

- 山东省空气质量现状的实时、日度、月度、季度、年度的空间分布专题图和数据报告，包括省、城市、区县、监测站点尺度的专题图和数据报告。

2．环境空气质量趋势分析

通过卫星遥感数据融合和监测站插值掌握省域空气质量状况。结合卫星遥感监测数据，并基于 GIS 信息插值监测站数据生成山东省全省范围内空气质量状况（包括 AQI、$PM_{2.5}$、PM_{10}、O_3、NO_2、SO_2、CO 和其他关注指标）空间分布及趋势热力图。

生成以下数据产品：

- 山东省空气质量状况的实时、日度、月度、季度、年度高分辨率分布及趋势专题图，包括全省范围、城市范围、区县范围的高分辨率分布及趋势专题图。
- 山东省空气质量状况日度、月度、季度、年度监控及趋势报告，报告内容包括全省、城市、区县的空气质量空间分布及趋势特征分析等。

3．环境空气质量排名分析

（1）城市排名分析：根据需求提供山东省 16 个设区市小时、日均、月均、季度、年均及任意时段空气质量状况（包括 AQI、$PM_{2.5}$、PM_{10}、O_3、NO_2、SO_2、CO 和其他关注指标），在山东省内、京津冀及周边地区“2+26”城市、全国 168 城市和 338 城市的排名，

识别山东省重点关注的城市的排名情况。

（2）站点排名分析：分别按照不同等级站点，对山东省全省范围内空气质量状况（包括 AQI、$PM_{2.5}$、PM_{10}、O_3、NO_2、SO_2、CO 和其他关注指标）逐时、逐日、逐月、逐季、逐年及任意时间段展示倒序、正序排名。

（3）区县排名分析：分别按照不同等级站点，对山东省全省范围内空气质量状况（包括 AQI、$PM_{2.5}$、PM_{10}、O_3、NO_2、SO_2、CO 和其他关注指标）实现区县逐时、逐日、逐月、逐季、逐年及任意时间段进行倒序、正序排名分析。

生成以下数据产品：

- 山东省 16 个设区市实时、日度、月度、季度、年度排名图表和排名统计分析，分析内容包括排名末位城市和排名变化情况。
- 山东省空气监测站点实时、日度、月度、季度、年度排名图表和排名统计分析，分析内容包括排名末位站点和排名变化情况。
- 山东省各城市区县的实时、日度、月度、季度、年度排名图表和排名统计分析，分析内容包括排名末位区县和排名变化情况。

4．空气质量变化分析

（1）空气质量历史变化分析和对比：以图表（曲线图、柱状图、表格）形式显示不同等级站点逐时、日均、月均、季均、年均及任意时间段全省范围内空气质量状况（包括 AQI、$PM_{2.5}$、PM_{10}、O_3、NO_2、SO_2、CO 和其他关注指标）的变化，以及各指标历史同期对比、相邻站点对比、周边城市对比分析。

（2）空气质量累计变化分析和对比。

1）优良天数分析：对山东省 16 个设区市的月度、季度、年度及任意关注时间段的优良天数进行统计、图文展示和对比分析，并以优良天数、同比改善率及达标情况进行倒序、正序排名分析。

2）空气质量等级分布：对山东省 16 个设区市的月度、季度、年度及任意关注时间段的空气质量等级天数分布进行统计、图文展示和对比分析。

3）首要污染物比例分布：对山东省 16 个设区市的月度、季度、年度及任意关注时间段的首要污染物比例分布进行统计、图文展示和对比分析。

4）空气质量日历：以“日历”形式展示山东省内 16 个设区市的环境空气质量（包括 AQI、$PM_{2.5}$、PM_{10}、O_3、NO_2、SO_2、CO 和其他关注指标）每日变化情况，以不同空气质量等级颜色直观展示城市的空气质量逐日变化情况。

生成以下数据产品：

- 山东省空气质量变化月度、季度、年度及重点关注时段内的分析报告，报告内容包括空气质量历史及累积变化分析和对比、空气质量日历等内容。

5．空气质量达标压力分析和目标测算

结合国家和省各类规划计划以及秋冬季攻坚方案等确定的目标，基于历史监测数据，预估污染物浓度达标差距，计算完成达标应满足的大气污染物浓度条件及同比改善率，以月、季为单位实现对年度目标完成情况的进展分析和目标完成风险评估，及时向目标完成难度较大的地区发布预警提示信息。

生成以下数据产品：

- 山东省空气质量目标测算日度、月度、季度分析报告，报告内容包括计算完成达标应实现的污染物浓度和改善率等。
- 山东省空气质量目标完成情况月度、季度分析报告，报告包括目标完成情况进展分析、目标完成风险评估等。

（三）污染源动态管理服务

以大数据资源中心提供的污染源基础数据库为主，构建污染源业务化动态监管数据支持等服务内容。

1．大气污染源数据库构建和归档

建立覆盖山东省大气污染排放的污染源数据库，覆盖生产、生活、消费等领域，包括固定源、移动源、扬尘源等污染源以及有组织排放和无组织排放等环节。其中，固定污染源数据资料应至少包含单位基本信息、生产信息、工况信息、污染控制设备信息、排放信息等。

污染源数据库与第二次污染普查数据实现对接。

生成以下数据产品：

- 山东省大气污染源数据库。

2．固定源业务化动态监管服务

基于构建的山东省大气污染源数据库，提供固定源信息的监管服务信息，包括单位查询分析、“一企一策”档案管理等内容，面向各级环保管理人员，详细直观地监管和分析全省所有重点固定源状态。

（1）固定源监管信息可视化：基于 GIS 地理信息，按不同类别绘制专题图，实现实时、直观、动态、可视化的固定源信息呈现。固定源的信息展示内容应至少包含单位基本信息、生产信息、工况信息、污染控制设备信息、排放信息等。

（2）固定源数据查询分析：通过固定源数据查询、检索，进行污染源信息业务数据的多维度分析，包括固定源分布情况、主要污染物排放情况、重点区域、重点单位的排放排名情况、重点治理工程的推进情况等。

（3）重点固定源名单管理：根据山东省固定污染源管理业务需求，提供重点污染源清单服务，筛查和分析重点污染源，每月为各级环保管理人员及时提供其管理辖区内重点污

染源名单及信息。

（4）“一企一策”固定污染源档案管理：建立“一企一策”固定污染源管理档案，集成整理污染源管控措施、治理方案和治理工程进展等。

生成以下数据产品：

- 提供月度、季度、年度山东省固定源的基本信息，排放信息数据报表和污染源管理信息专题图。
- 为全省污染源管理部门提供月度、季度、年度重点污染源管控名单及信息。
- 提供“一企一策”污染源年度管理档案，整合整理污染源管控措施和治理方案。

3. 其他源的动态监管服务

根据管理工作需要和监测能力建设情况，参照固定源监管信息可视化建设内容，及时做好移动源、扬尘源等其他污染源的动态监管服务，提前谋划并预留可视化数据接口。

（四）国家和省各类规划计划任务目标动态评估与调度管理服务

主要开展总量减排控制措施敏感性分析，重点污染控制措施因子筛选，可控污染源控制措施工具库构建，强化措施筛选和减排潜力分析，空气质量改善效果实施评估及目标可达性及经济性分析等。

1. 基于减排响应优先控制因子筛选

针对 SO_2、NO_x、VOCs、NH_3 及一次 $PM_{2.5}$ 等大气污染物建立多污染物排放与 $PM_{2.5}$ 浓度变化之间的实时动态响应模型，获得逐条减排措施与山东省及 16 市 $PM_{2.5}$ 年均浓度下降程度的响应关系。在此基础上评价山东省及各地市 $PM_{2.5}$ 年均浓度下降对不同污染物减排的响应，确定重点污染控制因子。

生成以下数据产品：

- 通过敏感性分析，向山东省及各城市提供减排响应重点污染控制因子研判报告。

2. 构建可控污染源控制措施工具库

建立工业源、民用源、移动源（包括非道路移动源）、扬尘源、挥发逸散源等可控污染源控制措施工具库，包括污染源活动水平、排放因子和控制强度等调控参数。覆盖的控制措施包括山东省及各地市大气污染防治行动计划实施细则中的主要控制措施。基于排放清单管理模型逐条建立控制措施与污染物排放量的动态响应关系。可对污染源控制方案进行自定义组合，将所选控制措施组合后制订相应的综合方案，计算方案对应的各类污染物减排量，生成与控制情景对应的污染物排放清单。根据测算结果和方案实施模拟效果，对控制方案进行动态修订。

生成以下数据产品：

- 根据各种组合控制方案的减排量测算结果和实施模拟效果，针对控制方案提出优化建议。

3．污染减排措施调度管理

（1）减排措施动态管理：构建工业源、民用源、移动源（包括非道路移动源）、扬尘源、挥发逸散源等可控污染源控制措施可视化工具库，覆盖的控制措施包括国家和省各类规划计划及各区县大气污染防治行动计划实施细则中的主要控制措施。通过控制方案自定义组合，快速完成方案对应的减排量核算。

（2）应急措施动态管理：按照工业源、民用源、移动源（包括非道路移动源）、扬尘源、挥发逸散源等提供污染物控制措施。控制措施包括山东省各城市重污染天气应急预案相关措施，以及重大活动空气质量保障措施、重大涉气环境事件应对措施等。

（3）减排方案减排量测算：通过控制措施组合，生成多种自选控制方案，包括重污染应急预案和重大活动空气质量保障方案。快速完成各类污染物减排量的计算，比较各控制方案的污染物减排效果。

生成以下数据产品：

- 每年完善、更新山东省应急措施库、可控污染源控制措施可视化工具库。
- 根据大数据分析结果每年提供重污染天气应急预案，结合专家研判，根据工作需要提供重大活动保障方案、重大环境事件等各种应急方案减排量核算报告、差异化错峰生产指导意见、减排量核算报告等，并评估控制方案减排效果。

4．强化措施筛选和减排潜力分析

针对山东省各类大气污染源，制定 20 种以上减排强化措施库，以及基于控制措施、活动水平、排放因子等的减排情景参数化计算方法。定量核算其在 VOCs、NH_3、NO_x、一次颗粒物等方面的减排潜力以及对 $PM_{2.5}$ 浓度下降的贡献。

生成以下数据产品：

- 根据管理需要，定期提供减排强化措施筛选和减排潜力评估报告。

5．目标可达性及效益分析

运用空气质量模型，结合大气污染物减排量测算结果，分析减排措施实施后，大气污染物的减排对空气质量的改善效果。评估山东省环境空气质量预设方案下是否能够达到既定环境目标，并分析主要的不确定性及在极端气象条件下可能需要的保障方案，评估强化措施实施后带来的效益。

生成以下数据产品：

- 提供分阶段的空气质量改善目标可达性分析和效益年度评估报告。

6．空气质量改善效果实施评估

根据环境空气质量目标，结合山东省各城市大气环境污染特征、未来空气质量达标面临的压力及引起空气质量超标的关键因素，有针对性地选择空气质量达标措施。运用空气质量模型模拟“气象条件变化”与“人为减排”对空气质量改善的影响，模拟不同减排措施对改善空气质量的贡献，评估各类控制措施和控制方案对山东省及各地市空气质量的改善效果，包括 SO_2、NO_2、PM_{10}、$PM_{2.5}$、CO、O_3 等主要污染物浓度的空间分布、时间序列变化，优化减排策略与减排方向。

生成以下数据产品：

- 提供山东省空气质量改善效果年度评估报告。
- 通过专业模型与算法的结果，评估各类控制措施和控制方案的改善效果，对减排策略与减排方向提出年度优化建议。

（五）重污染天气应对服务

服务内容包括重污染天气应急预案评估与修订，重污染天气研判会商，重污染天气应急措施动态管理，重污染天气应急方案减排量测算，重点污染源筛选评估，重污染天气应急预案效果预评估，重污染天气应急预案效果后评估，重污染天气减排效果与环保执法联动等。

1．重污染天气应急预案评估

以高分辨率污染源排放清单为基础，通过建立山东省重污染天气应急控制措施信息库，对山东省 16 个设区市修订的重污染天气应急预案进行减排效果评估，对比是否满足重污染天气应急预案中规定的不同级别应急响应减排比例，针对管控方案提供优化建议。

生成以下数据产品：

- 提供山东省及 16 市重污染天气应急预案年度评估报告。
- 针对山东省及 16 市重污染天气应急管控方案提供年度优化建议。

2．重污染天气研判会商

秋冬季重污染期间，运用空气质量模型每日提供未来 5～7 日空气质量研判分析日报，针对每个重污染过程提供污染形势研判、污染溯源分析、气团传输轨迹分析，提供山东及周边区域（包括京津冀地区）不同城市、不同污染源对山东省大气污染的贡献等成因分析及管控建议，针对每次重污染应急响应过程，提供全省各市重污染应急预案执行效果预评估。

生成以下数据产品：

- 秋冬季（10 月至次年 3 月）每日提供空气质量研判日报。
- 每次重污染过程提供重污染应急响应分析专报。

3．重污染天气应急措施动态管理

针对每个重污染过程和全年及不同季节，量化山东及周边区域（包括京津冀地区）不同城市、不同污染源对山东省大气污染的贡献占比，分析气象条件的影响。按照工业源、移动源、民用源和扬尘源提供污染物控制措施，提供基于行业实施减排措施和基于重点工业源实施减排措施两类控制方式，基于污染源活动水平的应急控制参数，关联排放清单基础数据，核算、更新污染物排放量。

生成以下数据产品：

- 提供山东省及周边区域（包括京津冀地区）不同城市、不同污染源对山东省大气污染贡献的年度分析报告。
- 更新和完善分污染源的基于行业和基于重点工业源的减排措施库，并基于排放清单基础数据，核算和更新年度污染物排放量。

4．重污染天气应急方案减排量测算

以重污染应急预案和重大活动空气保障方案等为基础，进行控制措施组合，快速完成各组合方案的各类污染物减排量的计算，比较各控制方案的污染物减排效果。

生成以下数据产品：

- 每年提供重污染应急预案各种控制组合方案及污染物减排效果测算报告。

5．重点污染源筛选评估

通过查询重点源基础信息、活动水平、排放因子、控制效率等关键数据，估算停限产或正常运转条件下污染物排放量，生成相应的三维逐时排放清单进行空气质量模拟，并输出污染源周边地区各类常规污染物浓度值，进而评估重点源对周边空气质量的影响。

生成以下数据产品：

- 每年提供山东省重点污染源对周边空气质量影响评估报告。

6．重污染天气应急预案效果预评估

模拟评估不同的应急预案实施后空气质量改善效果和变化趋势，快速生成可供预报预警模型使用的减排后三维排放清单数据，并在4小时内提供减排情景下的污染物空间分布，包括 $PM_{2.5}$、PM_{10}、SO_2、NO_x、O_3、CO 等主要污染物的时空分布、指定站点的污染物浓度。对多种情景进行推演，实现最佳方案的筛选与效果量化评估。

生成以下数据产品：

- 针对每次重污染天气过程提供应急预案效果预评估报告。
- 重污染天气应急管控最佳方案和效果量化分析评估报告。

7．重污染天气应急预案效果后评估

比较分析指定预案实施后 $PM_{2.5}$、PM_{10}、SO_2、NO_x、O_3、CO 等主要污染物浓度、AQI 等变化及减排率与方案模拟的对比结果，评估空气质量改善效果，分析应急措施与气象条件之间的相对贡献。

生成以下数据产品：

- 针对每次重污染天气过程提供应急预案效果后评估报告。

8．重污染天气减排效果与环保执法联动

对典型污染时段进行“污染过程、污染特征、污染趋势”的综合分析，追踪其形成的具体原因。通过激光雷达的走航垂直观测，获得近地面到 5 km 以上高空的大气颗粒物分布廓线、时空演变过程，分析山东省重污染天气形成原因，观测污染霾层厚度变化、污染

消散过程，为重污染应急预警、大气污染防治提供有效的空间数据支撑。

（六）空气质量改善路线图

空气质量达标下的各个区域的环境容量的计算分析，各区域（按需提供重点区域和重点行业）基于“经济—能源—排放—空气质量—环境影响”主控减排措施的评估等。

1．空气质量达标约束下的大气污染物承载力分析

通过空气质量模型分析山东省大气环境污染的空间输送矩阵及行业贡献占比矩阵，分析不同区域、不同行业污染物排放对 $PM_{2.5}$ 污染的贡献占比。建立 $PM_{2.5}$ 达标约束下的 SO_2、NO_x、一次 $PM_{2.5}$、NH_3、VOCs 等多污染物环境容量核算方法，计算山东省 SO_2、NO_x、一次 $PM_{2.5}$、NH_3、VOCs 等污染物的环境容量，分析以大气环境容量为约束的各阶段主要大气污染物减排目标，并定量分析其对大气环境质量的影响。

生成以下数据产品：

- 提供山东省及各城市空气质量达标约束下的环境容量计算分析年度报告。
- 提供以大气环境容量为约束的各阶段主要大气污染物减排目标可达性分析年度报告。

2．环境空气质量改善路线图和实施方案评估

在我国分区分阶段的空气质量改善路径总体框架下，聚焦省内 16 个设区市，系统梳理近年来环境空气质量的演变趋势和管理历程；结合未来经济社会发展态势，对区域环境空气质量改善战略路线图、与空气质量改善目标相适应的大气污染物减排方案以及配套政策、管理机制和保障措施进行评估，并对山东省实现中长期空气质量改善目标的可达性及其成本效益开展评估。

生成以下数据产品：

- 提供山东省环境空气质量改善路线图和实施方案年度评估报告。
- 针对山东省重点区域、重点行业环境空气质量改善实施方案提供年度优化建议。

3．重点区域、重点行业主控措施的评估

基于“经济—能源—排放—空气质量—环境影响”综合响应的空气质量管理模拟技术，对山东省重点区域、重点行业污染物减排主控措施进行分析。评估山东省分阶段空气质量改善目标的可达性，优化实现质量目标的全省和区域的污染物减排方案。综合利用环境质量监测数据和模型模拟数据，计算不同减排方案下各个监测点的未来浓度值以及网格化的污染物空间浓度值，评估不同减排方案下的空气质量测点浓度达标情况，筛选出达标/符合减排潜力的方案。

生成以下数据产品：

- 提供山东省重点区域、重点行业污染物减排主要控制措施效果年度评估报告。
- 每年针对不同减排方案进行空气质量测点浓度达标效果测算，筛选并提出达标/符合减排潜力的方案。

第五节 生态环境大数据可视化

生态环境大数据可视化是各类数据分析、查询统计的结果展示，针对海量数据的计算结果，利用 BI 工具、报表工具、GIS 技术、大屏展示技术、多屏联动技术等先进的数据展示技术，对各类环境要素、环境工作情况进行综合展示，应用于各类指挥调度平台、综合决策平台，方便用户全面了解环境情况。

可视化工具可对不同数据源进行分析，然后将数据分析结果以直观、通俗易懂的方式进行多屏（移动端、PC 端、大屏、投影等）展示。同时，支持直接展示流式计算（计算结果存储于内存中）、离线计算（计算结果以文件形式保存）等大数据分析的处理结果。

为满足多样化展示，可视化工具提供图表组件库、动态拖拽、组件渲染、UI 编排、数据绑定等功能。为环境质量监测、污染源监控、生态保护等需求提供可视化模板，为综合指标分析、分屏展示、趋势分析、报表分析等应用场景提供服务，实现生态环境的数据可视化，如图 8-7、图 8-8 所示。

（1）组件库。提供多种可视化图表控件，包括散点图、折线图、柱状图、地图、饼状图、词云、热力图、关系图、列表、计算组件等辅助控件。

（2）数据绑定。支持设置连接各类数据源，并从数据源直接抽取数据，形成展示数据。支持的数据源包括 Mysql、Hbase、Oracle、SQL Server、API 数据源、CSV 数据源等。

（3）动态拖拽。依托组件库和数据绑定，通过简单的拖拽控件、插入函数等方式，完成自定义画板制作，具体包括拖拽分组、多层钻取、筛选分析、公式函数插入、对比拆分、数据预警设置、GIS 地图配置、图表联动配置等操作。

（4）组件渲染。支持对各个组件进行渲染，以美化展示界面，突出展示内容，具体包括颜色填充、线条填充、字体颜色配置、效果设置（阴影、影像、发光）等。

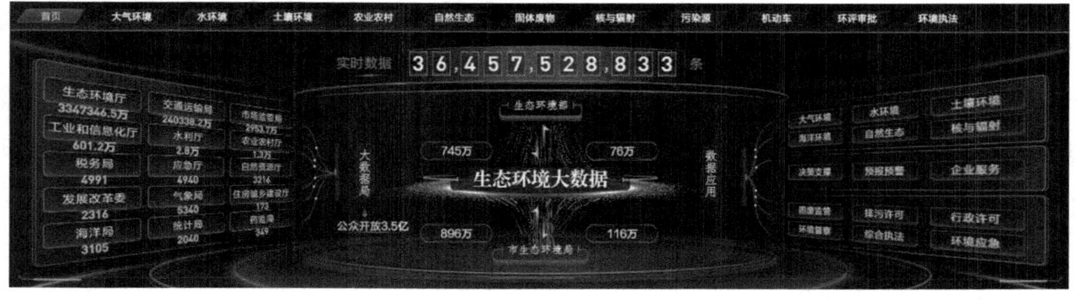

图 8-7 生态环境大数据平台可视化

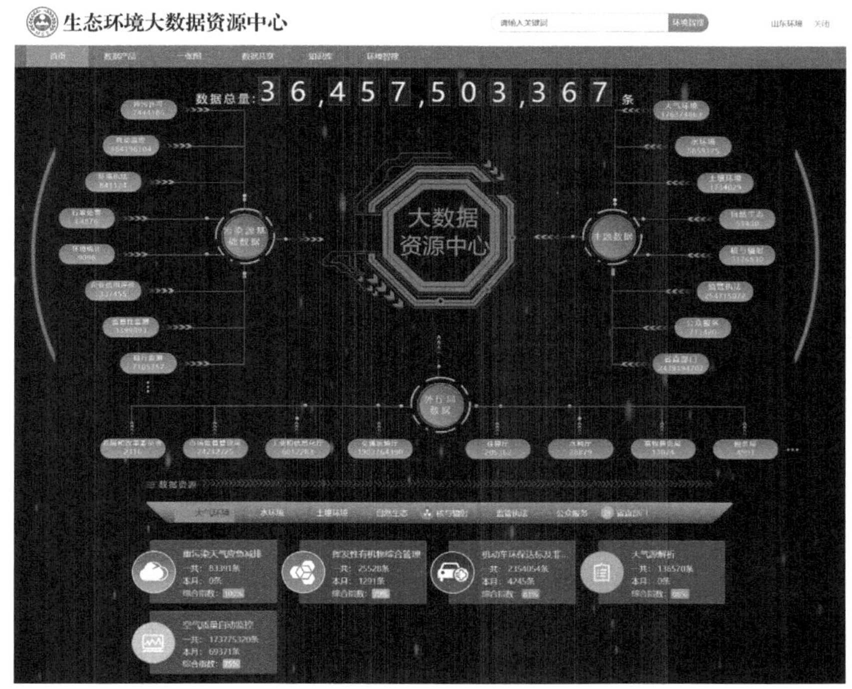

图 8-8 生态环境大数据资源中心可视化

（5）UI 编排。支持对界面进行排版，多个界面可以通过级联的方式进行多页展示。同时，提供相应的模板，图表可以直接插入模板，按照模板的格式进行自动排版。

（6）可视化模板。已自定义的可视化图表，支持以镜像方式保存，形成素材库，可应用到各类场景中，实现图表的“一键生成”“无限次复用”。

（7）应用场景效果。实现生态环境的数据可视化，提供简洁、清晰、直观、准确的环境大数据分析成果。对大气、水、土壤、自然生态、污染源等核心业务数据进行大数据分析处理，实现在“一张图”中呈现该业务的大数据分析结果，用户能够迅速地获取完整的数据信息，更好地进行决策支持。

本节以应用较为广泛的大气、地表水、污染源三个业务可视化为主进行介绍。

一、大气环境数据可视化

（一）空气质量现状与预测展示

1. 空气质量数据展示

图 8-9 展示了空气污染物（包括 $PM_{2.5}$、PM_{10}、SO_2、NO_2、CO、O_3）浓度及同比变化情况与排名。

16城市排名

16城市排名 同比变化

实时 月度 年度

2019-12-05 10:00 PM2.5

排名	城市	监测值 /（μg/m³）
1	威海	10
2	烟台	12
3	东营	22
4	滨州	25
5	德州	33
6	潍坊	36
7	青岛	46
8	淄博	51
9	枣庄	51
10	日照	53
11	泰安	65
12	济南	65
13	临沂	68
14	聊城	106
15	济宁	122
16	菏泽	129

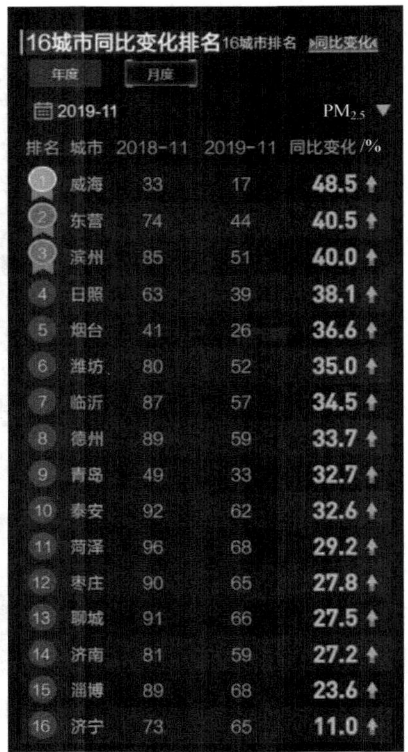

图 8-9 空气质量排名和同比变化图

2. 空气质量数据统计分析结果展示

展示首要污染物天数统计数据、城市污染物浓度及同比改善幅度、城市空气质量排名、空气质量指数分析、空气质量考核、气质日历等。

（1）首要污染物天数统计数据展示。按月统计首要污染物天数，并以饼图、柱状图的形式进行展示，直观体现首要污染物天数变化情况，如图 8-10 所示。

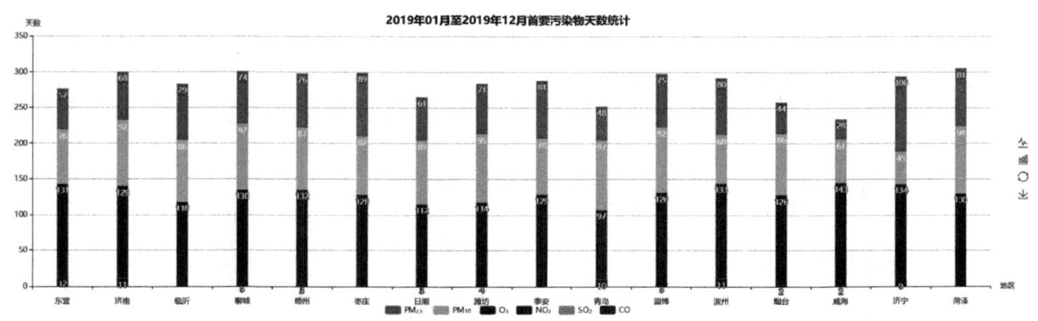

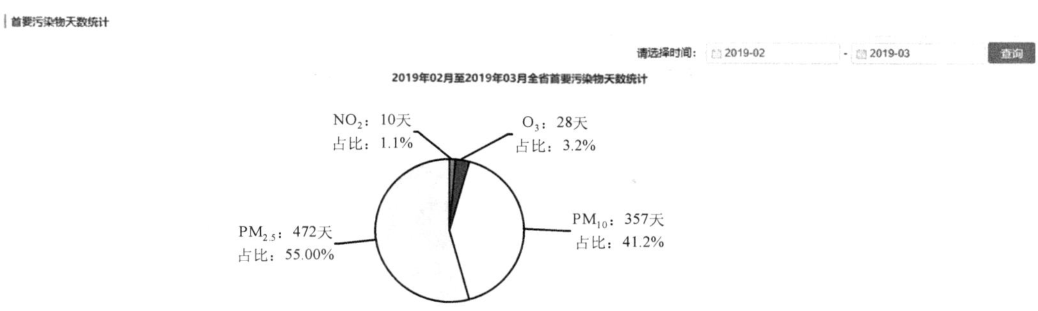

图 8-10　首要污染物天数统计

（2）城市污染物浓度及同比改善幅度展示。以柱状图的形式展示各城市污染物浓度情况以及同比改善幅度。可通过下拉框的形式选择要查看的污染物种类，可进行选择的污染物种类包括 $PM_{2.5}$、PM_{10}、SO_2、NO_2、CO、O_3，如图 8-11 所示。

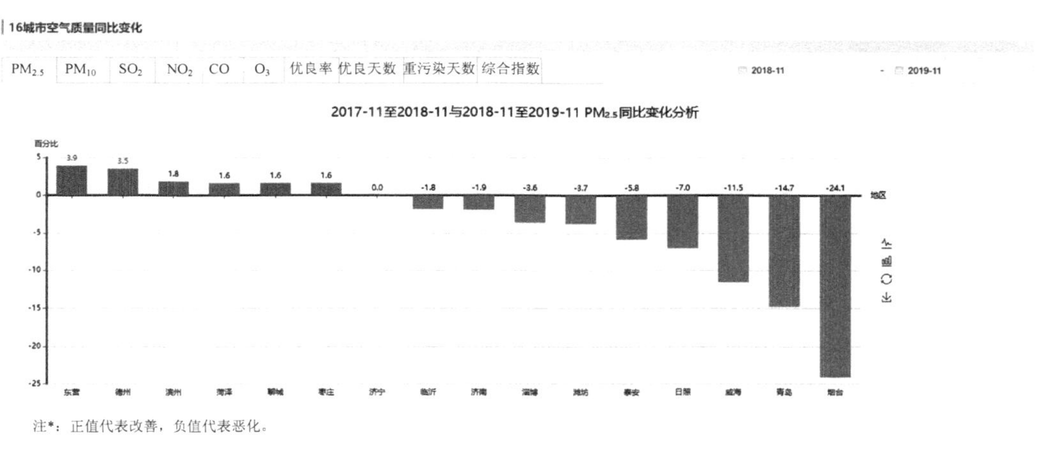

图 8-11　城市污染物浓度及同比改善幅度展示

（3）城市空气质量排名展示。通过列表的形式，展示全省 16 城市、“2+26”城市和全国 168 城市空气质量的小时、日、月、年度排名，排名方式可通过选择 AQI 指数或污染物种类分别进行排名，如图 8-12 所示。

（4）空气质量指数分析结果展示。通过折线图的形式，展示过去 24 小时或者 30 天的 AQI 变化趋势，以及 SO_2、NO_2、CO、O_3、$PM_{2.5}$、PM_{10} 在过去 24 小时或者 30 天的分指数变化趋势，如图 8-13 所示。

|16城市排名 | 16城市排名 同比变化

实时 月度 年度

2019-12-05 10:00 $PM_{2.5}$

排名	城市	监测值/（μg/m³）
1	威海	10
2	烟台	12
3	东营	22
4	滨州	25
5	德州	33
6	潍坊	36
7	青岛	46
8	淄博	51
9	枣庄	51
10	日照	53
11	泰安	65
12	济南	65
13	临沂	68
14	聊城	106
15	济宁	122
16	菏泽	129

|163县市区排名

综合指数 $PM_{2.5}$

2019-10

排名	城市	$PM_{2.5}$
[illegible]	[illegible]	47
86	滨州-邹平县	48
87	滨州-阳信县	48
88	德州-禹城市	48
89	临沂-沂水县	48
90	临沂-蒙阴县	48
91	潍坊-安丘市	48
92	潍坊-临朐县	49
93	潍坊-潍城区	49
94	潍坊-诸城市	49
95	聊城-东昌府区	49
96	青岛-平度市	49
97	泰安-新泰市	49
98	东营-广饶县	49
99	滨州-无棣县	49
100	滨州-惠民县	49
101	德州-平原县	49

|2+26城市排名 168城市排名 2+26城市排名

月度 年度

2019-09 $PM_{2.5}$

排名	城市	综合指数
[illegible]	[illegible]	34
8	石家庄	34
9	廊坊	35
10	新乡	35
11	德州	35
12	北京	36
13	滨州	36
14	鹤壁	36
15	衡水	36
16	开封	36
17	焦作	37
18	济南	39
19	保定	39
20	济宁	40
21	晋城	40
22	菏泽	41
23	安阳	41

图 8-12 城市空气质量排名展示

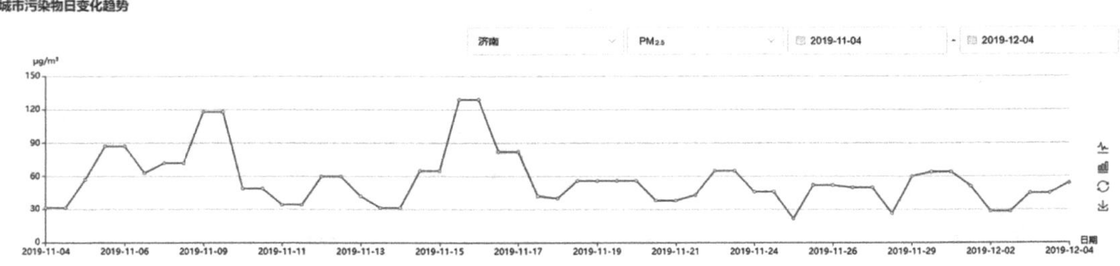

图 8-13 空气质量指数分析结果展示

（5）空气质量考核结果展示。运用分析图表，展示各城市月度 SO_2、NO_2、PM_{10}、$PM_{2.5}$、O_3 浓度、上年同期浓度、与上年同比变化及排名。如图 8-14 所示。

|全省空气环境质量同期对比

2019-02

城市	SO_2				NO_2				PM_{10}				$PM_{2.5}$				O_3			
	本月	去年同期	同比/%	排名	本月	去年同期	同比/%	排名	本月	去年同期	同比/%	排名	本月	去年同期	同比/%	排名	本月	去年同期	同比/%	排名
济南	18	27	33.3	8	46	37	-24.3	16	138	120	-15	9	90	62	-45.2	8	108	112	3.6	6
青岛	12	15	20	3	35	32	-9.4	4	107	76	-40.8	2	71	40	-77.5	3	85	102	16.7	1
淄博	30	37	18.9	16	45	39	-15.4	15	142	118	-20.3	10	96	66	-45.5	11	124	105	-18.1	13
枣庄	20	26	23.1	10	37	34	-8.8	6	172	135	-27.4	16	108	77	-40.3	14	118	104	-13.5	10
东营	19	29	34.5	9	37	35	-5.7	7	112	106	-5.7	4	73	64	-14.1	4	117	104	-12.5	8
烟台	12	16	25	4	30	26	-15.4	3	108	73	-47.9	3	66	35	-88.6	2	99	99	--	2
潍坊	22	25	12	14	40	30	-33.3	12	142	113	-25.7	11	94	63	-49.2	10	99	104	4.8	3
济宁	17	27	37	7	36	36	--	5	133	113	-17.7	7	89	66	-34.8	7	122	106	-15.1	12
泰安	20	24	16.7	11	40	38	-5.3	11	135	112	-20.5	8	91	62	-46.8	9	112	98	-14.3	7
威海	8	8	--	1	22	14	-57.1	1	81	56	-44.6	1	49	32	-53.1	1	120	117	-2.6	11
日照	11	17	35.3	2	37	35	-5.7	8	120	93	-29	5	80	53	-50.9	5	103	96	-7.3	4
临沂	21	32	34.4	12	45	39	-15.4	14	153	123	-24.4	12	102	70	-45.7	12	104	94	-10.6	5
德州	21	26	19.2	13	37	34	-8.8	9	156	138	-13	13	108	81	-33.3	13	126	116	-8.6	14
聊城	17	20	15	6	42	37	-13.5	13	165	156	-5.8	15	113	80	-41.3	15	130	121	-7.4	15
滨州	23	34	32.4	15	40	38	-5.3	10	127	117	-8.5	6	88	72	-22.2	6	118	102	-15.7	9
菏泽	13	18	27.8	5	30	35	14.3	2	163	154	-5.8	14	114	80	-42.5	16	133	119	-11.8	16

图 8-14 空气质量考核结果展示

（6）气质日历展示。基于微型空气质量监测站的监测数据，建立微站日历、微站月历、城市日历、城市月历；通过微站日历和月历，反映出微站在一天或一月中污染物浓度和级别的变化趋势；通过城市日历，反映每天不同时段污染特征；通过城市月历，提供给监管部门每个月的优良天气达标的信息，直观显示出各个污染等级的比重，如图8-15所示。

全省气质日历

2019-03-01 - 2019-03-27 查询

区域	城市	01	02	03	04	05	06	07	08	09	10	11	12	13	14	15	16	17	18	19	20	21	22	23	24	25	26	27
半岛	威海	192	138	119	147	127	103	46	74	53	61	76	58	53	69	73	55	60	62	93	68	58	50	46	72	88	102	83
半岛	烟台	231	231	182	182	179	115	63	68	69	58	74	113	79	72	64	72	76	64	87	62	48	58	47	62	103	111	108
半岛	青岛	169	155	137	130	90	138	66	62	39	57	73	70	61	70	77	78	92	51	75	56	43	44	51	61	98	91	94
鲁南	菏泽	124	149	102	92	115	107	77	69	83	125	91	86	78	87	80	74	101	96	81	100	121	66	72	86	82	78	87
鲁中	泰安	193	179	137	123	148	80	62	83	94	127	75	54	66	77	63	72	86	90	92	84	61	55	53	81	92	93	92
鲁中	济南	163	183	133	94	122	91	92	79	88	116	77	55	62	77	74	84	96	92	91	77	67	57	58	85	81	87	100
鲁中	淄博	196	142	189	134	182	105	84	90	85	155	72	62	63	77	69	84	91	101	95	78	59	67	57	94	84	97	97
鲁中	潍坊	244	189	199	159	148	158	77	87	65	133	79	67	66	75	66	87	89	95	95	55	55	66	62	83	95	110	97
鲁西北	东营	204	196	190	163	203	117	61	105	75	74	62	60	56	62	73	78	78	96	100	58	73	61	45	96	90	112	100
鲁西北	滨州	191	216	195	143	202	84	67	108	112	118	60	54	65	64	60	81	83	100	94	69	51	64	52	91	78	108	91
鲁西北	德州	158	195	140	118	156	87	72	82	89	138	69	47	60	66	68	80	85	103	85	95	64	63	55	95	87	106	105
鲁西北	聊城	159	215	127	102	145	104	74	80	85	138	96	63	71	80	78	78	105	100	99	85	92	68	64	88	93	101	105
鲁南	日照	176	176	130	145	132	122	66	74	43	62	112	79	70	92	69	79	61	74	83	49	56	44	60	79	92	101	100
鲁南	临沂	201	206	128	137	155	113	62	76	85	135	96	82	83	102	82	84	88	86	84	67	69	52	71	81	94	100	105
鲁南	枣庄	192	178	109	112	138	112	72	85	93	165	106	84	95	104	94	95	100	94	89	93	88	56	81	96	93	88	103
鲁南	济宁	130	119	82	84	104	82	61	63	71	112	91	60	67	73	66	69	82	98	89	99	63	53	55	79	88	70	80
鲁南	菏泽	124	149	102	92	115	107	77	69	83	125	91	86	78	87	80	74	101	96	81	100	121	66	72	86	82	78	87

图8-15 气质日历展示

3．天气预报数据展示

基于空气质量预报模型，预测各空气质量自动监测站未来几天内的空气质量状况（AQI）。展示未来48小时的AQI变化趋势，预报信息展示包括城市、时间、质量级别、AQI范围、首要污染物，如图8-16所示。

地区	城市	3月29日			3月30日		
		空气质量等级	AQI范围	首要污染物	空气质量等级	AQI范围	首要污染物
半岛	威海	优-良	40-70	PM_{10}	良	51-81	PM_{10}
	烟台	良	65-95	PM_{10}	良	55-85	PM_{10}
	青岛	优-良	45-75	PM_{10}	优-良	50-80	PM_{10}
鲁中	泰安	良-轻度	80-110	PM_{10}	优-良	50-80	PM_{10}
	济南	良	60-90	PM_{10}	良-轻度	75-105	PM_{10}
	淄博	良	60-90	PM_{10}	良	60-90	PM_{10}
	潍坊	良	60-90	PM_{10}	良	65-95	PM_{10}
鲁西北	东营	良-轻度	85-115	PM_{10}	优-良	50-80	PM_{10}
	滨州	良	60-90	$PM_{2.5}$	良	70-100	$PM_{2.5}$
	德州	良	65-85	PM_{10}	良	75-95	PM_{10}
	聊城	良-轻度	85-115	PM_{10}	良	60-90	PM_{10}

图8-16 天气预报数据展示

（二）空气污染溯源结果展示

1．大气污染溯源结果展示

可视化展示大气污染溯源结果，展示 AQI 指数及其周边污染源，对污染源位置、污染源排放污染物种类、总量、污染物转移情况进行展示，掌握污染源排放清单及各项污染物污染贡献率，如图 8-17 所示。

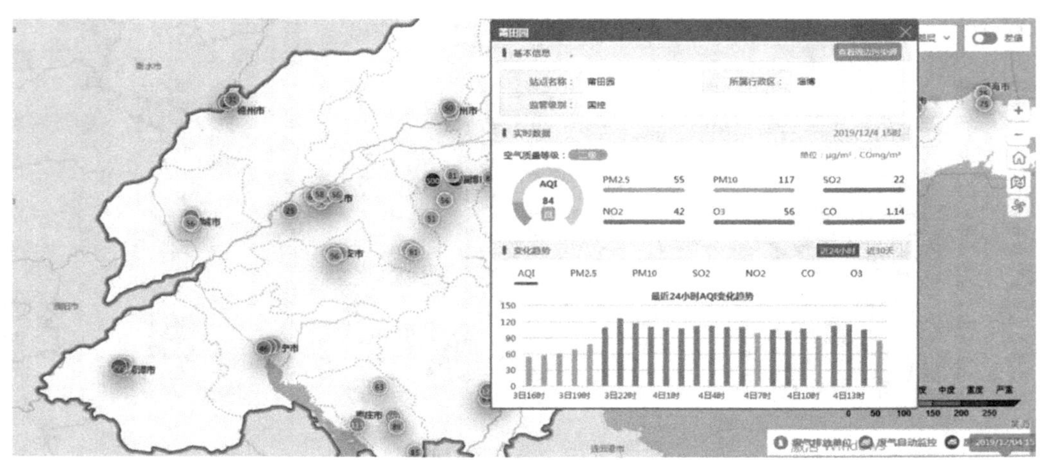

图 8-17　大气污染溯源结果展示

2．重点污染源数据展示

展示大气污染重点关注企业的信息，展示的信息包括名称、区域、行业、监管级别、详情。可对污染源进行详情查看，选择一个污染源，查看其详细信息，如图 8-18 所示。

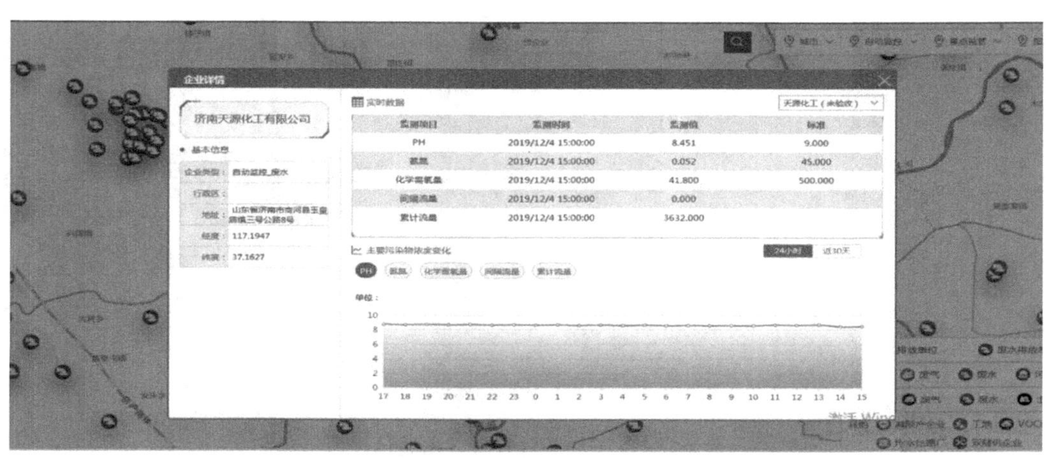

图 8-18　重点污染源数据展示

3．空气监测点位数据展示

基于地图，展示空气自动监测站点分布情况，按照空气质量等级划分以突出颜色渲染的形式展示空气质量实时状况。

在地图中选择站点，查看站点的基本信息，包括站点名称、AQI、空气质量等级、首要污染物、监测时间。

对站点的基本信息提供详情查看操作，选择空气监测站点，点击详情，查看该监测站点的详细信息，包括站点名称、详细位置、经度、纬度、空气质量等级、首要污染物、监测时间、当前各污染物浓度以及 AQI 指数。同时以列表及柱状图的形式，展示该监测站点各污染物小时内的浓度数据。可查看 AQI 指数、SO_2、NO_2、CO、O_3、$PM_{2.5}$、PM_{10} 浓度变化趋势。

AQI 指数列表信息为：序号、时间（小时）、AQI 指数、等级、首要污染物。

SO_2、NO_2、CO、O_3、$PM_{2.5}$、PM_{10} 浓度列表信息：序号、时间（小时）、污染物、浓度值，如图 8-19 所示。

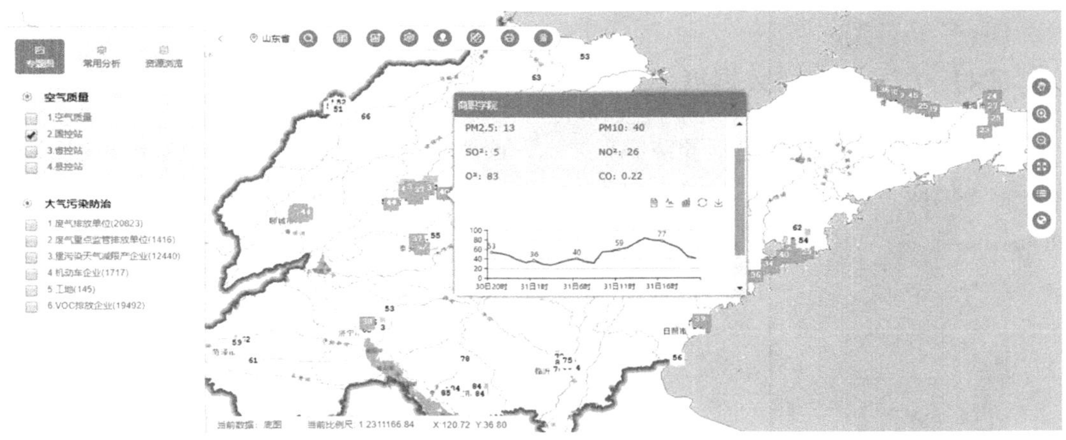

图 8-19　空气监测点位数据展示

（三）空气气团传播展示

空气气团传播展示空气气团传播轨迹图像，可对空气气团传播轨迹进行直观的可视化展示，通过分析空气气团传播轨迹，研究不同来源的气团传播对不同区域污染物浓度含量的影响，并对结果进行展示，如图 8-20 所示。

图 8-20　空气气团传播展示

（四）重污染天气数据展示

重污染天气数据展示包括预警信息展示、预警等级调整展示、预案执行结果展示以及重污染天气应急处理展示，如图 8-21 所示。

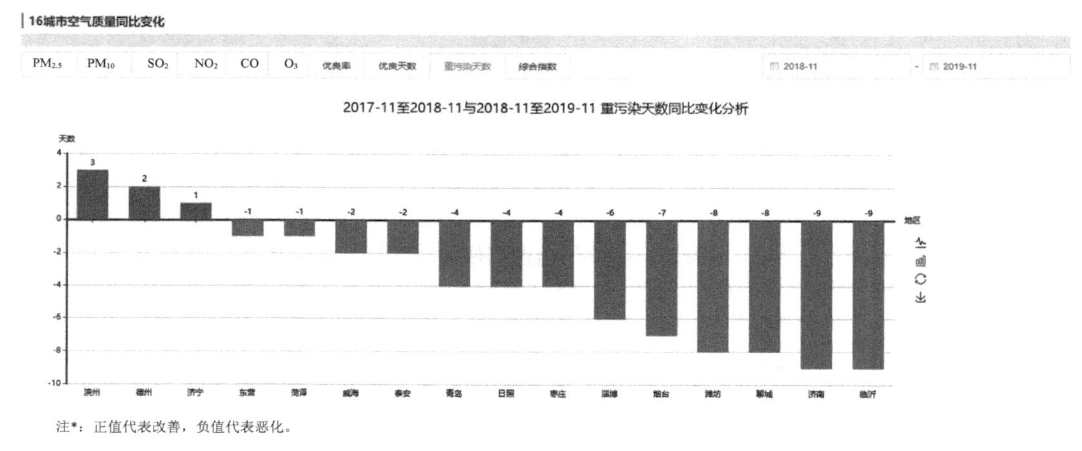

图 8-21　重污染天气数据展示

1. 预警信息展示

按时间、区域、预警级别等不同维度来统计重污染天气预警信息，时间条件可选择年、季、月、日的固定单位，也可以选择任意时间区域，区域为各城市，预警级别分别为Ⅳ级（蓝色）、Ⅲ级（黄色）、Ⅱ级（橙色）、Ⅰ级（红色）预警，重污染天气预警信息包括预警时间、预警等级、历时天数等，统计信息以统计图的形式显示。

2．预警等级调整展示

预警等级调整提醒是根据 AQI 日均值发生的变化，显示可重设重污染天气的预警等级，根据 AQI 日均值的变化结果对比报警范围，当 AQI 日均值不在报警范围内时，则提示预警等级调整信息。当 AQI 日均值完全不在重污染天气预警的各等级范围内时，则显示重污染天气预警解除的信息。

3．预案执行结果展示

对预案的执行效果进行统计分析，帮助用户了解哪些预案的执行达到了效果，为预案的完善提供支撑。提供对相关部门的预案执行情况进行跟踪监控功能，随时查看环境质量、污染源情况以及相关人员的预案执行能力，通过跟踪模块可以方便地获得各个部门和处理小组甚至个人的工作状态、现场状态、指令状态。

4．重污染天气应急处理展示

出现重污染天气后，根据天气污染情况对应急属性进行定义，并根据重污染天气应急减排清单做出处理，展示当前情况下需要关停的企业名单，预计污染物减排量以及企业关停所造成的成本损失。针对不同类别的重污染物，采取不同类别下的应急减排措施，主要类别分为工业源、扬尘、道路，如图 8-22 所示。

序号	年份	企业名称	详细地址	二级行业	生产线/工序	主要污染物排放量（千克/天）_烟粉尘	主要污染物排放量（千克/天）_SO_2	主要污染物排放量（千克/天）_NO_x	主要污染物排放量（千克/天）_VOCs
1	2018	淄博康斯达门业有限公司	中庄镇	表面涂装	胶合/喷涂	0.000	0.000	0.000	0.715
2	2018	淄博康斯达门业有限公司	中庄镇	表面涂装	胶合/喷涂	0.000	0.000	0.000	0.715
3	2018	淄博龙岩混凝土有限公司	张家坡镇	拌合站	混凝土搅拌	0.409	0.000	0.000	0.000
4	2018	淄博龙岩混凝土有限公司	张家坡镇	拌合站	混凝土搅拌	0.409	0.000	0.000	0.000
5	2018	淄博鑫贵不锈钢制品厂	寨里镇	铸造	中频电炉	0.606	0.000	0.000	0.000
6	2018	淄博鑫沃机械有限公司	寨里镇	铸造	中频炉3台	34.097	1.309	1.909	0.000
7	2018	淄博铸锦机械有限公司	寨里镇	铸造	中频炉30000吨	0.000	0.000	0.000	0.273
8	2018	淄博鑫贵不锈钢制品厂	寨里镇	铸造	中频电炉	0.606	0.000	0.000	0.000
9	2018	淄博鑫沃机械有限公司	寨里镇	铸造	中频炉3台	34.097	1.309	1.909	0.000
10	2018	淄博铸锦机械有限公司	寨里镇	铸造	中频炉30000吨	0.000	0.000	0.000	0.273

图 8-22　重污染天气应急减排措施数据展示

二、水环境数据可视化

（一）水污染现状展示

1．地表水环境数据展示

（1）地表水环境实时数据展示。对地表水环境实时数据进行展示，包括站点名称，水质类别，氨氮、化学需氧量、高锰酸盐指数三项监测指标的监测值、标准值及超标倍数，

pH，水温，溶解氧，电导率，浊度。

（2）地表水水质状况展示。对地表水年度水质状况数据进行综合展示，以统计图表的形式展示河流（湖库）水质状况、河流劣V类情况、河流（湖库）污染因子，以列表的形式展示断面名称、考核地市、水质类别、水温、pH、电导率、溶解氧、高锰酸盐指数、生化需氧量、氨氮、石油类、挥发酚、汞、铅、化学需氧量、总氮、总磷等指标数据，如图 8-23、图 8-24、图 8-25 所示。

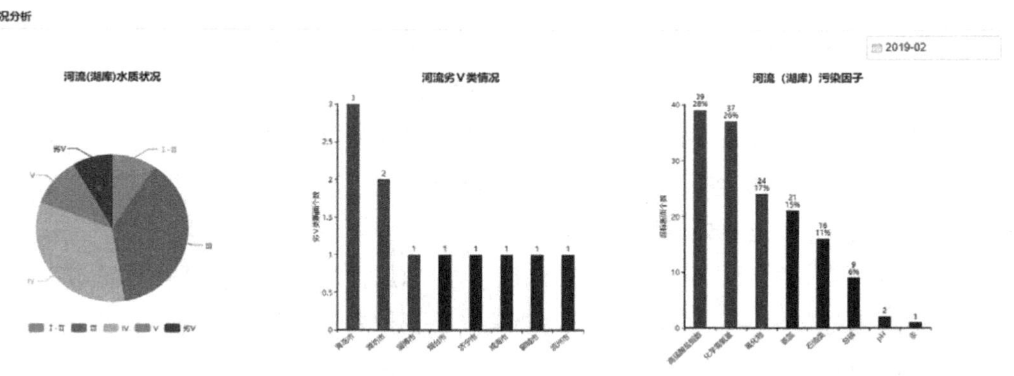

图 8-23 地表水水质状况分析展示

序号	断面名称	考核地市	水质类别	水温/℃	pH	电导率/（μs/cm）	溶解氧/（mg/L）	高锰酸盐指数/（mg/L）	生化需氧量/（mg/L）	氨氮/（mg/L）	石油类/（mg/L）	挥发酚/（mg/L）	汞/（mg/L）	铅/（mg/L）	化学需氧量/（mg/L）	总氮/（mg/L）
1	302井	淄博市	V	22.8	7.92	1 420	8.78	11.1	0	0.6	0.38	0.002 9	0.000 8	0.000 35	34.5	12.9
2	入小清河处	东营市	V	18.1	8.11	991	7.2	8.4	6	0.478	0.05	0.005	0	0.001 1	37	3.41
3	南郭桥	东营市	IV	12.2	8.17	599	7.5	7.3	3	0.412	0.04	0.002 4	0	0.000 74	17	7.38
4	第三店	德州市	IV	10.6	7.68	348.2	14.16	5.9	4.4	1.4	0.005	0.000 5	0.000 02	0.001	20	7.41
5	潘家庵	潍坊市	IV	10.4	6.14	1 570	8.8	9	1.3	0.43	0.06	0.004	0.000 02	0.000 04	28	13.4
6	王道闸	东营市	IV	10.2	8.32	987	9.1	6.2	3	1.33	0.03	0.002 8	0	0.000 96	21	11.9
7	睦里庄	济南市	III	8.8	8.12	88.1	10.8	3.4	3.4	0.56	0.005	0.000 2	0.000 02	0.001	15	1.8
8	彭口闸	枣庄市	V	7.9	7.65	164.2	9.67	4.2	3.6	0.42	0	0.002 4	0	0	18	14.5
9	入小清河处	淄博市	IV	7.4	8.2	380	10.62	6.5	2	0.788	0.04	0.002 4	0	0.000 2	12	22.9
10	夏侯桥	济南市	IV	7	8.43	114	8.97	4.6	4.2	0.46	0	0	0	0	19	9.59
11	章齐沟入小清河口	济南市	IV	7	8.12	223	8.16	6	5.5	0.24	0	0	0	0	25	18.8
12	南桥	威海市	劣V	6.8	8.88	128.2	13.8	6.4	4	2.89	0.04	0.000 2	0.000 02	0.001	26	10.4
13	幸丰庄	济南市	IV	6.6	7.97	127.5	10	6.3	4.4	0.83	0.04	0.000 9	0.000 02	0.000 2	18	13.1
14	西闸	淄博市	V	6.6	8.07	228	12.7	7.3	6.4	0.88	0.02	0.002 8	0.000 02	0.000 04	24	12.4

图 8-24 地表水点位水质状况展示

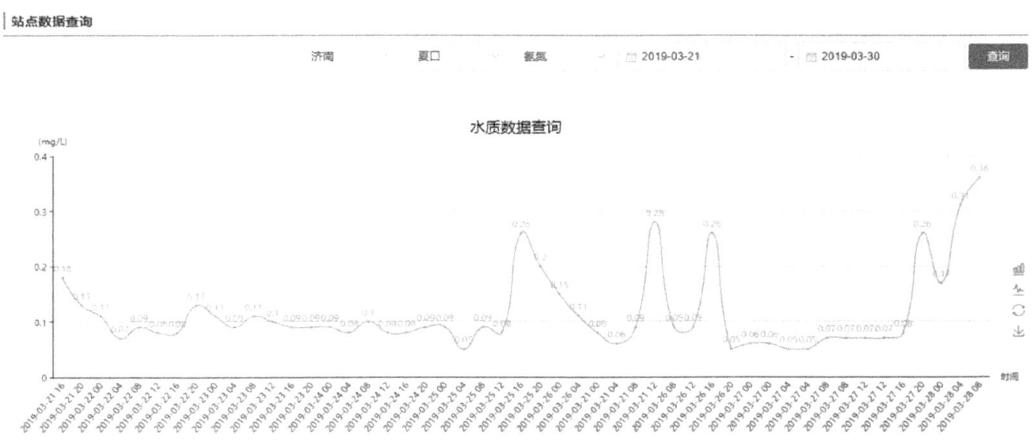

图 8-25　地表水点位水质数据查询

2. 饮用水水源地保护数据展示

对饮用水水源地保护区、饮用水监测点位及其监测数据进行展示，监测指标包括叶绿素、氨氮、高锰酸钾指数等，如图 8-26 所示。

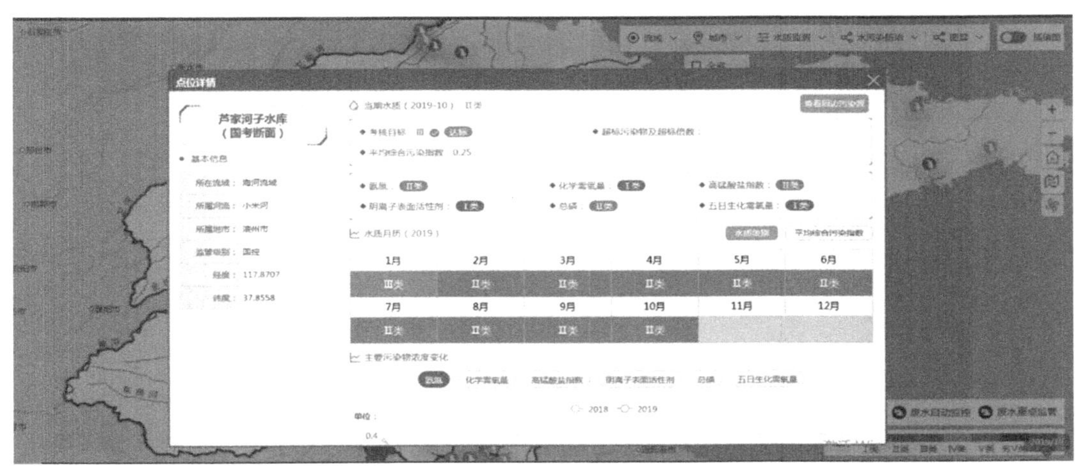

图 8-26　水监测点位数据和水污染预测分析

（二）水污染预测分析结果展示

通过分析获取造成某点位水质污染的嫌疑企业，并对该企业信息进行展示，及时告知用户进行现场检查处理。

三、污染源数据可视化

（一）污染源综合数据展示

1．污染源基础数据展示

通过建立全省污染源基础信息动态管理系统，将发生环境行为的企业统一入库管理，将污染源基础数据库作为大数据平台的重点建设任务，并根据发生的业务实时更新，为环境监管业务提供有力支撑。

污染源基础数据如图 8-27 所示。

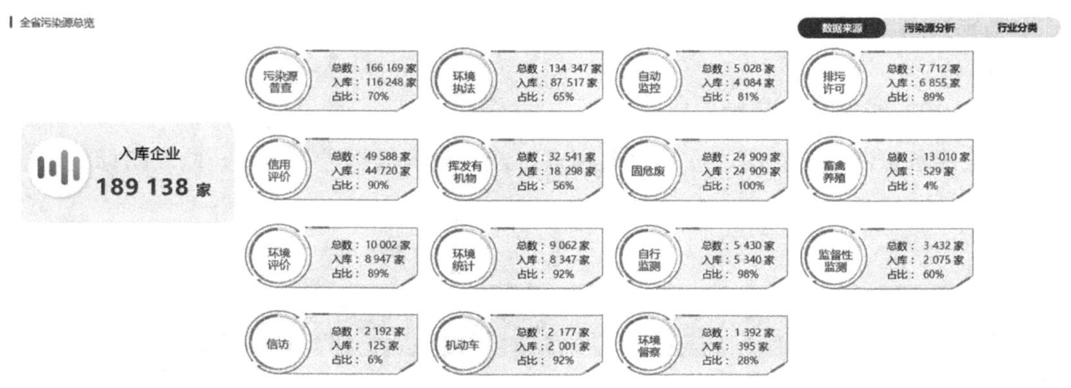

图 8-27　全省污染源基础数据展示

2．排污许可证数据展示

排污许可证依法依规限制排污单位排污行为以及排污量，通过图表的形式，展示排污许可相关数据。

（1）许可证各市发放数量。统计城市排污许可证发放相关信息，展示信息包括城市、年月、排污许可证数量、废水排放量总计、废气排放总计、废气排放量剩余、废水排放量剩余。

（2）城市污染物排放量排名。统计城市污染物排放量总计排名，展示信息包括排名、城市、年月、废水排放总量、排气排放总量。

（3）与总量关联关系分析。分析已产生排污量与总量关系，展示信息包括已产生的排污量占总量的比例以及剩余的排污量数据。

（4）污染源减排量统计。统计各污染源在排污许可规定的排放量内的减排量，并按照减排量进行排名，展示信息包括污染源名称、废水允许排放量、废气允许排放量、废水减排量、废气减排量等。

3. 执法数据分析展示

采用统计图表的方式，对污染源执法任务的统计分析结果进行可视化展示，为任务完成分析、任务督办、约谈问责提供数据支撑服务，如图 8-28 所示。

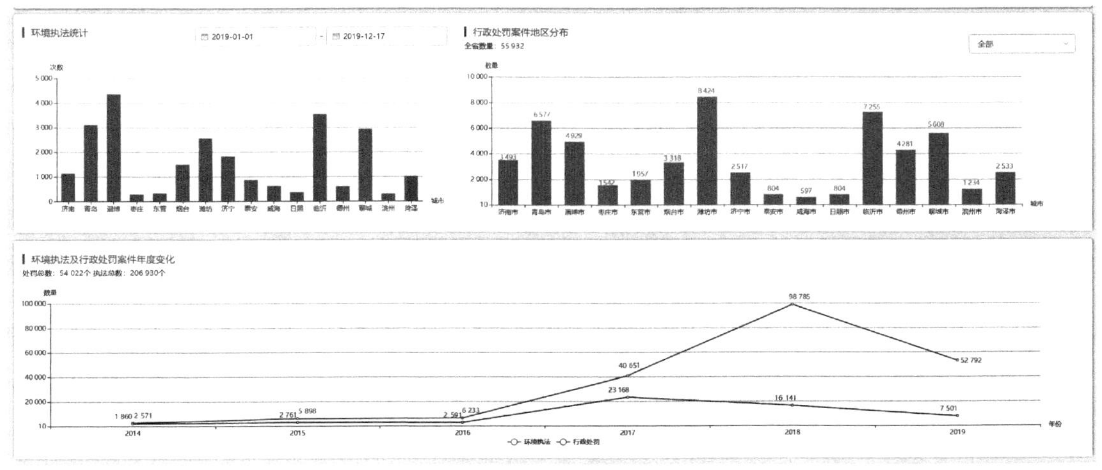

图 8-28　执法数据分析展示

（1）任务中心。各地方政府依照自身的污染源情况对重点任务和目标责任进行分工，由地方环境管理部门牵头制定措施和任务，并进行部门内部分工，形成重点任务工作分工表，包括待办任务、牵头任务、配合任务。

（2）进展汇总。汇总执法任务的进展情况，包括牵头任务汇总、配合任务汇总。

（3）考核督办。对污染源执法行动参与的所有单位进行汇总考核，包括牵头单位、配合单位的任务完成情况，对指标未完成的单位进行追责。

（4）执法任务考核按任务统计分析。执法任务考核督办按任务统计，是指按单项任务统计各市区、各委办局的各项指标的数据，分析任务完成情况。

（5）执法任务考核按单位统计分析。执法任务考核督办按单位统计，是指按单一市区、单个委办局单位为维度，统计其污染源执法每项任务各项指标的数据，分析各类任务完成情况，包括待办任务、牵头任务、配合任务。

（6）执法任务考核按完成状态统计分析。执法任务考核督办按完成状态统计，是指按“完成”“未完成”的状态，统计所有市区、委办局的各项指标的数据，分析任务完成情况。

（7）行政处罚记录。记录被处罚的污染源企业信息并进行展示，需要展示的信息有污染源名称、主要污染物、处罚事件、处罚金额、记录时间、记录人。

（8）行政执法统计。对行政执法情况进行统计，统计执法事件数、被处罚事件数、被处罚金额等。

4．污染源自动监控数据分析展示

利用图表的形式，对污染源自动监控数据进行统计分析，如图 8-29、图 8-30 所示。

（1）污染源监控数据展示。可查看污染源自动监控数据所包含的污染物浓度数据。

（2）污染源污染物浓度排名。根据污染物浓度值大小进行排名，可自行选择污染物种类，从而展示污染物浓度最高的污染源企业。

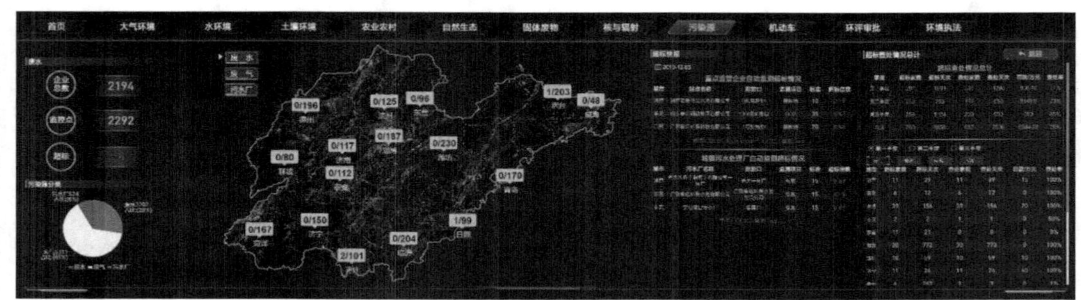

图 8-29　污染源自动监控数据分析展示

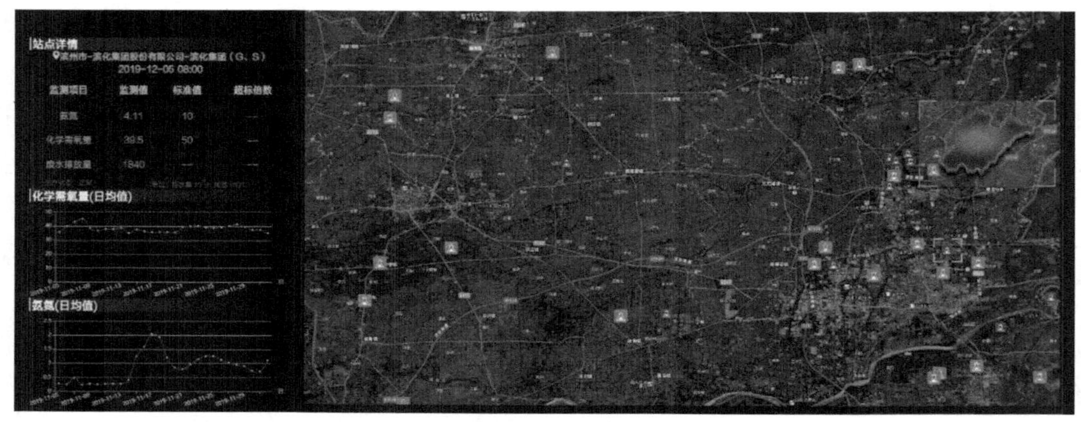

图 8-30　某污染源监测数据和地理位置等详情展示

（二）企业全息画像数据展示

1．企业特征数据展示

针对全部存在预警问题的企业，从企业行业等级、预警类型分析、地域行业分析多维度进行综合分析展示，全局、全貌反映企业整体特征。同时提供企业列表查询、预警问题综合查询、选定企业详情（企业标签、预警详情）查询服务。

（1）企业特征数据展示。针对全部企业标签进行分析展示。从企业行业等级、预警类型分析、地域行业分析等维度进行展现。

（2）单个企业特征展示。将标签与每个企业进行关联以后，形成每家企业的标签展示

页面。

2．企业违法风险情况展示

企业违法风险情况标定企业违法风险等级及相关预警问题，生成违法风险企业列表并面向用户提供综合查询功能，同时结合 GIS 地图多维度展现该类企业分布特征、行业与区域聚集性特征，全局全貌体现企业违法风险情况，为环境监察日常管理提供辅助支撑。

（1）风险预警问题类型展示。结合 GIS 就违法风险涉及的预警问题进行分类查询展示，同时可从区域、行业两层面进行问题聚集性分析，对于问题预警集中的区域或行业进行重点标识，并形成固定源清单，为监察执法提供参考依据。

（2）风险等级展示。依托 GIS 进行违法风险等级分布特征展示，让用户快速获取等级分布以及在区域、行业上的聚集性特征。可通过搜索条件（风险等级、行政区、行业类别、时间范围和管理属性）进行查询，可实现固定源快速定位，详情查询。结合 GIS 进行固定源信息展现，如固定源名称、行政区、行业、风险等级、告警记录、最新告警问题等信息展现。

3．企业环境行为评价展示

对企业环境行为进行评价，标定企业优、良、中、差等级，生成企业列表并提供综合查询服务，结合 GIS 展现企业点位分布，聚类标示各等级企业的区域、行业聚集性，探寻企业聚集性，让领导一目了然地把握整体局势，从而辅助管理决策。

（1）预警类型展示。结合 GIS 展现在环境行为评价过程中所发现的问题。采用网格方式，标识出区域网格内企业预警的问题数量，对于问题较多地区颜色加深显示。同时展现预警问题标签，选择任意问题标签可以查看该类全部预警问题所涉企业。

（2）环境行为等级展示。结合 GIS 展现在环境行为评价过程中所发现的问题。采用点位聚类方式，标识聚类区域内环境行为较差企业，反映这些企业的所在行业、所在地区以及企业清单，如图 8-31、图 8-32 所示。

图 8-31　企业身份信息展示

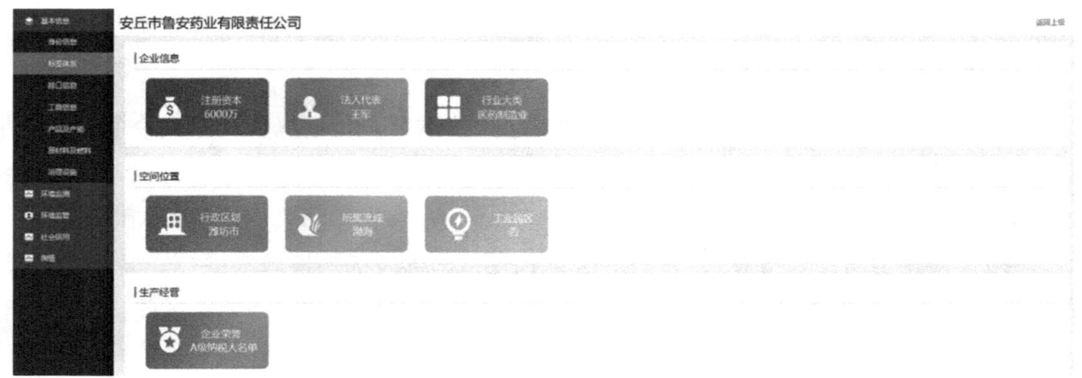

图 8-32　企业标签体系展示

第六节　生态环境大数据共享服务

基于统一的业务数据开发利用和共享机制，主要通过数据交换共享、服务接口共享的方式提供生态环境大数据共享服务，实现跨层级、跨部门业务协同和数据共享，包括与省生态环境厅机关处室及直属单位的数据共享，与生态环境业务相关省直部门的数据共享，与生态环境部、地市生态环境局的数据共享等。此共享服务机制，杜绝业务系统单独对外开放接口和数据，确保大数据平台的统一性。

一、数据交换共享

数据交换共享是为生态环境大数据进行数据交换提供服务的分布式管理，可将空气、水、土壤、自然生态、核与辐射、污染源、行政办公、公众服务数据或文件等交换到生态环境大数据资源中心。对跨层级、跨部门之间异构数据源的提取、转换、传输、存储和监控等进行可视化管理，通过远程来实现不同级之间数据的同步、交换和共享。

（一）数据交换流程

数据交换流程包括数据发送配置流程、数据传输与交换流程、数据接收配置流程和交换监控流程。

（二）数据交换配置

根据数据交换标准，对源数据库数据进行转换，对双方的交换设备进行配置，只有满足标准的数据才能通过数据交换平台进行交换。

（三）适配器配置

数据交换共享通过为各应用系统配置相应的适配器，配合应用系统的标准化接口来完成与各应用系统的集成。根据各应用系统的交换接口实现方式，适配器分为数据库适配器（读取、写入）和文件适配器（读取、写入）。

（四）数据交换接口

为满足跨层级、跨部门来自不同数据源的数据交换共享需求，通过接口文件实现各类生态环境数据之间的传输与交换。

二、服务接口共享

统一规定标准化的接口，实现对外提供数据服务接口，并进行统一管理和维护，目标应用按照标准要求配置接口，实现数据共享。

（一）数据服务流程

数据服务流程包括数据集定义流程和关联关系定义流程。

1．数据集定义流程

数据集定义实现管理和维护数据关联方式，包括数据集的新建、编辑、删除、查询操作，保障不同数据表之间能够通过自定义的“外键”联系起来。

2．关联关系定义流程

依托数据集中的数据表，数据服务实现为数据接口筛选数据字段，填写数据接口信息，从而实现数据接口关联关系定义。

（二）应用程序服务分配

应用程序实现为数据服务分配 token 值和使用凭证，保障数据服务的唯一性和安全性，并发布出去。

主要实现对服务应用信息的显示、新建、编辑与管理，包括添加应用名称、应用标题、应用描述等基本信息。

（三）Web Service 接口

数据服务接口方式是指采用 Web Service 方式进行数据共享，Web Service 接口具有开放性和跨平台的特点，Web Service 接口能使运行在不同机器上的不同应用无须借助附加的、专门的第三方软件或硬件，就可相互交换共享数据。Web Service 将数据封装成 XML

格式，基于 http 进行数据传输，SOAP 使用 XML 消息调用远程方法，从而实现服务接口共享。

Web Service 服务接口可以实现业务系统数据库数据到数据中心的整合，也可以实现业务系统对数据的调用。其工作流程如图 8-33 所示。

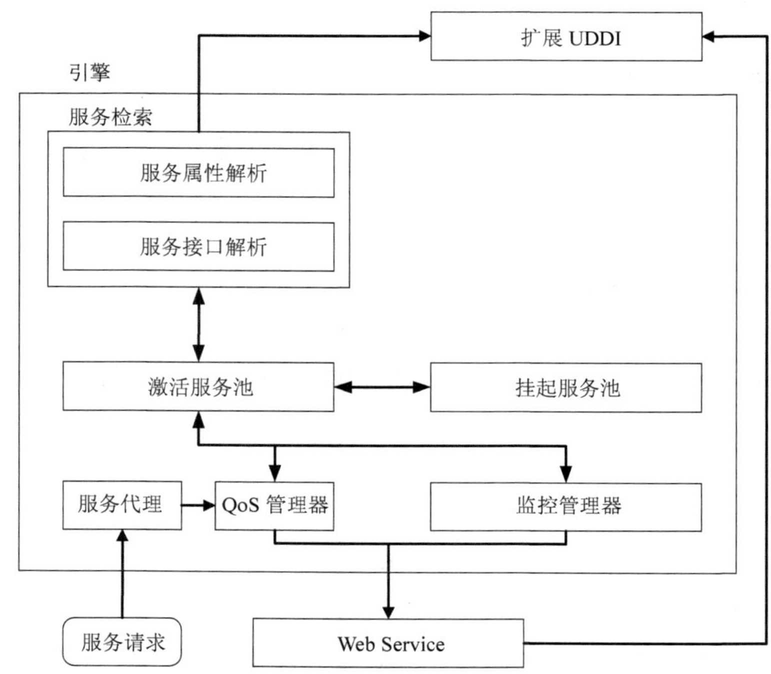

图 8-33 Web Service 服务接口工作流程

服务动态调用框架核心组件有服务检索、服务状态监听器、QoS 管理器、服务代理、活动和非活动服务池。服务请求者在调用 Web Service 时，通过服务代理将请求发送到 QoS 服务管理器。服务管理器找出符合条件的 Web 服务。如果在调用期间，当前的 Web Service 发生故障，则服务监听器将当前服务标志为非活动服务，放入非活动服务池队尾，直到服务恢复正常才重新将其放入活动服务池中。如果当前服务能力不足，则服务管理器将选取另一个合适的服务进行调用。服务检索定期反复访问服务注册中心，获取所有相关的 Web Service。通过服务检索得到的服务将被放入服务池中。服务状态监听器通过定期获取服务状态信息来完成服务池的管理。如果服务失效，则服务放入非活动服务池中；如果失效的服务已激活，则从非活动队列中取出，放入活动队列队尾。

第九章　生态环境大数据安全

第一节　概　述

没有安全做保障，一切大数据应用都是空谈。网络和信息安全已经成为国家安全的重要组成部分。

大数据因其蕴藏的巨大价值和集中化的存储管理模式，成为网络攻击的重点目标，针对大数据的勒索攻击和数据泄露问题日趋严重，全球大数据安全事件呈频发态势。相应地，大数据安全需求已经催生相关安全技术、解决方案及产品的研发和生产，但与产业发展相比，存在滞后现象。

习近平总书记在中共中央政治局就实施国家大数据战略第二次集体学习时指出，要构建以数据为关键要素的数字经济，推动实体经济和数字经济融合发展，推动互联网、大数据、人工智能同实体经济深度融合。同时，要切实保障国家数据安全。这要求我们必须坚持国家总体安全观，树立正确的网络安全观，坚持“以安全保发展，以发展促安全”，充分发挥大数据在推动产业转型升级、提升国家治理现代化水平等方面重要作用的同时，深刻认识大数据安全的重要性和紧迫性，认清大数据安全挑战，积极应对复杂严峻的安全风险，坚持安全与发展并重，加速构建大数据安全保障体系，保障国家大数据发展战略顺利实施。

一、大数据面临的安全挑战

大数据时代，数据的产生、流通和应用更加普遍和密集。然而，新的技术、新的需求和新的应用场景给数据安全防护带来了全新的挑战。

（一）新技术带来的挑战

分布式计算存储架构、数据深度发掘及可视化等新型技术能够大大提升数据资源的存储规模和处理能力，但也为数据安全保护带来了新的挑战。首先，系统安全边界模糊、可能引入的未知漏洞、分布式节点之间和大数据相关组件之间的通信安全已逐渐成为新的安全薄弱环节；其次，分布式数据资源池能够汇集众多用户数据，却造成了用户数据隔离的困难。为了应对新技术带来的挑战，网络与数据安全技术需要同步演进，打破传统基于安全边界的防护策略，实现更细粒度的访问控制，提升加密和密钥管理能力，从而保证数据安全。

（二）新需求带来的挑战

大数据时代下，各方对数据资源的占有和利用的需求持续增加，数据被广泛收集并共享开放。移动智能终端、传感器、智能联网设备广泛应用，使虚拟世界正在成为现实世界的完整映射。由多方数据中汇聚分析出的有用信息价值远远超过传统单一数据集。数据的广泛、多源收集对数据安全本身及个人信息保护带来了新的挑战，数据来源和真实性验证存在困难，个人信息过度收集、未履行告知义务等现象侵害了个人合法权益。此外，数据开放共享对国家数据资源和企业商业秘密的安全也构成一定威胁。一方面，政府数据的开发缺乏统一规范和指导；另一方面，企业在提供数据资源进行多方数据计算时，如何实现数据可用不可见，在保障机密性的同时完成计算，已成为亟待解决的数据应用安全性问题。

（三）新应用场景带来的挑战

当前，数据应用浪潮逐渐从互联网、金融、电信等热点行业领域向融合业务、物联网、传统制造、政府治理等行业和领域拓展渗透。数字化生活、智慧城市、工业大数据等新技术新业务新领域创造出纷繁多样的数据应用场景，使得数据安全保护具体情境更为复杂。如何在多渠道流通与多领域融合的复杂过程中保证数据的机密性、完整性和可用性，是新的应用场景下面临的全新挑战。频繁的数据共享和交换使得数据溯源中数据标记的可信性、数据标记与数据内容之间捆绑的安全性等问题更加突出。

二、对大数据安全的进一步认识和理解

大数据在数量规模、处理方式、应用理念等方面都呈现了与传统数据不同的新特征。大数据是具有体量大、结构多样、时效强等特征的数据；处理大数据需采用新型计算架构和智能算法等新技术；大数据的应用强调以新理念应用于辅助决策、发现新知识，更强调在线闭环的业务流程优化。从安全视角看，大数据的这些新特性，会产生以下影响。

（一）需要从“大安全”的视角认识和解决大数据安全问题

大数据发展过程中，资源、技术、应用相依相生，以螺旋式上升的模式发展。无论是

商业策略、社会治理，还是国家战略的制定，都越来越重视大数据的决策支撑能力。但也要看到，大数据是一把双刃剑，大数据分析预测的结果对社会安全体系所产生的影响力和破坏力可能是无法预料和提前防范的。例如，美国一款健身应用软件将用户健身数据的分析结果在网络上公布，结果涉嫌泄露美国军事机密，这在以往是不可想象的。未来，基于大数据的智能决策将会在经济运行、社会生活、国家治理方面发挥更重要的作用，大数据可能会对国家“11 种安全”的方方面面产生更加深远的影响。因此，必须从“大安全”的视角审视大数据安全问题，必须站在国家总体安全观的高度，打破传统的重技术的安全保护思维模式，建立涉及经济、法律、技术等多角度全方位的大数据安全保障体系。

（二）需要从大数据平台的自身安全认识对社会安全的重要性

目前来看，大数据正在成为一种通用的数据处理技术，除推动人工智能、虚拟现实等新兴信息技术应用创新之外，互联网、大数据通过与实体经济的深度融合，正加速推进传统制造业向数字化、网络化、智能化发展。然而，在信息化和工业化融合业务繁荣发展的背后，安全问题如影随形。针对大数据平台的网络攻击手段正在悄然变化，攻击目的已经从单纯的窃取数据、瘫痪系统转向干预、操纵分析结果，攻击效果已经从直观易察觉的系统宕机、信息泄露转向细小难以察觉的分析结果偏差，造成的影响可能从网络安全事件上升到工业生产安全事故。目前，传统基于监测、预警、响应的网络安全技术难以应对上述攻击变化，需要进行理念创新，针对不断变化演进的网络攻击形态，设计建构更加完善的大数据平台安全保护体系，为上层跨行业跨领域的业务应用提供基础性安全保障。

（三）需要重构以数据应用和流动为中心的安全防护体系

大数据时代，数据作为一种特殊的资产，能够在流通和使用过程中不断创造新的价值。因此，在大数据应用场景下，数据流动是“常态”，数据静止存储才是“非常态”。同时，可以预见到，未来大数据业务环境将更加开放，业务生态将更加复杂，参与数据处理的角色将更加多元，系统、业务、组织边界将进一步模糊，导致数据的产生、流动、处理等过程比以往更加丰富和多样。数据的频繁跨界流动，除可能导致传统的数据泄露风险外，还会引发新的安全风险。特别是在数据共享环节中，传统数据访问控制技术无法解决跨组织的数据授权管理和数据流向追踪问题，仅靠书面合同或协议难以实现对数据接收方的数据处理活动进行实时监控和审计，极易造成数据滥用的风险，最典型的案例是 2018 年曝光的“剑桥分析”事件。未来，数据共享和流通将成为刚性业务需求，传统的静态隔离安全保护方法将彻底不能满足数据流动安全防护的需求，必须通过动态变化的视角分析和判断数据安全风险，构建以数据为中心的动态、连续的数据安全防护体系。

（四）需要在大数据蓬勃发展的同时做好安全防护工作

近年来，我国网络购物、移动支付、共享经济等数字经济新业态新模式发展迅猛，基于互联网、移动互联网、物联网的信息服务已经渗透到社会生活的方方面面，为广大民众提供便捷、高效、全天候的服务。以普惠金融为例，利用大数据对个人数据的挖掘和分析，能够帮助金融科技公司更好地理解用户需求，提供个性化定制服务；利用大数据进行金融风险控制，能够实现流水线操作，减少经营成本，提高服务效率，提升用户体验。例如，某互联网金融服务企业推出的“310”个人信贷服务模式，即“3 分钟填表、1 分钟批贷、0 人工干预”，为用户提供了传统信贷服务无法比拟的业务体验，同时将业务成本从每单 2 000 元降至 2.3 元。然而，用户享受便捷服务的代价是出让自己的个人信息权利。每日推荐、个人日报、免押租车等信息服务，都是基于大数据技术对用户个人数据进行挖掘分析，形成用户画像，进而提供的定制化服务。但大数据应用场景下，无所不在的数据收集技术、专业化多样化的数据处理技术，使得用户难以控制其个人信息的收集情境和应用情境，用户对其个人信息的自决权利自然被削弱。特别是，企业间的数据共享日益频繁，利用大数据的超强分析能力对多源数据进行处理，能够将经过匿名化处理的数据再次还原，导致现有数据脱敏技术“失灵”，直接威胁用户的隐私安全。

综上所述，大数据安全是涉及技术、法律、监管、社会治理等领域的综合性问题，其影响范围涵盖国家安全、产业安全和个人合法权益。同时，大数据在数量规模、处理方式、应用理念等方面的革新，不仅导致大数据平台自身安全需求发生变化，还带动数据安全防护理念随之改变，同时引发对高水平隐私保护技术的需求和期待。

第二节　生态环境大数据安全体系

参考网络安全等级保护基本要求，结合山东省生态环境大数据平台建设的业务安全需求特点，遵循适度安全为核心，以重点保护、分类防护、保障关键业务、技术、管理、服务并重、标准化和成熟性为原则，从多个层面进行建设，构建以安全管理体系和安全技术体系为支撑的安全保障体系，使受保护对象在物理和环境安全、网络和通信安全、设备和计算安全、应用和数据安全、管理安全各个层面不仅达到“第三级安全等级要求”，而且符合受保护对象的业务特点，为山东省生态环境大数据平台的安全稳定运行提供有力保障。

一、安全体系总体架构

所谓安全体系，即组织或整体在特定范围内建立的安全方针和目标，以及随之而产生的直接的管理活动，它是基于安全方面相关的一整套系统整体，由平台安全、数据安全、应用安全等构成，如图 9-1 所示。

图 9-1　安全体系架构

（一）平台安全

因为目前各地的大数据项目基本上都部署在本地的政务云平台中，所以安全工作主要由政务云平台的运营商来保障。

大数据平台安全是对大数据平台传输、存储、运算等资源和功能的安全保障，包括传输交换安全、存储安全、计算安全、平台管理安全以及基础设施安全。传输交换安全是指保障与外部系统交换数据过程的安全可控，需要采用接口鉴权等机制，对外部系统的合法性进行验证，采用通道加密等手段保障传输过程的机密性和完整性。存储安全是指对平台中的数据设置备份与恢复机制，并采用数据访问控制机制来防止数据的越权访问。计算组件应提供相应的身份认证和访问控制机制，确保只有合法的用户或应用程序才能发起数据处理请求。平台管理安全包括平台组件的安全配置、资源安全调度、补丁管理、安全审计等内容。此外，平台软硬件基础设施的物理安全、网络安全、虚拟化安全等是大数据平台安全运行的基础。

（二）数据安全

数据安全防护是指平台为支撑数据流动安全所提供的安全功能，包括数据分类分级、元数据管理、质量管理、数据加密、数据隔离、防泄露、追踪溯源、数据销毁等内容。

大数据促使数据生命周期由传统的单链条逐渐演变成为复杂多链条形态，增加了共享、交易等环节，且数据应用场景和参与角色愈加多样化，在复杂的应用环境下，保证政务信息系统重要数据等敏感数据不发生外泄，是数据安全的首要需求。海量多源数据在大数据平台汇聚，一个数据资源池同时服务于多个数据提供者和数据使用者，强化数据隔离和访问控制，实现数据可用不可见，是大数据环境下数据安全的新需求。利用大数据技术对海量数据进行挖掘分析，所得结果可能包含涉及国家安全、经济运行、社会治理等敏感信息，需要加强对分析结果共享和披露的安全管理。

（三）应用安全

应用安全就是保障应用程序使用过程和结果的安全。简而言之，就是针对应用程序或工具在使用过程中可能出现计算、数据泄露等隐患，通过其他安全工作或策略来消除隐患。

应用安全的目的是要保证信息用户的真实性，信息数据的机密性、完整性和可用性，以及信息用户和数据的可审性，以对抗假冒、信息窃取、数据篡改、越权访问和事后否认等针对信息应用的安全威胁。

二、基于数据的安全防护层级

从大数据全生命周期和技术应用角度出发，把大数据安全防护内容分为六大层级，分别为数据源层、数据采集层、数据存储层、数据计算引擎、数据分析层和应用层。

（一）数据源层

数据源层为整个系统提供数据，需要尽可能多地搜集与安全相关的数据。从数据类型角度来看可分为结构化数据、半结构化数据和非结构化数据，从采集源角度来看又可分为设备类、流量类和情报类。其中设备类涉及网络安全产品、主机、中间件和系统日志的采集；流量类主要涉及对网络流量报文的采集；情报类主要涉及外部数据，主要包括各种攻防动态、攻击样本、黑客组织等情报数据，通过关联分析和数据挖掘等技术手段，整合原本碎片化的日志和数据，找出安全事件的联系，从而达到为大数据平台提供底层数据支撑的目的。

（二）数据采集层

面对数据源种类繁多、格式不一的数据，需采用一套完整的数据收集框架及归一化过程对其进行清洗，去除冗余，从而统一格式，实现转化。针对来自不同数据源的安全数据可采用两种数据采集技术进行收集：一是通过 Sqoop 或 Kettle 等批量采集工具负责安全事件信息或网络中的行为信息从关系型数据库到 Hive 的双向数据传输，用以发现攻击行为，并进行后续挖掘分析，发觉攻击行为起源、变化与评估对目标系统产生的威胁。二是通过 Flume（分布式日志收集系统）+Kafka（分布式发布订阅消息系统）的分布式采集方式负责原始安全时间信息到 HDFS 的数据传输，实现每秒数百兆的日志数据采集与传输，发现潜伏的异常流量和潜在威胁。

（三）数据存储层

为了实现不同分析需求的数据存储，提高分析与查询效率，采用不同存储技术混搭的存储方式。高价值结构化的数据采用 MPP（Massive Parallel Processor）数据库进行存储，低价值结构化、半结构化、非结构化的数据采用 HDFS + HBase/Hive 的方式存储，取长补短，从而发挥更大效能。MPP 数据库采用的是分布式结构化存储技术，每个节点都有独立的磁盘存储系统和内存系统，业务数据根据数据库模型和应用特点划分到各个节点上，每台数据节点通过专用网络或者商业通用网络互相连接，彼此协同计算，作为整体提供数据库服务。相对于传统数据库技术，MPP 在分析 PB 级别的结构化数据方面高效、稳定。HDFS、HBase 和 Hive 作为 Hadoop 框架的子项目，用以支撑非结构化数据的存储。HDFS

分布式文件系统实现日志文件的分布式存储。HBase是一个分布式列存储数据库系统，底层物理存储利用了HDFS分布式文件系统，其设计目标是满足有海量行数、大量列数及数据结构不固定这类特殊数据的存储需求，并可以运行于大量低成本构建的硬件平台上，针对的应用环境是对事务一致性没有特别严格要求的领域。当查询检索流量、日志等信息时，可采用HBase列式存储方式，发挥HBase基于主键查询效率高的特点，添加索引表，把基于索引字段的查询转换为基于HBase主键的查询，实现毫秒级的数据查询响应。Hive是基于Hadoop的数据仓库工具，可提供快速统计分析技术，并进行挖掘分析，从而支撑安全态势分析能力。

（四）数据计算引擎

为了对安全分析平台提供全套计算引擎支撑服务，计算引擎采用MapReduce和Storm相结合的方式。离线日志分析由MapReduce分布式并行计算框架提供计算能力，并具备抽象调度单元、集群资源管配、负载均衡机制、作业执行时间预测、优先级调度策略、各角色各时段的失败重试机制功能。MapReduce将打碎的碎片任务发送（Map）到多个节点上，之后再以单个数据集的形式加载（Reduce）到数据仓库里。实时流式日志分析由Storm集群实现。实时日志流通过Kafka消息队列的缓存后被发送到Storm集群进行实时计算分析，并将结果存储到数据仓库Hive中。

（五）数据分析层

数据分析层实际上是各类数据挖掘、机器学习的算法支撑，实现包括关联规则（Apriori等）、分类（Decision Tree等）、聚类（k-means等）等数据挖掘算法，实现数据的深度挖掘与分析，发现安全规律与趋势。关联规则用于发现各安全事件之间的关系网。分类是把一些新的数据项（如新的安全事件）映射到给定类别中的某一个类别。聚类是将相似的事物（如已知的安全事件）聚集在一起，而将不相似的事物划分到不同的类别的过程。根据不同的分析挖掘目的，结合运用不同的数据分析挖掘算法，为上层不同类型的应用提供强大的分析能力。

（六）应用层

从实时性的角度出发，将大数据的安全分析分为两类，分别是在线分析和离线分析。其中，在线分析模块为平台提供安全事件实时监控告警服务、在线统计服务（统计实时数据等）等；离线分析根据算法库，进行统一调度和分布式计算，为平台提供行为分析、趋势预测、安全指数、安全风险态势感知等能力。

三、安全体系中的安全要素

（一）认证安全

这里的认证作为一种信用保障、身份识别的形式，包含两层含义：一是对数据本身的识别、确认，另外就是对访问或使用数据的智能设备/系统/人的身份识别、确认。这种身份认证一般由第三方专门的认证中心来完成，认证其状态的同时认证其属性。对于数据本身而言，其认证既包含其元数据（“数据的数据”）的识别、确认，也包含对其内容的识别、确认。对于访问或使用数据的人［包括自然人/用户群组/用户角色/机构部门等 ACL（存取访问控制列表中的用户）］而言，主要是对其唯一性、合法性、符合性的识别、确认。除自然人之外，一些智能设备或信息系统也会成为政务大数据的“用户”，它们如同自然人一样，也是要确认其唯一性、合法性、符合性。本质上，认证过程是一个确保“我是我”、确认唯一性身份识别号（ID）的过程，认证安全是所有后续安全的基础。如果没有认证安全，也就没有其他安全可言了。保障认证安全，就是要保障其认证过程的安全和认证结果的正确，而保障认证结果的正确是核心目标，衡量指标有三个：唯一性、合法性和符合性。唯一性即是独有的、没有二义性的，合法性是指为系统中正常注册产生，符合性指在唯一性、合法性前提下的属性吻合，是认证的最终表现形式。

（二）鉴权安全

鉴权是指在认证基础之上，通过身份识别的对象被确认所拥有的权限或者是否拥有某项权限的过程。这里的权限包括基础的增删改查四个基本权限，操作对象是指在存取访问控制列表里的系统/数据资源。这里没有把授权单独开来，是因为往往鉴权和授权过程是难以分别开来的，所以这里讨论的鉴权包含了授权，把两者当成一个过程来看待。同时，这种鉴权一般是双向的，既是系统/数据对用户的鉴权，也是用户对系统/数据的鉴权。如果把认证比作从防盗门猫眼识别门外是否为可以进来的客人，那么鉴权就是给可以进来的客人开门和拒绝给不可以进来的人开门。和认证的安全一样，鉴权安全也是通过过程安全来保障结果安全。在认证和鉴权方面，区块链技术对提升其安全性会有比较大的帮助。

（三）传输安全

从生态环境大数据的采集到其治理、加工、使用、提供服务的整个过程，都离不开数据的传输。因此，大数据的传输安全也是其重要的安全要素。传输安全包括传输过程中保障传输对象的准确、完整，以及传输过程中不会被非法窃取。对于传输安全常用的方案是使传输加密和建立传输隧道，如采用建立在 TCP/IP 层级上的 SSL（Secure Sockets Layer，安全套接层，HTTPS）/TLS（Transport Layer Security，传输层安全），以及 IPsec VPN/SSL VPN（目前 SSL VPN 已经成为 VPN 技术的主流）。在实现传输安全的过程中，需要权衡安全、功能效果和实现效率并寻求最适合的方案。曾在一个项目中，由于所传输的内容需要以文件为单位进行加解密传输，但用户界面上有大量的小图片元素，造成加解密过程较缓慢，进而影响系统访问效果。在加解密措施、策略无法改变的情况下，最终项目组采用把大量小的图片文件合并为一个文件，能使用底色的不再使用图片文件的折中方式来改善了客户对系统的交互体验。

（四）交换安全

生态环境大数据的价值体现有赖于其共享、融合与交换。因此，交换安全也是其价值体现的重要环节。生态环境大数据的交换安全主要包括跨域认证、数据提供方/请求方对所交换数据的管控以及交换行为及过程的安全审计。生态环境大数据的分布环境比较复杂：横向成池、纵向成线，纵横交错、聚集成网，不可避免地会跨不同的安全域。在不同的安全域进行交换时，安全地进行跨域认证就显得十分重要（建立安全、互信的交换通道）。这里引入一个数据识别码（Data Identification Number，DIN）的概念，即每个被交换的交换单元设置一个唯一的 DIN，同时要具有保密等级等属性信息，在交换链路层面确保高密级的数据不会被交换到低密级的安全域，同时应避免伴随数据流向的病毒和网络攻击侵入。数据交换双方（提供方&请求方）对所交换数据的管控以及隐私防护，也是交换安全的重要组成部分，这可以通过信息过滤以及双方的互信握手实现安全。此外，交换行为及过程的安全审计，既要保障交换痕迹的如实保留并且要防止篡改，同时也要保障信息不被泄露。交换的安全审计往往通过加密、验证、备案等方式确保交换过程可追溯，交换行为可检查。

（五）存储安全

生态环境大数据产生后需要存储起来，其安全包括存储的过程中不会被窃取、被损坏，重点要保障其完整性和保密性。存储安全涉及存储介质的物理安全，也涉及存储的软件安全和存储内容的安全。基于虚拟化的云存储和基于区块链技术的分布式存储，将在技术上对存储安全提供更加有效的保障。存储安全也是建立在认证安全和鉴权安全基础上的，数据加密也是存储安全重要的保障措施。由于云存储是基于存储资源虚拟化和软件定义存储资源来实现的，因此，基于云存储环境的存储安全更为复杂。保障存储安全的手段无外乎加密、密钥和认证，从逻辑层次上大体可以分为存储基础设施安全（硬件资源层：磁盘、网络）、存储平台安全（如虚拟化云管平台、操作系统、数据库管理系统、文件管理系统等）和存储软件安全（如设备监控、存储定义、存储管理软件等）。相比较（“热数据”）而言，区块链的分布式存储技术，对于生态环境大数据中的“冷数据”存储更加实用。

（六）管理安全

完整的安全保障体系既需要技术手段/措施，也需要相配套的管理手段/措施。管理安全的表现形式为相应的安全管理制度、保障方案、应急预案、标准操作流程（SOP）、作业指导书等，可实施路径为与实际政务业务流程相融合，将安全管理纳入业务流程的每个环节、每个步骤中。同时，管理的可定义和自动化也会是趋势，即管理安全措施/规则也将成为政务大数据的一个可运行的组成部分，通过自学习实现对自我的安全管控。这些安全管理措施/规则来源于国家相关的法律法规以及标准等强制性文件，并通过管理制度/软件设计融合在具体的业务流程当中。管理安全的两翼是“防”和“控”，两者以安全动态管理为基础，重在从源头上予以预防。

（七）媒介安全

生态环境大数据的存储、传输和交换都需要媒介，保证数据在媒介中的完整性、有效性，对于生态环境大数据的整体安全非常重要。同时，媒介安全应该和所存储、传输和交换的数据保密等级相一致。这里既有硬件层面的要求，也有软件层面的要求。保证国家安全、公共安全和群体安全，是媒介安全管控的重要目的。在进行媒介安全管理时，需要加强风险防控，从风险源头进行控制。

（八）运行安全

生态环境大数据作为一个复杂的大型数据系统，有效的运行管理是保障其发挥价值的重要前提。其运行安全包括运行环境的安全和运行态保持的安全。运行环境的安全是基础，运行态保持的安全是目标。

（九）审计安全

对于生态环境大数据的审计安全，首先是需要建立安全的审计机制与策略。如区块链技术中讲到的分布式记账，其实和最初银行发行的一本通账户有些类似，只是它没有去广播，不具备“去中心化”的特征。然而，随着金融技术的发展，一本通账户失去了存在意义，它不再能实时反映相应账户的真实状态，只能以中心化的银行备案信息为准。区块链技术中的分布式记账，本质上解决的是数据真实性的审计问题。通过分布式存储机制以及当前计算能力的瓶颈来使数据被篡改成为不可能，使相关方对数据的可信度达成共识。其基础就是可以审计、验证，并确保审计过程的安全与审计结果的可靠。审计的安全离不开安全审计，而基于机器学习建立的安全模型、安全策略、安全机制，并且可以自优化的安全审计是审计安全的重要保障。

四、加强安全实时监控和感知能力

（一）全面加强安全事件实时监控能力

每次安全事件发生会伴随大量日志产生，实时监控系统可快速对安全事件做出告警动作并进行分级、分类统计，辅助安全管理人员初步了解当前安全状态，如识别出 DDoS 攻击告警、网络攻击告警、病毒流量告警、异常流量告警、非法登录告警、网站防护告警、非法下载告警、违规操作告警等。其原理是通过 Flume + Kafka 实时数据采集工具，将实时采集的各方面的安全数据汇聚到 Storm 实时计算引擎，利用 Storm 强大的流计算能力，实现流式数据实时或准实时处理，为平台提供在线分析处理能力，并生成多维度详细报告。不仅如此，在线分析结果和安全事件处理结果还会被收集存储到离线分析模块的 HDFS，结合多维度采集数据，利用 MapReduce 批量处理引擎和算法分析层的计算能力，实现各方数据综合离线分析，从而更精准地定位问题。

（二）全面提升安全风险态势感知能力

网络安全态势感知是从宏观角度对网络系统安全状态的认知过程，通过在一定时间及空间范围内感知所发生的网络安全事件，针对安全数据进行综合处理，分析系统受到的攻击行为，提供网络安全的“全局视图”。其流程是经过收集、清洗、转换安全系统中各个方面的数据，采用一定的算法和技术手段识别系统中的各类网络活动，并得出各类网络活动的活动特征，这一过程可称之为理解。从理解到状态评估再到理解的闭环应该是动态的，只有具备这种动态自学习能力才能保证感知的准确性。网络态势的全面感知离不开对安全事件快速、高效、准确的发现和处理。具备态势感知分析能力的离线分析流程，离线分析模块收集全部历史数据和各类事件数据（包括在线分析处理转交的疑难事件数据和安全事件数据），并结合事件数据库中的事件信息，利用挖掘引擎对数据仓库中的数据进行深度分析，将深度分析后的事件结果流转至安全事件处理模块中进一步处理，并把事件保留至事件仓库中。同时，离线分析模块依据新的安全事件更新在线分析处理的规则库。通过对大量的各种安全事件融合分析和挖掘，可识别出网络系统中的各种类型的安全攻击行为，结合其发生时间、空间分布和对网络系统的危害程度等情报信息，从而达到准确地形成网络整体安全态势的目的。

五、政务云提供的安全服务

山东省生态环境大数据平台部署在省级政务云环境中，安全服务内容由政务云服务商提供，目前可提供以下安全服务，见表 9-1。

表 9-1 云平台安全服务内容

序号	安全资源池	安全能力描述
1	基础防火墙	实现过滤拨入访问，并可以记录网络流量和可疑的活动
2	入侵监测服务	实现对网络攻击行为的检测
3	专用防火墙	实现专用强化安全服务
4	VPN 接入服务	实现用户远程访问的加密传输
5	入侵防御服务	实现对全类型网络攻击行为的检测与阻断处置
6	主机安全加固	实现提供网络与应用系统加固和优化服务
7	运维审计	实现对运维人员的操作行为审计，以及违规行为的阻断
8	主机杀毒	实现云主机的安全杀毒
9	CA 认证	实现负责发放和管理数字证书
10	数据库审计	实现对数据库操作行为的审计
11	防病毒网关	实现保护网络内进出数据的安全
12	安全审计服务	实现对各种事件及行为实行监测、信息采集、分析并针对特定事件及行为采取相应的比较
13	抗 DDoS 攻击	实现在 DDoS 攻击下存活
14	流量监控服务	实现对数据流进行监控，包括出数据、入数据的速度和总流量
15	Web 安全监测	实现对 Web 系统的安全防护
16	网页防篡改	实现保护网站安全，防止黑客入侵、篡改网站网页
17	等保测评	实现对系统的安全控制测评、系统整体测评

第三节 生态环境大数据数据安全

数据安全是生态环境大数据平台安全管理的重中之重。目前，山东省生态环境大数据平台的大数据资源中心已存储 365 余亿数据，每年有 25 余亿条的增量，如何做好数据安全管理，我们面临的挑战和压力非常大。

大数据生命周期可以划分为采集、存储、挖掘、发布四个环节。数据采集环节是指数据的采集与汇聚，安全问题主要涉及数据汇聚过程中的传输安全问题。数据存储环节是指数据汇聚完成后大数据的存储，需要保证数据的机密性和可用性，提供隐私保护。数据挖掘是指从海量数据中抽取出有用信息的过程，需要认证挖掘者的身份、严格控制挖掘的操作权限，防止机密或敏感信息的泄露。数据发布是指将有用的信息输出给应用系统，需要进行安全审计，并保证可以对可能泄露的数据进行溯源。

一、数据采集安全技术

海量大数据的存储需求催生了大规模分布式采集及存储模式。在数据采集过程中，可能存在数据损坏、数据丢失、数据泄露、数据窃取等安全威胁，因此需要使用身份认证、数据加密、完整性保护等安全机制来保证采集过程的安全性。

（一）传输安全

一般来说，数据传输的安全要求有以下四点。

（1）机密性：只有预期的目的端才能获得数据。

（2）完整性：信息在传输过程中免遭未经授权的修改，即接收到的信息与发送的信息完全相同。

（3）真实性：数据来源的真实可靠。

（4）防止重放攻击：每个数据分组必须是唯一的，保证攻击者捕获的数据分组不能重发或者重用。

要达到上述安全要求，一般采用的技术手段如下。

（1）目的端认证源端的身份，确保数据的真实性。

（2）数据加密以满足数据机密性要求。

（3）密文数据后附加 MAC（消息认证码），以达到数据完整性保护的目的。

（4）数据分组中加入时间戳或不可重复的标记来保证数据抵抗重放攻击的能力。

（二）SSL VPN

虚拟专用网络（Virtual Private Network，VPN）技术将隧道技术、协议封装技术、密码技术和配置管理技术结合在一起，采用安全通道技术在源端和目的端建立安全的数据通道，将待传输的原始数据进行加密和协议封装处理后再嵌套装入另一种协议的数据报文中，像普通数据报文一样在网络中进行传输。经过这样的处理，只有源端和目的端的用户能够解释和处理通道中的嵌套信息，而其他用户却不能。因此，可以通过在数据节点以及管理节点之间布设 VP 的方式，满足安全传输的要求。

SSL VPN 采用标准的安全套接层（Security Socket Layer，SSL）协议，基于 X.509 证书，支持多种加密算法，可以提供基于应用层的访问控制，具有数据加密、完整性检测和认证机制，而且客户端无须安装特定软件，更加容易配置和管理，可以降低用户的总成本并增加远程用户的工作效率。

SSL 协议建立在可靠的 TCP 传输协议之上，并且与上层协议无关。各种应用层协议（如 HTTP/FTP/Telnet 等）能通过 SSL 协议进行透明传输。SSL 协议提供的安全连接具有以下三个基本特点。

（1）连接是保密的。对于每个连接都有一个唯一的会话密钥，采用对称密码体制（如DES、RC4 等）来加密数据。

（2）连接是可靠的。消息的传输采用 MAC 算法（如 MD5、SHA 等）进行完整性检验。

（3）对服务器和客户端采用非对称密码体制（如 RSA、DSS 等）进行认证。

SSL VPN 系统的组成按功能可分为 SSL VPN 服务器和 SSL VPN 客户端。SSL VPN 服务器是公共网络访问私有局域网的桥梁，它保护了局域网内的拓扑结构信息。SSL VPN 客户端是运行在远程计算机上的程序，它为远程计算机通过公共网络访问私有局域网提供一个安全通道，使得远程计算机可以安全地访问私有局域网内的资源。SSL VPN 服务器的作用相当于一个网关，它拥有两种 IP 地址：一种 IP 地址的网段和私有局域网在同一个网段，相应的网卡直接连在局域网上；另一种 IP 地址是申请合法的互联网地址，相应的网卡连接到公共网络上。

采用 SSL VPN 技术可以保证数据在节点之间传输的安全性。以电信运营商的大数据应用为例，运营商的大数据平台一般采用多级架构，处于不同地理位置的节点之间需要传输数据，在任意传输节点之间均可部署 SSL VPN，保证端到端的数据安全传输。安全机制的配置意味着额外的开销，引入传输保护机制后，除数据安全性之外，对数据传输效率的影响主要有两个方面：一是加密与解密列数据传输速率造成的影响；二是加密与解密对于主机性能造成的影响。在实际应用中，选择加解密算法和认证方法时，需要在计算开销和效率之间寻找平衡。

二、数据存储安全技术

相对于传统的数据，大数据还具有生命周期长、多次访问、频繁使用的特征。在大数据环境下，云服务商、数据合作厂商的引入增加了用户隐私数据泄露、数据被窃取的风险。另外，由于大数据具有如此高的价值，大量的黑客会设法窃取平台中存储的大数据以谋取利益。大数据的泄露将会对企业和用户造成无法估量的后果。如果数据存储的安全性得不到保证，将会极大地限制大数据的应用与发展。

大数据安全存储的根本目标是保证存储数据的安全。大数据存储安全可以通过硬件获得，也可以通过软件来实现，既包括传统的存储加密和信息安全技术，也覆盖大数据依赖的云存储所带来的特殊安全问题和技术。大数据存储安全关键技术主要包括隐私保护、数据加密等。

（一）隐私保护技术

简单地说，隐私就是个人、机构等实体不愿意被外部世界知晓的信息。在具体数据应用中，隐私即为数据所有者不愿意被披露的敏感信息，包括敏感数据以及数据所表征的特性，如用户的手机号、固话号码、公司的经营信息等。但当针对不同的数据以及数据所有者时，隐私的定义也会存在差别。一般来说，从隐私所有者的角度而言，隐私可以分为个人隐私和共同隐私两类。个人隐私指的是可以确认特定个人或与可确认的个人相关，但个人不愿被暴露的信息，如身份证号、电话号码等。共同隐私则不仅包含个人的隐私，还包含所有个人共同表现出但不愿被暴露的信息和单位隐私，如污染源企业的产排污数据、排放数据等信息。

隐私保护技术主要解决如何保证数据在应用过程中不泄露隐私，以及如何更有利于数据的应用两个问题。隐私保护技术主要包括基于数据变换的隐私保护技术、基于数据加密的隐私保护技术和基于匿名化的隐私保护技术。

1. 基于数据变换的隐私保护技术

所谓数据变换，简单地讲，就是对敏感属性进行转换，使原始数据部分失真，但是同时保持某些数据或数据属性不变的保护方法。数据失真技术通过扰动原始数据来实现隐私保护，它要使扰动后的数据同时满足以下两点：第一，攻击者不能发现真实的原始数据，也就是说，攻击者通过发布的失真数据不能重构出真实的原始数据。第二，失真后的数据仍然保持某些性质不变，即利用失真数据得出的某些信息等同于从原始数据上得出的信息，这就保证了基于失真数据的某些应用的可行性。目前，该类技术主要包括随机化（Randomization）、数据交换（Data Swapping）、添加噪声（Add Noise）等。一般来说，当进行分类器构建和关联规则挖掘，而数据所有者又不希望发布真实数据时，可以预先对原始数据进行扰动后再发布。

2. 基于数据加密的隐私保护技术

采用对称或非对称加密技术在数据挖掘过程中隐藏敏感数据，多用于分布式应用环境，如分布式数据挖掘、分布式安全查询、几何计算、科学计算等。分布式应用一般采用两种模式存储数据：垂直划分（Vertically Partitioned）和水平划分（Horizontally Partitioned）。垂直划分数据是指分布式环境中的每个站点只存储部分属性的数据，所有站点存储的数据不重复；水平划分数据是指将数据记录存储到分布式环境中的多个站点，所有站点存储的数据不重复。

3. 基于匿名化的隐私保护技术

匿名化是指根据具体情况有条件地发布数据，即限制发布，如不发布数据的某些域值、数据泛化（Generalization）等。数据匿名化一般采用抑制和泛化两种基本操作。抑制是指抑制某数据项，即不发布该数据项。泛化则是对数据进行更概括、抽象的描述。

每种隐私保护技术都存在自己的优缺点。基于数据变换的技术，效率比较高，但却存在一定程度的信息丢失；基于加密的技术则刚好相反，它能保证最终数据的准确性和安全性，但计算开销比较大；而限制发布技术的优点是能保证所发布的数据一定真实，但发布的数据会有一定的信息丢失。在大数据隐私保护方面，需要根据具体的应用场景和业务需求，选择适当的隐私保护技术。

（二）数据加密技术

在大数据环境下，数据可以分为两类：静态数据和动态数据。静态数据是指文档、报表、资料等不参与计算的数据；动态数据则是指需要检索或参与计算的数据。

使用 SSL VPN 可以保证数据传输的安全，但存储系统要先解密传送来的数据，然后再进行存储。这样，当数据以明文的方式存储在系统中时，面对未被授权入侵者的破坏、修改和重放攻击，显得很脆弱，因此对重要数据的存储加密是必须采取的技术手段。本节简要地介绍一下静态数据加密和动态数据加密。

1. 静态数据加密

静态数据加密算法有两类：对称加密算法和非对称加密算法。对称加密算法是它自身的逆反函数，即加密和解密使用同一个密钥，解密时使用与加密同样的算法即可得到明文。常见的对称加密算法有 DES、AES、IDEA、RC4、RC5、RC6 等。非对称加密算法使用两个不同的密钥，一个公钥和一个私钥。在实际应用中，用户管理私钥的安全，而公钥则需要发布出去，用公钥加密的信息只有私钥才能解密，反之亦然。常见的非对称加密算法有 RSA、基于离散对数的 E1Gamal 算法等。

对称加密的速度比非对称加密的速度快很多，但缺点是通信双方在通信前需要建立一个安全信道来交换密钥。而非对称加密无须事先交换密钥就可实现保密通信，且密钥分配协议及密钥管理相对简单，但运算速度较慢。

实际工程中常采取的解决办法是，将对称加密算法和非对称加密算法结合起来，利用非对称密钥系统进行密钥分配，利用对称密钥加密算法进行数据的加密。在大数据环境下，需要加密大量的数据时，这种结合的作用尤为突出。

在大数据存储系统中，并非所有的数据都是敏感的。对那些不敏感的数据进行加密完全是没必要的。尤其是在一些高性能计算环境中，敏感的关键数据通常主要是计算任务的配置文件和计算结果，相对于别的不敏感数据来说，比重并不高。因此，可以根据数据敏感性，对数据进行有选择性的加密，仅对敏感数据进行按需加密存储，而免除对不敏感数据的加密，可以减小加密存储对系统性能造成的损失，这对维持系统的高性能有着积极的意义。

密钥是数据加密不可或缺的部分，密钥数量的多少与密钥的粒度直接相关。密钥粒度较大时，方便用户管理，但不适合于细粒度的访问控制。密钥粒度小时，可实现细粒度的访问控制，安全性更高，但产生的密钥数量大，难于管理。密钥管理方案主要包括密钥粒度的选择、密钥管理体系以及密钥分发机制。

适合大数据存储的密钥管理办法主要是分层密钥管理，即“金字塔”式密钥管理体系。

这种密钥管理体系就是将密钥以金字塔的方式存放，上层密钥用来加解密下层密钥，只需将顶层密钥分发给数据节点，其他层密钥均可直接存放于系统中。考虑到安全性，大数据存储系统需要采用中等或细粒度的密钥，因此密钥数量多。而采用分层密钥管理时，数据节点只需保管少数密钥就可对大量密钥加以管理，效率更高。

可以使用基于 PKI 体系的密钥分发方式对顶层密钥进行分发，用每个数据节点的公钥加密对称密钥，发送给相应的数据节点，数据节点接收到密文的密钥后，使用私钥解密获得密钥明文。

2．动态数据加密

动态加密技术是一种基于数学难题的计算复杂性理论的密码学技术。对经过动态加密的数据进行处理得到一个输出，将这一输出进行解密，其结果与用同一方法处理未加密的原始数据得到的输出结果是一样的。

动态加密技术是密码学领域的一个重要课题，目前尚没有真正可用于实际的全动态加密算法，现有的多数动态加密算法要么只对加法动态（如 Paillier 算法），要么只对乘法动态（如 RSA 算法）；或者同时对加法和简单的标量乘法动态（如 IHC 算法和 MRS 算法）。只有少数的几种算法同时对加法和乘法动态（如 Rivest 加密方案），但是由于严重的安全问题，也未能应用于实际。2009 年 9 月，IBM 研究员 Craig Gentry 在 STOC 上发表论文，提出一种基于理想格（Ideal Lattice）的全动态加密算法，成为一种能够实现全动态加密所有属性的解决方案。虽然该方案由于同步工作效率有待改进而未能投入实际应用，但是它已经实现了全动态加密领域的重大突破。

动态加密技术使得在加密的数据中进行诸如检索、比较等操作时能得出正确的结果，而在整个处理过程中无须对数据进行解密。其意义在于，真正从根本上解决将大数据及其操作委托给第三方时的保密问题。

三、数据挖掘安全技术

数据挖掘是大数据应用的核心部分，是发掘大数据价值的过程。数据挖掘融合了数据库、人工智能、机器学习、统计学、高性能计算、模式识别、神经网络、数据可视化、信息检索、空间数据分析等多个领域的理论和技术。数据挖掘的专业性决定了拥有大数据的机构又往往不是专业的数据挖掘者，因此，在发掘大数据核心价值的过程中，可能会引入第三方挖掘机构。如何保证第三方在进行数据挖掘的过程中不植入恶意程序，不窃取系统数据，这是大数据应用进程中必然要面临的问题。所以，对数据挖掘者的身份认证和访问控制是需要解决的首要安全问题。

（一）身份认证

身份认证是指计算机及网络系统确认操作者身份的过程，也就是证实用户的真实身份与其所声称的身份是否符合的过程。根据被认证方用于证明身份的认证信息不同，身份认证技术可以分为三种。

1．基于秘密信息的身份认证技术

所谓的秘密信息指用户所拥有的秘密知识，如用户ID、口令、密钥等。基于秘密信息的身份认证方式包括基于账号和口令的身份认证、基于对称密钥的身份认证、基于密钥分配中心（KDC）的身份认证、基于公钥的身份认证、基于数字证书的身份认证等。

2．基于信物的身份认证技术

这类技术主要包括基于信用卡、智能卡、令牌的身份认证等。智能卡也叫令牌卡，实质上是IC卡的一种。智能卡的组成部分包括微处理器、存储器、输入输出部分和软件资源。为了更好地提高性能，通常会有一个分离的加密处理器。

3．基于生物特征的身份认证技术

这类技术主要包括基于生理特征（如指纹、声音、虹膜）的身份认证和基于行为特征（如步态、签名）的身份认证等。

（二）访问控制

访问控制是指主体依据某些控制策略或权限对客体或其资源进行的不同授权访问，限制对关键资源的访问，防止非法用户进入系统及合法用户对资源的非法使用。访问控制是进行数据安全保护的核心策略，为有效控制用户访问数据存储系统，保证数据资源的安全，可授予每个系统访问者不同的访问级别，并设置相应的策略保证合法用户获得数据的访问权。访问控制一般可以是自主或者非自主的，最常见的访问控制模式有以下三种。

1．自主访问控制（Discretionary Access Control）

自主访问控制是指对某个客体具有拥有权（或控制权）的主体能够将对该客体的一种访问权或多种访问权自主地授予其他主体，并在随后的任何时刻将这些权限收回。这种控制是自主的，也就是说，具有授予某种访问权力的主体（用户）能够自己决定是否将访问控制权限的某个子集授予其他的主体，或从其他主体那里收回他所授予的访问权限。在自主访问控制中，用户可以针对被保护对象制定自己的保护策略。这种机制的优点是具有灵活性、易用性与可扩展性，缺点是控制需要自主完成，这带来了严重的安全问题。

2．强制访问控制（Mandatory Access Control）

强制访问控制是指计算机系统根据使用系统的机构事先确定的安全策略，对用户的访问权限进行强制性的控制。也就是说，系统独立于用户行为，强制执行访问控制。用户不能改变他们的安全级别或对象的安全属性。强制访问控制进行了很强的等级划分，所以经常用于军事用途。强制访问控制在自主访问控制的基础上，增加了对网络资源的属性划分，规定不同属性下的访问权限。这种机制的优点是安全性比自主访问控制的安全性有了提高，缺点是灵活性要差一些。

3．基于角色的访问控制（Role Based Access Control）

数据库系统可以采用基于角色的访问控制策略，建立角色、权限与账号管理机制。基于角色的访问控制的基本思想是，在用户和访问权限之间引入角色的概念，将用户和角色联系起来，通过对角色的授权来控制用户对系统资源的访问。这种方法可根据用户的工作职责设置若干角色，不同的用户可以具有相同的角色，在系统中享有相同的权力。同一个用户又可以同时具有多个不同的角色，在系统中行使多个角色的权力。

虽然这三种访问控制在底层机制上不同，但它们本身却可以相互兼容，并以多种方式组合使用。自主访问控制一般包括一套所有权代表（在 UNIX 中：用户、组和其他），一套权限（在 UNIX 中：可读、可写、可执行），以及一个访问控制列表（Access ControlList，ACL），访问控制列表列出了个体及其对目标、组合其他对象的访问模式。自主访问控制比较容易设置，但如果出现人员调整或者当个体列表增长时，自主访问控制就会变得难以处理，难以维护。相对而言，基于强制访问控制的执行可以扩展到巨大的用户群：基于角色的访问控制可以结合其他方案，以相同的角色管理用户池。

四、数据发布安全技术

数据发布是指大数据在经过挖掘分析后，向数据应用实体输出挖掘结果数据的环节，也就是数据“出门”的环节，其安全性尤其重要。数据发布前必须对即将输出的数据进行全面的审查，确保输出的数据符合“不泄密、无隐私、不超限、合规约”等要求。本节介绍数据输出环节必要的安全审计技术。

当然，再严密的审计手段，也难免有疏漏之处。在数据发布后，一旦出现机密外泄、隐私泄露等数据安全问题，必须有必要的数据溯源机制，确保能够迅速地定位到出现问题的环节、出现问题的实体，以便对出现泄露的环节进行封堵，追查责任者，杜绝类似问题的再次发生。

（一）安全审计

安全审计是指在记录一切（或部分）与系统安全有关活动的基础上，对其进行分析处理、评估审查，查找安全隐患，对系统安全进行审核、稽查和计算，追查造成事故的原因，并做出进一步的处理。目前常用的审计技术有以下四种。

1．基于日志的审计技术

通常 SQL 数据库和 NoSQL 数据库均具有日志审计的功能，通过配置数据库的自审计功能，即可实现对大数据的审计。

2. 基于网络监听的审计技术

基于网络监听的审计技术是指将对数据存储系统的访问流镜像到交换机某一个端口，然后通过专用硬件设备对该端口流量进行分析和还原，从而实现对数据访问的审计。

基于网络监听的审计技术最大的优点是，其与现有数据存储系统无关，部署过程不会给数据库系统带来性能上的负担，即使出现故障也不会影响数据库系统的正常运行，具备易部署、无风险的特点。但是，其部署的实现原理决定了网络监听技术在针对加密协议时，只能实现到会话级别审计，即可以审计到时间、源 IP、源端口、目的 IP、目的端口等信息，而没法对内容进行审计。

3. 基于网关的审计技术

该技术通过在数据存储系统前部署网关设备，在线监控转发到数据存储系统中的流量而实现审计。该技术起源于安全审计在互联网审计中的应用。在互联网环境中，审计过程除记录以外，还需要关注控制，而网络监听方式无法实现很好的控制效果，故多数互联网审计厂商选择通过串行的方式来实现控制。不过，由于数据存储环境与互联网环境大相径庭，数据存储环境存在流量大、业务连续性要求高、可靠性要求高的特点，所以在应用过程中，网关审计技术往往主要运用在对数据运维审计的情况下，不能完全覆盖所有对数据访问行为的审计。

4. 基于代理的审计技术

基于代理的审计技术是指在数据存储系统中安装相应的审计代理（Agent），在 Agent 上实现审计策略的配置和日志的采集。该技术与日志审计技术比较类似，最大的不同是需要在被审计主机上安装代理程序。代理审计技术从审计粒度上要优于日志审计技术，但是，因为代理审计不是基于数据存储系统本身的，所以其性能上的损耗大于日志审计技术。在大数据环境下，数据存储于多种数据库系统中，需要同时审计多种存储结构的数据。所以基于代理的审计，存在一定的兼容性风险，并且在引入代理审计后，原数据存储系统的稳定性、可靠性、性能或多或少都会受到一些影响。因此，基于代理的审计技术的实际应用面较窄。

从以上对四种技术的分析中不难发现，在进行大数据发布安全审计技术方案的选择时，需要从稳定性、可靠性、可用性等多方面进行考虑，特别是技术方案的选择不应对现有系统造成影响，可以优先选用网络监听审计技术来实现对大数据发布的安全审计。

（二）数据溯源

数据溯源是一个新兴的研究领域，诞生于 20 世纪 90 年代，普遍理解为追踪数据的起源和重现数据的历史状态，目前还没有公认的定义。在大数据应用领域，数据溯源就是对大数据应用周期的各个环节的操作进行标记和定位，在发生数据安全问题时，可以及时准确地定位到出现问题的环节和责任者，以便于解决数据的安全问题。

目前，学术界对数据溯源的理论研究主要基于数据集溯源的模型和方法展开，主要的方法有标注法和反向查询法。这些方法都是基于对数据操作记录的，对于恶意窃取、非法访问者来说，很容易破坏数据溯源信息。在应用方面，包括数据库应用、工作流应用和其他方面的应用，目前都处在研究阶段，没有成熟的应用模式。大多数溯源系统都是在一个独立的系统内部实现溯源管理，数据如何在多个分布式系统之间转换或传播，没有统一的业界标准。随着云计算和大数据环境的不断发展，数据溯源问题变得越来越重要，逐渐成为研究的热点。

数字水印是将一些标记信息（即数字水印）直接嵌入数字载体（包括多媒体、文档、软件等）中，但不影响原载体的使用价值，也不容易被人的知觉系统（如视觉或听觉系统）所觉察或注意到。通过这些隐藏在载体中的信息，可以达到确认内容创建者、购买者，传送隐秘信息或者判断载体是否被篡改等目的。数字水印的主要特征有以下几个方面。

（1）不可感知性：包括视觉上的不可见性和水印算法的不可推断性。

（2）强壮性：嵌入水印难以被一般算法清除，抵抗各种对数据的破坏。

（3）可证明性：对嵌有水印信息的图像，可以通过水印检测器证明嵌入水印的存在。

（4）自恢复性：含有水印的图像在经受一系列攻击后，水印信息也经过了各种操作或变换，但可以通过一定的算法从剩余的图像片段中恢复出水印信息，而不需要整改原始图像的特征。

（5）安全保密性：数据水印系统使用一个或多个密钥以确保安全，防止修改和擦除。

数字水印利用数据隐藏原理使水印标记不可见，既不损害原数据，又达到了对数据进行标记的目的。利用这种隐藏标记的方法，标记信息在原始数据上是看不到的，只有通过特殊的阅读程序才可以读取。基于数字水印的篡改提示是解决数据篡改问题的理想技术途径。

基于数字水印技术的以上性质，可以将数字水印技术引入大数据应用领域，解决数据溯源问题。在数据发布出口，可以建立数字水印加载机制。在进行数据发布时，针对重要数据，为每个访问者获得的数据加载唯一的数字水印。当发生机密泄露或隐私问题时，可通过水印提取的方式，检查发生问题数据是发布给哪个数据访问者的，从而确定数据泄露的源头，及时进行处理。

第四节　生态环境大数据备份与恢复

数据备份与恢复虽然是一个老话题，但是没有好的备份与恢复策略、技术和流程，大数据及应用还是空谈，大数据的安全也更是无从谈起。

大数据离不开集群，而且各个节点尽可能使用成本相对较低的设备，出现故障在所难免。每个大数据从业者都十分清楚，对一个可使用的体系的基本要求是数据安全，应用能跑起来，出了问题能够迅速恢复。大数据以海量为最大特征，再加上多格式，这就对大数据的备份与恢复提出了更高的要求。大数据备份恢复不是一个 0 到 1 的过程，而是在原有的 IT 备份恢复基础上的增量技术。

一、数据备份与恢复

（一）数据备份

数据备份是指为了防止数据丢失或损坏而将某些重要的数据通过一定的方式从应用主机转移存储到其他介质上的周期性过程。它用于保证当数据因意外造成丢失或损坏时，可以恢复到原来的状态，从而保持数据的一致性和业务的正常进行。数据备份主要解决的是数据的可用性和安全性问题，主要目的是数据恢复。恢复才是备份的关键所在，不能恢复的数据备份是没有意义的。

数据备份和数据复制的区别：数据备份不是简单地复制。数据复制是指将数据从一个存储介质转移到另外一个存储介质中，需要时，复制一份副本到指定地方即可。复制不能留下历史记录和对痕迹加以追踪，因此有时候只能恢复部分数据，一些历史记录和系统环境信息无法恢复。而数据备份不但要存储数据的副本，还要记录历史信息，以便追踪并且能准确无误地恢复数据。另外，备份需要选择备份介质、备份方法、备份软件以及确定备份方案、备份策略等，是一个系统的管理过程。

数据备份和容灾的区别：容灾技术是指当发生意外时，系统提供的服务和业务的正常运行不受干扰，保证数据的实时可用性。而备份是指将数据存储下来，以便在灾难发生时恢复数据，以保证数据的完整性。但是恢复需要过程，在此期间，系统中的数据是不可用的，它不能保证系统的实时性，只能保证数据的安全性和可用性。

数据备份和数据归档的区别：数据归档是指用户对数据进行有计划的迁移，当一些数据不再改变或更新时，将数据放在某些指定的文档中以便管理标记。数据归档也需要保持数据的可用性。数据备份是应对数据的更新，不断复制、覆盖的重复性过程。它们都涉及数据的可用性问题，并不冲突，经常被结合起来一起使用。

1. 数据备份系统的组成

一个完整的备份系统由备份源系统、备份管理器和备份存储系统三部分组成。备份源系统是指需要备份的主机或服务器，是备份数据的来源。备份管理器是指管理备份的软硬件资源，它是备份系统的核心。备份存储系统是指存储备份数据的磁盘阵列、磁带等存储介质，是备份数据最终的目的地。

备份源系统主要负责从需要备份的客户端或者服务器中选取备份的数据，并在发生意外时保持数据的一致性和更新。

备份管理器一般是指一些备份管理软件，它负责管理备份的确定和运行，提供数据备份管理、数据库备份管理、历史记录追踪、数据迁移及数据恢复等功能。备份管理器通常与备份源系统通信，将数据从备份源系统转移到备份存储系统中。作为备份系统的核心，备份管理对整个系统的备份进行集中管理和监控。

备份存储系统主要负责备份数据的存储，提供设备管理和介质管理。存储介质的质量和性能在整个备份系统中至关重要，影响备份的速度和质量。另外，昂贵的存储介质也大大提升了备份成本。目前，用于备份的存储介质主要由磁盘设备和磁带设备组成。硬盘设备具有快速读写和快速搜索能力，适用于快速的、小数据量的备份；而磁带设备具有大容量、价格低的特征，适用于大数据量的备份，但是执行备份的恢复和速度相对较慢。

2．数据备份的分类

数据备份有多种表现形式，按不同的标准有不同的分类。

（1）按保障内容不同，可分为数据级备份和应用级备份。数据级备份是指在异地建立一个备份系统，将本地关键数据存储在该系统中。当灾难发生时，能及时恢复，保证业务正常运行。应用级备份是指在异地建立一个完整的、与本地相当的备份系统。当灾难发生时，远程备份系统能及时接管本地业务，保证服务的完成。

（2）按备份主机与存储介质的相对距离不同，可分为本地备份和远程备份。本地备份是指备份主机和备份介质在相同或相近的地域内，这种备份速度较快，但是很受限制。远程备份是指在异地存放备份数据，可以保证备份数据的安全，但是相对而言备份和恢复速度较慢。

（3）按存储介质不同，可以分为磁盘备份、磁带备份和光盘备份。磁盘读写速度快、搜索速度快，适用于小数据量的备份；磁带因其容量大、单位容量价格低等优点，适用于大数据量的备份；光盘具有体积小、容量大、保存时间长、不受带宽限制等优点，也被广泛使用。

（4）按备份时间不同，可分为实时备份和定时备份。实时备份是指用户可以根据自己的需要，在任意时间进行数据备份。而定时备份一般需要事先设置好备份时间和频率，按时备份数据。

（5）按备份的自动化程度不同，可分为手动备份和自动备份。手动备份需要用户自己选择备份时间和备份数据。自动备份一般按用户的配置时间或者满足一些特定条件后自动进行备份。

（6）按备份数据的在线状态和备份的实时性，可分为冷备份和热备份。其中，冷备份又称为离线备份或非实时备份，热备份又称在线备份或实时备份。它们的区别是，备份服务器在备份过程中是否能及时接受用户响应和数据更新。

（7）按备份对象不同，可分为物理备份和逻辑备份。物理备份又称文件备份，一般只备份实质文件和数据，不关注其他逻辑内容。逻辑备份又称映像备份，一般是指从数据库中导出数据、输出源数据库的映像文件，只用于数据库的备份恢复。

3．数据备份策略

备份策略的选择是备份系统的一个重要部分。备份策略是指确定备份的内容、备份时间以及备份方式等。常见的备份策略有完全备份、增量备份、差异备份三种。

（1）完全备份：是最简单的一种备份，是指对系统中的所有逻辑盘或指定的内容进行一次整体备份，也可用于服务器的备份。这种备份策略的优势很明显，即备份操作简单直观，备份数据最完整、最全面。当发生数据灾难时，只需最近的一次全备份数据就可以恢复所有数据。但是，它也有一些缺陷。首先，备份的数据量比较大，因此，备份工作量较大、花费时间较长。其次，若频繁进行完全备份，则会产生很多重复的数据，占据大量磁盘空间，增加备份成本。因此，对于那些备份相对频繁、时间有限的情形，完全备份并不适合。

（2）增量备份：是指每次只备份相对于上次备份操作后发生过更新或者改变的数据。这种备份的优势是：系统发生改变的数据常常是有限的，因此备份数据相对较少，备份速度快，且不会占用很多磁盘空间。但是，采用这种备份策略备份数据，当发生数据灾难时，恢复操作十分麻烦。恢复时，需要最近一次的完全备份文件以及之后的所有增量备份文件，而且需要按顺序依次恢复。另外，这些备份文件形成一个链条，中间的任何一个环节出现问题，都有可能造成恢复数据的不完整。这种备份策略常与其他备份策略结合使用。

（3）差异备份：是指备份上一次完全备份后发生改变的所有数据，它是相对于完全备份而言的。它弥补了前两种备份的缺陷。相比较于完全备份，差异备份只备份发生改变的数据，因此，备份数据量小，备份时间短。另外，恢复时，只需要一次完全备份数据和最近一次差异备份的数据即可，恢复操作比增量备份简单。但是，差异备份仍然有其不足之处。差异备份需要备份完全备份后发生改变的数据，不是相对于上次备份，每次备份的时候可能重新备份了上次差异备份已经备份过的数据，因此存在重复数据，占用了额外磁盘空间。

不论哪种备份策略，在一个备份周期内都首先要进行一次完全备份，然后再选择进行增量备份或者差异备份。一般需要根据实际的情况，考虑包括成本、时间、效率等各种因素，来选择合适的备份策略。在数据更新不太频繁且数据量不太大的情况下，可以选用差异备份的方式。若数据更新很频繁，更新量又很大，那么备份周期后几次的差异备份数据量就很大，这时使用差异备份就不太经济，可以考虑增量备份或者增量备份与差异备份相结合的方式，也可以考虑缩短备份周期。

4．数据备份系统

数据备份系统按结构不同，一般分为 DAS-Based 备份系统、LAN-Based 备份系统、

LAN-Free 备份系统和 Server-Free 备份系统。

（1）DAS-Based 备份系统。基于直连附加存储（DAS-Based）结构的备份系统是最简单的一种备份方案。这种结构的备份系统，其存储介质直接挂接在备份服务器的总线上，作为服务器的一部分存在，通常采用手工方式进行备份。备份软件运行在服务器中，管理整个备份过程。备份数据时，备份服务器通过总线将备份数据传送到存储介质中。而且，DAS-Based 备份系统一般只为该备份服务器提供数据备份服务。

DAS-Based 备份系统的优点是：备份系统维护简单，数据传输速度快。但也有缺陷：一是这种结构为直连式存储，存储设备直接挂接在服务器总线上，可管理的存储设备少。二是不同的服务器需要不同的备份设备，因此备份设备不能共享。三是由于不同的操作系统要求不同版本的备份软件，因此给备份管理造成了一定困难。四是因为存储介质有限、存储容量有限，所以不适合大型数据的备份要求。DAS-Based 备份系统适用于备份数据量不大、操作系统环境简单的情况，而对大数据量备份场景或者实时数据备份场景不适用。

（2）LAN-Based 备份系统。基于局域网（LAN-Based）结构的备份系统，改进和弥补了 DAS-Based 结构的一些缺陷和不足。这种结构的系统配置了一台中心备份服务器，与备份存储介质直接相连，其上运行备份软件。另外，这些存储介质是可共享的。需要备份的服务器和客户端通过局域网连接到中心服务器上，备份数据时，中心服务器通过局域网将数据传送到存储介质中。

采用 LAN-Based 结构进行备份，可以最大限度地使用企业当前的资源，节省成本。另外，由中心服务器统一管理备份操作，且存储介质资源共享，便于集中管理。但是，LAN-Based 结构也有一些不足：一是备份数据通过局域网进行传输，备份数据流和业务数据量混合在一起，占用了大量网络带宽，同时降低了效率。二是其不适合持续的大量数据备份或高频备份，当数据量达到 TB 级别时，局域网性能下降，无法满足备份需要。即便如此，一般有局域网的地方，在数据量不大的情况下，LAN-Based 备份系统足以满足用户的备份需求。

（3）LAN-Free 备份系统。基于存储区域网（SAN）的备份方案解决了传统备份系统需要占用局域网带宽的问题。LAN-Free 和 Server-Free 备份系统正是建立在存储区域网基础上的两种解决方案。这两种备份系统，把存储介质作为独立节点进行备份操作时，数据不经过网络直接传输和存储。

在 LAN-Free 备份系统中，将存储介质连接到 SAN 中，形成两个独立的数据网络，即传输业务数据流的业务网络（IAN）和传输备份数据流的 SAN，以此将业务数据和备份数据有效地分开，避免业务数据占据网络带宽，同时提高备份速度。应用服务器与 SAN 相连，备份数据时不经过 LAN，而是只经过 SAN 将数据从存储介质中备份到磁带库中。

LAN-Free 的优势在于数据备份统一管理、备份速度快、网络传输压力小、磁带库资源共享。但由于将业务流和数据流分开，所以在一定程度上提升了备份成本，也占据了系统的 CPU 资源。另外，其恢复操作烦琐、实施复杂，不适用于少量文件备份场景。

（4）Server-Free 备份系统。Server-Free 备份系统是 LAN-Free 备份系统的一种改进。相比于 LAN-Free 备份系统，Server-Free 备份系统中引入了“第三方”设备，将备份数据从应用服务器的主存储设备中通过 SAN 传输到磁带库等备份设备中，有效地将应用服务器从备份传输路径上释放出来。第三方设备是指一种代理，它是一种软硬件结合的智能设备。进行数据备份时，第三方设备通过现有的网络数据管理协议从应用服务器中获取备份数据的相关信息，然后备份数据。当获取文件信息后，备份操作即与应用服务器无关，由第三方设备处理，彻底解放了应用服务器。

Server-Free 备份系统避免了 LAN-Free 备份系统的一些缺陷：其减少了系统 CPU 的占用，占用网络带宽少，便于统一管理，实现了资源共享。但由于其需要特定的备份应用软件进行管理，还要考虑厂商的兼容性问题，实施起来比较复杂，成本也较高。

（二）数据恢复

数据恢复是指在数据损坏或丢失后，将其恢复到备份时的状态。数据恢复可以看作数据备份的逆过程，它们是相互对应的。无法恢复的数据备份是没有意义的，而备份是恢复的前提。数据恢复在整个备份系统中占据很重要的地位，关系着发生灾难后数据的可用性问题。

数据恢复通常是手工操作，需要选择恢复的数据以及恢复后存放的节奏。常用的恢复操作通常分为三种类型：完全恢复、选择性恢复和重定向恢复。完全恢复是指当发生意外灾难导致数据全部损坏或丢失时，将备份的所有数据全部进行恢复的操作。选择性恢复是指由于人为失误而导致某些文件的丢失，从备份数据中选取丢失的文件来恢复的操作。重定向恢复是指将备份的数据恢复到初始备份不用的位置的操作。

二、分布式存储系统备份与恢复

（一）备份冗余技术

在分布式存储系统中，一般通过服务冗余、数据冗余来满足可靠性、可用性需求。服务冗余一般包括主备、双活、多分布。主备冗余一般只有主节点对外提供服务。主备冗余之间通常采用日志的方式进行状态同步，当主节点发生故障时，备用节点切换成主节点进行服务。双活冗余是主备模式的演进，两个节点都对外提供服务，其间的状态实时同步，当任意一个节点发生故障时，另外一个节点仍能对外提供服务。多分布冗余一般是指多台服务器对外同时提供服务，彼此之间不知道对方的存在，当其中有些服务出现故障时，其他服务不会受到影响，整个系统还能实时对外提供服务。

数据冗余的目的主要是防止在存储介质、服务器出现故障时造成数据丢失，这也是分布式存储系统最核心的诉求。业界主流的冗余技术有多副本和纠删码两种。

1．基于多副本的冗余技术

多副本冗余技术的基本思想是对每个数据对象都进行复制，这样所有副本都失效的可能性就会降低到让人可以接受的程度。每个副本被分配到不同的存储节点上，使用一定的技术保持副本一致。这样，只要数据对象还有一个存活副本，分布式存储系统就可以一直正确运行。由于分布式存储系统具有存储空间大、可扩展等特点，因此，虽然多副本冗余技术消耗更多的存储资源，但复制技术可行。此外，当数据损毁丢失时，只要向所有存储副本的节点中最近的节点要求传输数据并下载、重新存储即可，因此，多副本冗余技术的数据修复过程简单高效。

多副本冗余技术看似简单，但在大数据存储中，存储数据量巨大，存储节点繁多，存储结构复杂。因此，如何实现有效、高效的完全复制容错，必须统筹兼顾，考虑并解决以下相关问题：副本系数设置、副本放置策略、副本一致性策略、副本修复策略等。

（1）副本系数设置。在副本系数设置，即副本数量设置问题上，主要有两种策略：一种是固定副本数量策略。例如，GFS、HDFS 这两种典型的分布式存储系统都是采用系数 3 策略，这种固定副本系数设置简单，但缺乏灵活性。另一种是动态副本数量策略。亚马逊分布式存储系统 Amazon S3（Simple Storage Service）允许用户根据自身需要指定副本数量，但具体用户如何选择副本数量，仍缺乏标准和依据。

（2）副本放置策略。传统的副本放置策略有顺序放置策略、随机放置策略等。不同的副本放置策略不仅影响系统的容错性能，还关系到副本的放置效率和访问效率。目前，副本放置策略研究主要集中在保证容错性能的同时提高副本维护效率。例如，HDFS 采用 3 副本策略，采用机架感知的副本放置策略，将一个副本存放在本地机架节点上，一个副本存放在同一个机架的另一个节点上，最后一个副本放在不同机架的节点上。同一机架存放两个副本，减少了机架间的数据传输，也减小了存储时的资源开销，并方便本地节点对于数据需求时的读取。而数据块存放在两个不同的机架上，消除了当数据失效时单一存储的弊端。

一个存储集群中包含了数量庞大的机架和数据节点，如何选择其他存放机架呢？HDFS 的做法是随机选取，如果选取的机架网络距离较远，在数据传输时，会产生资源消耗大、网络带宽占用高、副本放置成功率下降等弊端。

（3）副本一致性策略。多副本冗余机制用来提升系统数据的可靠性、可用性，因此，在出现故障时，如何保证多个副本数据的一致性是至关重要的。CAP 原理对一致性的定义为，所有节点在同一时刻访问的数据是相同的。这个定义包括了多个节点同时访问同一份数据的一致性，也包括了多个节点之间多个数据副本的一致性。一致性的定义主要分为强一致性、弱一致性和最终一致性三大类。

强一致性是指数据更新完成并返回成功后，后续的请求将会返回最近更新的值。典型的存储介质，如 HDD/FLASH/Memory，都满足该特性。传统的 SAN/NAS 存储基本功能对外也体现出该特性。强一致性又分为内存一致性和顺序一致性。

弱一致性是指数据更新完成并返回成功后，后续的请求将不能保证一定返回最近更新的值，它可能需要一些时间才能完成，甚至可能永远都不会返回最近更新的值。

最终一致性介于强一致性和弱一致性之间。它和弱一致性的区别是，在一定的时间窗之内肯定能够保证一致。其定义描述为，数据更新完成并返回成功后，后续的请求将不能保证一定返回最近更新的值，可能是旧版本的值，但在一定时间后，一定是一致的。传统存储异步远程复制也算是最终一致性。数据更新后，如果不再更改，那么在允诺的 RPO（Recover Point Object）时间后，远端就能得到最新的数据，此时 RPO 的时间就是非一致性窗口。系统需要根据具体的需求选择一定的一致性模型，并且在客户侧和存储侧都要遵守这一模型，才能得到预期的一致性。

根据应用对数据要求的迫切程度采取不同的一致性策略。内存一致性是严格的一致性策略，要求对一个副本的任何操作都要同时传播到其他副本中；顺序一致性要求对数据的操作在其他副本中始终保持一定顺序；最终一致性仅要求副本最终达到一致性，即一个副本发生改变，其他副本可以逐渐地修改以达到最终一致。弱一致性运行副本在一定时间内存在数据不一致现象，是最宽松的一致性策略，通常只适用于特定的应用环境。

（4）副本修复策略。副本修复策略是指当系统确定复制个数 n 并为对象创建 n 个副本后，系统试图在整个过程中通过修复来维护对象的 n 个副本的过程。为了应对这一点，有两种不同的修复策略：一种是主动修复策略，一旦检测到一个备份“死去”，就立刻创建一个新副本；另一种是基于阈值的懒惰的修复策略，这种策略只有当备份数量小于某些阈值时才修复。

2. 基于纠删码的冗余技术

纠删码起源于通信传输领域，最初是为在有损信道中通信容错而发明的，能够容忍多个数据帧丢失。之后，被调整改编以适用于存储系统，实现对存储系统中数据的检错纠错，提高系统可靠性。纠删码技术通过将数据文件切分成几个数据块，按照这几个数据块计算出 m 个校验块，共存储 $n+m$ 个数据块。当损坏的块数量小于等于 m 时，数据可以从其他未损坏的块中计算恢复［编码率 $n/(n+m)$］，最多容忍 m 个数据块损坏。

在分布式存储系统中，数据分布在多个相互关联的存储节点上。通常，将数据对象编码块都存储在不同的节点上。在许多实际的情况下，纠删码技术可以提供令人满意的数据修复水平。与多副本冗余技术相比，纠删码技术存储开销有显著的降低。纠删码技术最大的问题是：在计算时，需要消耗较多的 CPU 资源；在故障时，需要消耗较多的网络和磁盘带宽进行数据恢复（每次都需要读取 n 个数据块，来修复损坏的数据块）。一般系统中对热数据（如元数据）使用多副本冗余技术以提升性能，对冷数据使用纠删码冗余技术，以提升空间利用率。

（二）故障检测与恢复

在分布式存储系统中，常用的节点故障检测方式分为中心化检测机制和去中心化检测机制两大类。

在中心化检测机制中，所有节点都会定期地向一个中心控制节点发送状态信息（心跳）。如果有节点发生故障，在若干个周期内都未能向中心节点发送心跳，那么中心控制节点就会将该节点标记为故障，并将这个信息广播给整个集群，如图 9-2 所示。

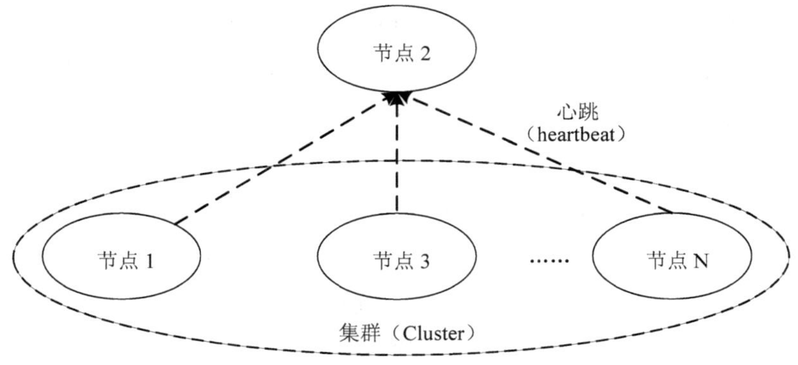

图 9-2　中心化节点故障检测

在去中心化检测机制中，节点之间相互传播自己的状态和所知道的其他节点的状态，经过一定的时间周期后，所有节点之间将会得到所有其他节点的状态信息。如果一个节点发生故障，不能在若干周期内向集群中其他节点交换自己的状态信息，就会被其他节点标记为故障，这个信息将会在整个集群中传播，如图 9-3 所示。

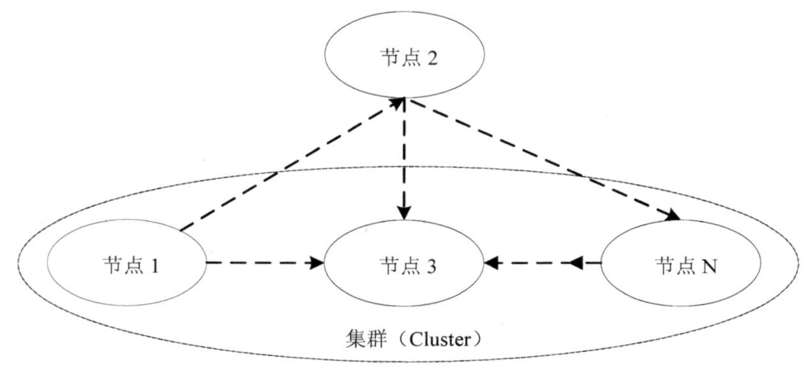

图 9-3　去中心化节点故障检测

通常无论是中心化还是去中心化的检测机制，在节点被判定为故障后，都有可能恢复。在多副本的分布式存储系统中，节点恢复一般通过状态同步和数据同步两步完成。

1. 状态同步

故障节点在故障恢复后，需要重新同步自己在集群中的状态。在中心化的系统中如故障节点在恢复时，首先要跟中心控制节点建立心跳关系，并获取集群的拓扑、复制关系等。对于去中心化的系统，则通过向其他节点推送和获取集群拓扑、复制关系，以便达到状态的同步。

2. 数据同步

在状态同步后，故障节点上的数据可能与系统中其他节点上的数据不一致，需要跟其他节点进行数据同步（从其他节点那里复制故障期间遗漏的数据）。

完成上述两步，节点才算是真正恢复。一般系统都要求故障节点在数据同步之后才能对外提供服务，也有的系统在完成状态同步后，就让节点对外提供服务（需要做额外的工作）。

故障从时间维度上看，又分为临时故障和永久故障。在分布式存储系统中，临时故障与永久故障判别标准是故障时间的长短。对临时故障，节点在集群中的拓扑信息未发生变化，节点恢复后，状态同步只需要获取集群视图，并进行数据同步即可。但对永久故障，集群的拓扑信息会发生变化，在故障恢复时，集群需要重新计算相关的视图信息，然后才能进行数据同步。

第十章　生态环境大数据保障体系

第一节　生态环境大数据标准体系

生态环境大数据保障体系，目前通用的做法是建立大数据标准体系、大数据安全体系、大数据管理体系和大数据运维体系，大数据安全体系在第九章已经阐述，本章不再赘述。

国务院《促进大数据发展行动纲要》（国发〔2015〕50 号）明确指出要“建立标准规范体系。推进大数据产业标准体系建设，加快建立政府部门、事业单位等公共机构的数据标准和统计标准体系，推进数据采集、政府数据开放、指标口径、分类目录、交换接口、访问接口、数据质量、数据交易、技术产品、安全保密等关键共性标准的制定和实施，加快建立大数据市场交易标准体系；开展标准验证和应用试点示范，建立标准符合性评估体系，充分发挥标准在培育服务市场、提升服务能力、支撑行业管理等方面的作用；积极参与相关国际标准制定工作。”工业和信息化部 2017 年年初发布的《大数据产业发展规划（2016—2020 年）》（工信部规〔2016〕412 号）中部署了“推进大数据标准体系建设，加强大数据标准化顶层设计，逐步完善标准体系，发挥标准化对产业发展的重要支撑作用”的重点任务。

一、大数据标准化现状

大数据领域的标准化工作是支撑大数据产业发展和应用的重要基础，为了推动和规范我国大数据产业快速发展，建立大数据产业链，与国际标准接轨，在工业和信息化部、国家标准化管理委员会的领导下，2014 年 12 月 2 日全国信标委大数据标准工作组（以下简称工作组）正式成立。2016 年 4 月，全国信安标委大数据安全标准特别工作组正式成立。

（一）全国信标委大数据标准工作组

工作组主要负责制定和完善我国大数据领域标准体系，组织开展大数据相关技术和标准的研究，申报国家、行业标准，承担国家、行业标准制修订计划任务，宣传、推广标准实施，组织推动国际标准化活动。对口 ISO/IEC JTC 1/WG9 大数据工作组。

工作组组长由北京理工大学副校长梅宏院士担任，副组长为中国电子技术标准化研究院副院长孙文龙、中国人民大学教授杜小勇、华为 IT 技术开发部部长吴建明、阿里云首席科学家闵万里。秘书处设在中国电子技术标准化研究院。秘书长为中国电子技术标准化研究院信息技术研究中心副主任吴东亚。联络员为国家标准化管理委员会工业二部刘大山处长、工业和信息化部信软司傅永宝调研员和工业和信息化部电子信息司侯建仁处长。

根据大数据产业发展现状和标准化需求，为更好地开展相关标准化工作，2017 年 7 月工作组在第二届组长会议上决议下设 7 个专题组，包括总体专题组、国际专题组、技术专题组、产品和平台专题组、工业大数据专题组、政务大数据专题组、服务大数据专题组，负责大数据领域不同方向的标准化工作。目前，工作组已发布 6 项国家标准，3 项国家标准正在报批阶段，15 项国家标准正在研制，详见表 10-1。

表 10-1　工作组标准研制情况

序号	标准号	标准名称	状态	所属专题组
1	GB/T 35295—2017	信息技术大数据术语	发布	总体专题组
2	GB/T 35589—2017	信息技术大数据技术参考模型	发布	总体专题组
3	GB/T 34952—2017	多媒体数据语义描述要求	发布	技术专题组
4	GB/T 34945—2017	信息技术数据溯源描述模型	发布	技术专题组
5	GB/T 35294—2017	信息技术科学数据引用	发布	技术专题组
6	GB/T 36073—2018	数据管理能力成熟度评估模型	发布	总体专题组
7	20141200-T-469	信息技术数据交易服务平台交易数据描述	报批	总体专题组
8	20141201-T-469	信息技术数据交易服务平台通用功能要求	通过评审	总体专题组
9	20141203-T-469	信息技术数据质量评价指标	报批	技术专题组
10	20141204-T-469	信息技术通用数据导入接口规范	报批	产品和平台专题组
11	20160597-T-469	信息技术大数据分析系统基本功能要求	征求意见	产品和平台专题组
12	20160598-T-469	信息技术大数据存储与处理平台技术要求	草案	产品和平台专题组
13	20171083-T-469	信息技术大数据基于参考架构下的接口框架	草案框架	总体专题组
14	20171082-T-469	信息技术大数据分类指南	草案框架	技术专题组
15	20171082-T-469	信息技术大数据系统通用规范	草案	总体专题组

序号	标准号	标准名称	状态	所属专题组
16	20171081-T-469	信息技术大数据存储与处理系统功能测试规范	草案框架	产品和平台专题组
17	20171065-T-469	信息技术大数据分析系统功能测试规范	草案框架	产品和平台专题组
18	20171066-T-469	信息技术大数据面向应用的基础计算平台基本性能要求	草案框架	产品和平台专题组
19	20171067-T-469	信息技术大数据开放共享第 1 部分：总则	草案	总体专题组
20	20171068-T-469	信息技术大数据开放共享第 2 部分：政府数据开放共享基本要求	草案	总体专题组
21	20171069-T-469	信息技术大数据开放共享第 3 部分：开放程度评价	草案	总体专题组
22	20173818-T-469	信息技术大数据系统运维和管理功能要求	草案框架	产品和平台专题组
23	20173819-T-469	信息技术大数据工业应用参考架构	草案框架	工业大数据专题组
24	20173820-T-469	信息技术大数据产品要素基本要求	草案框架	工业大数据专题组

工作组积极研究和参与大数据领域国际标准化工作，全面参与 WG9 和 SC32 相关工作。此外，工作组还重点关注 NISTNBD-PWG 大数据公共工作组，同时，对 ITU 的动态进行研究和跟踪。

（二）全国信安标委大数据安全标准特别工作组

工作组组长由清华大学软件学院院长王建民教授担任，副组长为四川大学网络空间安全研究院常务副院长陈兴蜀教授，秘书为清华大学软件学院金涛博士。目前，工作组正在研制的国家标准有 13 项，其中 2016 年在研标准《大数据服务安全能力要求》和《个人信息安全规范》进入报批稿阶段，《大数据安全管理指南》进入送审稿阶段；2017 年在研标准《数据安全能力成熟度模型》《数据交易服务安全要求》和《个人信息去标识化指南》进入送审稿阶段，《数据出境安全评估指南》处于征求意见稿阶段，《个人信息安全影响评估指南》处于草案阶段；2017 年启动了《大数据基础软件安全技术要求》《数据安全分类分级实施指南》《大数据业务安全风险控制实施指南》《区块链安全技术标准研究》等标准研究项目。

（三）行业及地方标准现状

中国通信标准化协会（China Communications Standards Association，CCSA）是国内开展通信技术领域标准化活动的非营利性法人社会团体。目前该协会有TC1 WG6工作组专门从事大数据方面的标准化工作，重点研究大数据技术产品标准化，数据资产管理制度、工具，数据开放与流通交易等相关方面的标准规范。除此之外还有TC8下的多个工作组也在开展大数据安全方面的标准规范研究。目前已经有多项电信互联网大数据管理、大数据处理、大数据平台测试等方面的标准规范正在编制过程中。

各地发展大数据产业各有特色，上海市、广东省、湖北省、山东省、贵州省、四川省、陕西省、江苏省、内蒙古自治区等地方形成30余项地方标准，主要集中于资源开放共享、政务大数据领域、重点行业等。如贵州省出台的《政府数据 数据分类分级指南》《政府数据 数据脱敏工作指南》《贵州省政府数据第1部分：元数据》等；成都就数据采集、数据共享、数据开放和安全方面制定了项目标准，目前正在修订四川省（区域性）地方标准《成都市政务信息资源交换标准体系》；湖北省发布了《政务数据服务度量计价规范》；陕西省也在平台、应用、管理、隐私等方面开展大数据标准体系的建设工作，并重点在气象、铁路、车联网、城市运行管理等行业应用方面组织大数据标准研究。

二、大数据标准体系

（一）大数据标准体系框架

结合国内外大数据标准化情况、国内大数据技术发展现状、大数据参考架构及标准化需求，根据数据全周期管理，数据自身标准化特点，当前各领域推动大数据应用的初步实践，以及未来大数据发展的趋势，提出了大数据标准体系框架，如图10-1所示。

数据标准体系由7个类别的标准组成，分别为基础标准、数据标准、技术标准、平台和工具标准、管理标准、安全和隐私标准、行业应用标准。

1．基础标准

为整个标准体系提供包括总则、术语、参考模型等基础性标准。

2．数据标准

该类标准主要针对底层数据相关要素进行规范，包括数据资源和数据交换共享两部分，其中数据资源包括元数据、数据元素、数据字典和数据目录等，数据交换共享包括数据交易和数据开放共享相关标准。

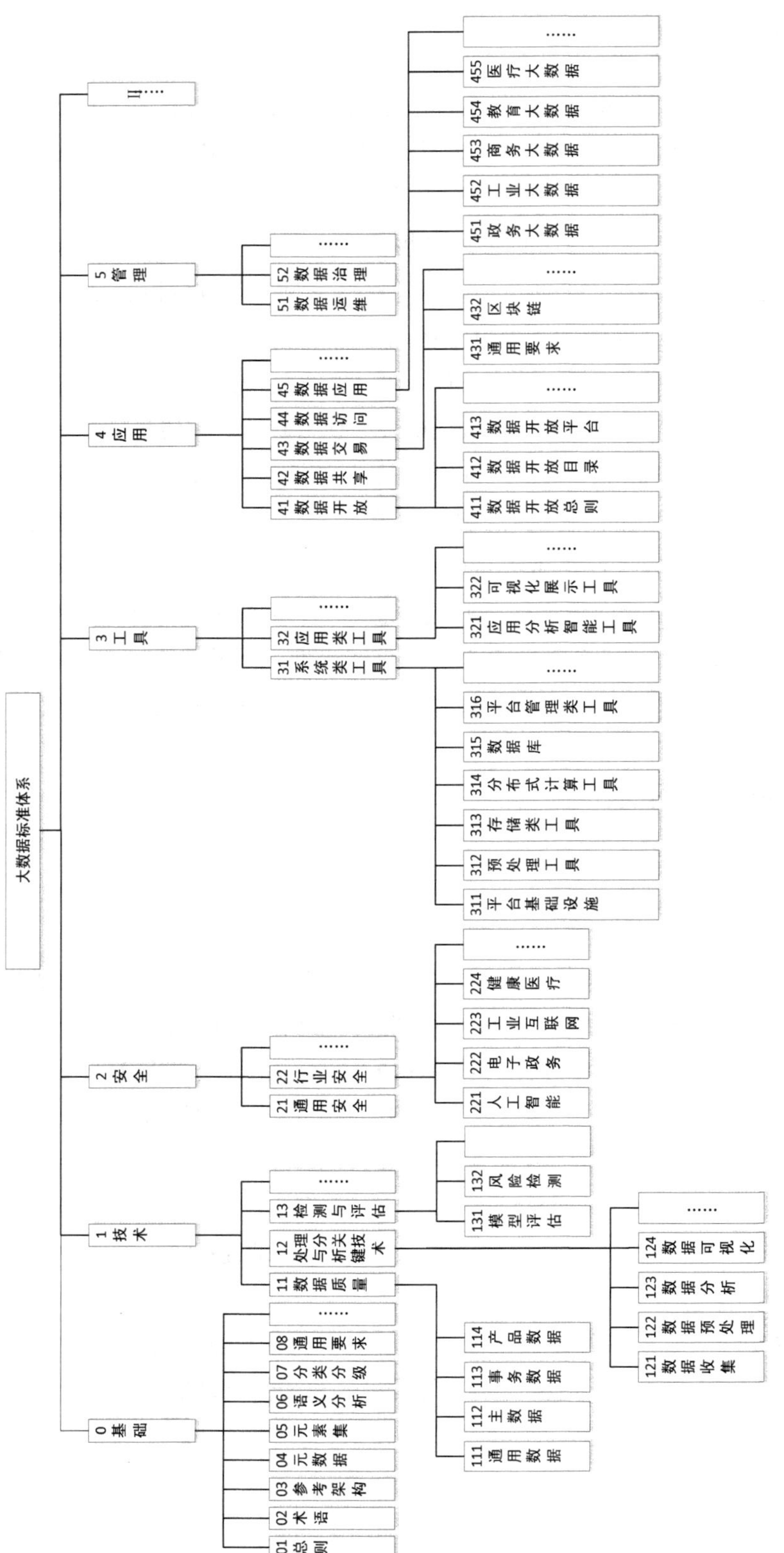

图 10-1 大数据标准体系框架

3．技术标准

该类标准主要针对大数据相关技术进行规范，包括大数据集描述及评估、大数据处理生命周期技术、大数据开放与互操作、面向领域的大数据技术四类标准。其中，大数据集描述及评估标准主要针对多样化、差异化、异构异质的不同类型数据建立标准的度量方法，以衡量数据质量，同时研究标准化的方法对多模态的数据进行归一处理，并根据我国国情，制定相应的开放数据标准，以促进政府数据资源的建设。大数据处理生命周期技术标准主要针对大数据产生到其使用终止这一过程的关键技术进行标准制定，包括数据产生、数据获取、数据存储、数据分析、数据展现、数据安全与隐私管理等阶段的标准制定。大数据开放与互操作标准主要针对不同功能层次功能系统之间的互联与互操作机制、不同技术架构系统之间的互操作机制、同质系统之间的互操作机制的标准化进行研制。面向领域的大数据技术标准主要针对电力行业、医疗行业、电子政务等领域或行业的共性且专用的大数据技术标准进行研制。

4．平台和工具标准

该类标准主要针对大数据相关平台和工具进行规范，包括系统级产品和工具级产品两类，其中系统级产品包括实时计算产品（流处理）、数据仓库产品（OLTP）、数据集市产品（OLAP）、数据挖掘产品、全文检索产品、非结构化数据存储检索产品、图计算和图检索产品等；工具级产品包括平台基础设施、预处理类产品、存储类产品、分布式计算工具、数据库产品、应用分析智能工具、平台管理工具类产品的技术、功能、接口等进行规范。相应的测试规范针对相关产品和平台给出测试方法和要求。

5．管理标准

管理标准作为数据标准的支撑体系，贯穿于数据生命周期的各个阶段。该部分主要是数据管理、运维管理和评估三个层次进行规范。其中数据管理标准主要包括数据管理能力模型、数据资产管理以及大数据生命周期中处理过程的管理规范；运维管理主要包含大数据系统管理及相关产品等方面的运维及服务等方面的标准；评估标准包括设计大数据解决方案评估、数据管理能力成熟度评估等。

6．安全和隐私标准

数据安全和隐私保护作为数据标准体系的重要部分，贯穿于整个数据生命周期的各个阶段。大数据应用场景下，大数据的“4V”特性导致大数据安全标准除关注传统的数据安全和系统安全外，还应在基础软件安全、交易服务安全、数据分类分级、安全风险控制、电子货币安全、个人信息安全、安全能力成熟度等方向进行规范。

7．行业应用标准

行业应用类标准主要是针对大数据为各个行业所能提供的服务角度出发制定的规范。该类标准指的是各领域根据其领域特性产生的专用数据标准，包括工业、政务、服务等领域。

（二）标准清单

据大数据标准体系框架，整理出已发布、已报批、已立项、已申报、在研以及拟研制的大数据相关国家标准 104 项，见表 10-2。

表 10-2 大数据标准明细表

序号	一级分类	二级分类	国家标准编号	标准名称	采用标准号及采用程度	状态
1	基础	总则		信息技术 大数据标准化指南		拟研制
2		术语	GB/T 35295—2017	信息技术 大数据术语		已发布
3		参考架构	GB/T 35589—2017	信息技术 大数据技术参考模型		已发布
4				信息技术 大数据参考架构 第 1 部分：框架和应用指南		拟研制
5				信息技术 大数据参考架构 第 2 部分：用例和需求		拟研制
6				信息技术 大数据参考架构 第 5 部分：标准路线图		拟研制
7			20171083-T-469	信息技术 大数据基于参考架构下的接口框架		在研
8	数据	数据资源	GB/T 18142—2000	信息技术 数据元素值格式记法	ISO/IEC 14957：1996，IDT	已发布
9			20101507-T-469	信息技术 数据元素值表示——格式记法	修订 GB/T 18142—2000：ISO/IEC FDIS 14957：2009	在研
10			GB/T 18391.1—2009	信息技术 元数据注册系统（MDR）第 1 部分：框架	ISO/IEC11179-1：2004，IDT	已发布
11			GB/T 18391.2—2009	信息技术 元数据注册系统（MDR）第 2 部分：分类	ISO/IEC11179-2：2005，IDT	已发布
12			GB/T 18391.3—2009	信息技术 元数据注册系统（MDR）第 3 部分：注册系统元模型与基本属性	ISO/IEC11179-3：2003，IDT	已发布
13			GB/T 18391.4—2009	信息技术 元数据注册系统（MDR）第 4 部分：数据定义的形成	ISO/IEC11179-4：2004，IDT	已发布
14			GB/T 18391.5—2009	信息技术 元数据注册系统（MDR）第 5 部分：命名和标识原则	ISO/IEC11179-5：2005，IDT	已发布

序号	一级分类	二级分类	国家标准编号	标准名称	采用标准号及采用程度	状态
15	数据	数据资源	GB/T 18391.6—2009	信息技术 元数据注册系统（MDR）第6部分：注册	ISO/IEC11179-6：2005，IDT	已发布
16			GB/Z 21025—2007	XML 使用指南		已发布
17			GB/T 23824.1—2009	信息技术 实现元数据注册系统内容一致性的规程 第1部分：数据元	ISO/IECTR20943-1：2003，IDT	已发布
18			GB/T 23824.3—2009	信息技术 实现元数据注册系统内容一致性的规程 第3部分：值域	ISO/IEC TR20943-3：2004，IDT	已发布
19			GB/T 32392.1—2015	信息技术 互操作性元模型框架（MFI）第1部分：参考模型		已发布
20			GB/T 32392.2—2015	信息技术 互操作性元模型框架（MFI）第2部分：核心模型		已发布
21			GB/T 32392.3—2015	信息技术 互操作性元模型框架（MFI）第3部分：本体注册元模型		已发布
22			GB/T 32392.4—2015	信息技术 互操作性元模型框架（MFI）第4部分：模型映射元模型		已发布
23			20132340-T-469	信息技术 互操作性元模型框架（MFI）第5部分：过程模型注册元模型		在研
24			20132341-T-469	信息技术 互操作性元模型框架（MFI）第7部分：服务模型注册元模型		在研
25			20132342-T-469	信息技术 互操作性元模型框架（MFI）第8部分：角色与目标模型注册元模型		在研
26			20132343-T-469	信息技术 互操作性元模型框架（MFI）第9部分：按需模型选择		在研
27			GB/T 30881—2014	信息技术 元数据注册系统（MDR）模块	ISO/IEC 19773：2011	已发布
28			GB/T 30880—2014	信息技术 通用逻辑（CL）：基于逻辑的语言族框架	ISO/IEC 24707：2007	已发布
29			2010-3325TSJ	信息技术 元数据属性		在研

序号	一级分类	二级分类	国家标准编号	标准名称	采用标准号及采用程度	状态
30	数据	交换共享		信息技术　大数据开放数据集基本要求		拟研制
31				信息技术　大数据开放数据集标识管理		拟研制
32			20171067-T-469	信息技术　大数据开放共享　第 1 部分：总则		在研
33			20171068-T-469	信息技术　大数据开放共享　第 2 部分：政府数据开放共享基本技术要求		在研
34			20171069-T-469	信息技术　大数据开放共享　第 3 部分：开放程度评价		在研
35				信息技术　大数据开放共享　第 4 部分：政府资源目录体系		拟研制
36			20141201-T-469	信息技术　数据交易服务平台通用功能要求		在研
37			20141200-T-469	信息技术　数据交易服务平台交易数据描述		在研
38				信息技术　数据交易通用概念描述		拟研制
39				信息技术　数据交易交易流程描述		拟研制
40				信息技术　数据交易数据管理规范		拟研制
41				信息技术　数据交易技术规范		拟研制
42				信息技术　数据交易风险评估		拟研制
43				信息技术　数据交易交易质量评估		拟研制
44				信息技术　数据交易数据价值评估指引		拟研制
45		大数据集描述	GB/T 34952—2017	多媒体数据语义描述要求		已发布
46			20171082-T-469	信息技术　大数据分类指南		在研
47			20141203-T-469	信息技术　数据质量评价指标		在研
48				信息技术　数据质量检测		拟研制
49			GB/T 35294—2017	信息技术　科学数据引用		已发布
50			GB/T 34945—2017	信息技术　数据溯源描述模型		已发布

序号	一级分类	二级分类	国家标准编号	标准名称	采用标准号及采用程度	状态
51	数据	处理生命周期技术	20141204-T-469	信息技术　通用数据导入接口规范		在研
52				信息技术　通用数据导入接口测试规范		拟研制
53				信息技术　大数据分析总体技术要求		拟研制
54				信息技术　大数据可视化工具通用要求		拟研制
55			GB/T 12991—2008	信息技术　数据库语言 SQL 第 1 部分：框架	ISO/IEC9075-1:2003，IDT	已发布
56		互操作技术		信息技术　大数据互操作技术指南		拟研制
57	平台和工具	系统级产品	20160598-T-469	信息技术　大数据存储与处理平台技术要求		在研
58			20171081-T-469	信息技术　大数据存储与处理系统功能测试规范		在研
59			20160597-T-469	信息技术　大数据分析系统基本功能要求		在研
60			20171065-T-469	信息技术　大数据分析系统功能测试规范		在研
61			20171082-T-469	信息技术　大数据系统通用规范		在研
62		工具级产品	20171066-T-469	信息技术　大数据面向应用的基础计算平台基本性能要求		在研
63			GB/T 28821—1012	关系数据库管理系统技术要求		已发布
64			GB/T 30994—2014	关系数据库管理系统检测规范		已发布
65			GB/T 32633—2016	分布式关系数据库服务接口规范		已发布
66			20121409-T-469	非结构化数据表示规范		在研
67			20121410-T-469	非结构化数据访问接口规范		在研
68			GB/T 32630—2016	非结构化数据管理系统技术要求		已发布
69			20141183-T-469	实时数据库通用接口规范		在研
70				非结构化数据查询语言		拟研制
71				智能硬件通用大数据接口规范		拟研制

序号	一级分类	二级分类	国家标准编号	标准名称	采用标准号及采用程度	状态
72	管理	数据管理		信息技术　大数据资产管理指南		拟研制
73		运维管理	20173818-T-469	信息技术　大数据系统运维和管理功能要求		已立项
74		评估		信息技术　大数据解决方案基本评估规范		拟研制
75			GB/T 36073—2018	数据管理能力成熟度评估模型		已发布
76	大数据安全和隐私	要求	GB/T 20009—2005	信息安全技术　数据库管理系统安全评估准则		已发布
77			GB/T 20273—2006	信息安全技术　数据库管理系统安全技术要求		已发布
78			GB/T 22080—2008	信息技术　安全技术信息安全管理体系要求	ISO/IEC 27001：2005，IDT	已发布
79			GB/T 22081—2008	信息技术　安全技术信息安全管理实用规则	ISO/IEC 27002：2005，IDT	已发布
80			GB/T 31496—2015，IDT	信息技术　安全技术信息安全管理体系实施指南	ISO/IEC 27003：2010，IDT	已发布
81				信息安全技术　大数据参考架构第4部分：安全和隐私		拟研制
82				信息安全技术　大数据安全分级指南		拟研制
83				信息安全技术　大数据安全参考架构		拟研制
84				信息安全技术　数据脱敏指南		拟研制
85				信息安全技术　大数据平台安全技术要求		拟研制
86				信息安全技术　大数据跨集群安全技术框架		拟研制
87			20130323-T-469	信息安全技术　个人信息保护管理要求		在研
88			20130338-T-469	信息安全技术　移动智能终端个人信息保护技术要求		在研
89		检测评估		信息安全技术　隐私保护评估方法		拟研制
90		方法指导		信息安全技术　大数据中的隐私保护框架		拟研制
91				信息安全技术　个人信息保护指南		在研
92			GB/Z 28828—2012	信息安全技术　公共及商用服务信息系统个人信息保护指南		已发布

序号	一级分类	二级分类	国家标准编号	标准名称	采用标准号及采用程度	状态
93	行业应用	工业大数据		信息技术　大数据工业应用术语		拟研制
94			20173819-T-469	信息技术　大数据工业应用参考架构		已立项
95			20173820-T-469	信息技术　大数据产品要素基本要求		已立项
96				信息技术　工业大数据工业订单元数据规范		拟研制
97			20170057-T-469	智能制造　对象标识要求		已立项
98			20173805-T-339	智能制造　制造对象标识解析体系应用指南		已立项
99		政务大数据		信息技术　电子商务大数据采集规范		拟研制
100				信息技术　电子商务大数据仓库模型规范		拟研制
101				信息技术　电子商务大数据应用指标体系		拟研制
102		服务大数据		信息技术　服务大数据运维服务元数据		拟研制
103				信息技术　服务大数据教育行业督导平台技术规范		拟研制
104				信息技术　服务大数据电力行业运行数据运维技术规范		拟研制

通过对现有大数据国家标准进行分析可以看出：

（1）在数据资源方面，我国已具备一定的标准基础，相关国家标准在大数据领域下同样适用。下一步需要根据大数据技术、产业现状适时修订已有国家标准，保证标准紧跟技术、产业发展；同时推进相关数据资源标准的推广与应用，保证标准的落地实施。

（2）在交换共享方面，依托全国信标委大数据标准工作组，已经开展了相关标准的研制工作：发布数据交易国家标准 2 项，在研开放共享国家标准 3 项。下一步需要推进相关数据开放共享国家标准的报批工作；同时围绕国家对于政府数据开放共享的任务要求，加快适用于政府数据开放共享的国家标准研制。

（3）在数据管理方面，《数据管理能力成熟度评估模型》（GB/T 36073—2018）作为我国首个数据管理领域的国家标准已经发布。下一步亟须从数据管理能力评估方法的角度开展标准化研究，落实标准在产业中的应用，推动整个行业数据管理能力的提升。

（4）在平台和工具标准方面，目前已立项《信息技术大数据系统通用规范》（计划号：

20171082-T-469）等 5 项国家标准，标准范围覆盖大数据通用系统、大数据存储与处理系统、大数据分析系统。下一步需要围绕大数据系统功能模块，完善数据收集、数据访问等功能模块的相关标准研制；同时围绕国家标准，开展大数据系统产品的标准符合性测试评估工作。

（5）在工业大数据领域，主要开展了参考架构等基础标准的制定。下一步将开展工业大数据平台、工业大数据系统测试、工业大数据管理、工业大数据采集与存储等方面的国家标准研制工作，通过工业大数据的标准化，全面支撑我国智能制造、工业互联网建设。

总体来说，目前我国在大数据领域的基础术语、数据资源、交换共享、数据管理、大数据系统产品、工业大数据等方面已开展了国家标准研制工作。下一步需要加强大数据已有国家标准的推广应用，开展标准试点验证；同时深入调研大数据在各个行业中的标准化需求，开展工业大数据、政务大数据等领域的标准研制，全面推进大数据标准在各个行业中的支撑引领作用。

三、山东省生态环境大数据标准体系

山东省在生态环境大数据建设过程中，将标准的建立和实施作为一项基础性和关键性的工作来抓。统一标准是保证各系统互联互通、信息共享、业务协同的基础。搞好标准化，对于加快项目建设，提高工程质量，充分利用资源，保证工作效率等都有重要作用。

为保证系统建设的质量及未来系统发展的需求，标准化建设覆盖了生态环境大数据建设的各个方面，结合需求，对现有环境信息化标准化建设做了分析调研、查漏补缺。生态环境大数据建设项目标准规范体系由总体标准、应用标准、信息资源标准、大数据支撑标准、网络基础设施标准、信息安全标准、管理标准 7 个部分组成。

生态环境大数据建设项目标准规范体系如图 10-2 所示。

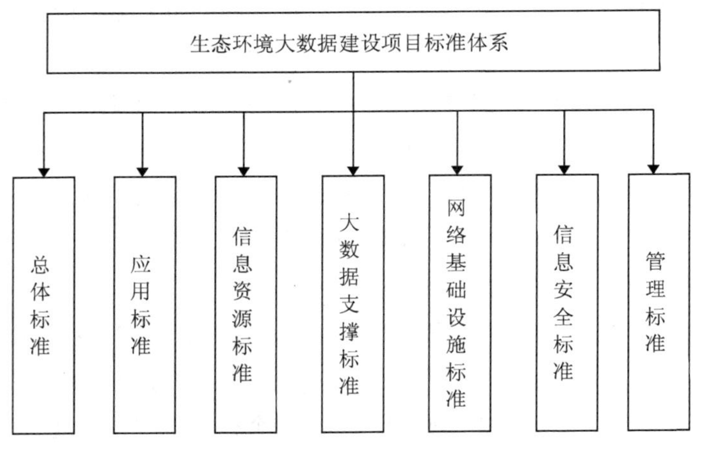

图 10-2 生态环境大数据建设项目标准规范体系

（一）应遵循的标准规范

1. 生态环境大数据应遵循的通用性标准规范

（1）《信息安全技术 信息系统安全等级保护基本要求》（GB/T 22239—2008）

（2）《电子信息系统机房设计规范》（GB 50174—2008）

（3）《视频安防监控系统设计规范》（GB 50395—2007）

（4）《软件工程软件产品质量要求和评价》（GB/T 25000.51—2010）

（5）《标准化工作导则 第 1 部分:标准的结构和编写规则》（GB/T 1.1—2000）

（6）《标准化工作导则 第 2 部分:标准中规范性技术要素内容的确定方法》（GB/T 1.2—2002）。

2. 生态环境大数据应遵循的环境类标准规范

具体见表 10-3。

表 10-3 生态环境大数据应遵循的环境类标准规范

序号	分类	标准规范名称
1	总体标准	环境信息化标准指南
2		环境信息术语
3	应用标准	环境数据集说明文档格式标准
4		环境数据集加工汇交流程
5		环境保护应用软件开发管理技术规范
6		环境信息系统集成技术规范
7	信息资源标准	专题地图信息分类与代码
8		政务信息资源目录体系 第 1 部分：总体框架
9		政务信息资源目录编制指南
10		政务信息资源核心元数据
11		政务信息资源标识符编码规则
12		环境基础空间基础数据加工处理技术规范
13		环境信息数据字典规范
14		环境信息元数据规范
15		环境信息系统数据库访问接口规范
16		中国河流代码
17		排污单位编码规则
18		环境数据库设计与运行管理规范
19		环境信息分类与代码

序号	分类	标准规范名称
20	大数据支撑标准	环境信息交换技术规范
21		环境空间数据交换技术规范
22		环境信息共享互联互通平台总体框架技术规范
23		环境监测信息传输技术规定
24	网络基础设施标准	信息安全技术网络基础安全技术要求
25		环境信息网络管理维护规范
26		环境信息网络建设规范
27	信息安全标准	信息安全技术信息系统灾难恢复规范
28		信息安全技术信息安全事件分类分级指南
29		信息安全技术信息系统安全管理要求
30		信息技术信息安全管理实用规则
31		环境信息系统安全技术规范
32	管理标准	软件工程软件测量过程
33		信息化工程监理规范　第 1 部分：总则
34		环境信息系统测试与验收规范——软件部分
35		环境信息网络验收规范
36		环境监测质量管理技术导则

（二）需制订的标准规范

具体见表 10-4。

表 10-4　生态环境大数据需制订的标准

序号	分类	标准规范名称
1	应用标准	山东环境大数据云应用开发和部署规范
2		生态环境大数据应用系统日志管理标准
3		山东省生态环境大数据应用监管监控考核标准
4		山东省生态环境大数据界面标准规范
5	信息资源标准	生态环境数据元技术规范　第 1 部分：污染源监督性监测
6		生态环境数据元技术规范　第 2 部分：污染源自动监控
7		生态环境数据元技术规范　第 3 部分 ：城市空气

序号	分类	标准规范名称
8	信息资源标准	生态环境数据元技术规范　第 4 部分 ：地表水
9		生态环境数据元技术规范　第 5 部分 ：固体废物
10		生态环境数据元技术规范　第 6 部分 ：放射源
11		生态环境数据元技术规范　第 7 部分：自然生态
12		生态环境数据元技术规范　第 8 部分：噪声
13		生态环境数据元技术规范　第 9 部分：海洋生态
14		生态环境数据元技术规范　第 10 部分：挥发性有机物污染源
15		生态环境数据元技术规范　第 11 部分：环境应急风险源
16		生态环境数据共享技术规范　第 1 部分：城市空气
17		生态环境数据共享技术规范　第 2 部分：重点污染源
18		生态环境数据共享技术规范　第 3 部分：地表水
19		生态环境数据共享技术规范　第 4 部分：土壤环境
20		生态环境数据共享技术规范　第 5 部分：固体废物
21		生态环境数据共享技术规范　第 6 部分：自然生态
22		生态环境数据共享技术规范　第 7 部分：噪声
23		生态环境数据共享技术规范　第 8 部分：海洋生态
24		生态环境数据共享技术规范　第 9 部分：挥发性有机物
25		生态环境数据共享技术规范　第 10 部分：环境应急风险源
26		生态环境数据服务目录体系规范
27		山东省生态环境大数据排污单位主数据规范
28		山东省生态环境大数据环境质量主数据规范
29		生态环境数据资源管理技术规范
30	大数据支撑标准	生态环境大数据总体技术要求
31		生态环境元数据管理技术规范
32		生态环境主数据管理技术规范
33		生态环境数据治理技术规范
34		山东省生态环境大数据移动应用支撑规范
35		山东省生态环境大数据数据接口管理规范
36		山东省生态环境大数据 GIS 服务规范
37		山东省生态环境大数据单点登录规范

在上述标准体系中，大部分可引用国家标准、行业标准和地方标准，针对相关标准要求，需在项目建设中进一步结合生态环境大数据建设情况进行细化落地。

第二节　生态环境大数据管理体系

生态环境大数据平台的管理体系关系到整个项目建设和应用的成败，历来都被各级环境信息中心主管高度重视。

本书认为，管理体系应用着重从项目行政管理和技术管理两方面开展。行政管理主要涉及对承建单位、业务处室和单位、监理单位和测评单位的管理。技术管理主要涉及对生态环境大数据平台的政务云或环保云的运行环境、开发应用、数据资源、组件服务、部署推广等。

一、建设必要性及目标

为了全面加强生态环境大数据平台建设统筹规划，规范信息化项目管理，加强项目监督检查，有效整合资源，提高投资效益，对信息化项目的申报与审批等环节需要加强管理，并规范信息化项目的项目立项、招标采购、项目实施和项目测试、项目验收等环节，从而建立环境信息化建设工作标准化体系，指导环保部门信息化建设管理单位建立完整的工作规范与标准。

生态环境大数据管理体系的主要内容是相对信息化项目的管理规范，所以管理体系由信息化建设管理办法、实施细则、测试管理规范和验收管理规范四部分组成，如图 10-3 所示。

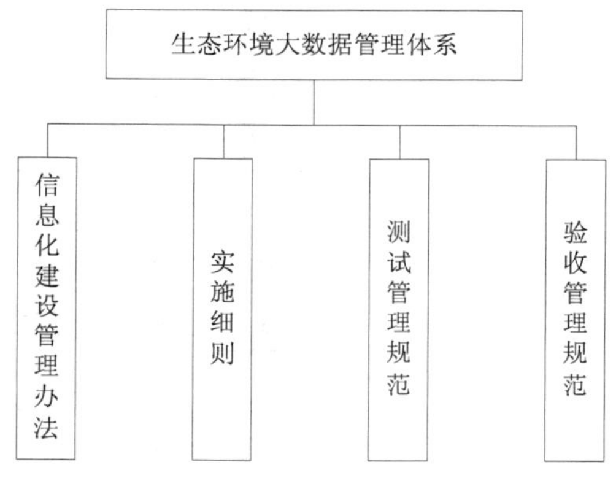

图 10-3　生态环境大数据管理体系框架

二、信息化建设管理办法

为加快信息化与生态环境保护工作融合，提升环境监管效率，确保信息共享、促进业务整合、避免重复建设，切实提高各级环境信息化水平，依据有关法律法规及规定，需结合实际，制定信息化建设管理办法。

环境信息化建设工作是指以应用现代信息技术，对环境管理过程中产生的各类信息进行采集、传输、管理、分析、发布等操作的过程。本办法所指的信息技术包括网络通信、计算、存储、安全、数据中心、地理信息系统、软件、计算模型、自动监测（控）、遥感遥测等。

环境信息化项目是指为实现环境管理工作目标，运用现代信息技术手段开展的工程项目建设。包括研究设计、新建项目、运维项目和升级项目四类，主要用于信息化基础设施、业务应用软件（系统）、自动监测（控）系统等的建设和保障。

（一）环境信息化项目管理总体框架

环境信息化项目管理的总体框架如图 10-4 所示。

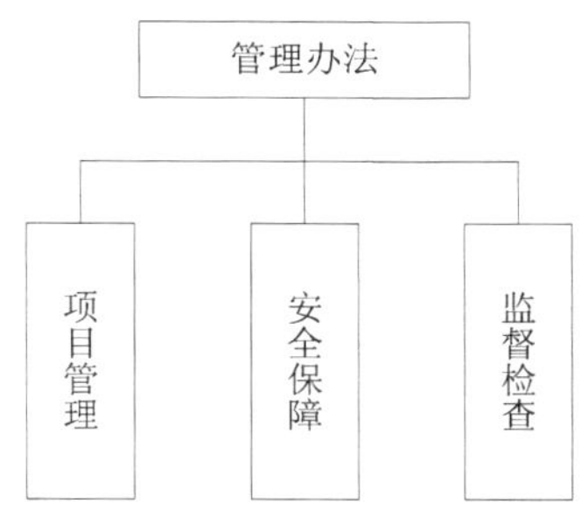

图 10-4　环境信息化项目管理的总体框架

（1）项目管理。环境信息化项目的申请、审批、采购、建设、验收、考核等严格执行立项管理、资金管理、政府采购、监理测评、绩效考核等有关规定。

（2）安全保障。在环境信息化管理工作中对物理安全、网络安全、信息安全加强监管。

（3）监督检查。对有环境信息化需求和建设任务的单位，工作中应按照环境信息化管理办法进行监督检查，特别是对承建单位的监督检查。

（二）组织机构与职责

根据网络安全和信息化工作领导小组的分工，统筹安排环境信息化工作，明确各自在项目管理工作中的职责分工，如图 10-5 所示。

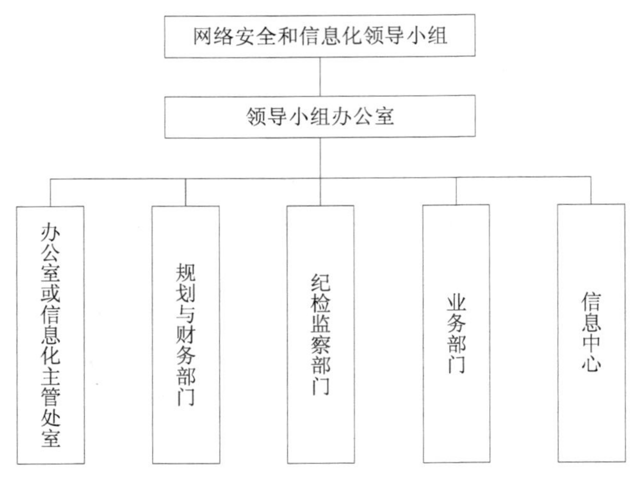

图 10-5 环境信息化组织机构

（1）网络安全和信息化领导小组，作为单位网络安全和信息化工作的领导机构，主要承担重大决策、总体管理和监督指导工作。

（2）领导小组办公室，作为领导小组的日常管理机构，负责具体落实领导小组的各项决定事项。

（3）办公室或信息化主管处室，作为领导小组办公室的日常机构，负责各项具体事务的协调、组织和监督。

（4）规划与财务部门，作为领导小组办公室的组成单位，专项负责环境信息化工作规划与财务管理。

（5）纪检监察部门，作为领导小组办公室的组成单位，专项负责环境信息化相关的纪检监察工作。

（6）业务部门，作为各自职责范围内信息化工作的主体单位，全面负责各自领域的信息化建设工作。

（7）信息中心，作为环境信息化管理与技术支持单位，负责建设方案技术评审、验收技术审核工作和信息化基础设施的建设。

（三）项目管理

环境信息化项目的申请、审批、采购、建设、验收、考核等严格执行立项管理、资金管理、政府采购、监理测评、绩效考核等有关规定，具体规定由网络安全和信息化领导小组办公室汇总提出或另行制定。

环境信息化规划是信息化年度计划和项目立项的主要依据，原则上环境信息化项目均应纳入统一规划。环境信息化规划每 5 年编制一次，中期可根据实际情况修订。

各业务部门按照信息化工作规划，将年度信息化项目建设方案汇总到领导小组办公室，领导小组办公室牵头组织开展技术评审和项目统筹，并制订年度建设计划。年度计划经领导小组审定后，由规划与财务部门纳入年度财政预算。

重大项目进行采购前，应成立由环境信息中心牵头、分管领导任组长的项目工作小组并制订相应的项目实施方案，报领导小组审定后组织实施。其他确需建设又未纳入规划的项目，按照重大项目建设程序实施。

各业务部门在组织业务应用软件（系统）和自动监测（控）系统项目建设和验收前，须由信息中心对项目在基础设施利用、安全标准和数据共享等方面进行技术审核，技术审核意见作为项目验收的参考依据。

领导小组办公室每年对各业务部门组织建设的环境信息化项目进行综合绩效考核，综合绩效考核意见由财务绩效考核意见、纪检意见和信息技术评估组成，分别由规划与财务部门、监察部门和信息中心负责组织评审并出具意见。综合绩效考核意见经领导小组审批后发布，作为各业务部门后续项目申请的参考。

（四）安全保障

全国环境业务信息网络为非涉密网，涉密信息严禁在现有信息网络中传输、存储和处理。

领导小组办公室加强对网络安全工作的监管，每年组织一次网络安全测评，定期和不定期对各单位信息化应用情况进行安全专项检查，并通报检查结果。

信息中心根据各信息化项目建设的安全保护要求，统筹划分安全等级，统一组织执行等级保护的技术措施，根据《电子政务信息安全等级保护实施指南》的相关规定，组织信息化基础设施的安全防护和安全管理。

（五）监督检查

环境信息化建设项目应严把立项关、采购关和验收关，加强项目绩效评估管理。领导小组办公室要建立监督检查机制，开展日常监督、定期和不定期检查，确保项目质量和资金安全。

各相关部门和单位违反本办法的，由纪检监察部门向全系统进行通报批评并责令改正，领导小组对其新建信息化项目立项进行从严审批和监督。

环境信息化建设过程中，有违反其他法律法规的，由有关部门依法处理。

三、实施细则

根据信息化管理办法以及信息化项目建设的有关要求，制定具体实施细则。其内容包括对于环境信息化项目的项目立项、招标采购、项目实施和绩效考核工作内容进行详细规定，制定具体工作模板。

具体实施细则工作模板包括：

1．建设经费申请表

2．建设方案模板

- 新建项目建设方案模板
- 升级项目建设方案模板
- 运维项目建设方案模板

3．专家技术评审规范

4．项目立项评分细则

5．信息化项目汇总技术审查报告

6．信息化项目合同

- 承建单位合同
- 监理服务合同
- 测评服务合同

7．项目文档规范

- 承建单位文档规范
- 监理单位文档规范
- 测评单位文档规范

8．数据共享技术评分细则

9．信息中心共享应用技术审查意见

10．各方意见

- 用户使用报告
- 监理报告
- 测评报告

11．信息化项目综合评价

四、测试管理规范

测试工作主要目的是更好地高质量完成软件项目建设工作，验证软件是否满足软件开发合同或项目开发计划、系统或子系统设计文档、软件需求规格说明、软件设计说明和软件产品说明等规定的软件质量要求；通过测试，发现软件缺陷；为软件产品的质量测量和评价提供依据。

根据 GB/T 8566 的要求，信息化项目测试工作必须遵照计算机软件生存周期内各类软件产品的基本测试方法、过程和准则，因此在信息化项目管理体系建设中包括对以下测试类型的管理，如图 10-6 所示。

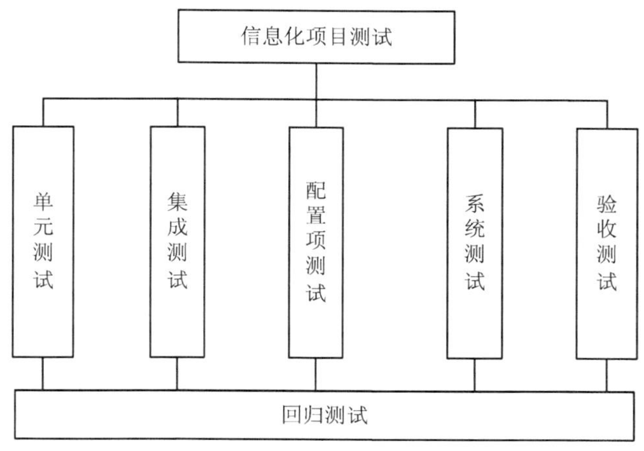

图 10-6 信息化项目测试类型

（一）测试组织与职责

在生态环境大数据平台测试工作中，根据各不同类型的测试对象、测试目的等对组织机构与职责进行具体划分：

（1）单元测试：一般由软件的供方或开发方组织并实施软件单元测试，也可委托第三方进行软件单元测试。

（2）集成测试：软件集成测试一般由软件供方组织并实施，测试人员与开发人员应相对独立；也可委托第三方进行软件集成测试。软件集成测试的工作产品一般应纳入软件的配置管理中。

（3）配置项测试：软件配置项测试一般由软件的供方组织，由独立于软件开发的人员实施，软件开发人员配合。如果配置项测试委托第三方实施，一般应委托国家认可的第三方测试机构。

（4）系统测试：系统测试按合同规定要求执行，由软件的需方或由软件的开发方组织，由独立于软件开发的人员实施，软件开发人员配合。如果系统测试委托第三方实施，一般应委托国家认可的第三方测试机构。

（5）验收测试：验收测试应由软件的需方组织，由独立于软件开发的人员实施。如果验收测试委托第三方实施，一般应委托国家认可的第三方测试机构。

（6）回归测试：一般应由软件的需方或供方组织系统回归测试，可由供方实施，或交由独立的测试机构实施。

（二）测试总体管理

1．测试方法

软件测试方法可以分为静态测试方法和动态测试方法两类。

（1）静态测试方法。静态测试方法包括检查单和静态分析方法。对文档的静态测试方法主要以检查单的形式进行，而对代码的静态测试方法一般采用代码审查、代码走查和静态分析，静态分析一般包括控制流分析、数据流分析、接口分析和表达式分析。

应对软件代码进行审查、走查或静态分析；对于规模较小、安全性要求很高的代码也可进行形式化。

（2）动态测试方法。动态测试方法一般采用白盒测试方法和黑盒测试方法。黑盒测试方法一般包括功能分解、边界值分析、判定表、因果图、状态图、随机测试、猜错法和正交试验法等；白盒测试方法一般包括控制流测试（语句覆盖测试、分支覆盖测试、条件覆盖测试、条件组合覆盖测试、路径覆盖测试）、数据流测试、程序变异、程序插桩、域测试和符号求值等。

在软件动态测试过程中，应采用适当的测试方法，实现测试目标。配置项测试和系统测试一般采用黑盒测试方法；集成测试一般主要采用黑盒测试方法，辅助以白盒测试方法；单元测试一般采用白盒测试方法，辅助以黑盒测试方法。

2．测试用例设计原则及要素

设计测试用例时，应遵循以下原则：

（1）基于测试需求的原则。应按照测试类别的不同要求，设计测试用例。如单元测试依据详细设计说明。集成测试依据概要设计说明。配置项测试依据软件需求规格说明，系统测试依据用户需求（系统/子系统设计说明、软件开发计划等）。

（2）基于测试方法的原则。应明确所采用的测试用例设计方法。为达到不同的测试充分性要求，应采用相应的测试方法，如等价类划分、边界值分析、猜错法、因果图等方法。

（3）兼顾测试充分性和效率的原则。测试用例集应兼顾测试的充分性和测试的效率；每个测试用例的内容也应完整，具有可操作性。

（4）测试执行的可再现性原则。应保证测试用例执行的可再现性。

根据测试用例设计原则，可以总结出每个测试用例应包括的要素主要有以下几点：

1）名称和标识。每个测试用例应有唯一的名称和标识符。

2）测试追踪。说明测试所依据的内容来源。如系统测试依据的是用户需求。配置项测试依据的是软件需求，集成测试和单元测试依据的是软件设计。

3）用例说明。简要描述测试的对象、目的和所采用的测试方法。

4）测试的初始化要求。应考虑下述初始化要求：

- 硬件配置：被测系统的硬件配置情况，包括硬件条件或电气状态。

- 软件配置：被测系统的软件配置情况，包括测试的初始条件；
- 测试配置：测试系统的配置情况，如用于测试的模拟系统和测试工具等的配置情况；
- 参数设置：测试开始前的设置，如标志、第一断点、指针、控制参数和初始化数据等的设置；
- 其他对于测试用例的特殊说明。

5）测试的输入。在测试用例执行中发送给被测对象的所有测试命令、数据和信号等，对于每个测试用例应提供如下内容：

- 每个测试输入的具体内容（如确定的数值、状态或信号等）及其性质（如有效值、无效值、边界值等）；
- 测试输入的来源（如测试程序产生、磁盘文件、通过网络接收、人工键盘输入等）以及选择输入所使用的方法（如等价类划分、边界值分析、差错推测、因果图、功能图方法等）；
- 测试输入是真实的还是模拟的；
- 测试输入的时间顺序或事件顺序。

6）期望的测试结果。说明测试用例执行中由被测软件所产生期望的测试结果，即经过验证，认为正确的结果。必要时，应提供中间的期望结果。期望测试结果应该有具体内容，如确定的数值、状态或信号等，不应是不确切的概念或笼统的描述。

7）评价测试结果的准则。判断测试用例执行中产生的中间和最后结果是否正确的准则。对于每个测试结果，应根据不同情况提供以下信息：

- 实际测试结果所需的精度；
- 实际测试结果与期望结果之间的差异允许的上限、下限；
- 时间的最大和最小间隔，或事件数目的最大值和最小值；
- 实际测试结果不确定时，再测试的条件；
- 与产生测试结果有关的出错处理；
- 上面没有提及的其他准则。

8）操作过程。实施测试用例的执行步骤。把测试的操作过程定义为一系列按照执行顺序排列的相对独立的步骤。对于每个操作应提供：

- 每一步所需的测试操作动作、测试程序的输入、设备操作等；
- 每一步期望的测试结果；
- 每一步的评价准则；
- 获取和分析实际测试结果的过程。

9）前提和约束。在测试用例说明中施加的所有前提条件和约束条件，如果有特别限制、参数偏差或异常处理，应该标识出来，并要说明它们对测试用例的影响。

10）测试终止条件。说明测试正常终止和异常终止的条件。

3. 过程管理

软件测试应由相对独立的人员进行。根据软件项目的规模等级和完整性级别以及测试类别，软件测试可由不同机构组织实施。

应对测试过程中的测试活动和测试资源进行管理。

一般情况下，软件测试的人员配备见表 10-5。

表 10-5 软件测试的人员配备

序号	工作角色	具体职责
1	测试项目负责人	管理监督测试项目，提供技术指导，获取适当的资源，制定基线，技术协调、负责项目的安全保密和质量管理
2	测试分析员	确定测试计划、测试内容、测试方法、测试数据生成方法、测试（软、硬件）环境、测试工具，评价测试工作的有效性
3	测试设计员	设计测试用例，确定测试用例的优先级，建立测试环境
4	测试程序员	编写测试辅助软件
5	测试员	执行测试、记录测试结果
6	测试系统管理员	对测试环境和资产进行管理和维护
7	配置管理员	设置、管理和维护测试配置管理数据库

注：1. 当软件的提供方实施测试时，配置管理由软件开发项目的配置管理员承担；当独立的测试组织实施测试时，应配备测试活动的配置管理员。

2. 一人可承担多个角色的工作，一个角色可由多个人承担。

测试的准入准出条件如下：

（1）准入条件

开始软件测试工作一般应具备下列条件：

1）具有测试合同（或项目计划）；

2）具有软件测试所需的各种文档；

3）所提交的被测软件受控；

4）软件源代码正确通过编译或汇编。

（2）准出条件

结束软件测试工作一般应达到下列要求：

1）已按要求完成了合同（或项目计划）所规定的软件测试任务；

2）实际测试过程遵循了原定的软件测试计划和软件测试说明；

3）客观、详细地记录了软件测试过程和软件测试中发现的所有问题；

4）软件测试文档齐全、符合规范；

5）软件测试的全过程自始至终在控制下进行；

6）软件测试中的问题或异常有合理解释或正确有效的处理；

7）软件测试工作通过了测试评审；

8）全部测试软件、被测软件、测试支持软件和评审结果已纳入配置管理。

4．配置管理

应按照软件配置管理的要求，将测试过程中产生的各种软件工作产品纳入配置管理。由开发组织实施的软件测试，应将测试工作产品纳入软件项目的配置管理；由独立测试组织实施的软件测试，应建立配置管理库，将被测试对象和测试工作产品纳入配置管理。

5．评审

评审具体可以分为两个阶段：

（1）测试就绪评审

在测试执行前，对测试计划和测试说明等进行评审，评审测试计划的合理性、测试用例的正确性、完整性和覆盖充分性，以及测试组织、测试环境和设备工具是否齐全并符合技术要求等。评审的具体内容和要求应包括：

1）评审测试文档内容的完整性、正确性和规范性；

2）通过比较测试环境与软件真实运行的软件、硬件环境的差异，评审测试环境要求是否正确合理，满足测试要求；

3）评审测试活动的独立性；

4）评审测试项选择的完整性和合理性；

5）评审测试用例的可行性、正确性和充分性。

（2）测试评审

在测试完成后，评审测试过程和测试结果的有效性，确定是否达到测试目的。主要对测试记录、测试报告进行评审，其具体内容和要求应包括：

1）评审文档和记录内容的完整性、正确性和规范性；

2）评审测试活动的独立性和有效性；

3）评审测试环境是否符合测试要求；

4）评审测试记录、测试数据以及测试报告内容与实际测试过程和结果的一致性；

5）评审实际测试过程与测试计划和测试说明的一致性；

6）评审未测试项和新增测试项的合理性；

7）评审测试结果的真实性和正确性；

8）评审对测试过程中出现的异常进行处理的正确性。

6．测试文档要求

软件测试文档一般包括测试计划、测试说明（需要时进一步细分为测试设计说明、测试用例说明和测试规程说明）、测试项传递报告、测试日志、测试记录、测试问题报告（也称测试事件报告）和测试总结报告。

根据软件的完整性级别和软件规模等级进行合理的取舍与合并。其要求见表 10-6。

表 10-6 测试文档列表

文档	性质					
	规模（巨、大、中）	规模（小、微）		完整性（A、B）	完整性级别（C、D）	
测试计划	√	√	●	√	√	●
测试说明	√	√	●	√	√	●
测试报告	√	√	●	√	√	●
测试记录	√	√	●	√	√	●
测试问题报告	√	√	●	√	√	●

注：“√”表示选取，“●”表示合并。

五、验收管理规范

项目验收，是项目开发建设中有组织的主动性行为，它是对项目建设高度负责的体现，也是项目建设成功的重要保证；是项目从实施到售后维护的一个过渡阶段，验收通过之后，项目正式实施完成，进入系统售后维护阶段。验收是项目建设过程的一个里程碑，说明项目建设完成了实施这一过程，进入了下一个阶段。

为保障生态环境大数据平台实施及后续运行的可靠性、稳定性及规范性，环境信息化管理体系应包含对验收工作的管理和指导。

项目验收是对环境信息化项目的检测和评价，应根据建设内容开展信息网络系统、信息应用系统、信息资源开发三类中的一类或多类测评。

（1）信息化项目根据测试主体不同以及对项目质量影响的大小，分别由承建单位、第三方信息工程测评机构进行。

（2）由承建单位进行的检测，监理单位须进行督导开展测试工作，检查测试过程记录及问题解决情况等。

（3）生态环境大数据平台项目应遵循相关规定开展验收工作。项目验收包括初步验收和竣工验收两个阶段，以及对应的单项（阶段）验收。初步验收由项目建设方按照制定的方案要求自行组织；竣工验收由项目审批单位、网络安全和信息化工作领导小组组织；单项（阶段）项目，可由建设单位以及信息化小组办公室组织验收。

（一）验收组织与职责

根据信息化项目验收的目标与流程，在生态环境大数据管理体系中的项目验收中主要有以下几个组织：

（1）建设单位。信息中心作为牵头单位和各有关业务部门共同组成建设单位。

职责：在验收工作中，配合验收工作各项要求内容，规范系统使用部门的信息反馈，提供验收工作需求支持。

（2）验收小组。验收小组由省大数据局、信息中心、相关专家、监理单位、第三方软件测评单位、信息安全等级保护测评单位等组成。

职责：进行方案制订，执行验收工作的各项细则，规范验收工作流程，严格验收标准执行，给出验收评审整改意见，主导验收工作的有序进行。

（3）网络安全和信息化领导小组办公室：办公室由厅（局）办公室、规划与财务部门、监察部门和信息中心负责人组成。

职责：在验收工作过程中，主要协同参与者审核验收工作，给出验收工作意见，担当一个监督执行的角色，确保验收工作质量。

（4）承建单位。具有独立企业法人资格，取得工信部相应等级资质，为建设单位提供信息工程建设服务的单位。

职责：全程实施信息化工程的各项建设与服务。在验收工作中提供各项验收需求文档及资料，并提供信息化系统运行展示及现场的各项测试，配合一切验收工作的要求，接收验收评审意见并按要求进行整改，促使验收工作顺利进行。

（二）验收内容

管理体系中的信息化项目验收内容主要包括以下几个部分：基础环境建设、网络安全工程和应用系统建设，如图 10-7 所示。

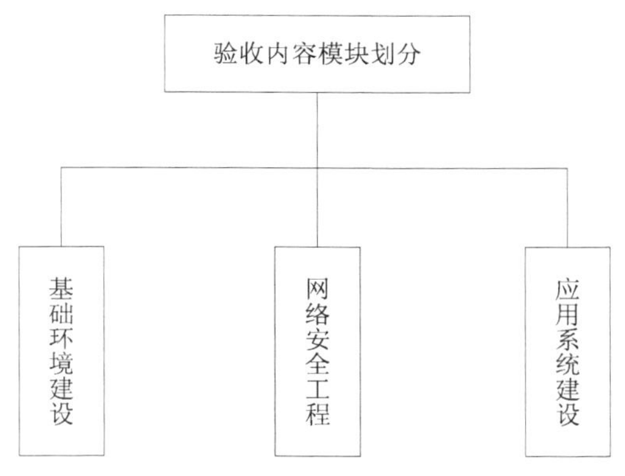

图 10-7　验收内容

目前，大部分省份都已经要求生态环境部门的信息系统运行在当地的政务云上，在项目建设过程中，基本不涉及基础环境建设，本节就以网络安全工程和应用系统建设为主进行阐述。

1. 网络安全工程

网络和信息安全是项目建设的重点，生态环境大数据平台项目安全信息系统建设将围绕安全等级的具体要求进行，全方位确保信息各项安全。因物理安全由政务云负责，此处不再表述。其具体验收内容见表 10-7。

表 10-7 网络安全工程验收内容

验收分类	验收内容	内容项目详情
网络安全	结构安全	应保证主要网络设备的业务处理能力具备冗余空间，要保证网络各个部分的带宽满足需求；进行路由控制建立安全的访问路径；划分不同的子网或网段；重要网段与其他网段之间采取可靠的技术隔离手段；按照对业务服务的重要次序来指定带宽分配优先级别
	访问控制	启用访问控制功能，例如，对网络的信息内容进行过滤，限制网络流量及连接数，根据情况明确允许/拒绝访问的能力，重要网段防止地址欺骗
	安全审计	在网络系统中进行日志管理，根据记录数据进行分析并生成审计报表，同时对审计记录进行有效管理
	边界完整性检查	对私自连接到外部网络及内部网络的行为进行检查并能有效阻断
	入侵防范	在网络边界处监视以下攻击行为：端口扫描、强力攻击、木马后门攻击、拒绝服务攻击、缓冲区溢出攻击、IP 碎片攻击和网络蠕虫攻击等，并记录攻击源 IP、攻击类型、攻击目的、攻击时间，在发生严重入侵事件时应提供报警
	恶意代码防范	在网络边界处对恶意代码进行检测和清除，并维护恶意代码库的升级和检测系统的更新
	网络设备防护	对网络设备用户、管理员登录进行规范化，流程化进行鉴别管控
主机安全	身份鉴别	登录操作系统和数据库系统用户进行身份标示和鉴别，建立有效机制和措施进行鉴别、限制、处理相应的非法登录，冒用和窃听等行为
	访问控制	依据安全策略建立访问控制，设置权限管理制度，按照时间节点进行更新
	安全审计	对系统操作用户及数据库用户行为和异常事项进行审计，根据数据进行分析生成审计报表并记录
	剩余信息保护	应确保系统内的文件、目录和数据库记录等资源所在的存储空间，被释放或重新分配给其他用户前得到完全清除
	入侵防范	监测入侵行为，并记录入侵详细信息和提供报警；遭受破坏后具有恢复措施；操作系统应遵循最小安装的原则，仅安装需要的组件和应用程序，并通过设置升级服务器等方式保持系统补丁及时得到更新
	恶意代码防范	能够支持防恶意代码的统一管理，应安装防恶意代码软件，并及时更新防恶意代码软件版本和恶意代码库
	资源控制	能够限制终端登录，操作超时锁定和提供报警，同时可以监视服务器资源使用情况

验收分类	验收内容	内容项目详情
应用安全	身份鉴别	能够对登录用户进行身份标示和鉴别，建立有效机制鉴别冒用或非法操作，根据实际情况配置相关参数
	访问控制	建立机制管理控制用户访问操作权限，并能进行相应记录或做标记
	安全审计	重要事项及用户操作进行安全审计，规范完善审计内容并进行记录，同时根据审计记录生成对应的审计报表以供查询
	剩余信息保护	应保证系统内的文件、目录和数据库记录等资源所在的存储空间被释放或重新分配给其他用户前得到完全清除
	通信完整性	应采用密码技术保证通信过程中数据的完整性
	通信保密性	在通信双方建立连接之前，应用系统应利用密码技术进行会话初始化验证；对通信过程中的整个报文或会话过程进行加密
	抗抵赖	具有在请求的情况下为数据原发者或接收者提供数据原发证据和接收证据的功能
	软件容错	提供数据有效性检验功能，以保证输入的数据格式或长度符合系统设定要求；并提供自动保护功能，当故障发生时自动保护当前所有状态，保证系统能够进行恢复
	资料控制	对应用系统操作各项功能时进行有效管理，例如，限制多重并发会话、会话连接数、访问优先级，以及占用资源配额的分配管理
数据安全及备份恢复	数据完整性	应能够检测到系统管理数据、鉴别信息和重要业务数据在传输过程与存储过程中完整性受到破坏，并在检测到完整性错误时采取必要的恢复措施
	数据保密性	应采用加密或其他有效措施实现系统管理数据、鉴别信息和重要业务数据传输和存储的保密性
	备份和恢复	同时提供本地数据备份与恢复功能以及异地数据备份功能；采用冗余技术设计网络拓扑结构，避免关键节点存在单点故障；提供主要网络设备、通信线路和数据处理系统的硬件冗余，保证系统的高可用性

2. 应用软件系统

应用软件系统是全面展示信息化建设的实际需求和问题解决、功能运用以及数据存储展示的核心模块。

软件工程的验收内容主要为：

（1）运行项目系统软件：检验其应用软件的实际能力是否与合同规定的一致。

（2）运行应用软件：检查实际操作、处理业务是否与合同规定的一致，达到了预期的目的。

具体验收内容见表 10-8。

表 10-8 应用软件系统验收内容

验收内容	内容项目详情
系统功能测试	对软件功能完整性、正确性进行审查和评价
系统性能测试	执行效率、资源占用、稳定性、安全性、兼容性、可扩展性、可靠性、并发性、疲劳强度等，涉及网络的软件工程项目性能测试应分为客户端性能测试、网络性能测试和服务器端性能测试三个方面
测试结果审查	对测试单位出具的项目测试报告、监理单位出具的监理报告等进行审查
用户体验测试	用户界面是否友好、软件操作提示信息是否全面明了、数据操作提示信息是否清晰完善
基础资料验收	招标书、投标书、承建合同、批复文件、系统设计说明书、系统功能说明书、系统结构图、项目详细实施方案
项目竣工资料	项目开工报告、项目实施报告、项目质量测试报告、项目检查报告、测试报告、材料清单、项目实施质量与安全检查记录、操作使用说明书、售后服务保证文件、培训文档、合同执行情况报告、系统运行情况报告、其他文件
软件开发文档	需求说明书、概要设计说明书、详细设计说明书、数据库设计说明书、设计更改、测试计划、测试报告、代码及注释、程序维护手册、程序员开发手册、用户操作手册
软件开发管理文档	项目计划书、质量控制计划、配置管理计划、用户培训计划、质量总结报告、会议记录和开发进度月报

（三）验收阶段划分

生态环境大数据平台管理体系验收分为初步验收和竣工验收两个步骤，简称初验和终验，如图 10-8 所示。

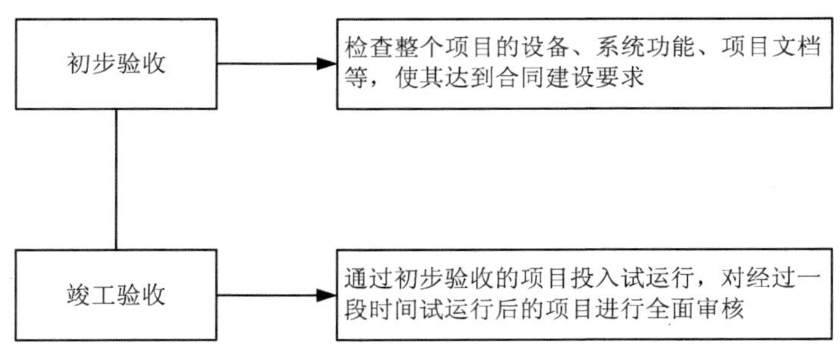

图 10-8 验收阶段划分

1．初步验收

初步验收的主要目的：是检查整个项目的设备、系统功能、项目文档等，使其达到合同建设要求。

初步验收的主要内容：是按照项目合同，核实硬件设备是否齐全、硬件设备是否符合安全要求、系统功能是否符合合同要求、项目文档是否符合文档撰写要求。初步验收只进行系统功能性测试。

首先，项目承建单位完成合同的建设内容后自行组织测试和用户试用，形成自测报告，向项目建设单位提出单项验收申请。其次，建设单位应委托第三方权威机构进行设备检测和系统检测，检测通过后依据合同组织单项验收，形成单项验收报告。再次，项目建设单位或相关单位组织信息安全风险评估，提出信息安全风险评估报告。最后，项目建设单位对项目的工程、技术、财务和档案等进行验收，形成初步验收报告。

同时还应对项目进行安全测评。安全测评由信息安全测评机构依据信息安全风险评估和信息安全等级保护的国家标准，根据信息系统所定的安全级别，对信息系统实施信息安全风险评估和信息安全等级测评，形成信息安全风险评估报告和信息安全等级测评报告。

2．竣工验收

竣工验收的主要目的：是对经过一段时间试运行后的项目进行全面审核。通过初步验收的项目投入试运行。

竣工验收的主要内容：是按照项目合同，对项目建设的各种设备进行核实；对项目建设系统进行竣工验收测试，并进行用户使用满意度调查；对项目建设的相关材料进行审核。竣工验收测试内容有功能测试和性能测试。

项目建设单位在试运行期间完成用户使用报告和信息共享测评，试运行和测评通过后组织项目使用部门、承建单位、监理单位、测评单位完成竣工验收，形成竣工验收报告。组织竣工验收的单位（机构）组建竣工验收委员会，下设专家组。专家组负责开展竣工验收的先期基础性工作，重点检查项目建设、设计、监理、施工、招标采购、档案资料、预（概）算执行和财务决算等情况，提出评价意见和建议。竣工验收委员会基于专家组评价意见提出竣工验收报告。

（四）验收流程

生态环境大数据平台管理体系中验收的具体流程如图 10-9 所示。

生态环境大数据平台验收流程
建设单位
验收小组
信息化领导小组办公室
承建单位
说明
验收准备
01 成立验收小组
02 确定验收策略
03 确定验收内容和标准
04 领导审批
No
Yes
验收内容和标准报告
05 验收申请
06 是否符合验收条件
No
Yes
07 进行整改
初步验收
08 验收类型
软件系统
硬件设备
软件子系统验收
硬件子系统验收
13 软件系统功能验证
14 软件系统性能验证
15 资料验收
09 硬件设备验货
10 报关单、保修卡、说明书等校验
设备到货验收
11 集成调试
12 试运行验收
16 综合评议
17 是否验收完整合格
No
Yes
18 进行整改
竣工验收
19 正式运行系统
20 终验申请
21 最终验收
22 是否验收合格
No
Yes
23 进行整改
报告总结
24 撰写验收报告
25 领导审批
No
Yes
26 归档处理
验收报告

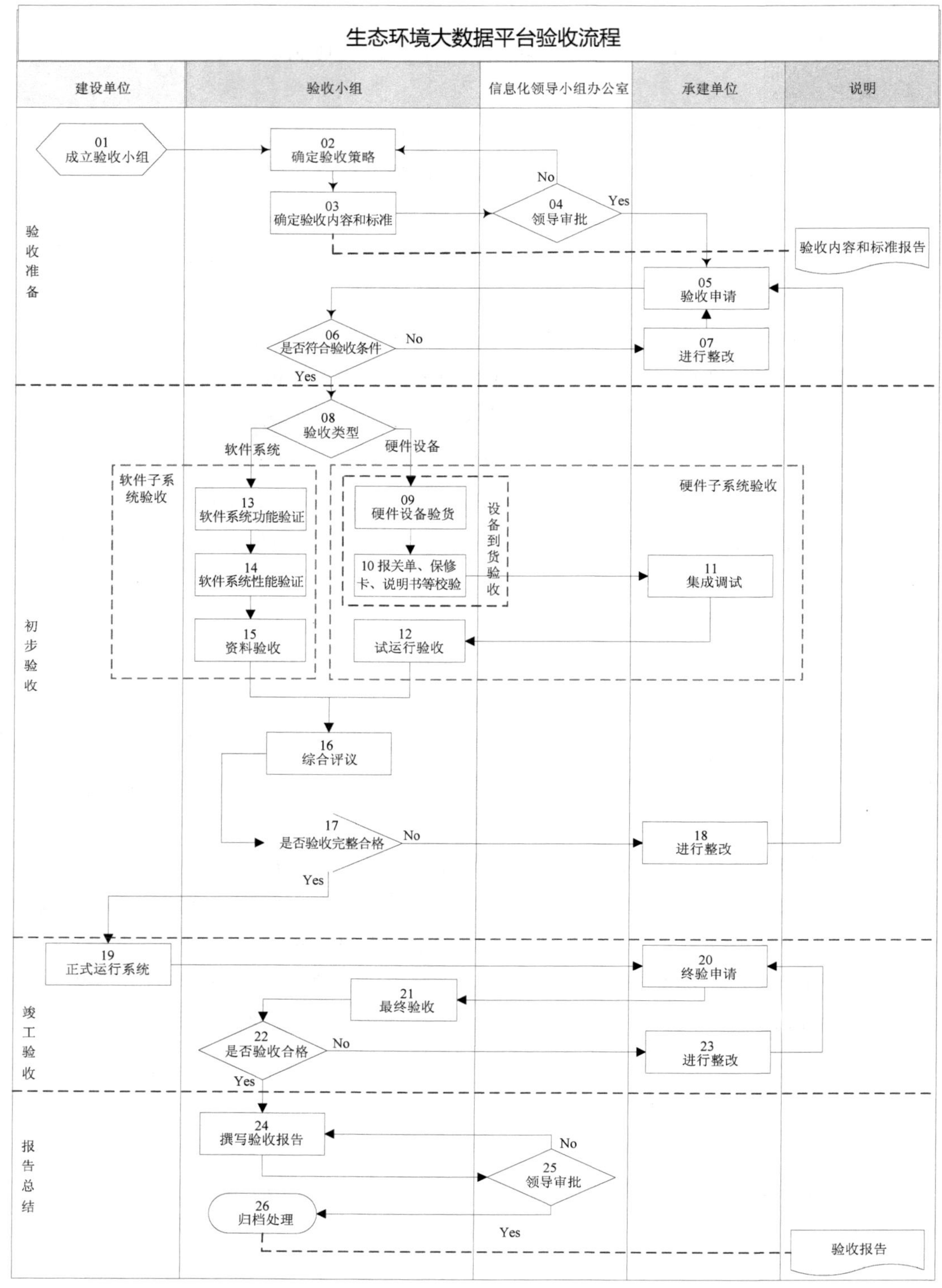

图 10-9 验收流程

第三节 生态环境大数据运维体系

为了保障生态环境大数据平台能够长期稳定的运行，需制订详细的运行维护方案，建立完善的运行维护体系。

作为项目建设后的一项必需工作，运行维护工作也是项目管理的一个重要内容，整个项目建设需要由承建商、业务部门的专业运维团队来支撑，并且需要有一套操作性强的运行维护体系来保障生态环境大数据平台的运行维护工作。

生态环境大数据运维体系是通过建立运行维护制度、运行维护流程、运行维护队伍、运行维护管理、运行安全保障等内容，维护项目长期稳定运行。

一、运行维护设计原则

为了达到运行维护所要求的系统稳定和长期完善要求，需要制定一些基本的原则，来指导运维工作的开展。运行维护设计原则如下。

（1）服务、管理并重。若建设项目是一个复杂的系统工程，对系统的一致性和统一性要求比较高，单单靠服务已经不能保证系统的长期稳定发展，还必须有相应的管理措施。管理和服务并重，系统才能保证以后的不断扩展和深化。

（2）建立规范化的管理流程。运维工作需要流程的支持和落实，否则任何管理策略都不可能长久保持。这些流程主要包括问题处理流程、需求审批流程。流程可以是通过系统实现固化的，也有可能就存在日常的基本工作管理中。

（3）高效的运维系统来支持。运行维护的手段非常重要，直接影响支持的效率。目前常用的手段包括热线系统、问题跟踪系统、常见问题（知识库）系统、需求变更系统等。

（4）明确的责任分工和奖惩机制。由于运维工作的复杂性，不同的运维工作承担责任也不同，当系统出现问题后，影响的范围也不同，所以，不同的角色需要有不同的考核标准，对具体执行的业绩需要定性和定量的考核，如系统管理员需要对系统的运行稳定率负责，账号管理人员需要对账号的权限大小以及账号的有效性等进行负责等，从而从组织上保证责任的进一步落实。

（5）运维和项目实施密不可分。运维不是在项目实施结束后才开始的，现在复杂应用系统在实施过程中特别强调知识和技能的转移，就是为了保证系统在真正交付给客户使用后，能够使客户更深入地了解系统应用，能够对应用不断深入和完善。

在项目实施过程中，维护的工作越早开始越好，运维工作最后的责任人和责任部门必须在系统的实施阶段参与到项目的建设中来。业务蓝图的实现过程，就是用户不断了解新业务和系统、不断接受培训的过程。在项目测试阶段，不同的情景和数据准备，一方面为测试工作做铺垫，另一方面也是未来培训教材的原型。在实施过程中，参与实施和测试的环保系统人员，也将会是建设工作的重要力量。

二、运行维护体系总体架构

运行维护体系包括运行维护制度、运行维护流程、运行维护队伍、运行维护管理体系、运行安全保障五大部分，彼此相互依赖。运行维护人员按照运行维护制度，采用各种技术支持手段和工具，遵循运行维护流程完成环保信息系统的运行维护工作，生态环境大数据运维体系如图 10-10 所示。

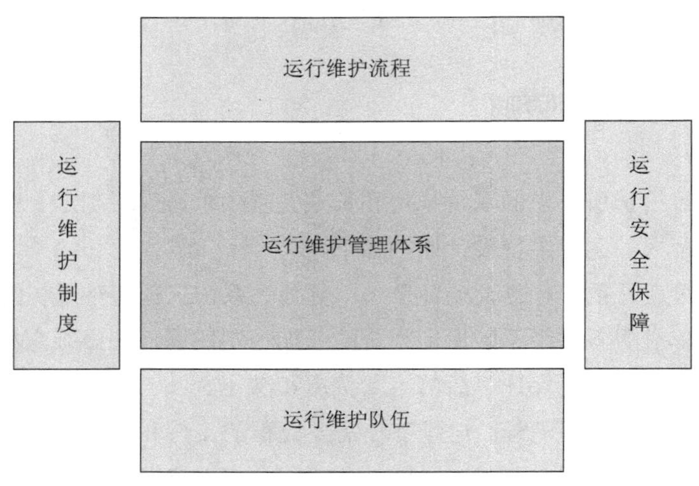

图 10-10 生态环境大数据运维体系

三、运行维护制度

根据生态环境大数据平台的建设和运维工作特点，要适时组织力量研究制定相关的管理制度和操作规范，以便系统建设任务完成后，各业务部门有共同遵照执行的规范，系统能够顺利投入运行。

对运行维护阶段的组织结构、工作模式、信息共享与更新、信息安全管理、应急响应、技术服务、运维单位的职责、绩效考核以及运行维护费用使用等方面做出原则性规定。管理办法对于环保项目运维阶段的以下其他管理办法和规定具有指导作用。

为保证项目的整体运维，须制定以下基本规范和制度，具体制度的详细内容需在实施过程中逐步完善。

（1）系统备份和恢复制度。

1）系统备份的策略及执行规定；

2）备份体系的搭建和描述；

3）日常记录及恢复测试。

（2）账号及安全管理规定。

1）账号审批原则；

2）账号使用（安全）约束规定。

（3）需求处理流程制度。

1）需求管理原则；

2）需求的提出规范要求；

3）需求的审批组织和流程。

（4）问题处理制度规范。

1）问题解决流程描述；

2）问题解决责任界定；

3）问题归档和总结提炼。

四、运行维护流程

运维管理流程主要包括事件管理流程、问题管理流程、配置管理流程与变更管理流程。

运行维护流程设计将按流程分别设计：

（1）流程定义；

（2）流程目的；

（3）流程使用范围；

（4）流程推荐；

（5）流程相关的岗位以及岗位能力要求；

（6）流程相关的 KPI。

（一）事件管理流程

1．流程定义

事件管理流程是为尽快恢复正常工作状态而设计，其关心的重点是快速响应、快速恢复，使故障对业务的影响最小化。

事件基于相关配置元素的关键等级和影响度进行优先级分类。

事件管理的责任是记录、分类、调查/诊断、解决已知问题、监控跟踪事件、与用户和问题管理流程交流、最终解决事件。

事件管理由一线、二线以及第三方作为三线支持参与。

2．流程目的

事件管理流程的主要功能是尽快解决出现在运维环境中的故障，保持基础设备的稳定性，其目的包括：在成本允许的范围内尽快恢复服务；进行事件控制；支持业务运行；提供一个与业务部门的日常接口；提供运维管理信息。

3．流程使用范围

在运维范围内包括所有与基础架构和业务相关的申告、故障、咨询等事件。

事件的产生有两类：由系统监控中心自动发现并产生的告警事件和由用户/维护人员报告的事件，但不包括外部用户汇报的事件及在开发和测试环境中的设备或系统产生的事件。

事件管理流程不一定必须找到问题发生的根本原因，其重点在于如何在尽量短的时间内，恢复已经中断的 IT 服务，提高服务的可用性。

4．流程推荐

在运维流程的设计过程中，需要根据现状进行逻辑流程的调整和更详细的物理流程的设计，如图 10-11 所示。

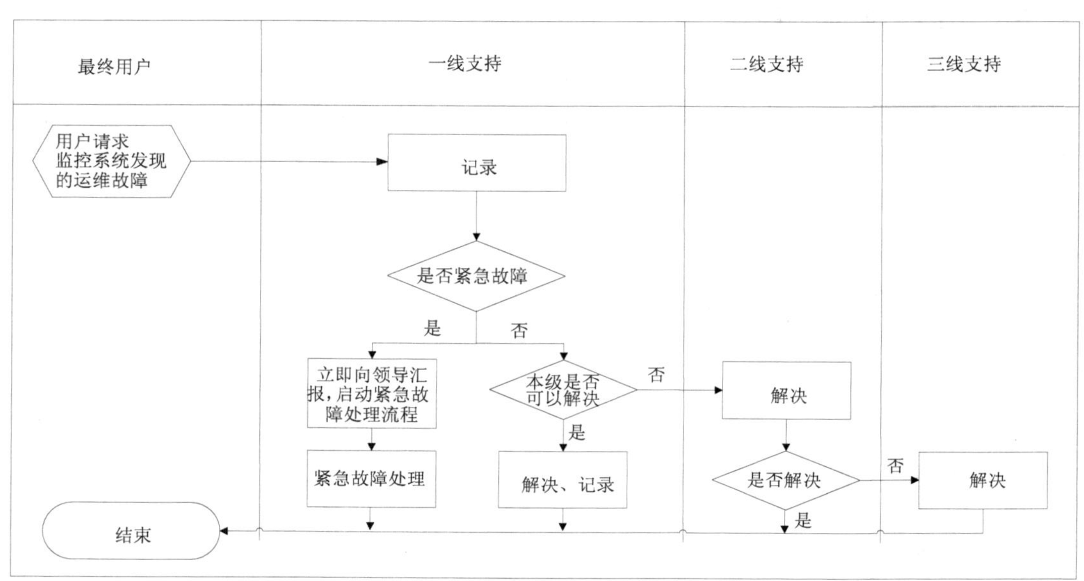

图 10-11 事件管理流程示意图

设计事件管理流程时，将重点考虑以下内容：

（1）服务台与业务人员的沟通交流，包括沟通内容、沟通方式、沟通技巧等。

（2）紧急事件处理流程，包括启动机制、紧急事件定义、与其他流程接口等。

（3）事件的升级和转派，包括升级和转派条件、顺次退回路径、升级/转派的技术手段等。

（4）事件的优先级定义（影响范围和紧急度），包括结合实际情况定义事件优先级、优先级与解决时限的关联等。

（5）事件的责任制问题，建议建立首问负责制，并定义事件责任人的职责。

5．流程相关的岗位以及岗位要求

事件管理流程主要分为以下几个职责/角色。

（1）运维负责人。

1）作为事件管理流程的负责人，负责制定流程的规则、策略、步骤；

2）调度资源，协调解决跨小组、部门的事件；

3）指导日常操作，确保流程的执行符合预定的要求和规则；

4）建立流程的衡量指标和报表；

5）与用户、服务商和管理层交流流程的使用情况；

6）确认和实施对流程的变更/改进计划。

（2）一线支持人员。

一线支持人员负责对运维受理平台无法解决的事件进行快速有效的分析，提出解决方案以尽快恢复服务，并在必要时提供现场支持。

1）验证事件的描述和信息，进一步收集相关信息；

2）决定需要采取何种措施恢复服务并实施有效的行动；

3）必要时提供现场支持；

4）根据优先级提供有效的解决方案；

5）实施事件解决方案；

6）更新事件解决信息，已解决的事件转回帮助台，由帮助台关闭事件；

7）如果一线不能解决这个事件，应当决定选择最合适的二线支持小组/人员来处理。

（3）二线支持人员。

二线支持人员是相关问题领域的专家。负责提供对一线支持人员无法解决的问题进一步进行分析，找出解决方案并尽快恢复服务。可以考虑按照所维护的应用、系统进行分组，如网络组、主机组、应用组、数据组等。

1）进行事件的深入调查研究和分析；

2）根据经验和专业技能，决定需要采取何种措施恢复服务并实施有效的行动；

3）必要时引入供应商的支持（供应商属于三线支持）；

4）更新事件根源和最终解决方案；

5）更新事件记录，确保事件状态代码真实反映事件状态；

6）及时提供有效解决方案；

7）与其他小组合作，确定解决方案；

8）已解决的事件转回帮助台，由帮助台关闭事件；

9）如果二线不能在解决时限内解决这个事件，应当将事件进行升级。

6．流程相关的KPI

（1）事件记录数量，可按照部门、事件分类等分别统计。

（2）事件关闭的数量，可以按照优先级，或者按照分类分别统计。

（3）事件成功关闭的数量。

（4）规定时间内解决的事件数量/百分比。

（5）帮助台解决率（一线解决率）。

（6）事件解决的平均时间，可以按照事件分类统计。

（7）超时的事件数量，可以按人员、组别统计。

（二）问题管理流程

1．流程定义

问题管理流程是一个或几个已暂时处理但根本原因尚不明确的事件。

2．流程目的

问题管理流程的主要目的是分析已被列为问题的事件（一组或一个）的根本原因，然后找出解决方案。包括：分析并确定事件的根本原因，以防止再次发生；主动提供预防性措施；提高 IT 服务的可靠性；降低 IT 支持成本；提高 IT 部门的整体形象和名誉。

3．流程使用范围

问题管理范围是对所有生产环境中未根本解决的问题和已知错误进行管理，并采取主动性预防措施来降低事件数量，重大或紧急事件在处理完后也被定义为问题以分析其产生的根本原因。一般对 IT 服务影响最大或最占用支持人员资源的事件优先进行分析。

问题管理范围不包括处于开发或测试环境的系统和应用。

4．流程推荐

本流程是一个逻辑流程，在具体的设计过程中，需要根据现状进行逻辑流程的调整和更详细的物理流程的设计，如图 10-12 所示。

设计问题管理流程时，应重点考虑以下内容：

（1）被动性和主动性问题管理，分别定义主动性问题管理的启动条件和启动被动性问题管理的条件，并定义两者的主要活动。

（2）已知错误与事件支持，定义已知错误的管理方法，并通过知识库等利用已知错误提高事件一线解决率和解决质量。

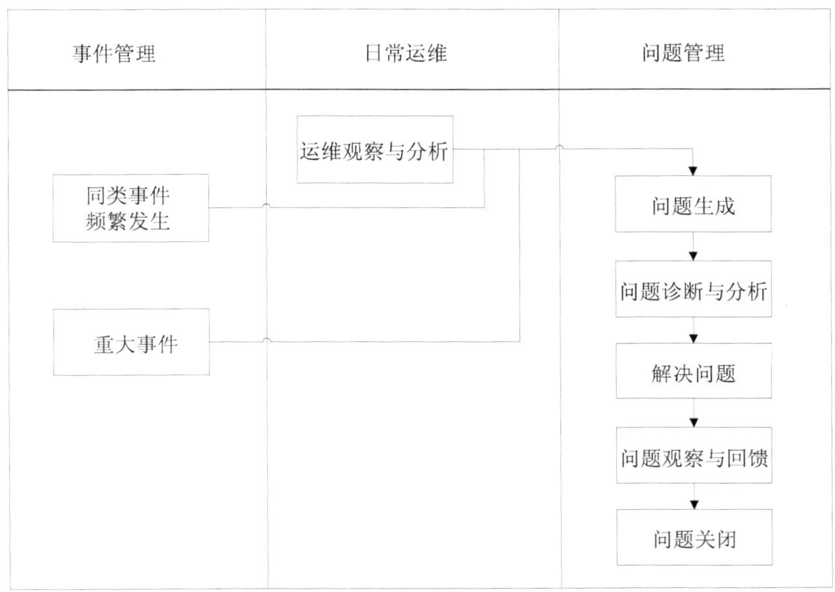

图 10-12　问题管理流程示意图

5. 流程相关的岗位以及岗位要求

问题管理流程主要有两个职责角色：

（1）运维负责人。

1）整体上对问题管理流程负责，确保流程的有效执行；

2）定期评估流程，制订流程改进计划；

3）确定或定义问题，并确保有效协调资源；

4）监视问题的诊断、分析和处理过程；

5）提出实施解决方案的变更请求；

6）定期制定问题报表，提供正确决策信息。

（2）问题分析专家。

1）接受运维负责人分派过来的问题；

2）分析和诊断问题，确定根本原因；

3）确定和测试解决方案；

4）协助事件支持人员进行重大或紧急事件的处理。

6. 流程相关的KPI

（1）每一阶段内的已知错误数量。

（2）在每一阶段内未结的问题记录。

（3）在运维环境中存在的临时性变通办法数量。

（三）配置管理流程

1．流程定义

通过记录目前 IT 系统的配置状况为事件管理、问题管理、变更管理提供基础。

配置管理是一个描述、跟踪和汇报所有 IT 基础架构中的每一个设备或系统的管理流程。

2．流程目的

配置管理流程的总体目标是提供一个统一的、一致的流程来管理 IT 生产环境中的所有组成部分，以确保所有配置元素（CI）被识别和记录下来；配置元素当前和历史状态得到汇报；配置元素记录的完整性得到维护和确认；环保 IT 生产环境的稳定性。

3．流程使用范围

配置管理的范围是 IT 生产环境的所有配置元素（CI），包括生产环境的硬件、软件、网络设备、文档、服务水平协议等，具体内容包括识别、控制、汇报和审核等行为，但不包括处于开发或测试环境的设备或系统。

4．流程推荐

在具体的流程设计过程中，需要根据现状进行逻辑流程的调整和更详细的物理流程的设计，如图 10-13 所示。

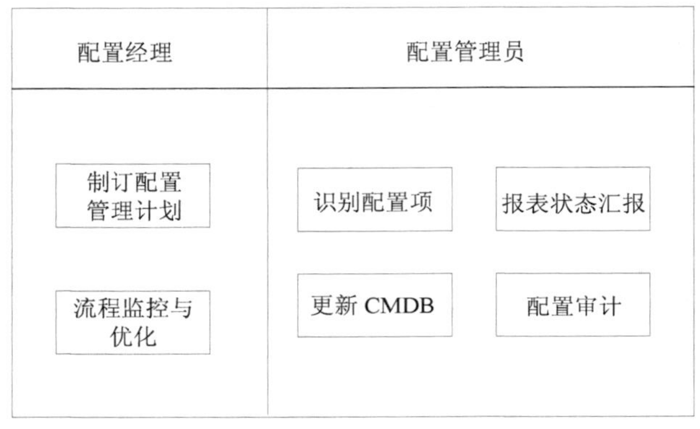

图 10-13　配置管理流程示意图

设计配置管理流程时，应重点考虑以下内容：

（1）配置管理的范围，包括配置管理的管理范围和管理深度，因为管理的越广越深，可以提供的配置信息会越丰富，但维护和更新所需要的资源也越多。

（2）与变更控制的接口，即通过与变更管理的接口，实现配置变更的更新，保证配置管理数据库的正确性。

配置元素属性，即设置合理的 CI 属性以获得所需要的配置元素信息，并控制配置元素的级别和关系的数量。

5．流程相关的岗位以及岗位要求

根据以往经验建议配置管理流程主要分为两个职责角色：

（1）配置经理。

1）整体上对流程负责，确保流程的有效执行；

2）定期评估流程，制订流程改进计划；

3）制定配置管理政策；

4）定期制定配置管理报表，提供正确决策信息。

（2）配置管理员。

1）记录和维护 CMDB 中的所有 CI 及相关信息；

2）根据配置经理要求产生相关报表；

3）保证对所负责的 CI 的数据正确性；

4）对所负责的 CI 进行添加、修改等。

6．流程相关的KPI

（1）所审计的 CI 符合 CMDB 版本/信息的比例。

（2）由 CMDB 控制的 CI 的比例。

（3）检测到未被批准/授权的 IT 元素正在使用中。

（四）变更管理流程

1．流程定义

变更管理通过一个单一的职能流程来控制和管理整个 IT 运行环境中的一切变更，并和配置管理建立接口。

产生变更流程人员，可以是业务处室代表、运维支持人员、应用开发和供应商等跟变更有关的人员。

2．流程目的

变更管理流程将通过标准统一的方法和步骤来管理和控制所有对 IT 生产环境有影响的变更。主要目的包括：IT 部门可以管理和引导用户变更需求；通过对所有变更的正确评估，可以维护 IT 生产环境的完整性；变更和变更实施得到正确记录，并提供审核统计；减少或消除由于变更实施准备不当等原因出现的对 IT 环境的破坏作用；提高资源使用率。

3．流程使用范围

变更管理流程涵盖生产环境的所有变更。一般包括：发现问题的根源（RootCause）；判断，解决已知错误，防止事件发生；纠正已知错误，提供变通解决方法；为事件管理提供变通解决方法。但一般不包括尚处于开发和测试阶段的系统和应用的变更和不需要 IT 部门介入的、由用户控制的行为动作。

4．流程推荐

在变更流程的设计过程中，需要根据现状进行逻辑流程的调整和更详细的物理流程的设计，如图 10-14 所示。

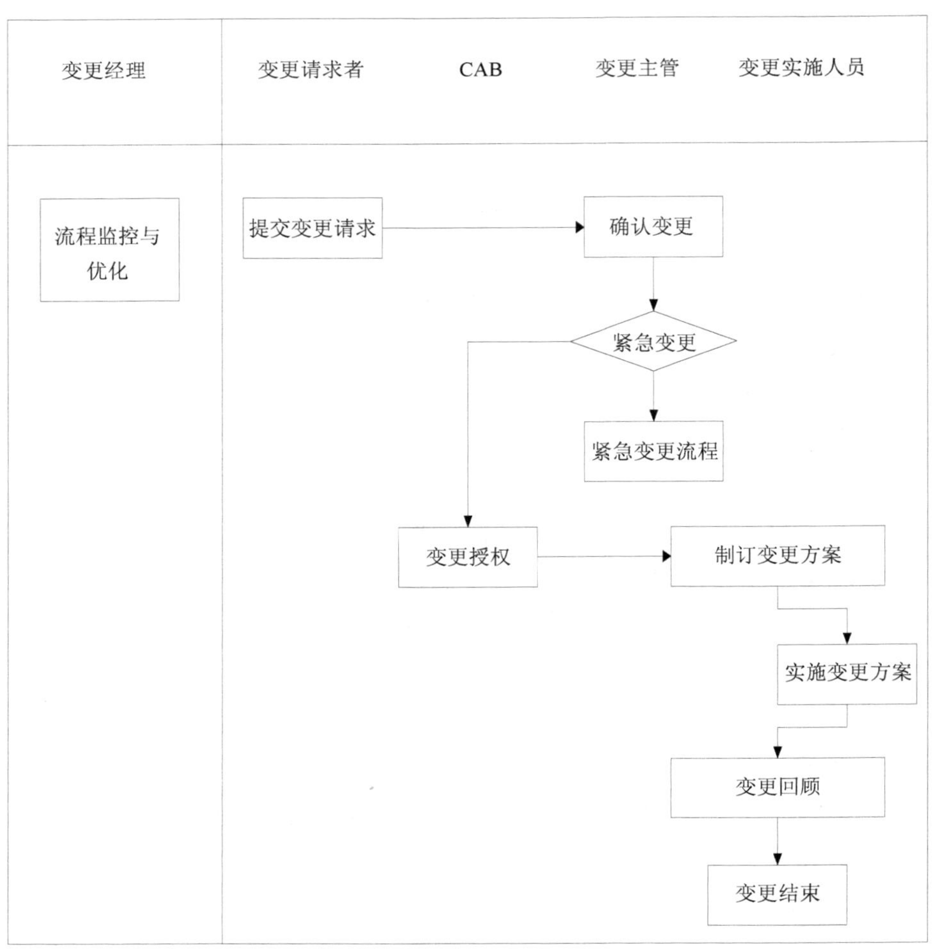

图 10-14 变更流程示意图

设计变更管理流程时，应重点考虑以下内容：

（1）业务新需求/变更，包括设计部门接口和审批流程，实现对新业务需求或变更的有效控制管理。

（2）变更请求的提出者，理论上所有 IT 用户都可以提交变更请求，但在实际环境中，一般用户提出的变更请求的数量和内容常常无法控制，所以需要确定合理的变更请求者角色和职责，并设计合理的提交流程，以确保变更请求处理的高效率和高质量。

（3）与问题管理/事件管理的关系，变更请求常常是由事件管理和问题管理触发，必须关注两者间的接口和关联。

5．流程相关的岗位以及岗位能力要求

变更管理流程主要有五个职责角色：

（1）变更请求者。

1）发现或获取变更需求；

2）确定并分析变更需求和内容；

3）填写变更请求单并提交给相应变更主管。

（2）变更经理。

1）整体上对流程负责，确保流程的有效执行；

2）确保变更请求得到有效评估，授权和实施；

3）确保只有授权和必要的变更才被实行，并使该种变更影响最小化；

4）定期召开变更会议，回顾/制定下阶段变更规划；

5）定期评估流程，制订流程改进计划；

6）定期制定变更管理报表，提供正确决策信息。

（3）变更主管。

1）由与变更请求内容相关的具体技术领域的负责人担任；

2）检查由变更申请人提交的变更请求 RFC，并完善或调整 RFC 信息，必要时拒绝无关或无法实施或没有必要的变更请求；

3）作为具体变更的项目经理，负责领导变更的构建/测试，实施和参与回顾；

4）制订变更项目计划和时间规划等；

5）确保变更在预定的时间、资源和成本内完成；

6）在必要时，确保回退计划（FallbackPlan）得以正确实施。

（4）变更实施人员。

1）根据变更主管制订的变更实施计划；

2）执行分派的任务以推进变更项目；

3）向变更主管汇报工作进程；

4）现场负责变更实施。一般而言，变更主管与变更经理合设。

6．流程相关的KPI

（1）每一类型的变更数量。

（2）执行回退计划（FallbackPlan）的变更数量。

（3）变更实施的成功率。

（4）紧急变更所占的比率。

（5）被拒绝的 RFC 的数量或比例。

（6）每一类优先级的变更数量。

五、运行维护队伍

生态环境大数据平台的运维工作，可根据业务需要，落实相应的业务处室和单位人员，配合各家承建商，建立专业的应用系统运行队伍，提供专业化、精细化的运维服务，以保障环境数据支撑平台和大数据应用平台的安全稳定正常运行，效益得到最大的发挥。

（一）运维队伍的组织建设

生态环境大数据平台是一个需要长期运行维护、不断调整完善的业务应用体系。鉴于该体系运行的持久性的实际情况，应从领导、协调、运维三个层面建立项目组织管理体系，明确分工，各负其责，共同保障系统的持续稳定高效运行。

依托各级生态环境信息中心（机构）进行系统运行维护工作，负责本级生态环境系统的运行维护及数据汇聚与交换工作。

各级运维单位之间保持紧密的日常业务联系。根据业务需要，落实相应的人员，尤其要保证数据传输层面技术支持人员的数量，确保系统安全稳定运行、共享信息及时更新和有效利用。

（二）人员培养

运维人员的培养，除了目前广泛采用的第三方运维外，还是要对本级信息中心技术人员进行有针对性的培训。通过培训不断传递新的信息化知识、技能和技术，使相关人员熟练掌握使用方法，逐步提高系统和信息化设备的运维能力。

各级需组建稳定的系统运维队伍，负责系统的日常运行维护和技术服务工作。建立各部门定期交流机制，交流运维经验，相互借鉴，促进系统更好地运行。

六、运维技术支撑平台

运行维护管理一方面是通过优化的组织结构、合理的角色分工和规范的管理流程，建立起一套完整的、成熟的管理体系；另一方面完成网络和系统的综合监控，对于各种事件有一套完整的收集、告警处理、分析功能，提供统一的、智能的事件处理服务，从而提高整体管理能力和服务水平，确保生态环境大数据平台安全稳定运行，如图 10-15 所示。

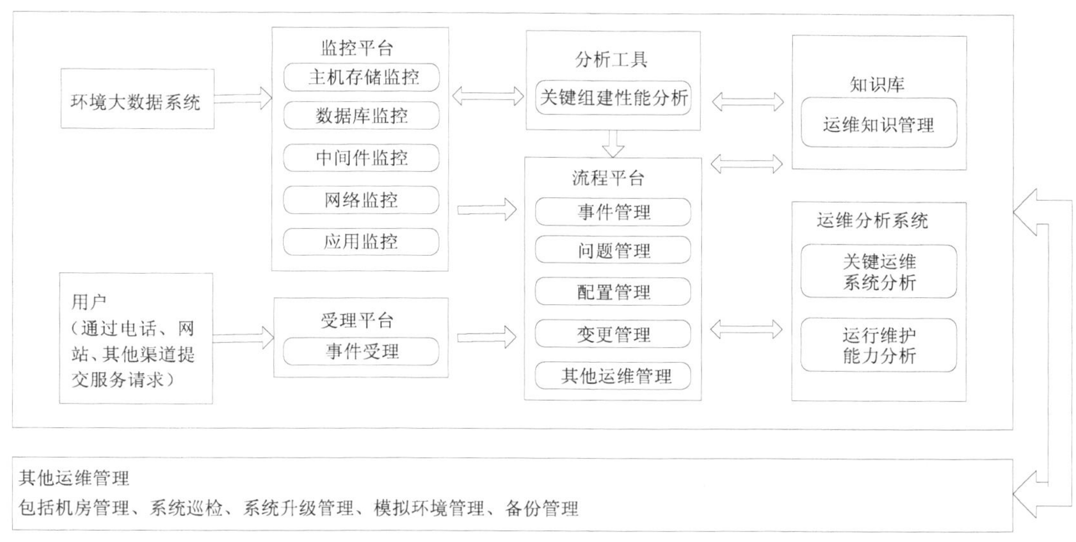

图 10-15　运维技术支撑平台结构图

（一）统一运维监控中心设计

统一运维监控中心主要包括网络安全监控、系统应用监控、存储管理、流量管理、机房监控、桌面管理、告警管理、统计报表、分级管理等功能，能够全方位监控和管理 IT 环境整体和各个被监控对象的运行状态和性能指标。中心架构如图 10-16 所示。

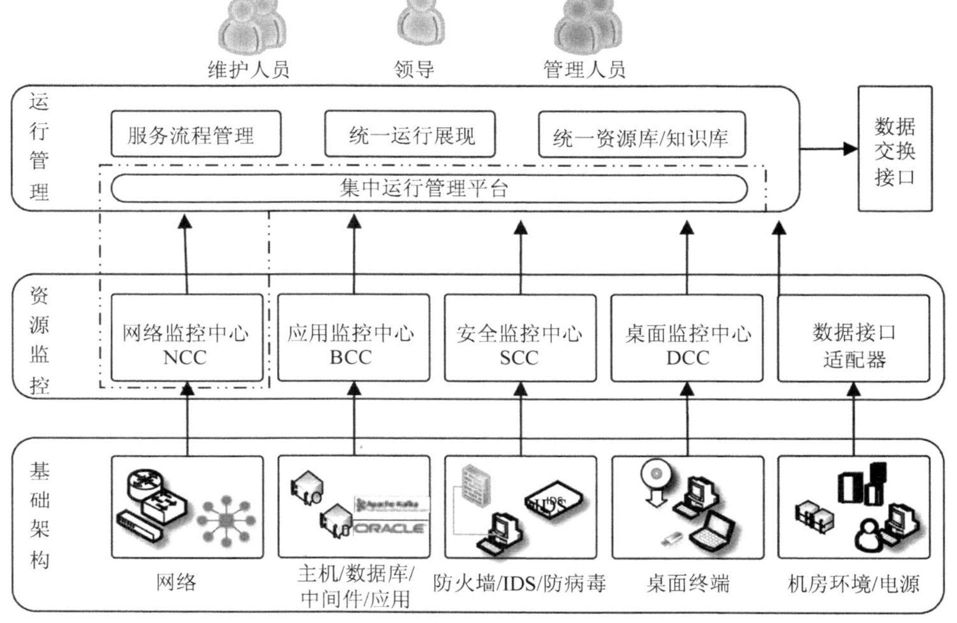

图 10-16　统一运维监控中心架构

1．网络安全监控（NCC）

网络安全监控要做到：

（1）自动、准确、及时地发现各类异构复杂网络的拓扑结构；

（2）可持续地监视、报告网络的运行情况；

（3）提供网络运行状态和性能的多角度分析与统计；

（4）拦截非法接入终端，保障网络系统安全；

（5）监控异常流量及 ARP 欺骗病毒等；

（6）对网络、安全设备告警事件进行采集和跨类型、跨厂商的分析；

（7）可将处理后的告警信息自动关联到知识库，协助处理。

2．系统应用监控（BCC）

（1）资源监测子系统。监控各种服务器、中间件、数据库、业务应用、安全设备及基础支撑系统（如机房、空调、UPS 等）的运行状况；建立性能基线；发现系统异常并及时告警。

（2）运行展现子系统。围绕 IT 业务和 IT 资源，采用人性化多层导航呈现模式，由全局到局部、由粗线条到细颗粒度地逐层展现业务应用的运行状况。

3．流量管理

流量安全由三个部分构成，流量可视、流量可控和流量可追溯。

流量可视是指必须要清楚地知道和分析网络上承载的都是什么应用数据流，各数据流的组成是怎样，各 IP 的流量状况，各 IP 的流量构成，尤其是当前数据流组成占主要部分的 P2P 应用等。还要分析出各 IP 所占的会话数，应用所占的会话数。

流量可控是指在清楚地了解流量构成后，保证带宽正常开展用于业务应用，控制和压制与业务无关的其他数据流，尤其是 P2P 下载和在线视频等应用，以确保业务的正常开展。

流量可追溯是指过往的流量要有一定的记录，在发生网络事故时，可以凭借记录定位和发现执行者。流量可追溯通常需要的信息有地址转换和端口转换（NAT/PAT）前后的对应关系、用户网络访问的 URL、用户 FTP 的记录等。

由于 P2P 应用协议与传统应用协议有很大不同，没有固定的端口号，已经不能依靠简单的四层端口来识别。在流量可视方面，传统的网络设备由于不能在应用层分析数据，也就不能有效地识别出许多 P2P 应用。

4．存储管理

存储管理提供全面的资源管理，包括从主机到存储设备的 End-to-End 的数据通路（Data Path）的管理，使得系统管理员可以仅通过一个控制台作集中的图形化管理，使原来复杂的配置、管理和扩展的任务简单化，特别适用于在目前多厂家多品牌的网络存储环境中。

存储管理无缝地集成了性能监控和策略管理功能，存储资源的分配和分区（zoning）功能，使得整个存储网络的运行更高效。在从主机应用到磁盘阵列的通路，包括中间经过的 HBA 卡，光纤交换机等，都可以通过服务层的标准协议来做最佳的性能优化，进一步实现数据及应用的高可用性。还提供可定制的基于策略的管理，包括自动发现设备及资源、事件自动通知、恢复和用户自义的操作。

5. 机房监控

数据中心机房是重要的信息处理中心，需要根据有关计算机机房的设计规范针对计算机机房进行整体设计，确保中心计算机设备能正常有效的工作。

机房监控解决方案可以对以下设备进行监控：

（1）UPS 电源电池系统；

（2）UPS 后备电池系统；

（3）精密空调系统；

（4）配电开关状态监控系统；

（5）配电系统参数；

（6）闭路监控系统；

（7）门禁考勤系统；

（8）温湿度检测系统；

（9）消防监测系统；

（10）漏水监测系统。

系统能集中监控分布在各机房场地的设备，实现无人值守。系统应集成综合保安、设备监控、报警处理、系统配置等功能，并支持真正全功能的 Web 访问。设备应选用高可靠的工业级采控单元，保障系统 365×24 小时不间断运行。

政务云的环境监控，可接入 X 监控平台接口，也可对本系统项目应用资源进行监控。

6. 桌面监控管理（DCC）

具体来说 DCC 可采用 C/S、B/S 混合架构，通过集中式 Web 管理平台，主要提供了以下多方面的管理功能。

（1）IT 资产综合管理。

1）自动发现网络上所有接入设备；

2）桌面软、硬件资产信息全面收集；

3）及时跟踪各项资产变动信息并提供预警信息；

4）全线设备信息维护记录；

5）从设备采购、日常使用的维护一直到设备报废，提供全周期管理；

6）提供详细全面的资产报表。

（2）行为审计，规范员工日常操作。

1）支持桌面终端屏幕行为审计；

2）支持员工日常文档操作审计；

3）支持网络浏览记录行为审计；

4）提供对员工日常运行程序的审计；

5）对员工的日常邮件、即时消息的内容做监控与审计；

6）支持对打印文件的审计。

（3）补丁综合管理。

1）采用底层技术协议，桌面电脑及时自动检测补丁漏洞；

2）后台服务直接下载企业所需补丁；

3）支持多种补丁安装策略模式；

4）支持微软全系列补丁类型，包括 Windows 全系列、Office 全系列、SQLServer 全系列及其他所有微软提供的补丁；

5）提供详细的未安装补丁机器列表。

（4）桌面安全评估及终端加固。

1）自动发现存在安全隐患的终端设备；

2）可提供终端网络流量异常评估；

3）支持用户密码强度检查、Guest 账户检查、屏幕保护设置检查；

4）支持各种共享检查、支持禁止修改 IP 地址。

（5）终端安全接入控制，防止非法终端接入。

1）用户可以自行定义多种准备控制策略；

2）采用的假想式程序安排的基本隔离方法可以在最短的时间内有效地阻止没有被认证的用户。不受电闸 802.1x 或 Dynamic VLAN 的限制，并适用于任何网络环境；

3）不符合特定程序（如未安装杀病毒软件、DMS 程序等），不符合安全补丁的用户操作将被阻止。

（6）软件快速部署分发。

1）不影响客户端用户资源负担，确保软件正常发放与安装；

2）支持有策略分发范围，支持大规模数量的终端；

3）支持自动安装、手工安装，支持多种打包工具和打包格式。

（7）非法操作监控管理。

1）检查桌面终端是否安装非法软件；

2）支持对 USB 设备、USB 存储设备、Modem 拨号、无线通信、红外通讯、蓝牙通信、软驱、光驱等非法操作的监控、审计和禁止使用；

3）支持离线管理，桌面终端在离开网络之后安全策略仍然有效；

4）可以制定黑白进程名单，规范企业程序应用；

5）支持控制企业网络浏览，制定黑白网站，规定企业上网范围。

（8）远程维护与协助。

1）实时监控客户端画面；

2）不用到现场即可了解远程桌面发生的状况；

3）可以选择远程控制或者只监视桌面，满足各种场合的需要；

4）可以同时支持多个桌面实时跟踪；

5）可以与远程客户端发送消息通知。

（9）事件预警平台。

1）根据桌面审计信息数据统计分类；

2）报警结果处置管理，支持EMAIL、消息等方式；

3）多种可扩展策略定制预警情况。

（10）报表输出功能。

1）对于资产管理、行为审计等结果可以输出报表；

2）输出报表支持导出为.xls文件；

3）可自动输出排序分析类报表，TOP N类的报表。

此外，DCC应支持多级级联管理模式，各种安全管理策略可以按照不同模式进行应用范围部署。

（二）运维流程管理平台设计

流程管理平台是实现流程落地的主要手段。因此，流程管理技术支撑平台的功能需要符合流程定义的结果，并具备一定的自定义和扩展能力，以实现当流程优化以后新流程的落地。

1. 服务台功能

在服务台上，运维人员可以进行事件、问题、变更、配置等功能处理。服务台要满足基本管理功能，包括：

（1）采用成熟的产品平台，支持运维标准流程和环保应用系统非标准流程；

（2）为用户提供IT服务的窗口，用户可以通过该窗口填写故障申诉和服务申请记录；

（3）能够支持用户通过电子邮件的方式提交投诉和服务申请；

（4）能够提供预定义故障和服务申请的类别、描述，可以根据用户选择的服务类型展现不同的界面，要求用户输入相关的信息，激活不同的处理流程；

（5）允许用户手工输入故障和服务申请的类别、描述，用于支持非预定义的故障和服务申请；

（6）能够对所有的故障和服务申请进行预处理，检查用户输入信息的正确性和完整性；

（7）用户能够通过服务台咨询、短信或电子邮件方式掌握自己提交的投诉和服务申请的处理结果；

（8）支持对故障和服务申请的跟踪，确保所有的故障和服务申请能够以闭环方式结束；

（9）能够提供对知识库的查询功能；

（10）提供灵活的流程定制功能。

2．事件管理功能

IT 部门的一个核心任务就在于及时响应用户的请求和突发事件，所以建立一套完善的事件管理流程对于提高环保人员的满意度和 IT 环境的稳定性有非常重要的作用。

规范的真正可衡量和可持续改进的事件管理流程，可使用户能把 IT 运行维护服务统一进行管理，并确保 IT 部门能够及时响应用户 IT 用户的需求，使 IT 用户/业务部门和 IT 服务部门之间有唯一而且通畅的服务渠道，并使服务支持信息得到有效的共享和积累；同时通过设定流程衡量指标，帮助管理人员提供有效的历史事件记录分析和决策支持，包括各种管理报表和数据，如系统可用性，当月故障率等，实现量化管理；并实现用户自助服务，如查询知识库，通过 Web 递交服务等，从而提高故障解决率和支持人员的工作效率。

3．问题管理功能

问题管理主要是指在日常解决的服务请求与事件中发现影响服务质量的问题征兆，分析出问题的最终原因，并在此基础上参考知识库，寻求支持，从而制定解决方案，安排时间、人员排除问题以预防事件发生的过程。

4．配置管理功能

配置管理流程是追踪和监控 IT 环境中的所有配置项目（硬件、应用、网络等），包括它们的状态，并记录各配置项目的相互关系，所以它不仅仅为事件、问题与变更管理等提供相关的设备系统信息，同时也提供了对于如服务合同、各设备系统项以及组织机构间的关系的查询，从而能帮助事件管理和问题管理中的故障和问题的正确快速解决，而变更管理在对变更的影响度评估时也更快速正确。

5．变更管理功能

变更管理流程的主要目标是能够采用一种及时、有效和高效率的方式处理变更请求，从而实现服务级别协议的承诺。变更管理流程的建立可以大大减少 IT 日常运维工作中技术的调整变更和频繁 IT 项目的起落给业务稳定运行带来的负面影响，同时加强了 IT 部门和其他厂商，集成商之间的规范变更管理，提高系统集成的成功率和稳定性。

6．运维分析功能

运维分析系统包括对管理信息的获取、分析和报告，为管理者提供从宏观到微观的管理视图。通过对问题处理情况、常见问题，何种问题耗时最多，哪些管理员效率较高等数据的分析，产生相应报告，为技术支持结构和技能配备的相应调整提供依据。

运维分析功能提供下列数据的获取：

（1）重大事件分析，包括重大事件列表、关键问题列表、重大变更列表等；

（2）运维效率分析，包括对事件、问题、配置与变更的各项 KPI 指标的查询。

7．系统管理功能

系统自身管理是指对整个系统自身进行管理，其中包括用户与权限的分配、用户组或组织的定义与分配、用户自定义功能等。

8．系统接口

流程管理平台关键的接口包括：

（1）与系统监控中心的接口。

通过与系统监控中心的接口，系统监控中心将预警和告警信息送到流程管理平台，形成事件提交运维管理人员处理。

（2）与运维呼叫中心的接口。

流程管理平台和呼叫中心有机衔接，确保运维事件的完整接入和及时处理。

（三）运维呼叫平台设计

运维呼叫平台是在完善运维管理制度、优化运维管理队伍的基础上，采用成熟的运维呼叫中心技术和知识管理思想，建设运维受理平台和运维知识库，用户可以通过电话、网络等多种方式将运维请求提交到运维受理平台，根据用户运维请求由运维呼叫平台给用户提供高效、快捷、统一和规范的服务。同时，为最终用户和运维技术支持人员提供灵活查询手段获取各种知识，为运维技术人员提供知识总结和共享，将个体的经验和智慧汇总成团体的经验和智慧。

1．运维呼叫中心建设

运维呼叫中心主要包括座席管理系统、运维服务网站、运维呼叫中心运行情况报告系统。

（1）座席管理系统。为座席提供接续控制以及事件受理业务功能。座席管理系统应将语音与业务数据紧密结合，采用与所采用 CTI 系统平台相适应的技术路线。

（2）运维服务网站。主要通过网络方式为用户提供信息发布与查询、软件下载、自助服务与在线问题解答等服务。在实现上，运维服务网站必须与座席管理系统和知识库紧密结合，使用相同的用户信息以及共享知识库的知识等，通过运维服务网站提出的问题需与运维呼叫中心通过语音提出的问题进行统一排队，由座席人员进行及时处理。

（3）运维呼叫中心运行情况报告系统。主要为运维呼叫中心的日常运行和管理服务，实现运维呼叫中心运行情况的实时监控，并通过各种考核指标实现运维呼叫中心运行情况的统计分析，最终提供运维呼叫中心的运行管理水平。

2．运维知识库建设

运维知识库建设是生态环境大数据平台运维体系的重要组成部分，基于统一的知识库管理，通过整合信息中性能及各个厂商等在运维事件处理过程中产生的有价值的、可共享的技术解决方案，为运维部门解决问题的质量和效率提供有效的支持。

运维知识库包括知识检索、知识维护与知识管理等，可以通过纯 Web 方式向服务请求对象提供基于 Web 的查询服务和检索服务，以完全共享知识库中的知识。

3．与运维流程管理系统的集成

运维呼叫中心座席软件进行问题登记受理，并实现座席软件和运维流程平台的衔接，需要转入流程平台的事件可实现一键转单。

七、运行安全保障

制定项目安全保密管理办法，严格安全保密责任制度。合理划分管理者、使用者和维护者的安全责任范围；合理划分安全责任范围；合理确定共享信息的安全级别、使用权限和保密期限。利用先进技术，定期进行系统安全评估，提出安全防范措施，降低安全风险，保障系统安全稳定运行。

（一）基本要求

运行安全保障的基本要求是：

（1）制定信息安全工作的总体方针和安全策略，说明机构安全工作的总体目标、范围、原则和安全框架等；

（2）对安全管理活动中的各类管理内容建立安全管理制度；

（3）对要求管理人员或操作人员执行的日常管理操作建立操作规程；

（4）形成由安全策略、管理制度、操作规程等构成的全面的信息安全管理制度体系。

（二）实现内容

建立总体安全策略框架，如图 10-17 所示。

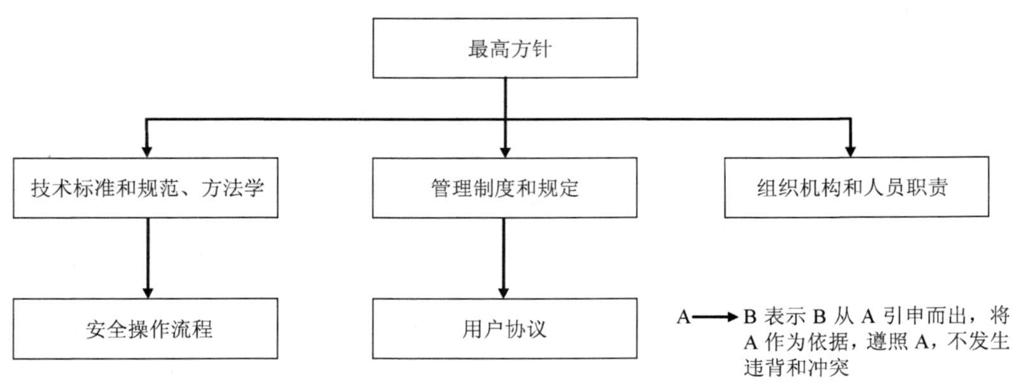

图 10-17 运维总体安全策略框架

1. 最高方针

最高方针是纲领性的安全策略主文档，陈述本策略的目的、适用范围、信息安全的管理意图、支持目标以及指导原则，信息安全各个方面所应遵守的原则方法和指导性策略。

与其他部分的关系：所有其他部分都从最高方针引申出来，并遵照最高方针，不与之发生违背和抵触。

信息安全策略文件应得到企业最高管理者的批准，并以适当的方式发布、传达到所有员工。该文件应该阐明管理者对实行信息安全的承诺，并陈述组织管理信息安全的方法，它至少应该包括以下几个部分：

（1）信息安全的定义，其总体目标和范围，以及其作为信息共享的安全机制的重要性；

（2）申明支持信息安全目标和原则的管理意向；

（3）对组织有重大意义的安全策略、原则、标准和符合性要求的简要说明；

（4）对信息安全管理的总体和具体责任的定义，包括汇报安全事故；

（5）提及支持安全策略的文件，如特定信息系统的更加详细的安全策略和程序，或用户应该遵守的安全规定。

2. 技术标准和规范

技术标准和规范，包括各个网络设备、主机操作系统和主要应用程序应遵守的安全配置和管理的技术标准和规范。技术标准和规范将作为各个网络设备、主机操作系统和应用程序的安装、配置、采购、项目评审、日常安全管理和维护时必须遵照的标准，不允许发生违背和冲突。

与其他部分的关系：向上遵照最高方针，向下延伸到安全操作流程，作为安全操作流程的依据。

3. 管理制度和规定

各类管理规定、管理办法和暂行规定。从安全策略主文档中规定的安全各个方面所应遵守的原则方法和指导性策略引出的具体管理规定、管理办法和实施办法，是必须具有可操作性，而且必须得到有效推行和实施的。此部分文档较多。

与其他部分的关系：向上遵照最高方针。向下延伸到用户签署的文档和协议。用户协议必须遵照管理规定和管理办法，不与之发生违背。

4. 组织机构和人员职责

安全管理组织机构和人员的安全职责，包括安全管理机构组织形式和运作方式，机构和人员的一般责任和具体责任。作为机构和人员具体工作时的具体职责依照，此部分必须具有可操作性，而且必须得到有效推行和实施。

与其他部分的关系：从最高方针中延伸出来，其具体执行和实施由管理规定、技术标准规范、操作流程和用户手册来落实。

5. 安全操作流程

操作流程详细规定了主要业务应用和事件处理的流程和步骤，以及相关注意事项。作为具体工作时的具体依照，此部分必须具有可操作性，而且必须得到有效推行和实施。

与其他部分的关系：向上遵照技术标准和规范、最高方针。

6. 用户协议

用户签署的文档和协议。包括安全管理人员、网络和系统管理员的安全责任书、保密协议、安全使用承诺等。员工或用户对日常工作中应遵守安全规定的承诺，也作为安全违背时处罚的依据。

与其他部分的关系：向上遵照管理制度和规定、最高方针。

第十一章　山东省生态环境大数据平台建设的主要做法

生态文明建设作为一项国家战略，已被列入国家和地方的重要建设内容，生态环境大数据建设是推进国家生态文明建设的重要手段。

山东省作为工业大省强省，环境质量欠账多，排污企业量多面广，环境监管压力巨大。摸清污染底数，提升环境管理决策效率刻不容缓。为此，省生态环境厅决定加速推动环境信息化高质量、跨越式发展，建设全省统一的生态环境大数据平台，实现生态环境数据互联互通和开放共享，全面提升生态环境管理和决策的现代化水平。

第一节　主要做法

一、以问题为导向，扎实做好顶层设计

针对厅内业务系统建设分散，数据不共享，信息孤岛林立等现象，2016 年 12 月，山东省生态环境厅根据原环境保护部和省政府关于开展大数据建设的有关要求，结合山东省生态环境厅实际，启动了生态环境大数据建设项目，成立了以王安德厅长为组长的生态环境大数据建设项目领导小组及其办公室，厅领导多次组织召开专题会议，研究解决项目建设重点难点问题。大数据办公室集中了省厅各业务处室、单位的技术力量，对老旧业务系统建设和应用现状逐一进行详细摸底调查，充分了解调研各处室、单位的业务需求。同时引入外部信息化专家力量，经过 10 余次调研学习，组织 9 轮专家咨询会，整合需求，统筹资源，立足于顶层设计和长远规划，完成了大数据建设规划和方案编制工作。

山东省生态环境大数据平台建设内容可概括为“1133”工程，即“一套机制、一个中心、三个平台、三套体系”。一套机制即生态环境大数据系列管理机制。一个中心即大数据资源中心，实现对生态环境数据的汇集、共享与管理。三个平台包括大数据云平台、大数据管理平台和大数据应用平台。三套体系即标准规范体系、运行维护体系和安全保

障体系。

目前，已经基本完成了一期工程建设任务。该项目 2018 年被省政府列为省级大数据应用试点。

二、以统一为目标，坚决做到五个集中

在大数据规划和建设期间，按照李干杰部长提出的“四统一、五集中”（统一规划、统一标准、统一建设、统一运维，数据集中、人员集中、技术集中、资金集中、管理集中）要求，大数据办公室统一组织项目的申报、采购、建设、运维、管理等工作，制定规划，编制标准，统筹管理。各业务处室和单位是业务系统建设的主体责任单位，负责提供业务需求、建设方案、招标要求，全程参与项目建设和应用推广。

一是在大数据平台建设前，首先启动了信息资源规划编制工作，对全厅业务进行全面细致的梳理，建立了信息资源目录 9 类 966 条。二是根据信息资源规划成果，对大数据资源中心的数据资源进行清洗梳理，形成库、表、字段拓扑管理模式的元数据体系，已创建了 41 套业务资源库、5 800 余张表，94 100 个字段。三是结合省政府政务信息系统整合共享任务要求，编制了 7 个环境数据资源类山东地方标准，10 个项目建设标准，为项目统一建设提供了有力保障。

三、以数据为抓手，全面推动整合共享

按照厅党组确定摸清污染底数的目标要求，大数据资源中心已经整合了全省排污许可证、环境统计、环境执法、自动监控、环评审批、企业自行监测、行政处罚、中央和省级环境督察与“回头看”、固废监管、环境应急、“12369”环境信访、环境信用评价和重污染天气应急减排等环境监管数据。接入省市场监管局等 15 个厅局个厅局相关环境数据 200 余类，进一步完善了生态环境基础信息。建设了 7 大环境主题库，建立了环境智能搜索。建设了生态环境一张图，发布了 50 余套业务专题图层。大数据资源中心基于统一共享服务机制，向全省环保系统共享了 27 套数据源、71 项业务类型数据，共 1.8 亿余条数据。目前正在运用大数据分析方法，为各个污染源建立全息画像，标识污染源的特征标签，实现“一源一数、一数多用”，避免了“数出多门、数据打架”，为环境精细监管和精准执法奠定了坚实的数据基础。

目前，生态环境大数据资源中心已汇聚各类生态环境数据 365 亿余条数据，向社会公开 3.5 亿条，占全省数据公开总量的 44.7%，列全省第一。2019 年 1 月，大数据平台建设成果第一批入驻省数据大厅，在省政府政务信息整合共享新闻发布会上介绍了经验做法，省委省政府领导视察后给予高度评价。

四、以平台为纽带，实现全省业务协同

以“一张图”“一个库”“一张网”“一扇门”“一窗办”为工作目标，压实责任，落实举措，改变了以往业务系统单打独斗的建设和应用模式，围绕业务与数据一体化设计大数据平台，按大气、水、土壤等 8 个环境要素开发建设 8 个业务系统，每个系统内包含多个功能模块，满足全省生态环境业务协同需求。8 个业务系统的数据库由大数据资源中心统一管理和应用，彻底消除“信息孤岛”“数据烟囱”。

第二节　取得效果

坚持以改善环境质量、摸清污染底数为核心，以打好污染防治攻坚战提供科学决策参考为导向，立足“用数字决策”“用数字监管”“用数字服务”，生态环境大数据平台初步实现了决策科学化、监管精准化、服务便民化，生态环境治理能力显著提升。

一、为精准治污提供决策支持

依托现有环境质量监测数据和污染源监管数据，分析环境质量和污染排放的关联关系，聚焦薄弱环节，深入分析原因，找准问题症结，制订科学治污、精准执法工作方案。突出扬尘污染、工业污染、移动源污染治理和管控，不留盲区、死角，做到每天必争、每微克必争，充分运用生态环境大数据强力支撑，持续强化煤炭消费总量控制、工业污染防治、城市扬尘控制、移动污染源监管、区域联防联控和重污染天气应对，以及督导检查和执法监管，全省水环境和空气质量实现逐年持续改善。2018 年，全省细颗粒物（$PM_{2.5}$）平均浓度为 49 μg/m^3，同比下降 14.0%；可吸入颗粒物（PM_{10}）平均浓度为 97 μg/m^3，同比下降 8.5%；二氧化硫（SO_2）平均浓度为 16 μg/m^3，同比下降 33.3%；二氧化氮（NO_2）平均浓度为 36 μg/m^3，同比下降 2.7%；重污染天数平均为 9.9 天，同比减少 5 天；环境空气质量综合指数平均为 5.56，同比下降 9.6%；优良率平均为 60.4%，同比增加 0.9 个百分点。地表水断面水质优良（Ⅰ～Ⅲ类）比例为 62.7%，达到并优于年度约束性指标要求 6.0 个百分点，较上年同期改善 7.3 个百分点；劣五类水体控制比例为 1.2%，达到并优于年度约束性指标要求 6.0 个百分点，较上年同期改善 1.2 个百分点。

二、为精准执法提供有力支撑

利用大数据技术打通省厅 14 类有关污染源监管数据，通过与省级法人库和企业工商登记注册库的比对和校核，梳理并统一了 13 万余家污染源基础信息和一企一档，建立了污染源基础数据库和主数据库。通过污染源数据对比分析、模型分析等技术手段，建立了完整的污染源全生命周期管理模式，进一步完善了环境执法、联防联控等核心业务模型。对全省 4 500 余家企业、7 000 余个点位实施联网自动监控，通过对每天接入的 670 多万条数据进行大数据智能分析，实现自动预警、“全天候监管”。2018 年，山东省生态环境部门实施处罚环境违法案件 18 591 件，罚款 11.39 亿元。

三、为企业提供“一次办好”服务

以企业和群众眼中的“一件事”为标准，运用大数据创新政府服务理念和服务方式，推进政务服务流程优化再造，细化办事指南，深化“一次办好”改革。加强整合共享成果应用，充分发挥数据共享在政务服务业务办理中的作用，大力精简办事环节和申报材料，为“一次办好”改革提供支持保障。目前，已将省厅的行政许可事项全部纳入“一窗受理”范围，实现线上线下业务协同、一体化服务，实现让数据“多跑路”、企业“少跑腿”。

四、为公众提供全面快捷信息服务

以推进环境信息公开作为工作重点，开发政务版“山东环境”APP 和面向公众的“环境随身带”APP。“山东环境”APP 已在省政府领导和各市县党委政府与环境监管部门应用。“环境随身带”APP 具有数据真实准确、操作简便、实用性强等特点，能自动定位，方便公众随时了解省内周边 10 km 范围内的空气、地表水环境质量状况和重点排污单位排污情况，进一步保障了公众环境知情权，增强了公众参与环境监管的积极性。

山东省在生态环境大数据建设上刚刚起步，还需要认真学习借鉴好的经验做法，持续推进生态环境大数据平台建设、研究和应用，积极引领环境管理全方位转型，为打赢污染防治攻坚战和推动美丽山东建设提供更加有力的技术支撑。

附录　生态环境大数据建设总体方案

环境保护部办公厅
2016 年 3 月 7 日

大数据是以容量大、类型多、存取速度快、应用价值高为主要特征的数据集合，正快速发展为对数量巨大、来源分散、格式多样的数据进行采集、存储和关联分析，从中发现新知识、创造新价值、提升新能力的新一代信息技术和服务业态。全面推进大数据发展和应用，加快建设数据强国，已经成为我国的国家战略。

党中央、国务院高度重视大数据在推进生态文明建设中的地位和作用。习近平总书记明确指出，要推进全国生态环境监测数据联网共享，开展生态环境大数据分析。李克强总理强调，要在环保等重点领域引入大数据监管，主动查究违法违规行为。国务院《促进大数据发展行动纲要》等文件要求推动政府信息系统和公共数据互联共享，促进大数据在各行业创新应用；运用现代信息技术加强政府公共服务和市场监管，推动简政放权和政府职能转变；构建“互联网+”绿色生态，实现生态环境数据互联互通和开放共享。陈吉宁部长要求，大数据、“互联网+”等信息技术已成为推进环境治理体系和治理能力现代化的重要手段，要加强生态环境大数据综合应用和集成分析，为生态环境保护科学决策提供有力支撑。

目前，环境信息化存在体制机制不顺，基础设施和系统建设分散，应用“烟囱”和数据“孤岛”林立，业务协同和信息资源开发利用水平低，综合支撑和公众服务能力弱等突出问题，难以适应和满足新时期生态环境保护工作需求。

为落实党中央、国务院决策部署和部党组要求，充分运用大数据、云计算等现代信息技术手段，全面提高生态环境保护综合决策、监管治理和公共服务水平，加快转变环境管理方式和工作方式，制定本方案。

一、总体要求

（一）指导思想

深入贯彻党的十八大、十八届三中、四中、五中全会精神和习近平总书记系列重要讲话精神，按照党中央、国务院决策部署，以改善环境质量为核心，加强顶层设计和统筹协调，完善制度标准体系，统一基础设施建设，推动信息资源整合互联和数据开放共享，促进业务协同，推进大数据建设和应用，保障数据安全。通过生态环境大数据发展和应用，推进环境管理转型，提升生态环境治理能力，为实现生态环境质量总体改善目标提供有力支撑。

（二）基本原则

顶层设计、应用导向。围绕生态环境治理体系和治理能力现代化开展大数据顶层设计，顶层设计开放、创新应用全面、基础架构灵活，不断适应生态环境管理新形势、新任务和新要求。

开放共享、强化应用。统筹整合内外部数据资源，边整合边应用，推动数据资源开放共享。鼓励业务创新、管理创新和模式创新，逐步形成生态环境大数据应用新格局。

健全规范、保障安全。建立生态环境大数据管理工作机制，健全大数据标准规范体系，保障数据准确性、一致性和真实性，强化运维管理和安全防护，保障信息安全。

分步实施、重点突破。大数据建设既要有阶段性，也要有重点突破。先在环境影响评价、环境监测、环境应急、环境信息服务等方面实现突破。

（三）总体架构

生态环境大数据总体架构为“一个机制、两套体系、三个平台”。一个机制即生态环境大数据管理工作机制，两套体系即组织保障和标准规范体系、统一运维和信息安全体系，三个平台即大数据环保云平台、大数据管理平台和大数据应用平台。如图 11-1 所示：

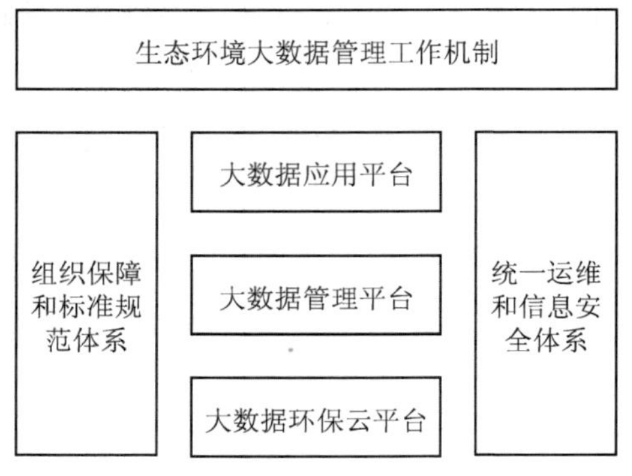

图 11-1 生态环境大数据建设总体架构图

一个机制：生态环境大数据管理工作机制包括数据共享开放、业务协同等工作机制，以及生态环境大数据科学决策、精准监管和公共服务等创新应用机制，促进大数据形成和应用。

两套体系：组织保障和标准规范体系为大数据建设提供组织机构、人才资金及标准规范等体制保障；统一运维和信息安全体系为大数据系统提供稳定运行与安全可靠等技术保障。

三个平台：生态环境大数据平台分为基础设施层、数据资源层和业务应用层。其中，大数据环保云平台是集约化建设的 IT 基础设施层，为大数据处理和应用提供统一基础支撑服务；大数据管理平台是数据资源层，为大数据应用提供统一数据采集、分析和处理等支撑服务；大数据应用平台是业务应用层，为大数据在各领域的应用提供综合服务。

（四）主要目标

通过生态环境大数据建设和应用，在未来五年实现以下目标：

实现生态环境综合决策科学化。将大数据作为支撑生态环境管理科学决策的重要手段，实现“用数据决策”。利用大数据支撑环境形势综合研判、环境政策措施制定、环境风险预测预警、重点工作会商评估，提高生态环境综合治理科学化水平，提升环境保护参与经济发展与宏观调控的能力。

实现生态环境监管精准化。充分运用大数据提高环境监管能力，助力简政放权，健全事中事后监管机制，实现“用数据管理”。利用大数据支撑法治、信用、社会等监管手段，提高生态环境监管的主动性、准确性和有效性。

实现生态环境公共服务便民化。运用大数据创新政府服务理念和服务方式，实现“用数据服务”。利用大数据支撑生态环境信息公开、网上一体化办事和综合信息服务，建立公平普惠、便捷高效的生态环境公共服务体系，提高公共服务共建能力和共享水平，发挥生态环境数据资源对人民群众生产、生活和经济社会活动的服务作用。

二、主要任务

（一）推进数据资源全面整合共享

提升数据资源获取能力。加强生态环境数据资源规划，明确数据资源采集责任，建立数据采集责任目录，避免重复采集，逐步实现“一次采集，多次应用”。利用物联网、移动互联网等新技术，拓宽数据获取渠道，创新数据采集方式，提高对大气、水、土壤、生态、核与辐射等多种环境要素及各种污染源全面感知和实时监控能力。基于环保云规范数据传输，确保数据及时上报和信息安全。

加强数据资源整合。严格实施《环境保护部信息化建设项目管理暂行办法》，统筹信息化项目建设管理，破除数据孤岛。建立生态环境信息资源目录体系，利用信息资源目录体系管理系统，实现系统内数据资源整合集中和动态更新，建设生态环境质量、环境污染、自然生态、核与辐射等国家生态环境基础数据库。通过政府数据统一共享交换平台接入国家人口基础信息库、法人单位资源库、自然资源和空间地理基础库等其他国家基础数据资源。拓展吸纳相关部委、行业协会、大型国企和互联网关联数据，形成环境信息资源中心，实现数据互联互通。

推动数据资源共享服务。明确各部门数据共享的范围边界和使用方式，厘清各部门数据管理及共享的义务和权力，制定数据资源共享管理办法，编制数据资源共享目录，重点推动生态环境质量、环境监管、环境执法、环境应急等数据共享。基于环境保护业务专网建设生态环境数据资源共享平台，提供灵活多样的数据检索服务，形成向平台直接获取为主、部门间数据交换获取为辅的数据共享机制，研发生态环境数据产品，提高数据共享的管理和服务水平。

推进生态环境数据开放。建立生态环境数据开放目录，制定数据开放计划，明确数据开放和维护责任。优先推动向社会开放大气、水、土壤、海洋等生态环境质量监测数据，区域、流域、行业等污染物排放数据，核与辐射、固体废物等风险源数据以及化学品对环境损害的风险评估数据，重要生态功能区、自然保护区、生物多样性保护优先区等自然生态数据，环境违法、处罚等监察执法数据。依托环境保护部政府网站建设生态环境数据开放平台，提高数据开放的规范性和权威性。

（二）加强生态环境科学决策

提升宏观决策水平。建立全景式生态环境形势研判模式，加强生态环境质量、污染源、污染物、环境承载力等数据的关联分析和综合研判，强化经济社会、基础地理、气象水文和互联网等数据资源融合利用和信息服务，为政策法规、规划计划、标准规范等制定提供信息支持，支撑生态保护红线、总量红线和准入红线的科学制定。利用跨部门、跨区域的数据资源，支撑大气、水和土壤三大行动计划实施和工作会商，定量化、可视化评估实施成效，服务京津冀等重点区域联防联控，支撑区域化环境管理与创新。开展环境保护工作进展、计划实施、资金执行、成果绩效等动态监控和评估，支持构建以环境质量改善为核心的专业化、精细化的环境管理体系，提高管理决策预见性、针对性和时效性。

提高环境应急处置能力。运用大数据、云计算等现代信息技术手段，快速收集和处理涉及环境风险、环保举报、突发环境事件、社会舆论等海量数据，综合利用环保、交通、水利、海洋、安监、气象等部门的环境风险源、危险化学品及其运输、水文气象等数据，开展大数据统计分析，构建大数据分析模型，建设基于空间地理信息系统的环境应急大数据应用，提升应急指挥、处置决策等能力。

加强环境舆情监测和政策引导。建立互联网大数据舆情监测系统，针对环境保护重大政策、建设项目环评、污染事故等热点问题，对互联网信息进行自动抓取、主题检索、专题聚焦，为管理部门提供舆情分析报告，把握事件态势，正确引导舆论。

（三）创新生态环境监管模式

提高科学应对雾霾能力。加强全国雾霾监测数据整合，重点整合 2013 年以来雾霾监测历史数据，同步集成气象、遥感、排放清单、城市源解析和环境执法数据，形成雾霾案例知识库。开展雾霾预测预警大数据分析与应用，支撑雾霾提前发布、应急预案制定、预案执行和监察执法，为雾霾形势研判和应对提供信息服务和技术支撑，提升科学预霾防霾水平。

推动环评统一监管。建立环境影响评价数据标准、共享机制，建设全国环境影响评价管理信息系统，提升环评统计分析、预测预警能力，推动环评监管事前审批向事中和事后监管转变，实现全国环境影响评价数据“一本账”的管理模式。

增强监测预警能力。加快生态环境监测信息传输网络与大数据平台建设，加强生态环境监测数据资源开发与应用，开展大数据关联分析，拓展社会化监测信息采集和融合应用，支撑生态环境质量现状精细化分析和实时可视化表达，提高源解析精度，增强生态环境质量趋势分析和预警能力，为生态环境保护决策、管理和执法提供数据支持。

创新监察执法方式。利用环境违法举报、互联网采集等环境信息采集渠道，结合企业的工商、税务、质检、工信、认证等信息，开展大数据分析，精确打击企业未批先建、偷排漏排、超标排放等违法行为，预警企业违法风险，支撑环境监察执法从被动响应向主动查究违法行为转变，实现排污企业的差别化、精准化和精细化管理。

开展环境督察监管。研究制定绿色发展指标体系，构建自然资源资产负债表，建立健全政府环境评价考核方法和流程，建立生态环境损害评估方法，为地方领导干部自然资源资产离任审计制度、企业赔偿制度、生态补偿机制、责任追究制度的执行和落实提供数据和技术支撑。

强化环境监管手段。建立全国统一的实时在线环境监控系统，实现生态环境质量、重大污染源、生态状况监测监控全覆盖。采集和发布饮用水水源地、城市黑臭水体、城市扬尘、土壤污染场地、核与辐射等信息，强化企业排污信息公开，利用“互联网+”方式整合企业信息。

建立“一证式”污染源管理模式。以排污许可证制度为核心，利用排污许可证“证载”内容，支撑排污许可和环境标准、环境监测、环境统计、环评、总量控制、排污收费（环境税）、许可证监管等制度有效衔接，建立唯一的固定污染源信息名录库，对污染源进行统一编码管理，实现污染源排放信息整合共享，有效推进协同治理，开启“一证式”污染源管理新模式。

加强环境信用监管。综合运用信息化手段，在环保行政许可、建设项目环境管理、环境检查执法、环保专项资金管理、环保科技项目立项、环保评先创优等工作流程中，嵌入企业环境信用信息调用和信用状况审核环节。对不同环境信用状况的企业进行分类监管，对环境信用状况良好的企业予以优先支持，加强对失信的约束和惩戒。探索在环境管理中试行企业信用报告和信用承诺制度。

推进生态保护监管。强化卫星遥感、无人机、物联网和调查统计等技术的综合应用，提升自然生态天地一体化监测能力。加强自然生态数据的集成分析，实现对重点生态功能区、生态保护红线、生物多样性保护优先区、自然保护区的监测评估、预测预警、监察执法，支撑生态保护区域联防联控。

保障核与辐射安全。进一步加强核与辐射安全信息标准化建设，提高联网数据共享交换和获取率，不断增强数据汇聚和关联分析能力，推动核设施、核安全设备、核技术利用、核与辐射安全相关关键岗位人员资质及核活动等的联网审查审批，全面实现对核与辐射安全风险的实时管控和预警，提高核与辐射安全监管决策科学化和信息化水平，保障我国的核与辐射安全。

增强社会环境监管能力。通过采集和集成多源异构环保举报数据，实现智能化环保举报感知、异常探测，发掘环保举报需求，智能化分析举报情景，动态生成和调整环保举报管理进程，实现全国环保举报工作协同、有序、高效管理。

开展环保党建大数据应用。加强环保党建信息采集、管理和分析应用，为各级党委提供高效、准确、及时的信息资源和管理手段，开发党建管理应用系统及其 App 客户端，支撑党员干部管理、党务信息公开、党建工作动态、党规党纪执行、“两个责任”落实，提高党建工作科学化水平。

（四）完善生态环境公共服务

全面推进网上办事服务。整合集成建设项目环评、危险废物越境转移核准、自然保护区建立和调整等行政许可审批系统和信息，建立网上审批数据资源库，构建“一站式”办事平台。建设电子政务办事大厅，形成网上服务与实体大厅服务、线上服务与线下服务相结合的一体化服务模式，实现统一受理、同步审查、信息共享、透明公开。通过国家统一的政府数据共享交换平台，加强行政审批数据跨部门共享，支撑并联审批，不断优化办事流程，提高办事便捷性。

提升信息公开服务质量。加强信息公开渠道建设，通过政府网站、官方微博微信等基于互联网的信息平台建设，提高信息公开的质量和时效。积极做好主动公开工作，满足公众环境信息需求。完善信息公开督促和审查机制，规范信息发布和解读，传递全面、准确、权威信息。不断扩充部长信箱、“12369”环保热线、微博微信等政民互动渠道，及时回应公众意见、建议和举报，加大公众参与力度。

拓展政府综合服务能力。以优化提升民生服务、激发社会活力、促进大数据应用市场化为重点，建立生态环境综合服务平台，充分利用行业和社会数据，研发环境质量、环境健康、环境认证、环境信用、绿色生产等方面的信息产品，提供有效便捷的全方位信息服务。推动传统公共服务数据与移动互联网等数据的汇聚整合，开发各类便民应用，优化公共资源配置。

（五）统筹建设大数据平台

建设大数据环保云平台。加强大数据基础设施技术架构、空间布局、建设模式、服务方式、制度保障等方面的顶层设计和统筹布局，实施网络资源、计算资源、存储资源、安全资源的集约建设、集中管理、整体运维，以“一朵云”模式建设环保云平台。实施业务系统环保云平台部署，保障信息安全。推动同城备份和异地灾备中心建设。

建设大数据管理平台。大数据管理平台是数据资源传输交换、存储管理和分析处理的平台，为大数据应用提供统一的数据支撑服务。主要实现数据传输交换、管理监控、共享开放、分析挖掘等基本功能，支撑分布式计算、流式数据处理、大数据关联分析、趋势分析、空间分析，支撑大数据产品研发和应用。

建设大数据应用平台。运用大数据新理念、新技术、新方法，开展生态环境综合决策、环境监管和公共服务等创新应用，为生态环境决策和管理提供服务。

（六）推动大数据试点

开展地方大数据应用试点。根据地方特点，选择有代表性的省、市开展生态环境大数据创新应用，探索应用模式，推动试点成果的推广和实施。

三、保障措施

（一）完善组织实施机制

成立生态环境大数据建设领导小组及其办公室，建立大数据发展和应用统筹协调机制，明确各单位职责分工和工作要求，形成协同配合、全面推进的工作格局。整合优化环境信息化队伍，加强大数据相关基础和应用研究以及人才培养。规范信息化项目管理，充分利用环境保护业务专网等基础设施，严格项目立项审批和验收，加大资金投入，保障大数据建设相关任务的顺利开展。

（二）健全数据管理制度

建立健全生态环境数据管理制度，明确各级各部门的数据责任、义务与使用权限，合理界定业务数据的使用方式与范围，规范数据采集、存储、共享和应用，保障数据一致性、准确性和权威性。制定环境信息资源管理和数据贡献考核评估办法，促进数据在风险可控原则下最大限度共享和开放。

（三）建立标准规范体系

加强大数据标准规范研究，结合大数据主要建设任务，重点推进生态环境数据整合集成、传输交换、共享开放、应用支撑、数据质量与信息安全等方面标准规范的制定和实施。

（四）实施统一运维管理

落实生态环境大数据运行管理制度，规范运行维护流程，形成较为完善的运行维护管理体系。加强大数据运行保障、监控预警能力建设，依托专业化运维队伍，对网络、计算、存储、基础软件、安全设备等大数据基础设施实施统一运维，实现系统快速部署更新、资源合理高效调度、网络实时动态监控和安全稳定可靠，有效降低运维经费成本，提高运维服务质量和水平。

（五）强化信息安全保障

建立集中统一的信息安全保障机制，明确数据采集、传输、存储、使用、开放等各环节的信息安全范围边界、责任主体和具体要求。落实信息安全等级保护、分级保护等国家信息安全制度，开展信息安全等级测评、风险评估、安全防范、应急处置等工作。加强网络安全建设，构建环保云安全管理中心，增强大数据环保云基础设施、数据资源和应用系统等的安全保障能力。

参考文献

[1] 林子雨. 大数据技术原理与应用概念、存储、处理、分析与应用（第 2 版）. 北京：人民邮电出版社，2017.

[2] 董西成. 大数据技术全解基础、设计、开发与实践. 北京：机械工业出版社，2018.

[3] 陈志德，曾燕清，李翔宇. 大数据技术与应用基础. 北京：人民邮电出版社，2017.

[4] 百度百科，大数据。

[5] 网络爬虫的基本原理. https：//blog.csdn.net/summerxiachen/article/details/51422246[2019-06-01].

[6] Flume 学习. https：//blog.csdn.net/accountwcx/article/details/49102031[2019-05-18].

[7] kafka 全面介绍. https：//blog.csdn.net/zzq900503/article/details/83277222[2019-04-26].

[8] 谭正云. 基于大数据的安全技术分析. 信息安全，2017（3）.

[9] 吕欣，韩晓露. 大数据安全和隐私保护技术架构研究. 信息安全研究，2016（3）.

[10] 丁锋，等. 大数据安全. 北京：中国言实出版社，2016.

[11] 程春明，李蔚，宋旭. 生态环境大数据建设的思考. 中国环境管理，2015（6）.

[12] 詹志明，尹文君. 环保大数据及其在环境污染防治管理创新中的应用. 环境保护，2016，44（6）：44-48.

[13] 杨晨曦. 全球环境治理的结构与过程研究. 长春：吉林大学，2013.

[14] 中国环保在线. http：//www.hbzhan.com/news/detail/100982.html[2019-03-29].

[15] 茅铭晨，黄金印. 环境污染与公共服务对健康支出的影响——基于中国省际面板数据的门槛分析.财经论丛：浙江财经学院学报，2016（1）：97-104.

[16] Cattell R.Scalable SQL and NoSQL data stores.SIGMOD Reccrd，2011，39（10）：12-27.

[17] Dean J，Ghemawat S.MapReduce：simplified data processing on large clusters.Communications of the ACM，2008，51：107-113.

[18] 程学旗，靳小龙，王元卓，等. 大数据系统和分析技术综述. 软件学报，2014，25（9）：1889-1908.

[19] Neumeyer L.，Robbins B.，Kesari A.，et al.. S4：distributed stream computing platform//Proceedings of 2010 IEEE International Conference on Data Mining Workshops. Sydney：IEEE，2010：170-177.

[20] [美]威廉·H. 英蒙，等. 数据架构：大数据、数据仓库以及 Data Vault. 唐富年，译. 北京：人民邮电出版社，2017.

[21] 魏斌. 推进生态环境大数据发展的思考. 中国环境管理，2016（4）.

[22] 谢朝阳. 大数据：规划、实施、运维. 北京：电子工业出版社，2018.